2022 全国勘察设计注册工程师
执业资格考试用书

Zhuce Gongyong Shebei Gongchengshi (Nuantong Kongtiao、 Dongli) Zhiye Zige Kaoshi
Jichu Kaoshi Fuxi Jiaocheng

注册公用设备工程师（暖通空调、动力）执业资格考试

基础考试复习教程

（下册）

注册工程师考试复习用书编委会/编

李洪欣　曹纬浚/主编

人民交通出版社股份有限公司
北京

内 容 提 要

　　本书编写人员全部是多年从事注册公用设备工程师基础考试培训工作的专家、教授。书中内容紧扣现行考试大纲并覆盖了考试大纲的全部内容，着重于对概念的理解运用，重点突出。教程小节后附有习题，每章后附有题解和参考答案。另出版有配套复习用书《2022 注册公用设备工程师（暖通空调、动力）执业资格考试基础考试历年真题》（含公共基础、专业基础两册），可作为考生检验复习效果和准备考试之用。

　　由于本书篇幅较大，特分为上、下两册，上册为公共基础考试内容，下册为专业基础考试内容，以便于携带和翻阅。

　　本书可供参加 2022 年注册公用设备工程师（暖通空调、动力）执业资格考试基础考试的考生复习使用。

图书在版编目（CIP）数据

2022 注册公用设备工程师（暖通空调、动力）执业资格考试基础考试复习教程/李洪欣，曹纬浚主编.—北京：人民交通出版社股份有限公司，2022.4

2022 全国勘察设计注册工程师执业资格考试用书

ISBN 978-7-114-17786-6

I.①2…　II.①李…②曹…　III.①建筑工程—供热系统—资格考试—自学参考资料②建筑工程—通风系统—资格考试—自学参考资料③建筑工程—空气调节系统—资格考试—自学参考资料　IV.①TU8

中国版本图书馆 CIP 数据核字（2021）第 281559 号

书　　　名：**2022 注册公用设备工程师**（暖通空调、动力）**执业资格考试基础考试复习教程**

著 作 者：李洪欣　曹纬浚

责任编辑：刘彩云

责任印制：刘高彤

出版发行：人民交通出版社股份有限公司

地　　　址：（100011）北京市朝阳区安定门外外馆斜街 3 号

网　　　址：http://www.ccpcl.com.cn

销售电话：（010）59757973

总 经 销：人民交通出版社股份有限公司发行部

经　　　销：各地新华书店

印　　　刷：北京市密东印刷有限公司

开　　　本：889×1194　1/16

印　　　张：79.75

字　　　数：2104 千

版　　　次：2022 年 4 月　第 1 版

印　　　次：2022 年 4 月　第 1 次印刷

书　　　号：ISBN 978-7-114-17786-6

定　　　价：168.00 元（含上、下两册）

（有印刷、装订质量问题的图书，由本公司负责调换）

版权声明

本书所有文字、数据、图像、版式设计、插图及配套数字资源等，均受中华人民共和国宪法和著作权法保护。未经作者和人民交通出版社股份有限公司同意，任何单位、组织、个人不得以任何方式对本作品进行全部或局部的复制、转载、出版或变相出版，配套数字资源不得在人民交通出版社股份有限公司所属平台以外的任何平台进行转载、复制、截图、发布或播放等。

任何侵犯本书及配套数字资源权益的行为，人民交通出版社股份有限公司将依法严厉追究其法律责任。

举报电话：(010)85285150

人民交通出版社股份有限公司

前　言

原建设部（现住房和城乡建设部）和原人事部（现人力资源和社会保障部）从 2003 年起实施注册公用设备工程师（暖通空调、动力）执业资格考试制度。

本教程的编写老师都是本专业有较深造诣的教授和高级工程师，分别来自北京建筑大学、北京工业大学、北京交通大学、北京工商大学、郑州大学及北京市建筑设计研究院。为了帮助公用设备工程师们准备考试，教师们根据多年教学实践经验和考生的回馈意见，依据考试大纲和现行教材、规范，对考试必备的基础知识进行了凝练总结，编写了这本教程，以协助考生在较短时间内理解和掌握考试大纲的要求。本教程的目的是为了指导复习，因此力求简明扼要，联系实际，着重对概念和规范的理解应用，并注意突出重点，是一套值得考生信赖的考前辅导和培训用书。

本教程分上、下册出版，上册第 1 至第 11 章为上午段公共基础考试内容，下册第 12 至第 18 章为下午段专业基础考试内容。

本书可配合《2022 注册公用设备工程师（暖通空调、动力）执业资格考试基础考试历年真题详解》（含公共基础、专业基础两册）使用，考生可在复习教程上的基础知识后，多做真题，巩固知识，熟悉考题。

特别提醒，本书对"法律法规"涉及《中华人民共和国民法典》（合同编）、《中华人民共和国安全生产法》的相关内容已进行了更新。

本书配有在线电子书，部分科目配有在线视频课程，考生可扫描上册封面红色"二维码"，登录"注考大师"免费获取，有效期一年。

本书由李洪欣、曹纬浚担任主编。参与或协助本书编写的老师有刘明惠、吴昌泽、范元玮、魏京花、谢亚勃、刘燕、钱民刚、毛军、李兆年、许怡生、许小重、陈向东、李魁元、朱强、卢纪富、沈超、蒋全科。

由于考试涉及面广，书中难免存在疏漏和不足，真诚地希望读者批评指正，提出宝贵意见，以便本书再版时改进。

最后，祝愿各位考生取得好的成绩！

李洪欣

2022 年 1 月

主编致考生

一、注册公用设备工程师（暖通空调、动力）在专业考试之前进行基础考试是和国外接轨的做法。通过基础考试并达到职业实践年限后就可以申请参加专业考试。基础考试是考大学中的基础课程，按考试大纲的安排，上午考试段考 11 科，120 道题，4 个小时，每题 1 分，共 120 分；下午考试段考 7 科，60 道题，4 个小时，每题 2 分，共 120 分；上、下午共 240 分。试题均为 4 选 1 的单选题，平均每题时间上午 2 分钟，下午 4 分钟，因此不会有复杂的论证和计算，主要是检验考生的基本概念和基本知识。考生在复习时不要偏重难度大或过于复杂的知识，而应将复习的注意力主要放在弄清基本概念和基本知识方面。

二、考生在复习本教程之前，应认真阅读"考试大纲"，清楚地了解考试的内容和范围，以便合理制订自己的复习计划。复习时一定要紧扣"考试大纲"的内容，将全面复习与突出重点相结合。着重对"考试大纲"要求掌握的基本理论、基本概念、基本计算方法、计算公式和步骤，以及基本知识的应用等内容有系统、有条理地重点掌握，明白其中的道理和关系，掌握分析问题的方法。同时还应会使用为减少计算工作量或简化、方便计算所制作的表格等。本教程中每章前均有一节"复习指导"，具体说明本章的复习重点、难点和复习中要注意的问题，建议考生认真阅读每章的"复习指导"，参考"复习指导"的意见进行复习。在对基本概念、基本原理和基本知识有一个整体把握的基础上，对每章节的重点、难点进行重点复习和重点掌握。

三、注册公用设备工程师（暖通空调、动力）基础考试上、下午试卷共计 240 分，上、下午不分段计算成绩，这几年及格线都是 55%，也就是说，上、下午试卷总分达到 132 分就可以通过。因此，考生在准备考试时应注意扬长避短。从道理上讲，自己较弱的科目更应该努力复习，但毕竟时间和精力有限，如 2009 年新增加的"信号与信息技术"，据了解，非信息专业的考生大多未学过，短时间内要掌握好比较困难，而"信号与信息技术"总共只有 6 道题，6 分，只占总分的 2.5%，也就是说，即使"信号与信息技术" 1 分未得，其他科目也还有 234 分，从 234 分中考 132 分是完全可以做到的。因此考生可以根据考试分科题量、分数分配和自己的具体情况，计划自己的复习重点和主要得分科目。当然一些主要得分科目是不能放松的，如"高等数学" 24 题（上午段） 24 分，"工程热力学" 10 题（下午段） 20 分，"传热学" 10 题（下午段） 20 分，都是不能放松的；其他科目则可根据自己过去对课程的掌握情况有所侧重，争取在自己过去学得好的课程中多得分。

四、在考试拿到试卷时，建议考生不要顺着题序顺次往下做。因为有的题会比较难，有的题不很熟悉，耽误的时间会比较多，以致到最后时间不够，题做不完，有些题会做但时间来不及，这就太得不偿失了。建议考生将做题过程分为四遍：

（1）首先用 15~20 分钟将题从头到尾看一遍，一是首先解答出自己很熟悉很有把握的题；二是将那些需要稍加思考估计能在平均答题时间里做出的题做个记号。这里说的平均答题时间，是指上午段 4 个小时考 120 道题，平均每题 2 分钟；下午段 4 个小时考 60 道题，平均每题 4 分钟，这个 2 分钟（上午）、4 分钟（下午）就是平均答题时间。将估计在这个时间里能做出来的题做上记号。

（2）第二遍做这些做了记号的题，这些题应该在考试时间里能做完，做完了这些题可以说就考出了考生的基本水平，不管考生基础如何，复习得怎么样，考得如何，至少不会因为题没做完而遗憾了。

（3）这些会做或基本会做的题做完以后，如果还有时间，就做那些需要稍多花费时间的题，能做几个算几个，并适当抽时间检查一下已答题的答案。

（4）考试时间将近结束时，比如还剩 5 分钟要收卷了，这时你就应看看还有多少道题没有答，这些题确实不会了，建议考生也不要放弃。既然是单选，那也不妨估个答案，答对了也是有分的。建议考生回头看看已答题目的答案，A、B、C、D 各有多少，虽然整个卷子四种答案的数量并不一定是平均的，但还是可以这样考虑，看看已答的题 A、B、C、D 中哪个答案最少，然后将不会做没有答的题按这个前边最少的答案通填，这样其中会有 1/4 可能还会多于 1/4 的题能得分，如果考生前边答对的题离及格正好差几分，这样一补充就能及格了。

五、基础考试是不允许带书和资料的，因此一些重要的公式、规定，考生一定要自己记住。

六、本教程每节后均附有习题，并在每章后附有提示及参考答案。建议考生在复习好本教程内容的基础上，多做习题。多做习题能帮助巩固已学的概念、理论、方法和公式等，并能发现自己的不足，哪些地方理解得不正确，哪些地方没有掌握好；同时熟能生巧，提高解题速度。本教程在最后提供了两套模拟试题，建议考生在复习完本教程以后，集中时间，排除干扰，模拟考试气氛，将模拟试题全部做一遍，以接近实战地检验一下自己的复习效果。

注册公用设备工程师考试已经进行了十多年，分析这些年的考题，特别是近两年的考题，可以总结出考题考查的一些新趋势。一个趋势就是考试题目考查点越来越细，越来越深入；另一个趋势就是有的题目考查得更加综合，一个题目可能涉及几个知识点，考题难度加大。这都对考生的备考提出了更高的要求。因此，考生需要对大纲涉及的考点做到真正理解，并在此基础上能够灵活应用。

复习中若遇到疑问，可写清楚问题发邮件至以下电子邮箱 caowj0818@126.com（上册问题）、466362436@qq.com（下册问题），我们会尽快回复解答。相信这本教程能帮助大家准备好考试。

最后，祝愿各位考生取得好成绩！

曹纬浚

2022 年 1 月

目 录 CONTENTS

12　工程热力学 /1

　复习指导 /1

　12.1　基本概念 /1

　12.2　准静态过程、可逆过程与不可逆过程 /6

　12.3　热力学第一定律 /7

　12.4　气体性质 /13

　12.5　理想气体基本热力过程及气体压缩 /20

　12.6　热力学第二定律 /27

　12.7　水蒸气和湿空气 /32

　12.8　气体和蒸气的流动 /41

　12.9　动力循环 /47

　12.10　制冷循环 /52

　参考答案及提示 /58

13　传　热　学 /62

　复习指导 /62

　13.1　导热理论基础 /62

　13.2　稳态导热 /67

　13.3　非稳态导热 /75

　13.4　导热问题数值解 /78

　13.5　对流换热分析 /84

　13.6　单相流体对流换热及准则方程式 /92

　13.7　凝结与沸腾换热 /100

　13.8　热辐射的基本定律 /105

　13.9　辐射换热计算 /109

　13.10　传热和换热器 /117

参考答案及提示 /122

14 工程流体力学及泵与风机 /125

复习指导 /125

14.1 流体动力学基础 /125

14.2 相似原理和模型实验方法 /133

14.3 流动阻力和能量损失 /138

14.4 管路计算 /146

14.5 特定流动分析 /148

14.6 气体射流压力波传播和音速概念 /156

14.7 泵与风机与网络系统的匹配 /161

参考答案及提示 /167

15 自动控制理论 /170

复习指导 /170

15.1 自动控制与自动控制系统的一般概念 /170

15.2 自动控制系统的数学模型 /176

15.3 线性系统的分析与设计 /193

15.4 控制系统的稳定性与对象的调节性能 /214

15.5 掌握控制系统的误差分析 /217

15.6 控制系统的综合和校正 /220

参考答案及提示 /230

16 热工测试技术 /232

复习指导 /232

16.1 测量技术的基本知识 /232

16.2 温度的测量 /240

16.3 湿度的测量 /251

16.4 压力的测量 /257

16.5 流速的测量 /262

16.6 流量的测量 /267

16.7 液位的测量 /276

16.8 热流量的测量 /278

16.9 误差与数据处理 /279

参考答案及提示 /289

17　机械基础 /292

　　复习指导 /292

　　17.1　概述 /292

　　17.2　平面机构的自由度 /295

　　17.3　平面连杆机构 /299

　　17.4　凸轮机构 /303

　　17.5　螺纹连接 /309

　　17.6　带传动 /316

　　17.7　齿轮机构 /327

　　17.8　轮系 /339

　　17.9　轴 /342

　　17.10　滚动轴承 /348

　　参考答案及提示 /356

18　职业法规 /359

　　18.1 我国有关基本建设、建筑、城市规划、环保、房地产方面的法律规范 /359

　　18.2 工程技术人员的职业道德与行为准则 /369

　　18.3 我国有关动力设备及安全方面的标准与规范 /369

附录一　注册公用设备工程师（暖通空调、动力）执业资格考试专业基础考试大纲 /371

附录二　注册公用设备工程师（暖通空调、动力）执业资格考试专业基础试题
　　　　配置说明 /377

12 工程热力学

考题配置 单选，10题

分数配置 每题2分，共20分

复习指导

工程热力学要求掌握热力学基本定律和基本理论，熟悉工质的基本性质和实际热工装置的基本原理，学会对工程实际问题进行抽象、简化和以能量方程、熵方程、可用能方程为基础的分析方法。

12.1 基本概念

考试大纲☞：热力学系统　状态　平衡状态　状态参数　状态公理　状态方程　热力参数及坐标图　功和热量　热力过程　热力循环　单位制

12.1.1 热力学系统

1）定义

根据研究问题的需要，人为地选取一定范围内的物质作为研究对象，称其为热力学系统，简称系统。系统以外的物质称为外界。系统与外界的交界面称为边界。边界面的选取可以是真实的、假想的、固定的、运动的，也可以是这几种边界面的组合。

2）分类

按热力学系统与外界进行质量和能量交换的情况可将其分为：

（1）闭口系统：热力学系统与外界无物质交换的系统。由于系统所包含的物质质量保持不变，亦称之为控制质量系统。对于闭口系统，常用控制质量法来研究。

（2）开口系统：热力学系统与外界之间有物质交换的系统。开口系统总是取一相对固定的空间，又称为控制容积系统，对其常用控制容积法进行研究。

（3）绝热系统：热力学系统与外界无热量交换的系统。

（4）孤立系统：热力学系统与外界既无能量交换又无物质交换的系统。

【**例 12-1-1**】闭口系统与开口系统的区别在于：

　　　　A. 在界面上有、无物质进出热力学系统

　　　　B. 在界面上与外界有无热量传递

　　　　C. 对外界是否做功

　　　　D. 在界面上有无功和热量的传递及转换

解　本题主要考查热力学系统的基本概念。按系统与外界有无物质交换，系统可分为闭口系统和开口系统。闭口系统：系统内外无物质交换；开口系统：系统内外有物质交换。选 A。

【**例 12-1-2**】 如果由工质和环境组成的系统，只在系统内发生热量和质量交换关系，而与外界没有任何其他关系或影响，该系统称为：

A. 孤立系统　　　　B. 开口系统　　　　C. 刚体系统　　　　D. 闭口系统

解　孤立系统是与外界既无能量交换又无物质交换的系统。选 A。

12.1.2　状态

热力学系统在某一瞬间所呈现的宏观物理状况称为系统的状态。热力状态反映工质大量分子热运动的平均特点，系统与外界之间能够进行能量交换的根本原因在于两者之间的热力状态存在差异。从热力学的观点出发，状态可以分为平衡状态和非平衡状态两种。

12.1.3　平衡状态

1）定义

平衡状态是指在没有外界影响（重力场除外）的条件下，系统的宏观性质不随时间变化的状态。

2）实现平衡的充要条件

系统内部及系统与外界之间各种不平衡势差（力差、温差、化学势差）的消失是系统实现热力平衡状态的充要条件。

在平衡状态时，参数不随时间改变只是现象，不能作为判断是否平衡的条件，只有系统内部及系统与外界之间的一切不平衡势差的消失，才是实现平衡的本质，也是实现平衡的充要条件。

平衡状态具有确定的状态参数，这是平衡状态的特点。

【**例 12-1-3**】 热力学系统的平衡状态是指：

A. 系统内部作用力的合力为零，内部均匀一致

B. 所有广义作用力的合力为零

C. 无任何不平衡势差，系统参数处处均匀一致，且不随时间变化

D. 边界上有作用力，系统内部参数均匀一致，且保持不变

解　本题主要考查平衡状态的概念及实现条件。平衡状态是指在没有外界影响（重力场除外）的条件下，系统的宏观性质不随时间变化的状态。实现平衡的充要条件是系统内部及系统与外界之间不存在各种不平衡势差（力差、温差、化学势差）。因此热力系统的平衡状态应该是无任何不平衡势差，系统参数处处均匀一致而且是稳态的状态。选 C。

12.1.4　状态参数

描述系统工质状态的客观物理量称为状态参数。

状态参数的特征如下。

（1）状态确定，则状态参数也确定；反之，亦然。

（2）状态参数的积分特征：状态参数的变化量与路径无关，只与初终态有关，而且状态函数的循环积分为零。

$$\int_1^2 dz = \int_{1,a}^2 dz = \int_{1,b}^2 dz = z_2 - z_1 \tag{12-1-1}$$

$$\oint \mathrm{d}z = 0 \qquad (12-1-2)$$

【例 12-1-4】 状态参数用来描述热力系统状态特性，此热力系统应满足：

    A. 系统内部处于热平衡和力平衡

    B. 系统与外界处于热平衡

    C. 系统与外界处于力平衡

    D. 不需要任何条件

解　本题主要考查状态参数以及平衡状态的基本概念。状态参数的一个重要特征是：状态确定，则状态参数也确定，反之亦然。平衡状态的特点是具有确定的状态参数，而系统必须达到热平衡和力平衡时才称为平衡状态。选 A。

12.1.5　状态公理

状态公理提供了确定热力系统平衡状态所需的独立参数数目的经验规则，即对于组成一定的物质系统，若存在几种可逆功（系统进行可逆过程时和外界交换的功量）的作用，则决定该系统平衡状态的独立状态参数有 $n+1$ 个，其中"1"是考虑了系统与外界的热交换作用。

根据状态公理，简单可压缩系统平衡状态的独立参数只有 2 个。原则上，可以选取可测量参数 p、v 和 T 中的任意两个独立参数作为自变量，其余参数（u、h、s 等）则为 p、v 和 T 的因变量。

12.1.6　状态方程

对于平衡状态下基本状态参数之间，可以写成 $v = v(p, T)$ 或 $f(p, v, T) = 0$ 之间的关系，称为状态方程式。状态方程式的具体形式取决于工质的性质。

12.1.7　热力参数及坐标图

在热力学中，常用的有压力（p）、温度（T）、比体积（也称质量体积）（v）、内能（U）、焓（H）和熵（S）6 个状态参数。状态参数分为广延参数和强度参数。其中，广延参数是指与系统的质量成正比且可相加的一类状态参数，如 U、H、S 等。强度参数是指与系统的质量无关且不可相加的一类状态参数，如 p、T 等。单位质量的广延参数具有强度参数的性质，称作比参数。

在常用的 6 个状态参数中，压力 p、比体积 v 和温度 T 可以直接用仪表测定，称为基本状态参数。其他的状态参数可以依据这些基本状态参数之间的关系间接导出。

（1）比体积（也称质量体积）v：比体积是单位质量的工质所占有的体积，即 $v = \dfrac{V}{m}$，单位为 m^3/kg。

（2）压力 p：压力 p 是指单位面积上承受的垂直作用力。对于气体，实质上是气体分子运动撞击容器壁面，在单位面积的容器壁面上所呈现的平均作用力。压力的单位是帕（斯卡）（Pa），以及千帕（kPa）和兆帕（MPa）。流体的压力常用压力表或真空表来测量。压力表测量的压力为表压力 p_g，真空表测量的压力为真空度 p_v，工质的真实压力 p 称为绝对压力。p_g、p_v 及大气压力 p_b 之间的关系为

$$p = p_g + p_b \qquad (当 p > p_b 时) \qquad (12-1-3)$$

$$p = p_b - p_v \qquad (当 p < p_b 时) \qquad (12-1-4)$$

（3）温度 T：温度是确定一个系统是否与其他系统处于热平衡的状态函数。温度是热平衡的唯一

判据。温度的数量表示法称为温标。温标的建立一般需要选定测温物质及其某一物理性质，规定基准点及分度方法。热力学温标，是建立在热力学第二定律基础上而完全不依赖测温物质性质的温标。它采用开尔文（K）作为度量温度的单位，规定水的气、液、固三相平衡共存的状态点（三相点）为基准点，并规定此点的温度为 273.16K。与热力学温度并用的有摄氏温度，以符号t表示，其单位为摄氏度（℃）。摄氏温度与热力学温度之间的关系为$t = T - 273.15K$。摄氏温度的零点相当于热力学温度的273.15K，而且这两种温标的温度间隔完全相同。

对于只有两个独立参数的热力系，可以任选两个参数组成二维平面坐标图来描述被确定的平衡状态，这种坐标图称为状态参数坐标图。经常用到的状态参数坐标图有压容图（$p\text{-}v$图）和温熵图（$T\text{-}s$图）等。利用坐标图进行热力分析，具有直观清晰、简单明了的优点。

【例 12-1-5】热力学中常用的状态参数有：

　　　　A. 温度、大气压力、比热容、内能、焓、熵等

　　　　B. 温度、表压力、比体积、内能，焓、熵、热量等

　　　　C. 温度、绝对压力、比体积、内能、焓、熵等

　　　　D. 温度、绝对压力、比热容、内能、功等

解 本题主要考查热力学中常用的状态参数。在热力学中，常用的有压力（p）、温度（T）、比体积（v）、内能（U）、焓（H）和熵（S）6 个状态参数。选 C。

【例 12-1-6】表压力、大气压力、真空度和绝对压力中只有：

　　　　A. 大气压力是状态参数　　　　　　　　B. 表压力是状态参数

　　　　C. 绝对压力是状态参数　　　　　　　　D. 真空度是状态参数

解 本题主要考查热力学中常用的状态参数的概念。只有绝对压力才是真实的压力，因此只有绝对压力才是系统的状态参数。选 C。

【例 12-1-7】大气压力为B，系统中工质真空压力读数为p_1时，系统的真实压力p为：

　　　　A. p_1　　　　　　　B. $B + p_1$　　　　　　C. $B - p_1$　　　　　　D. $p_1 - B$

解 本题主要考查大气压力、真空度以及系统真实压力的关系。选 C。

【例 12-1-8】压力的常用国际单位表达中不正确的是：

　　　　A. N/m²　　　　　　B. kPa　　　　　　C. MPa　　　　　　D. bar

解 压力的基本国际单位为 Pa，即N/m²。bar 是工程中经常用到的压力单位，但不是国际单位。选 D。

【例 12-1-9】确定简单可压缩理想气体平衡状态参数的方程，下列关系中不正确的是：

　　　　A. $p = f(v,T)$　　　　B. $v = f(U,p)$　　　　C. $T = f(p,S)$　　　　D. $p = f(T,U)$

解 本题考查理想气体状态点的确定。

在热力坐标图上，相互独立的两个变量即可确定状态点，对于理想气体，$p = f(T,U)$中T和U之间不是相互独立的，故不能作为两个独立的变量。选 D。

12.1.8 功和热量

功量和热量是在热力过程中系统与外界发生的能量交换量，即通过不同的方式交换的能量。能量转换的方式有两种，即做功和传热。

功是系统与外界之间在力差的推动下，通过宏观的有序运动的方式传递的能量。也即是，借做功

来传递能量总是和物体的宏观位移有关。

　　热量是系统与外界之间在温差的推动下，通过微观粒子的无序运动的方式传递的能量。也即是，借传热来传递能量，不需要有物体的宏观移动。

　　功和热量不是状态参数。只有当系统状态参数发生变化时，才可能有功和热量的传递。所以功和热量的大小不仅与过程的初、终状态有关，而且与过程的性质有关，功和热量都是过程量。热力学中规定，系统对外做功时功取为正，外界对系统做功时功取为负；系统吸热时热量取为正，放热时取为负。

　　可逆过程的功量和热量分别用p-v图和T-s图上的相应面积表示。

12.1.9　热力过程

　　热力过程是指热力系统从一个状态向另一个状态变化时所经历的全部状态的综合。经典热力学可以描述的是两种理想化的过程：准平衡过程与可逆过程。

12.1.10　热力循环

　　工质由某一状态出发，经历一系列热力状态变化后，又回到原来初态的封闭热力过程称为热力循环，简称循环。系统实施热力循环的目的是实现预期连续的能量转换。按照循环的性质可以分为可逆循环（全部过程均可逆）和不可逆循环（还有不可逆过程的循环）。按照利用目的来分，有正向循环（动力循环）和逆向循环（制冷或热泵循环）。

　　循环的经济指标用工作系数来表示

$$工作系数 = \frac{得到的收益}{花费的代价}$$

　　动力循环的经济性用循环热效率η_t来衡量，即

$$\eta_t = \frac{w}{q_1} = \frac{q_1 - q_2}{q_1} = 1 - \frac{q_2}{q_1} \tag{12-1-5}$$

　　制冷循环的经济性用制冷系数ε表示

$$\varepsilon = \frac{q_2}{w} = \frac{q_2}{q_1 - q_2}$$

　　热泵循环的经济性用供热系数ε'表示

$$\varepsilon' = \frac{q_1}{w} = \frac{q_1}{q_1 - q_2} \tag{12-1-6}$$

【例 12-1-10】图示为一热力循环 1—2—3—1 的T-s图，该循环的热效率可表示为：

A. $1 - \dfrac{2b}{a+b}$　　　　B. $1 - \dfrac{2b}{a-b}$

C. $1 - \dfrac{b}{a+b}$　　　　D. $1 - \dfrac{2a}{a+b}$

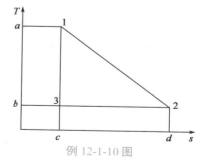

例 12-1-10 图

　　解　本题主要考查动力循环热效率的概念以及在T-s图上的标示方法。动力循环热效率计算表达式在T-s图上面积关系为：

$$\eta_t = \frac{w}{q_1} = \frac{q_1 - q_2}{q_1} = 1 - \frac{q_2}{q_1} = \frac{A_{1231}}{A_{12dc1}}$$

经过几何关系计算两个面积，并推导可得正确答案为 A。

【例 12-1-11】例 12-1-10 图所示循环中工质的吸热量是：

A. $(a-b)(d-c)/2$　　　　　B. $(a+b)(d-c)/2$

C. $(a-b)(d+c)/2$　　　　　D. $(a+b)(d+c)/2$

解　本题主要考查动力循环吸热量在T-s图上的标示方法。动力循环吸热量在T-s图上为 12dc1 所包含的面积，通过计算可知正确答案为 B。

12.1.11　单位制

热工学中涉及的物理量比较多，采用的单位制有工程单位制、国际单位制等。目前我国国家标准中统一采用国际单位制（SI）。

经典练习

12-1-1　若已知工质的绝对压力$p = 0.18$MPa，环境压力$p_a = 0.1$MPa，则测得的压差为（　　　）。

A. 真空$p_v = 0.08$MPa　　　　　　　　　B. 表压力$p_g = 0.08$MPa

C. 真空$p_v = 0.28$MPa　　　　　　　　　D. 表压力$p_g = 0.28$MPa

12-1-2　可以通过测量直接得到数值的状态参数是（　　　）。

A. 焓　　　　　　　B. 热力学能　　　　　　C. 温度　　　　　　D. 熵

12-1-3　无质量交换的热力系统称为（　　　）。

A. 孤立系　　　　　B. 闭口系　　　　　C. 绝热系　　　　　D. 开口系

12-1-4　若工质经历一可逆过程和一不可逆过程，且其初终状态相同，则两过程中工质与外界交换的热量（　　　）。

A. 相同　　　　　　B. 不相同　　　　　C. 不确定　　　　　D. 与状态无关

12-1-5　熵是（　　　）量。

A. 广延状态参数　　　　　　　　　　　　B. 强度状态参数

C. 过程量　　　　　　　　　　　　　　　D. 无法确定

12.2　准静态过程、可逆过程与不可逆过程

考试大纲☞：准静态过程　可逆过程　不可逆过程

12.2.1　准静态过程

（1）定义：由一系列连续的平衡状态组成的过程称为准静态过程，也称为准平衡过程。

（2）特点：准静态过程是实际过程进行得足够缓慢的极限情况。这里的"缓慢"是热力学意义上的缓慢，即由不平衡到平衡的弛豫时间远小于过程进行所用的时间，就可以认为足够缓慢。因此，工程上的大多数过程由于热力系统恢复平衡的速度很快，仍可以看作是准静态过程进行分析。

（3）实现条件：推动过程进行的势差无限小，从而保证系统在任意时刻皆无限接近于平衡态。

（4）建立准静态过程的优点：①可以用确定的状态参数变化描述过程；②可以在参数坐标图上用一条连续曲线表示过程。

【例 12-2-1】　准静态是一种热力参数和作用力都有变化的过程，具有下列哪项特性？

A. 内部和边界是一起快速变化

B. 边界上已经达到平衡

C. 内部状态参数随时处于均匀

D. 内部参数变化远快于外部作用力变化

解 本题主要考查准静态过程的特点。准静态过程是在系统与外界的压力差、温差无限小的条件下，系统变化足够缓慢，系统经历一系列无限接近于平衡状态的过程。热力学意义上的"缓慢"是指由不平衡到平衡的弛豫时间远小于过程进行所用的时间，因此内部状态参数均匀，没有势差。选 C。

12.2.2　可逆过程与不可逆过程

（1）定义：如果系统完成某一热力过程后，再沿原来路径逆向进行时，能使系统和外界都返回原来状态而不留下任何变化，则这一过程称为可逆过程，否则称为不可逆过程。

（2）可逆过程实现条件：过程应为准平衡过程且过程中无任何耗散效应（摩擦、阻力等），这是实现可逆过程的充要条件。也就是说，无耗散的准平衡过程为可逆过程。准静态过程与可逆过程的区别在于有无耗散损失。一个可逆过程必须同时也是一个准静态过程，反之则不然。

【例 12-2-2】 完成一个热力过程后，满足下述哪个条件时过程可逆？

A. 沿原路径逆向进行，系统和环境都恢复初态而不留下任何影响

B. 沿原路径逆向进行，中间可以存在温差和压差，系统和环境都恢复初态

C. 只要过程反向进行，系统和环境都恢复初态而不留下任何影响

D. 任意方向进行过程，系统和环境都恢复初态而不留下任何影响

解 可逆过程的定义"如果系统完成某一热力过程后，再沿原来路径逆向进行时，能使系统和外界都返回原来状态而不留下任何变化，则这一过程称为可逆过程"。选 A。

经典练习

12-2-1　经过一个可逆过程，工质不会恢复原来状态，该说法（　　　）。

　　A. 正确　　　　　　B. 错误　　　　　　C. 有一定道理　　　　D. 不定

12-2-2　准静态过程中，系统经历的所有状态都接近于（　　　）。

　　A. 相邻状态　　　　B. 初状态　　　　　C. 平衡态　　　　　　D. 终状态

12-2-3　系统进行一个过程后，如能使（　　　）沿着与原过程相反的方向恢复初态，则这样的过程为可逆过程。

　　A. 系统　　　　　　B. 外界　　　　　　C. 系统和外界　　　　D. 系统或外界

12-2-4　当热能和机械能发生转变时，能获得最大可用功的过程是（　　　）。

　　A. 准静态过程　　　　　　　　　　　　B. 平衡过程

　　C. 绝热过程　　　　　　　　　　　　　D. 可逆过程

12.3　热力学第一定律

考试大纲☞：热力学第一定律的实质　热力学能　焓　热力学第一定律在开口系统和闭口系统的表达式　储存能　稳定流动能量方程及其应用

12.3.1　热力学第一定律的实质

热力学第一定律实质上就是能量守恒与转换定律在热现象中的应用。它确定了热力过程中各种能量在数量上的相互关系。

热力学第一定律表述为：当热能与其他形式的能量相互转换时，能量的总量保持不变。

热力学第一定律是热力学的基本定律，其适用于一切工质和一切热力过程。对于任何系统，各项能量之间的平衡关系一般表示为：

进入系统的能量 − 离开系统的能量 = 系统储能的变化

【例 12-3-1】 热力学第一定律是关于热能与其他形式的能量相互转换的定律，适用于：

　　A. 一切工质和一切热力过程　　　　　B. 量子级微观粒子的运动过程

　　C. 工质的可逆或准静态过程　　　　　D. 热机循环的一切过程

解　热力学第一定律是能量守恒定律在热现象中的应用。能量守恒定律适用于一切工质和一切热力过程。选 A。

12.3.2　热力学能

能量是物质运动的量度，运动有各种不同形式，相应地应有各种不同的能量，系统储存的能量称为储存能，它有内部储存能和外部储存能。而储存在系统内部的能量叫作内能，又叫做热力学能。它与系统内工质粒子的运动和粒子空间位置有关，是下列各种能量的总和：

（1）分子热运动形成的内动能，它是温度的函数。

（2）分子间相互作用形成的内位能，它是质量体积的函数。

（3）维持一定分子结构的化学能，原子核内部的原子能及电磁场作用下的电磁能等。

热力学能是状态参数，也就是说，若工质从初态 1 变化到终态 2，其内能的变化ΔU只与初态、终态有关，而与过程路径无关。工质经循环变化后，内能的变化为零。

【例 12-3-2】 内能是储存于系统物质内部的能量，有多种形式，下列哪一项不属于内能？

　　A. 分子热运动能　　　　　　　　　　B. 在重力场中的高度势能

　　C. 分子相互作用势能　　　　　　　　D. 原子核内部原子能

解　本题主要考查内能的定义。重力场中的高度势能是外部能。选 B。

12.3.3　焓

在流动过程中，工质携带的能量除内能外，总伴有推动功，所以为工程应用方便起见，把U和pV组合起来，我们就把这些工质流经一个开口系统时的能量总和叫作焓，用大写字母H表示，其表达式为

$$H = U + pV \qquad (12-3-1)$$

在分析开口系统时，因有工质流动，热力学能U和推动功pV必然同时出现，在此特定情况下，焓可以理解为由于工质流动而携带的，并取决于热力状态参数的能量，即热力学能与推动功之和。在分析闭口系统时，焓只是一个复合状态参数，无明确的物理意义。

12.3.4　热力学第一定律在开口系统和闭口系统的表达式

热力学第一定律应用于控制质量时，其一般表达式为

$$q = \Delta e + w \qquad (12-3-2)$$

对于控制质量闭口系统来说，比较常见的情况是在状态变化过程中，系统的动能和位能的变化为零，或动能和位能的变化与过程中参与能量转换的其他各项能量相比，可以忽略不计。因此，上式中系统总能的变化，也就是热力学能的变化。

闭口系统能量方程的表达式有以下几种形式。

1kg 工质经历有限过程

$$q = \Delta u + w \qquad (12\text{-}3\text{-}3)$$

1kg 工质经历微元过程

$$\delta q = \mathrm{d}u + \delta w \qquad (12\text{-}3\text{-}4)$$

$m$kg 工质经历有限过程

$$Q = \Delta U + W \qquad (12\text{-}3\text{-}5)$$

$m$kg 工质经历微元过程

$$\delta Q = \mathrm{d}U + \delta W$$

上述各式，对于闭口系各种过程（可逆或不可逆过程）及各种工质都适用。

对于可逆过程，因 $\delta w = p\mathrm{d}v$，$w = \int_1^2 p\mathrm{d}v$，则以上各式又可表达为以下形式。

1kg 工质经历有限过程

$$q = \Delta u + \int_1^2 p\mathrm{d}v \qquad (12\text{-}3\text{-}6)$$

1kg 工质经历微元过程

$$\delta q = \mathrm{d}u + p\mathrm{d}v \qquad (12\text{-}3\text{-}7)$$

$m$kg 工质经历有限过程

$$Q = \Delta U + \int_1^2 p\mathrm{d}V \qquad (12\text{-}3\text{-}8)$$

$m$kg 工质经历微元过程

$$\delta Q = \mathrm{d}U + p\mathrm{d}V$$

闭口系经历一个循环时，由于 $\oint \mathrm{d}U = 0$，所以

$$\oint \delta Q = \oint \delta W \qquad (12\text{-}3\text{-}9)$$

式（12-3-9）是系统经历循环时的能量方程，即任一循环的净吸热量与净功量相等。

【例 12-3-3】 某物质的内能只是温度的函数，且遵守关系式：$U = (12.5 + 0.125t)\mathrm{kJ}$，此物质的温度由 $100°C$ 升高到 $200°C$。温度每变化 $1°C$ 所做的功 $\delta W/\mathrm{d}t = 0.46\mathrm{kJ}/°C$，此过程中该物质与外界传递的热量是：

A. 57.5kJ　　　　B. 58.5kJ　　　　C. 39.5kJ　　　　D. 59.5kJ

解　本题主要考查热力学第一定律应用于控制质量时的表达式 $\Delta U = Q - W$，以及式中各项正负号的规定。在该过程中内能的变化 $\Delta U = U_2 - U_1 = (12.5 + 0.125t_2) - (12.5 + 0.125t_1) = 0.125(t_2 - t_1) = 12.5\mathrm{kJ}$，过程中功的变化为 $W = \int_{t_1}^{t_2} 0.46\mathrm{d}t = \int_{100}^{200} 0.46\mathrm{d}t = 46\mathrm{kJ}$。

由公式 $Q = \Delta U + W = 12.5 + 46 = 58.5\mathrm{kJ}$。选 B。

【例 12-3-4】 系统经一热力过程，放热 9kJ，对外做功 27kJ。为使其返回原状态，若对系统做功加热 6kJ，需对系统做功：

A. 42kJ　　　　B. 27kJ　　　　C. 30kJ　　　　D. 12kJ

解　因内能是状态参数，其变化与路径无关，其变化量：

$$\Delta U_{12} = U_2 - U_1 = -(U_1 - U_2) = -\Delta U_{21} \qquad ①$$

闭口系能量方程 $Q = \Delta U + W$

对应 12 和 21 两个过程有：

$$Q_{12} = \Delta U_{12} + W_{12} \rightarrow \Delta U_{12} = Q_{12} - W_{12} \qquad ②$$

$$Q_{21} = \Delta U_{21} + W_{21} \rightarrow \Delta U_{21} = Q_{21} - W_{21} \qquad ③$$

将式②、式③代入式①，有：

$$Q_{12} - W_{12} = -(Q_{21} - W_{21})$$

因此，$W_{21} = Q_{12} - W_{12} + Q_{21} = -9 - 27 + 6 = -30\text{kJ}$，负号表明外界对系统做功。选 C。

【例 12-3-5】 气体在某一过程放出热量 100kJ，对外界做功 50kJ，其能量变化量是：

      A. -150kJ   B. 150kJ   C. 50kJ   D. -50kJ

解 热力学第一定律应用于控制质量时，其表达式为 $\Delta U = Q - W$，式中，Q、W 符号规定为：工质吸热为正，放热为负，工质对外做功为正，外界对工质做功为负；ΔU 的符号为：系统的热力学能增加为正，反之为负。按照上述规定，气体能量变化 $\Delta U = -100 - 50 = -150\text{kJ}$。选 A。

【例 12-3-6】 由热力学第一定律，开口系能量方程为 $\delta q = dh - \delta w$，闭口系能量方程为 $\delta q = du - \delta w$，经过循环后，可得出相同结果形式 $\oint \delta q = \oint \delta w$，正确的解释是：

      A. 两系统热力过程相同

      B. 同样热量下可以做相同数量的功

      C. 结果形式相同但内涵不同

      D. 除去 q 和 w，其余参数含义相同

解 表达式 $\delta q = dh - \delta w$ 中 δw 为技术功，而 $\delta q = du - \delta w$ 中 δw 为膨胀功，因此经过循环后两式虽得出了相同的结果 $\oint q = \oint w$，但是对于两者其内涵是不同。选 C。

【例 12-3-7】 热力学第一定律闭口系表达式 $\delta q = c_v dt + p dv$ 的适用条件为：

      A. 任意工质任意过程   B. 任意工质可逆过程

      C. 理想气体准静态过程   D. 理想气体的微元可逆过程

解 对于闭口系统，热力学第一定律微元表达式为：$\delta q = du + \delta w$；

对于微元理想气体，热力学第一定律微元表达式为：$du = c_v dt$ 或 $dh = c_p dt$；

对于可逆过程，热力学第一定律微元表达式为：$\delta w = p dv$ 或 $\delta w_t = -v dp$。

则 $\delta q = c_v dt + p dv$ 的适用条件为理想气体的微元可逆过程。选 D。

12.3.5 储存能

能量是物质运动的量度，运动有各种不同的形式，相应的就有各种不同的能量。系统储存的能量称为储存能 E，它为系统的内部储存能 U 和外部储存能 $E_k + E_p$ 之和，即

$$E = U + E_k + E_p \qquad (12\text{-}3\text{-}10)$$

功的种类很多，主要的功有以下几种。

1）体积变化功（又称膨胀功）W

系统体积变化所完成的膨胀功或压缩功统称为体积变化功。由于热能和机械能的可逆转换总是和工质的膨胀和压缩联系在一起，所以体积变化功是热变功的源泉，而体积变化功和其他形式能量间的关系，则属于机械能的转换。

2）轴功 W_s

系统通过轴与外界交换的功量称为轴功。

3）推动功和流动功 W_f

开口系统因工质流动而传递的功称为推动功。相当于一个假想的活塞把前方的工质推进（或推出）系统所做的功 pV，此量随工质进入（或离开）系统而称为带入（或带出）系统的能量。推动功只有在工质流动时才有，当工质不流动时，虽然工质也具有一定的状态参数 p 和 V，但这时的 pV 并不代表推动功。

工质在流动时，总是从后面获得推动功，而对前面做出推动功，进出质量的推动功之差称为流动功。它可理解为在流动过程中，系统与外界由于物质的进出而传递的机械功。

4）技术功 W_t

工程技术上将技术上可以利用的功称为技术功。对于开口系统来讲，其包括轴功、进出口的宏观动能差和宏观位能差。

技术功为膨胀功与流动功之和，即

$$技术功 = 膨胀功 + 流动功$$

$$W_t = W + p_1V_1 - p_2V_2 \qquad (12\text{-}3\text{-}11)$$

对于可逆过程

$$W_t = -\int_1^2 V\,dp \qquad (12\text{-}3\text{-}12)$$

几种功及在稳定流动过程中的关系汇总于表 12-3-1。

几种功及相互之间的关系 表 12-3-1

名　称	含　义	说　明
体积变化功（或膨胀功）W	系统体积变化所完成的功	（1）当过程可逆时，$W = \int_1^2 V dp$ （2）膨胀功是简单可压缩系统热变功的源泉 （3）膨胀功往往对应闭口系统所求的功
轴功 W_s	系统通过轴与外界交换的功	（1）轴功是开口系统所求的功 （2）当工质进出口间的动、位能差被忽略时，$W_t = W_s$，所以此时开口系统所求的功也是技术功
流动功 W_f	开口系付诸质量迁移所做的功	流动功是进出口推动功之差，即 $$W_f = p_2V_2 - p_1V_1$$
技术功 W_t	技术上可资利用的功	（1）W_t 与 W_s 的关系：$W_t = \frac{1}{2}m\Delta c_f^2 + mg\Delta z + W_s$ （2）W_t 与 W、W_f 的关系：$W_t = W - \Delta(pV)$ （3）当过程可逆时，$W_t = -\int_1^2 V dp$，这也是动、位能差不计时的最大轴功

【例 12-3-8】 热能转换成机械能的唯一途径是通过工质的体积膨胀，此种功称为体积变化功，它可分为：

　　A. 膨胀功和压缩功　　　　　　　　　B. 技术功和流动功
　　C. 轴功和流动功　　　　　　　　　　D. 膨胀功和流动功

解　本题主要考查体积变化功的定义，即"热力系统体积变化所完成的膨胀功或压缩功统称为体积变化功"。选 A。

【**例 12-3-9**】 系统的总储存能包括内储存能和外储存能，其中外储存能是指：

A. 宏观动能+重力位能   B. 宏观动能+流动功

C. 宏观动能+体积变化功   D. 体积变化功+流动功

解 根据热力学能的分类，外部储存能包括宏观动能 E_k 和重力位能 E_p 两种。选 A。

【**例 12-3-10**】 系统的储存能 E 的表达式：

A. $E = U + pV$ B. $E = U + pV + E_k + E_p$

C. $E = U + E_k + E_p$ D. $E = U + H + E_k + E_p$

解 本题主要考查储存能的概念。能量是物质运动的量度，运动有各种不同形式，相应地应有各种不同的能量，系统储存的能量称为储存能，它有内部储存能和外部储存能。选 C。

12.3.6 稳定流动能量方程及其应用

稳定流动：在流动过程中，热力系内部及热力系界面上每一点的所有特征参数都不随时间而变化，则该流动过程为稳定流动。实现稳定流动的必要条件是，系统与外界进行物质和能量的交换不随时间而变，即：①进、出口截面的参数不随时间而变；②系统与外界交换的功量和热量不随时间而变；③工质的质量流量不随时间而变，且进、出口处的质量流量相等。

稳定流动能量方程的表达式有以下几种形式。

1kg 工质流过开口系，经过有限过程和微元过程时

$$\left.\begin{aligned} q &= \Delta h + \frac{1}{2}\Delta c^2 + g\Delta z + w_s = \Delta h + w_t \\ \delta q &= \mathrm{d}h + \frac{1}{2}\mathrm{d}c^2 + g\mathrm{d}z + \delta w_s = \mathrm{d}h + \delta w_t \end{aligned}\right\} \tag{12-3-13}$$

$m$kg 工质流过开口系，经过有限过程和微元过程时

$$\left.\begin{aligned} Q &= \Delta H + \frac{1}{2}m\Delta c^2 + mg\Delta z + W_s = \Delta H + W_t \\ \delta Q &= \mathrm{d}H + \frac{1}{2}m\mathrm{d}c^2 + mg\mathrm{d}z + \delta W_s = \mathrm{d}H + \delta W_t \end{aligned}\right\} \tag{12-3-14}$$

稳态稳流能量方程式在工程上有着广泛的应用，在不同条件下可适当简化为不同的形式，下面列举几种工程应用实例。

（1）透平机械：利用工质在机器中膨胀获得机械功的设备，如汽轮机。因进出口的高度差一般很小，进出口的流速变化也不大，工质在汽轮机中停留的时间很短，系统与外界热量的交换可以忽略，由稳态稳流能量方程得：$w_s = H_2 - H_1$。即在汽轮机中所做的轴功等于工质的焓降。

（2）压缩机械：消耗轴功使气体压缩以升高其压力的设备称为压气机。同样得：$-w_s = h_2 - h_1$，即压气机绝热压缩消耗的轴功等于压缩气体焓的增加。

（3）换热设备：应用稳态稳流能量方程式，可以解决如锅炉、空气加热（或冷却）器、蒸发器、冷凝器等各种热交换器在正常运行时的热量计算问题。在热交换器中，系统与外界没有功量交换，由稳态稳流能量方程得：$q = H_2 - H_1$。即在锅炉等换热设备中，工质所吸收的热量等于焓的增加。

（4）喷管：喷管是一种使气流加速的设备。工质流经喷管时与外界没有功量交换，位能差很小可以忽略，又因为工质流过喷管时速度很快，与外界的热交换也可以不考虑，有稳态稳流能量方程得：$\frac{c_2^2 - c_1^2}{2} = H_2 - H_1$，即在喷管注气流动能值增量等于工质的焓降。

（5）流体的混合：两股流体的混合，取混合室为控制体，混合为稳态稳流工况，在绝热条件下进行，且忽略流体动能、位能变化，则控制体的能量方程为

$$\dot{m}_1 h_1 + \dot{m}_2 h_2 = (\dot{m}_1 + \dot{m}_2)h_3 \qquad (12\text{-}3\text{-}15)$$

（6）绝热节流：流体在管道内流动，遇到突然变窄的断面，由于存在阻力使流体压力降低的现象称为节流。稳态稳流的流体快速流过狭窄断面来不及与外界换热也没有功率的传递，可理想化为绝热节流。如果忽略流体进、出口截面的动能、位能变化，则控制体能量方程可简化为：$H_1 = H_2$。这表明绝热节流前后焓值相等，但是不能把整个节流过程当作定焓过程。

经典练习

12-3-1　热力学第一定律的实质是（　　　）。

A. 质量守恒定律 　　　　　　　　　　B. 机械守恒定律

C. 能量转换和守恒定律 　　　　　　　D. 卡诺定律

12-3-2　开口系统的工质在可逆流动过程中，如压力降低，则（　　　）。

A. 系统对外做技术功 　　　　　　　　B. 外界对系统做技术功

C. 系统与外界无技术功的交换 　　　　D. 无法确定

12-3-3　热力学第一定律阐述了能量转换的（　　　）。

A. 方向 　　　　B. 速度 　　　　C. 限度 　　　　D. 数量关系

12-3-4　热力学一般规定，系统从外界吸热为（　　　），外界对系统做功为（　　　）。

A. 正，负 　　　　B. 负，负 　　　　C. 正，正 　　　　D. 负，正

12-3-5　理想气体的内能包括分子具有的（　　　）。

A. 移动动能 　　　　B. 转动动能 　　　　C. 振动动能 　　　　D. A + B + C

12-3-6　在 p-v 图上，一个比体积减少的理想气体可逆过程线下的面积表示该过程中系统（　　　）。

A. 吸热 　　　　B. 放热 　　　　C. 对外做功 　　　　D. 消耗外界功

12-3-7　理想气体放热过程中，若工质温度上升，则其膨胀功一定（　　　）。

A. 小于零 　　　　B. 大于零 　　　　C. 等于零 　　　　D. 不一定

12-3-8　满足 $q = \Delta u$ 关系的热力工程是（　　　）。

A. 任意气体任意过程 　　　　　　　　B. 任意气体定容过程

C. 理想气体定压过程 　　　　　　　　D. 理想气体可逆过程

12-3-9　工质状态变化，因其比体积变化而做的功称为（　　　）。

A. 内部功 　　　　B. 推动功 　　　　C. 技术功 　　　　D. 容积功

12-3-10　一封闭系统与外界之间由于温差而产生的系统内能变化量大小，取决于（　　　）。

A. 密度差 　　　　B. 传递的热量 　　　　C. 熵变 　　　　D. 功

12.4　气体性质

考试大纲☞：理想气体模型及其状态方程　实际气体模型及其状态方程　压缩因子　临界参数　对比态及其定律　理想气体比热容　混合气体的性质

12.4.1 理想气体模型及其状态方程

能量的转换和传递必定伴随工质状态的变化，所以研究热能转变为机械能或其他形式能量的转换必定要涉及工质的性质。工程热力学研究的工质是气态和液态物质，主要是气态。不同的物质有其共性也有个性，这些个性常常造成能量转换的设备、过程不同，所以要分清所讨论的工质的性质。工程热力学常把气体工质分为理想气体和实际气体。

理想气体是一种假想的气体，即气体分子是一些弹性的、忽略分子相互作用力、不占有体积的质点；当实际气体达到 $p \to 0$，$v \to \infty$ 的极限状态时，称为理想气体。它是远离液态的实际气体的近似模型。在实际中，有许多气体，如常温常压下的 H_2、O_2、N_2、CO_2、CO、He 及其混合物空气、燃气、烟气等，计算时可作为理想气体处理。

理想气体状态方程如下。

适用于 1kg 气体

$$pv = R_g T \tag{12-4-1}$$

适用于 $m$kg 气体

$$pV = mR_g T \tag{12-4-2}$$

适用于 1mol 气体

$$pv_m = RT \tag{12-4-3}$$

适用于 $n$mol 气体

$$pV = nRT \tag{12-4-4}$$

其中，R_g 为气体常数，与气体所处状态无关，随气体种类而异；R 为通用气体常数，不仅与气体所处状态无关，而且与气体种类无关，任何气体都是相同的。当采用国际单位制时，$R = 8.314\text{kJ}/(\text{mol} \cdot \text{K})$。通用气体常数与气体常数之间的关系为 $R_g = R/M$。

【例 12-4-1】 某电厂有三台锅炉合用一个烟囱，每台锅炉每秒钟产生烟气量为 73m³（已折算到标准状态下的容积）。烟囱出口处的烟气温度为 100℃，压力近似等于 1.0133×10^5Pa，烟气流速为 30m/s，烟囱的出口直径是：

      A. 3.56m   B. 1.75m   C. 1.66m   D. 2.55m

解 本题主要考查理想气体状态方程的应用。根据理想气体状态方程 $pV = nRT$，可知本题中压力近似不变，气体状态方程简化为 $\frac{V_1}{T_1} = \frac{V_2}{T_2}$，已知 V_1 为 3×73m³，可以求得 V_2 为 299.22m³。烟气的流速已知，通过圆柱体体积公式 $V_2 = \pi r^2 l$，可以求得烟囱直径为 3.56m。选 A。

【例 12-4-2】 在煤气表上读得煤气消耗量为 668.5m³，若煤气消耗期间煤气压力表的平均值为 456.3Pa，温度平均值为 17℃，当地大气压力为 100.1kPa，标准状态下煤气消耗量为：

      A. 642 m³   B. 624 m³   C. 10649 m³   D. 14550 m³

解 本题属于综合性考题，考查内容包括各种压力的关系以及理想气体状态方程的应用。题中已知煤气在 17℃时的体积和压力，求解标准状态（273K，101.325kPa）下煤气的体积。根据理想气体状态方程 $pV = nRT$ 即可求得，需要注意的是代入的压力均为绝对压力，温度为热力学温度。选 B。

【例 12-4-3】 理想气体的 p-v-T 关系式可表示成微分形式：

      A. $dp/p + dv/v = dT/T$ B. $dp/p - dv/v = dT/T$

      C. $dv/v - dp/p = dT/T$ D. $dT/T + dv/v = dp/p$

解 本题主要考查理想气体状态方程式的微分推导过程。在一定状态下，p、v、T 三个变量中只有两个是独立的，也就是当压力和温度确定之后，体系的体积也随之确定，即 $V = f(p,T)$，其微分为"全微分"，即：

$$dv = \left(\frac{\partial v}{\partial p}\right)_T dp + \left(\frac{\partial v}{\partial T}\right)_p dT$$

理想气体状态方程式的实验基础是三个实验定律：①波义耳（Boyle）定律；②查理士-盖·吕萨克（Charles-Gay-Lussac）定律；③阿伏伽德罗（Avogadro）定律。由以上三个实验定律可得出上式中有关的偏微系数。

由波耳耳定律可得：

$$\left(\frac{\partial v}{\partial p}\right)_T = -\frac{v}{p}$$

由查理士-盖·吕萨克定律可得：

$$\left(\frac{\partial v}{\partial T}\right)_p = \frac{v}{T}$$

由阿伏伽德罗定律：

$$\left(\frac{\partial v}{\partial n}\right)_{p,T} = \frac{v}{n}$$

因此 $v = f(p,T)$ 的全微分可表示为：$dv = -\frac{v}{p}dp + \frac{v}{T}dT$ 或 $\frac{dv}{v} = -\frac{dp}{p} + \frac{dT}{T}$

上述两边不定积分的结果为：$\ln v = -\ln p + \ln T + \ln R_g$

式中积分常数 $\ln R_g$ 为一与气体性质无关的常数，称为"摩尔气体常量"。上式移项并除去对数符号，可得：$pv = R_g T$。选 A。

【例 12-4-4】已知氧气的表压为 0.15MPa，环境压力为 0.1MPa，温度为 123℃，钢瓶体积为 0.3m³，则计算该钢瓶质量的计算式 $m = 0.15 \times 10^6 \times 0.3/(123 \times 8\,314)$ 中有：

　　　　A. 一处错误　　　　B. 两处错误　　　　C. 三处错误　　　　D. 无错误

解　本题主要考查适合 mkg 理想气体状态方程 $pV = mR_g T$ 的应用。公式中的压力和温度分别为绝对压力和热力学温度，R_g 应为氧气的气体常数，而不是通用气体常数，故计算式中有三处错误。选 C。

12.4.2　实际气体模型及其状态方程

实际气体是真实气体，在工程使用范围内离液态较近，分子间作用力及分子本身体积不可忽略，因此热力性质复杂，工程计算主要靠图表。

按照理想气体状态方程式，在给定温度下，一定质量的气体，$pV =$ 常数，与压力无关。而实际气体则或多或少有偏差，即在定温下 $pV \neq$ 常数，而随压力变化。

实际气体对理想气体的偏差，主要由于实际气体分子之间相互作用力与分子本身体积的影响。如在一定温度下，气体被压缩，分子间的平均距离缩短，分子间引力作用变大，气体容积就会在分子引力作用下进一步缩小，气体的实际容积要比按理想气体计算所得的值小；但当气体被压缩到一定程度，气体分子本身的体积不能忽略时，分子之间的斥力作用不断增强，把气体压缩到一定容积所需的压力就要大于按理想气体计算之值。

范德瓦尔方程是一个形式简单而又有理论考虑的实际气体状态方程，其方程式为

$$p = \frac{R_g T}{v - b} - \frac{a}{v^2} \tag{12-4-5}$$

式中：a ——气体分子间作用力强弱的特性常数；

b ——气体分子体积影响的修正值。

12.4.3 压缩因子

工程上，在近似计算时常采用对理想气体性质引入修正项而得到实际气体性质的简便方法。实际气体的体积与同温度和同压力下理想气体的体积之比，称为压缩因子，压缩因子表示实际气体偏离理想气体的程度，用符号z表示，其表达式为

$$z = \frac{v}{v_{\text{id}}} = \frac{pv}{R_g T} \tag{12-4-6}$$

引入压缩因子z后，实际气体方程为

$$pv = zR_g T \tag{12-4-7}$$

对于理想气体$z = 1$；对于实际气体z是状态函数，可能大于或小于 1。压缩因子是气体温度和压力的函数，通常采用对比态定律建立的通用性图表——压缩因子图来确定。

【例 12-4-5】z压缩因子法是依据理想气体计算参数修正后得出实际气体近似参数，下列说法中不正确的是：

A. $z = f(p, T)$

B. z是状态的参数，可能大于 1 或小于 1

C. z表明实际气体偏离理想气体的程度

D. z是同样压力下实际气体体积与理想气体体积的比值

解 本题主要考查压缩因子的概念。压缩因子是在给定状态下（相同压力和温度），实际气体的质量体积（比体积）和理想气体的质量体积的比值。选 D。

【例 12-4-6】实际气体分子间有作用力且分子有体积，因此同样温度和体积下，若压力不太高，分别采用理想气体状态方程式计算得到的压力$p_{\text{理}}$和实际气体状态方程式计算得到的压力$p_{\text{实}}$之间关系为：

A. $p_{\text{实}} \approx p_{\text{理}}$　　　　　　　　　　B. $p_{\text{实}} > p_{\text{理}}$

C. $p_{\text{实}} < p_{\text{理}}$　　　　　　　　　　D. 不确定

解 若考虑存在分子间作用力，气体对容器壁面所施加的压力要比理想气体的小；而存在分子体积，会使分子可自由活动的空间减小，气体体积减小压力相应稍有增大，因此综合考虑得出$p_{\text{实}} \approx p_{\text{理}}$。选 A。

12.4.4 临界参数

自然界绝大多数物质都有气、液、固三态，而在气、液相变时存在临界状态。实验表明，各种气体都在一定程度上显示出热力学相似的性质。我们把各种状态与临界状态的同名参数的比值称为对比参数，如对比温度、对比压力和对比比体积。对比参数都是无因次量，它表明物质所处状态偏离其本身临界状态的程度。

12.4.5 对比态定律

用对比参数表示的状态方程称为对比状态方程。凡是含有两个常数（不包括气体常数R）的实际气体状态方程式，根据物质特性常数与临界参数之间的关系，可以消去方程中的常数项而转换成具有通用性的对比状态方程式。

如果不同气体所处状态的对比状态参数都各自相同，则可称这些气体处于对应状态。例如临界状态，各种物质的对比参数都相同，且都等于 1，即处在对应状态。由对比态方程式可以推得：对于满足同一对比态方程式的各种气体，对比参数中若有两个相等，则第三个对比参数就一定相等，物质也就处于对应状态中，这一规律称为对比态定律。范德瓦尔斯对比态方程为

$$p_r = \frac{8T_r}{3v_r - 1} - \frac{3}{v_r^2} \tag{12-4-8}$$

12.4.6 理想气体的比热容、内能及焓

1）理想气体比热容的计算

比热（比热容）：单位质量的物体，当其温度变化 1K（或 1℃）时，物体和外界交换的热量。

根据所采用的物质量单位的不同，以及所经历的过程不同，比热可以有质量比热 c[单位：J/(kg·K)]、摩尔比热 c_m[单位：J/(mol·K)]及容积比热 c_v[单位：J/(m³·K)]。每种比热又有定压比热 c_p。它们之间的关系为

$$\left.\begin{array}{r} c_m = Mc = 22.41c_v \\ c_p - c_v = R_g \\ c_{p,m} - c_{v,m} = R \end{array}\right\} \tag{12-4-9}$$

比热容的处理有如下几种方法。

（1）真实比热容：将实验测得的不同气体的比热容随温度的变化关系，表示为多项式形式，称之为真实比热容。

（2）平均比热容：评价比热容表示 $t_1 \sim t_2$ 间隔内比热容的积分平均值。

（3）定值比热容：当气体温度不太高且变化范围不大，或计算精度要求不高时，可将比热容近似看作不随温度而变的定值，称为定值比热容，见表 12-4-1。

定 值 比 热 容 　　　　　　　　　　　　　　　　　　表 12-4-1

气体种类	c_v[J/(kg·K)]	c_p[J/(kg·K)]	k
单原子	$3R_g/2$	$5R_g/2$	1.67
双原子	$5R_g/2$	$7R_g/2$	1.4
多原子	$7R_g/2$	$9R_g/2$	1.3

2）理想气体内能变化的计算

由 $\delta q_v = du_v = c_v dT$，得

$$du = c_v dT, \quad \Delta u = \int_1^2 c_v dT \text{ 或 } \Delta u = c_v(T_2 - T_1) \tag{12-4-10}$$

适用于理想气体一切过程或者实际气体定容过程。

3）理想气体焓变化的计算

对于理想气体

$$h = u + RT = f(T)$$

$$du = c_p dT, \quad \Delta u = \int_1^2 c_p dT \text{ 或 } \Delta h = c_p(T_2 - T_1) \tag{12-4-11}$$

适用于理想气体的一切热力过程或者实际气体的定压过程。

12.4.7 混合气体

热力工程中常用到由几种气体组成的混合物，即混合气体。例如，燃气主要是由 H_2、N_2、CO_2、H_2O 和 O_2 等组成的混合气体；空气也是常见的混合气体，主要由 N_2、O_2、CO_2、惰性气体及少量水蒸气等气体组成。这些混合气体成分稳定，不发生化学反应且远离液态，因此可视为理想气体。

1）混合气体的压力和分容积

体积为 V 的容器中盛有压力为 p、温度为 T 的混合气体，若将每一种组成气体分离出来后，且具有与混合气体相同的温度和体积时，给予容器的压力称为组成气体的分压力，用 p_i 表示。根据道尔顿分压定律，混合气体的总压力 p 应等于每一组成分气体分压力 p_i 之和，即

$$p = p_1 + p_2 + \cdots + p_n = \sum_{i=1}^{n} p_i \tag{12-4-12}$$

若将混合气体中每一组成气体分离出来，并且具有与混合气体相同的温度和压力时，所占据的体积称为组成气体的分体积，用 V_i 表示。根据阿密盖特分体积定律，混合气体的总体积应等于每一组成气体的分体积 V_i 之和，即

$$V = V_1 + V_2 + \cdots + V_n = \sum_{i=1}^{n} V_i \tag{12-4-13}$$

2）混合气体的成分及其换算关系

混合气体的成分指各组成气体的含量占混合气体总量的百分数。按物理量单位的不同通常有三种表示方法：质量分数、体积分数和摩尔分数。

（1）质量分数：混合气体中各组成气体的质量与混合气体总质量的比值，用 g_i 表示。

（2）体积分数：混合气体中各组成气体的分体积与混合气体总体积的比值，用 r_i 表示。

（3）摩尔分数：混合气体中各组成气体的摩尔数与混合气体总摩尔数的比值，用 x_i 表示。即

$$\left. \begin{aligned} g_i &= \frac{m_i}{m} \\ r_i &= \frac{V_i}{V} \\ x_i &= \frac{n_i}{n} \end{aligned} \right\} \tag{12-4-14}$$

并且，混合气体中各组成气体的质量分数之和、体积分数之和及摩尔分数之和均等于 1。

三者的换算关系为

$$\left. \begin{aligned} r_i &= x_i \\ x_i &= \frac{M}{M_i} g_i = \frac{R_{g,i}}{R_g} g_i \end{aligned} \right\} \tag{12-4-15}$$

3）混合气体的折合摩尔质量与折合气体常数

由于混合气体不是单一气体，因而无法用一个分子式来表示其化学组成，可以假设某种单一气体，某分子数和总质量恰好与混合气体的相等，这种假设单一气体的摩尔质量和气体常数即为混合气体的折合摩尔质量 M 和折合气体常数 R_g。

$$\left. \begin{aligned} R_g &= \frac{R}{M} = \frac{nR}{m} = \frac{\sum\limits_{i=1}^{n} n_i R}{m} = \frac{\sum\limits_{i=1}^{n} m_i \dfrac{R}{M_i}}{m} = \sum_{i=1}^{n} g_i R_{g,i} \\ M &= \frac{R}{R_g} = \frac{8.314}{R_g} \end{aligned} \right\} \tag{12-4-16}$$

或

$$R_{\mathrm{g}} = \frac{m}{n} = \frac{\sum\limits_{i=1}^{n} n_i M_i}{n} = \sum_{i=1}^{n} x_i M_i = \sum_{i=1}^{n} r_i M_i \left.\begin{array}{c}\\\\\end{array}\right\}$$
$$R_{\mathrm{g}} = \frac{R}{M} = \frac{8.314}{M}$$

(12-4-17)

4）混合气体的比热容

混合气体的比热容与它的组成气体有关，混合气体温度升高所需的热量，等于各组成气体相同温升所需的热量之和。由此可以推得混合气体比热容的计算公式分别如下。

混合气体的比热容 $\qquad c = g_1 c_1 + g_2 c_2 + \cdots + g_n c_n = \sum\limits_{i=1}^{n} g_i c_i$

混合气体的容积比热容 $\qquad c' = r_1 c_1' + r_2 c_2' + \cdots + r_n c_n' = \sum\limits_{i=1}^{n} r_i c_i'$

混合气体的摩尔比热容 $\qquad Mc = M \sum\limits_{i=1}^{n} g_i c_i = \sum\limits_{i=1}^{n} x_i M_i c_i$

【例 12-4-7】 把空气作为理想气体，当其中 O_2 的质量分数为 21%，N_2 的质量分数为 78%，其他气体的质量分数为 1%，则其定压比热容 c_{p} 为：

A. 707J/(kg·K) B. 910J/(kg·K) C. 1 010J/(kg·K) D. 1 023J/(kg·K)

解 本题主要考查混合气体比热容计算公式的应用。选 C。

【例 12-4-8】 如果将常温常压下的氧气作为理想气体，则其定值比热容为：

A. 260J/(kg·K) B. 650J/(kg·K) C. 909J/(kg·K) D. 1 169J/(kg·K)

解

$$c_{\mathrm{p}} = \frac{k}{k-1} R_{\mathrm{g}} = \frac{1.4}{1.4-1} \times \frac{8\,314}{32} = 909 \mathrm{J/(kg \cdot K)}$$

选 C。

经典练习

12-4-1 理想混合气体的压力为各组成气体在具有与混合气体相同温度、相同容积时的分压力（　　）。

　　A. 之差 　　B. 之积

　　C. 之和 　　D. 之中最大的一个

12-4-2 理想混合气体的密度为各组成气体在具有与混合气体相同温度、相同压力时的密度（　　）。

　　A. 之差 　　B. 之积

　　C. 之和 　　D. 之中最大的一个

12-4-3 空气或燃气的定压比热是定容比热的（　　）倍。

　　A. 1.2 　　B. 1.3 　　C. 1.4 　　D. 1.5

12-4-4 物体的热容量与下列（　　）无关。

　　A. 组成该物体的物质 　　B. 物体的质量

　　C. 加热过程 　　D. 物体的密度

12-4-5 理想气体的比热容（　　）。

　　A. 与压力和温度有关

B. 与压力无关而与温度有关

C. 与压力和温度都无关

D. 与压力有关而与温度无关

12.5　理想气体基本热力过程及气体压缩

考试大纲☞：定压　定容　定温和绝热过程　多变过程　气体压缩轴功　余隙　多级压缩和中间冷却

12.5.1　定压、定容、定温和绝热过程

理想气体在闭口系统中进行的四个基本可逆过程为定容过程、定压过程、定温过程和可逆绝热过程，它们有一个共同的特征，就是过程进行中有一个状态参数（v，T或s）保持不变。因此，保持一个参数不变的过程仅有上述四种，这四种过程称为基本过程。

1）定容过程

工质比体积保持不变的过程称为定容过程。气体在刚性容器内进行的加热过程即为定容过程。定容过程中加给气体的热量并未转变为机械能，而是全部用于增加气体的内能。

2）定压过程

压力保持不变时系统状态发生变化所经历的过程称为定压过程。定压过程中系统获得或放出的热量等于初、终状态的焓差。

3）定温过程

温度保持不变时系统状态发生变化所经历的过程称为定温过程。定温膨胀时吸热量全部转换为膨胀功，定温压缩时消耗的压缩功全部转换为放热量。

4）绝热过程

系统与外界不发生热量交换时所经历的过程称为绝热。对于无功耗散的准静态绝热过程（可逆绝热过程）即为定熵过程。绝热过程中工质与外界无热量交换。绝热膨胀时，膨胀功等于工质内能的减量；绝热压缩时，消耗的压缩功等于工质内能的增量。

图 12-5-1 为基本过程的 p-v 图和 T-s 图。

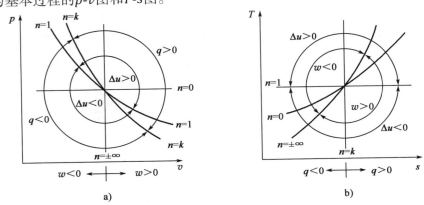

图 12-5-1　基本过程的 p-v 图和 T-s 图

【**例 12-5-1**】　一容积为 $2m^3$ 的储气罐内盛有 $t_1 = 20℃$，$p_1 = 500kPa$ 的空气[已知：$c_p = 1.005kJ/(kg \cdot K)$，$R = 0.287kJ/(kg \cdot K)$]。若使压力提高到 $p_2 = 1MPa$，空气的温度将升高到：

A. 313℃   B. 40℃   C. 400℃   D. 350℃

解 本题主要考查定容过程中的温度变化及理想气体状态方程的应用。本题提供了大量的信息，但真正在计算中用到的是初始压力、初始温度和终止压力，利用理想气体状态方程可以计算出定容过程的终止温度是313℃。选 A。

【例 12-5-2】 0.3 标准立方米的氧气，在温度 $t_1 = 45℃$ 和压力 $p_1 = 103.2\text{kPa}$ 下盛于一个具有可移动活塞的圆筒中，先在定压下对氧气加热，热力过程为 2—2，然后在定容下冷却到初温 45℃，过程为 2—3。已知终态压力 $p_3 = 58.8\text{kPa}$。若氧气的气体常数 $R = 259.8\text{J/(kg·K)}$，在这两个过程中氧气与外界净交换热量为：

A. 56.56kJ   B. 24.2kJ   C. 26.68kJ   D. 46.52kJ

解 这两个过程包括定压加热和定容冷却两个过程，两个过程中氧气与外界净交换热量为两个过程中氧气与外界交换热量之和，即 $Q = Q_1 + Q_2$。

0.3 标准立方米的氧气的质量 $m = \dfrac{p_0 V_0}{R T_0}$

2—2 定压过程中的吸热量 $Q_1 = m c_p \Delta t = \dfrac{p_0 V_0}{R T_0} \times \dfrac{7}{2} R(T_2 - T_1)$

2—3 定容过程中的吸热量 $Q_2 = m c_v \Delta t = \dfrac{p_0 V_0}{R T_0} \times \dfrac{5}{2} R(T_3 - T_2)$

由于 2—2 过程为定压过程，因此 $p_1 = p_2 = 103.2\text{kPa}$，2—3 过程为定容过程，已知状态点 3 的压力和温度，可以求得状态点 2 的温度 T_2：

$$T_2 = \frac{p_2}{p_3} T_3 = \frac{103.2}{58.8} \times (273 + 45) = 558.1\text{K}$$

$$Q = Q_1 + Q_2 = \frac{p_0 V_0}{R T_0} \times \frac{7}{2} R(T_2 - T_1) + \frac{p_0 V_0}{R T_0} \times \frac{5}{2} R(T_3 - T_2) = 26.68\text{kJ}$$

选 C。

【例 12-5-3】 空气进行可逆绝热压缩，压缩比为 6.5，初始温度为 27℃，则终了时气体温度可达：

A. 512K   B. 430K   C. 168℃   D. 46℃

解 本题主要考查定熵过程中的状态参数变化公式的应用。由多变过程公式得：

$$\frac{T_2}{T_1} = \left(\frac{v_1}{v_2}\right)^{k-1} = \left(\frac{p_2}{p_1}\right)^{\frac{k-1}{k}} = 6.5^{\frac{1.4-1}{1.4}} = 1.707$$

$$T_2 = 1.707 T_1 = 1.707 \times (27 + 273) = 512\text{K}$$

选 A。

【例 12-5-4】 理论上认为，水在工业锅炉内的吸热过程为：

A. 定容过程   B. 定压过程

C. 多变过程   D. 定温过程

解 水在工业蒸汽锅炉中被定压加热变为过热水蒸气。选 B。

12.5.2 多变过程

多变过程比四种基本热力过程更为一般化，是按一定规律变化的热力过程。

1）多变过程方程式

在工程上，大部分实际过程可近似地用 $pv^n =$ 定值的多变过程来描述，n 是常数，称为多变指数。原则上 n 可以为 $-\infty \sim +\infty$ 之间的任一数值，但工程中遇到的过程 n 一般都为正值。

四种基本过程，实际上也都是多变过程的特例，即：

$n = 0$，$p = $ 定值，为定压过程；

$n = 1$，$pv = $ 定值，为定温过程；

$n = k$，$pv^k = $ 定值，为定熵过程；

$n = \pm\infty$，$v = $ 定值，为定容过程。

多变指数n的计算公式为：

$$n = \frac{\ln(p_2/p_1)}{\ln(v_1/v_2)} \tag{12-5-1}$$

2）过程中q、w、Δu的判断

（1）q的判断：以绝热线为基准。

（2）w的判断：以定容线为基准。

（3）Δu的判断：以定温线为基准。

3）初、终状态参数关系式及内能、焓和熵的变化公式

$$\left. \begin{aligned} p_1 v_1^n &= p_2 v_2^n \\ T_1 v_1^{n-1} &= T_2 v_2^{n-1} \\ T_1 p_1^{-\frac{n-1}{n}} &= T_2 p_2^{-\frac{n-1}{n}} \end{aligned} \right\} \tag{12-5-2}$$

$$\left. \begin{aligned} \Delta u &= c_{\mathrm{v}} \Big|_{t_1}^{t_2} (T_2 - T_1) \\ \Delta h &= c_{\mathrm{p}} \Big|_{t_1}^{t_2} (T_2 - T_1) \\ \Delta s &= c_{\mathrm{p}} \ln \frac{T_2}{T_1} - R_{\mathrm{g}} \ln \frac{p_2}{p_1} \\ &= c_{\mathrm{v}} \ln \frac{T_2}{T_1} + R_{\mathrm{g}} \ln \frac{v_2}{v_1} \\ &= c_{\mathrm{v}} \ln \frac{p_2}{p_1} + c_{\mathrm{p}} \ln \frac{v_2}{v_1} \end{aligned} \right\} \tag{12-5-3}$$

为了应用方便，将常用的基本热力过程的主要计算公式汇总于表 12-5-1 中。

气体主要热力过程的基本计算公式　　　　　　　　　　　　　表 12-5-1

过程	定容过程	定压过程	定温过程	定熵过程	多变过程
过程指数n	∞	0	1	κ	n
过程方程	$v = $ 常数	$p = $ 常数	$pv = $ 常数	$pv^{\kappa} = $ 常数	$pv^n = $ 常数
p、v、T关系	$\dfrac{T_2}{T_1} = \dfrac{p_2}{p_1}$	$\dfrac{T_2}{T_1} = \dfrac{v_2}{v_1}$	$p_1 v_1 = p_2 v_2$	$p_1 v_1^k = p_2 v_2^k$ $\dfrac{T_2}{T_1} = \left(\dfrac{v_1}{v_2}\right)^{k-1} = \left(\dfrac{p_2}{p_1}\right)^{\frac{k-1}{k}}$	$p_1 v_1^n = p_2 v_2^n$ $\dfrac{T_2}{T_1} = \left(\dfrac{v_1}{v_2}\right)^{n-1} = \left(\dfrac{p_2}{p_1}\right)^{\frac{n-1}{n}}$
Δu、Δh、Δs 计算式	$\Delta u = c_{\mathrm{v}}(T_2 - T_1)$ $\Delta h = c_{\mathrm{p}}(T_2 - T_1)$ $\Delta s = c_{\mathrm{v}} \ln \dfrac{T_2}{T_1}$	$\Delta u = c_{\mathrm{v}}(T_2 - T_1)$ $\Delta h = c_{\mathrm{p}}(T_2 - T_1)$ $\Delta s = c_{\mathrm{p}} \ln \dfrac{T_2}{T_1}$	$\Delta u = 0$ $\Delta h = 0$ $\Delta s = R \ln \dfrac{v_2}{v_1}$ $= R \ln \dfrac{p_1}{p_2}$	$\Delta u = c_{\mathrm{v}}(T_2 - T_1)$ $\Delta h = c_{\mathrm{p}}(T_2 - T_1)$ $\Delta s = 0$	$\Delta u = c_{\mathrm{v}}(T_2 - T_1)$ $\Delta h = c_{\mathrm{p}}(T_2 - T_1)$ $\Delta s = c_{\mathrm{v}} \ln \dfrac{T_2}{T_1} + R_{\mathrm{g}} \ln \dfrac{v_2}{v_1}$ $= c_{\mathrm{p}} \ln \dfrac{T_2}{T_1} - R_{\mathrm{g}} \ln \dfrac{p_2}{p_1}$ $= c_{\mathrm{p}} \ln \dfrac{v_2}{v_1} + c_{\mathrm{v}} \ln \dfrac{p_2}{p_1}$

过程	定容过程	定压过程	定温过程	定熵过程	多变过程
膨胀功 $w = \int_1^2 p\,dv$	$w = 0$	$w = p(v_2 - v_1)$ $= R(T_2 - T_1)$	$w = RT\ln\dfrac{v_2}{v_1}$ $= RT\ln\dfrac{p_1}{p_2}$	$w = -\Delta u = \dfrac{1}{k-1}(p_1 v_1 - p_2 v_2)$ $= \dfrac{1}{k-1}R \times (T_1 - T_2)$ $= \dfrac{RT_1}{k-1}\left[1 - \left(\dfrac{p_2}{p_1}\right)^{\frac{k-1}{k}}\right]$	$w = \dfrac{1}{n-1}(p_1 v_1 - p_2 v_2)$ $= \dfrac{1}{n-1}R \times (T_1 - T_2)$ $= \dfrac{RT_1}{n-1}\left[1 - \left(\dfrac{p_2}{p_1}\right)^{\frac{n-1}{n}}\right]$
热量 $q = \int_1^2 c\,dT$ $= \int_1^2 T\,ds$	$q = \Delta u$ $= c_v(T_2 - T_1)$	$q = \Delta h$ $= c_p(T_2 - T_1)$	$q = T\Delta s$ $= w$	$q = 0$	$q = \dfrac{n-k}{n-1} \times c_v(T_2 - T_1)$ $(n \neq 1)$
比热容	c_v	c_p	∞	0	$c_n = \dfrac{n-k}{n-1}c_v$

注：表中比热容为定值比热容。

【例 12-5-5】 空气的初始容积 $V_1 = 2\text{m}^3$，压力 $p_1 = 0.2\text{MPa}$，温度 $t_1 = 40^\circ\text{C}$，经某一过程被压缩为 $V_2 = 0.5\text{m}^3$，$p_2 = 1\text{MPa}$，该过程的多变指数是：

    A. 0.8   B. 1.16   C. 1.0   D. -1.3

解 本题考查多变过程中一些常用公式的应用。利用多变过程公式 $p_1 v_1^n = p_2 v_2^n$ 可以推导出 $n = \ln(p_2/p_1)/\ln(V_1/V_2)$，代入压力和体积的数据后，可以求得多变指数 $n = 1.16$。选 B。

【例 12-5-6】 1kg 空气初态压力为 3MPa、温度为 800K，进行一不可逆膨胀过程到终态，其终态压力为 1.5MPa、温度为 700K。若空气的气体常数为 $0.287\text{kJ}/(\text{kg}\cdot\text{K})$，绝热指数为 1.4，此过程中空气的熵变化量是：

    A. $64.8\text{kJ}/(\text{kg}\cdot\text{K})$ B. $64.8\text{J}/(\text{kg}\cdot\text{K})$

    C. $52.37\text{kJ}/(\text{kg}\cdot\text{K})$ D. $102.3\text{J}/(\text{kg}\cdot\text{K})$

解 本题属于复合型考题，主要考查理想气体比热容的计算 $c_p = \dfrac{kR}{k-1}$ 以及多变过程的熵产计算公式 $\Delta s = c_p \ln\dfrac{T_2}{T_1} - R\ln\dfrac{p_2}{p_1}$。代入数据可以求得答案为 B。

【例 12-5-7】 某理想气体吸收 3 349kJ 的热量而做定压变化。设定容比热容为 $0.741\text{kJ}/(\text{kg}\cdot\text{K})$，气体常数为 $0.297\text{kJ}/(\text{kg}\cdot\text{K})$，此过程中气体对外界做容积功：

    A. 858kJ   B. 900kJ   C. 245kJ   D. 958kJ

解 本题主要考查理想气体定容比热容与定压比热容的换算公式 $c_p - c_v = R$ 和定压过程容积功计算式 $w = p(v_2 - v_1) = R(T_2 - T_1)$，以及定压过程内能变化公式 $\Delta H = mc_p(T_2 - T_1)$。已知气体的定容比热容，由公式 $c_p - c_v = R$ 可以求得定压比热容 c_p 为 $1.038\text{kJ}/(\text{kg}\cdot\text{K})$，由公式 $\Delta H = mc_p(T_2 - T_1) = 3\,349\text{kJ}$ 可以计算出温度变化 $m(T_2 - T_1) = 3226.4\text{kg}\cdot\text{K}$，则此过程对外界做的容积功为 $W = mR(T_2 - T_1) = 958\text{kJ}$。选 D。

【例 12-5-8】 理想气体初态 $v_1 = 1.5\text{m}^3$、$p_1 = 0.2\text{MPa}$，终态 $v_2 = 0.5\text{m}^3$、$p_2 = 1.0\text{MPa}$，则多变指数为：

    A. 1.46   B. 1.35   C. 1.25   D. 1.10

解 本题主要考查多变过程多变指数计算公式 $n = \ln(p_2/p_1)/\ln(v_1/v_2)$。将相应数据代入公式后可以求得 $n = 1.46$。选 A。

【例 12-5-9】 某热力过程中，氮气初态为 $v_1 = 1.2\text{m}^3/\text{kg}$ 和 $p_1 = 0.1\text{MPa}$，终态为 $v_2 = 0.4\text{m}^3/\text{kg}$

和$p_2 = 0.6\text{MPa}$，该过程的多变比热容c_n为：

　　A. 271J/(kg·K)　　　　　　　　　　B. 297J/(kg·K)

　　C. 445J/(kg·K)　　　　　　　　　　D. 742J/(kg·K)

解　多变指数$n = \dfrac{\ln(p_2/p_1)}{\ln(v_1/v_2)} = \dfrac{\ln(0.6/0.1)}{\ln(1.2/0.4)} = 1.631$

双原子气体的$k = 1.4$，氮气的$c_v = 742\text{J/(kg·K)}$

多变比热容$c_n = \dfrac{n-k}{n-1}c_v = \dfrac{1.631-1.4}{1.631-1} \times 742 = 271\text{J/(kg·K)}$

选 A。

12.5.3　气体压缩轴功

用来压缩气体的设备称为压气机。压气机按其工作原理及构造形式，可分为活塞式、叶轮式（离心式、轴流式、回转容积式）及引射式压缩器等；以其产生压缩气体压力的高低，大致可分为通气机（<115kPa）、鼓风机（115~350kPa）和压气机（>350kPa）三类。

压缩过程可出现三种情况：第一种是过程中对气体未采取冷却措施，过程可视为绝热压缩；第二种是气体被充分冷却，过程接近定温压缩；第三种是压气机的实际压缩过程，虽采用了一定的冷却措施，但气体又未能充分冷却，所以压缩过程为定温与绝热之间的多变过程，如图 12-5-2 所示。

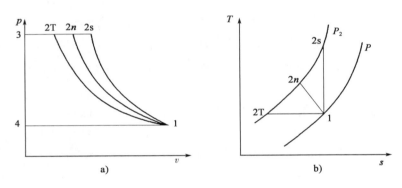

图 12-5-2　压缩过程

不同压缩过程的排气温度的计算为

$$\left.\begin{aligned}
\text{定熵过程} \qquad\qquad T_{2s} &= T_1\left(\frac{p_2}{p_1}\right)^{\frac{k-1}{k}} \\[2mm]
\text{多变过程} \qquad\qquad T_{2n} &= T_1\left(\frac{p_2}{p_1}\right)^{\frac{n-1}{n}} \\[2mm]
\text{定温压缩} \qquad\qquad T_{2T} &= T_1
\end{aligned}\right\} \tag{12-5-4}$$

不同压缩过程的压气机耗功的计算为

$$\left.\begin{aligned}
\text{定熵过程} \qquad w_{t,s} &= \frac{k}{k-1}R_gT_1\left[1-\left(\frac{p_2}{p_1}\right)^{\frac{k-1}{k}}\right] \\[2mm]
\text{多变过程} \qquad w_{t,n} &= \frac{n}{n-1}R_gT_1\left[1-\left(\frac{p_2}{p_1}\right)^{\frac{n-1}{n}}\right] \\[2mm]
\text{定温过程} \qquad w_{t,T} &= R_gT_1\ln\frac{v_2}{v_1} = -R_gT_1\ln\frac{p_2}{p_1}
\end{aligned}\right\} \tag{12-5-5}$$

由此得出，从同一初态压缩到某一预定压力，定温过程的耗功量最省，压缩终了的排气温度也最低，所以定温过程最好而绝热过程最差，多变过程介于两者之间。

【例 12-5-10】 采用任何类型的压气机对气体进行压缩，所消耗的功都可用下式计算：

$$A. w_c = q - \Delta h \qquad B. w_c = \Delta h \qquad C. w_c = q - \Delta u \qquad D. w_c = -\int v dp$$

解 选项 B 适用于绝热压缩，选项 C 适用于闭口系统的压缩过程，选项 D 适用于可逆压缩过程。选 A。

【例 12-5-11】 压气机最理想的压缩过程是采用：

A. $n = k$ 的绝热压缩过程　　　　　　　　B. $n = 1$ 的定温压缩过程

C. $1 < n < k$ 的多变压缩过程　　　　　　D. $n > k$ 的多变压缩过程

解 由不同压缩过程的 p-v 图可知，压缩机不同压缩过程中所消耗的功 $W_{s,t} < W_{s,n} < W_{s,s}$，故压缩机最理想的过程应采用定温过程。选 B。

12.5.4　余隙

实际的活塞式压气机，为了运转平稳，避免活塞与气缸盖撞击以及便于安装进气阀和排气阀等，当活塞处于左死点时，活塞顶面与缸盖之间须留有一定的空隙，称为余隙（余隙容积）。由于余隙容积的存在，活塞不可能将高压气体全部排出，因此，活塞在下一个吸气过程中，必须等待余隙容积中残留的高压气体膨胀到进气压力时，才能从外界吸入新气，余隙使一部分气缸容积不能被有效利用，压力比越大越不利。

不论压气机有无余隙，压缩 1kg 气体所需得理论压气轴功相同。然而有余隙容积时，进气量减少，气缸容积不能充分利用，因此，应该尽量减少余隙容积。

【例 12-5-12】 活塞式压缩机留有余隙的主要目的是：

A. 减少压缩制气过程耗功

B. 运行平稳和安全

C. 增加产气量

D. 避免高温

解 活塞式压缩机留有余隙的主要目的，是保证压缩机的安全平稳运行，防止活塞撞击气缸底部。而留有余隙容积后会使得压缩机容积效率减小，实际输气量低于理论输气量。选 B。

12.5.5　多级压缩及中间冷却

由

$$\frac{T_2}{T_1} = \left(\frac{p_2}{p_1}\right)^{\frac{k-1}{k}} \tag{12-5-6}$$

即压力比越大，其压缩终了温度越高，气体压缩终了温度过高将影响气缸润滑油的性能，并可能造成运行事故。因此，各种气体的压气机对气体压缩终了温度都有限定数值。例如，空气压缩机的排气温度一般不允许超过 160~180°C。另外，压缩终了温度过高还会影响压气机的容积效率。因此，要获得较高压力的压缩气体时，常采用具有中间冷却设备的多级压气机。

多级压气机是将气体依次在几个气缸中连续压缩，同时，为了避免过高温和减少气体的质量体积，以降低下一级所消耗的压缩功，在前一级压缩之后，将气体引入一个中间冷却器进行定压冷却，然后再进入下一级气缸继续压缩直至达到所要求的压力。

采用多级压缩和中间冷却具有降低排气温度和节省功耗的优点。多级压缩用中间冷却器的目的是，对从低压级出来的压缩气体及时进行冷却，让其温度降低到被压缩前的温度，然后再进入高压汽缸，以减少消耗压缩功。如果不用中间冷却器，让从低压汽缸出来的压缩气体直接进入高压汽缸，就达不到减少消耗压缩功的目的。

级间压力不同，所需的总轴功也不同，最有利的级间压力的确定原则应为使所需的总轴功最小。

压气机的增压比：压气机的出口压力与进口压力之比，称为压气机的增压比。

最佳增压比：使多级压缩中间冷却压气机耗功最小时，各级的增压比称为最佳增压比。

以两级压缩为例，得到

$$\frac{p_2}{p_1} = \frac{p_3}{p_2}$$

结论：两级压力比相等，功耗最小。

推广为z级压缩，即

$$\beta_1 = \beta_2 = \cdots = \sqrt[z]{\frac{p_{z+1}}{p_1}} \tag{12-5-7}$$

推论：

（1）每级进口、出口温度相等。

（2）各级压气机消耗功相等。

（3）各级气缸及各中间冷却放出和吸收热量相等。

经典练习

12-5-1　理想气体过程方程$pv^n = $常数，当$n = k$时，该过程为（　　　　）过程，外界对工质做的功（　　　　）。

　　　　A.定压，用于增加系统内能和对外放热　　　　B.绝热，用于增加系统内能

　　　　C.定容，用于增加系统内能和对外做功　　　　D.定温，用于对外做功

12-5-2　理想气体过程方程$pv^n = $常数，当$n = \pm\infty$时，其热力过程是（　　　　）。

　　　　A.等容过程　　　　B.等压过程　　　　C.等温过程　　　　D.绝热过程

12-5-3　对定容过程，外界加入封闭系统的热量全部用来增加系统内能，反之，封闭系统向外界放的热量全部由系统内能的减少来补充。这句话（　　　　）成立。

　　　　A.仅对理想气体　　　　　　　　　　　B.仅对实际气体

　　　　C.对理想气体和实际气体都　　　　　　D.对理想气体和实际气体都不

12-5-4　在p-v图上，（　　　　）更陡一些，在T-s图上，（　　　　）更陡一些。

　　　　A.绝热线，定容线　　　　　　　　　　B.绝热线，定压线

　　　　C.定温线，定容线　　　　　　　　　　D.定温线，定压线

12-5-5　理想气体放热过程，当温度不变时，其膨胀功W（　　　　）。

　　　　A.大于 0　　　　B.小于 0　　　　C.等于 0　　　　D.大于 0 或小于 0

12-5-6　在绝热过程中，技术功是膨胀功的（　　　　）倍。

　　　　A.0　　　　B.1　　　　C.k　　　　D.2

12-5-7　理想气体绝热过程的比热容为（　　　　）。

A. c_V B. c_p C. ∞   D. 0

12-5-8　一台单级活塞式空气压缩机，余隙比为 5%。若压缩前空气的压力为 0.1MPa，温度为 20℃，压缩后空气的压力为 0.6MPa，设两个多变过程的多变指数均为 1.25，该压缩机的容积温度为（　　　）。

A. 146   B. 305   C. 419   D. 578

12-5-9　活塞式空气压缩机的余隙比降低时，其容积效率将（　　　）。

A. 提高   B. 降低   C. 不变   D. 不定

12.6　热力学第二定律

考试大纲☞：热力学第二定律的实质及表述　卡诺循环和卡诺定理　熵　孤立系统熵增原理

12.6.1　热力学第二定律的实质及表述

热力学第一定律，解释了在热力过程中参与转换与传递的各种能量在数量上的守恒。但满足能量守恒的过程是否都能实现？热力过程的方向、条件与限度是热力学第二定律给出的。只有同时满足热力学第一定律和热力学第二定律的过程才是能实现的过程。热力学第二定律与热力学第一定律共同组成了热力学的理论基础。

热力过程具有方向性这一客观规律，归根结底是由于不同类型或不同状态下的能量具有质的差别，而过程的方向性正缘于较高位能质向较低位能质的转化。例如，热量由高温传至低温。机械能转化为热能，按热力学第一定律能量的数值保持不变，但是，以做功能力为标志的能质却降低了，称之为能质的退化或贬值。因此，热力学第二定律的实质便是论述热力过程的方向性及能质退化或贬值的客观规律。所谓过程的方向性，除指明自发生过程进行的方向外，还包括对实现非自发过程所需的条件，以及过程进行的最大限度等内容。热力学第二定律告诫我们，自然界的物质和能量只能沿着一个方向转换，即从可利用到不可利用，从有效到无效，这说明了节能与节物的必要性。

热力学第二定律的两种经典描述：

克劳修斯从热量传递方向性的角度表述为："不可能把热从低温物体传到高温物体而不引起其他变化"。

开尔文从热功转换的角度表述为："不可能从单一热源取热，使之完全变为功而不引起其他变化"。

12.6.2　卡诺循环和卡诺定理

意义：解决了热变功最大限度的转换效率问题。

1）卡诺循环

（1）正循环组成：两个可逆定温过程、两个可逆绝热过程，如图 12-6-1 所示。

过程 a—b：工质从热源（T_1）可逆定温吸热；

过程 b—c：工质可逆绝热（定熵）膨胀；

过程 c—d：工质向冷源（T_2）可逆定温放热；

过程 d—a：工质可逆绝热（定熵）压缩回复到初始状态。

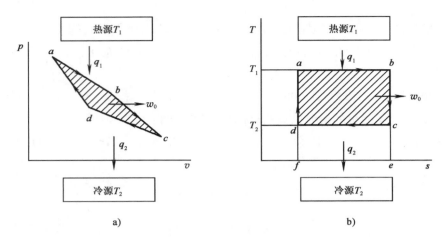

图 12-6-1　正循环

循环热效率：

$$\eta_t = \frac{w_0}{q_1} = 1 - \frac{q_2}{q_1}$$

$$q_1 = T_1(s_b - s_a) = 面积\,abefa \qquad q_2 = T_2(s_c - s_d) = 面积\,cdfec$$

因为

$$s_b - s_a = s_c - s_d$$

得到

$$\eta_{t_c} = 1 - \frac{T_2}{T_1} \tag{12-6-1}$$

分析：

①卡诺循环热效率仅取决于两热源的温度 T_1、T_2，与工质无关；

②由于 $T_1 \neq \infty$、$T_2 \neq 0$，因此热效率不能为 1；

③若 $T_1 = T_2$，热效率为零，即单一热源，热机不能实现。

（2）逆循环：卡诺循环是可逆循环，如果使循环沿反方向进行，就成为逆卡诺循环。由于使用的目的不同，分为制冷循环和热泵循环。包括绝热压缩、定温放热、定温吸热、绝热膨胀。

制冷系数

$$\varepsilon_c = \frac{q_2}{w_0} = \frac{q_2}{q_1 - q_2} = \frac{T_2}{T_1 - T_2} \tag{12-6-2}$$

供热系数

$$\varepsilon_c' = \frac{q_1}{w_0} = \frac{q_1}{q_1 - q_2} = \frac{T_1}{T_1 - T_2} \tag{12-6-3}$$

两者关系

$$\varepsilon_c' = \varepsilon_c + 1 \tag{12-6-4}$$

分析： 通常 $T_2 > T_1 - T_2$，所以 $\varepsilon_c > 1$。

2）卡诺定理

所有工作于同温热源、同温冷源之间的一切热机，以可逆热机的热效率为最高。

在同温热源与同温冷源之间的一切可逆热机，其热效率均相等。

卡诺定理有重要的实用价值和理论价值，主要是：

（1）卡诺定理指出了热效率的极限值，这一极限值仅与热源及冷源的温度有关。热机热效率恒小于 1。

（2）提高热效率的根本途径在于提高热源温度，降低冷源温度，以及尽可能减少不可逆因素。

（3）由于不花代价的低温热源的温度以大气环境温度 T_0 为限，而 T_0 比较稳定，视为定值，那么温度为 T 的热源放出的热量 Q 最多只能有部分可以转变为功，提示了热变功极限。

【例 12-6-1】 评价热机经济性能的指标是循环热效率，它可写成：

    A.（循环中工质吸热量 − 循环中工质放热量）/循环中工质吸热量

    B.（循环中工质吸热量 − 循环中工质放热量）/循环中转换为功的热量

    C. 循环中转换为功的热量/循环中工质吸热量

    D. 循环中转换为功的热量/循环中工质放热量

解 循环热效率的表达式为 $\eta_t = \dfrac{w_0}{q_1} = \dfrac{q_1 - q_2}{q_1}$，其中 q_1 为循环中工质吸热量，q_2 为循环中工质放热量。选 A。

【例 12-6-2】 卡诺循环由两个等温过程和两个绝热过程组成，过程的条件是：

    A. 绝热过程必须可逆，而等温过程可以任意

    B. 所有过程均是可逆的

    C. 所有过程均可以是不可逆的

    D. 等温过程必须可逆，而绝热过程可以任意

解 由卡诺循环的定义可知，卡诺循环由两个可逆定温过程、两个可逆绝热过程组成，因此过程的条件应是所有过程均是可逆的。选 B。

【例 12-6-3】 进行逆卡诺循环制热时，其供热系数 ε_c' 将随着冷热源温差的减小而：

    A. 减小   B. 增大

    C. 不变   D. 不确定

解 热泵供热系数 $\varepsilon_c' = 1 + \varepsilon_c$，式中 $\varepsilon_c = \dfrac{T_0}{T_k - T_0}$，为逆卡诺循环制冷系数，当冷热源温差 $T_k - T_0$ 减小时，逆卡诺循环制冷系数 ε_c 增大，故热泵供热系数 ε_c' 增大。选 B。

12.6.3 熵

熵是表征系统微观粒子无序程度的一个宏观状态参数。

熵的变化量

$$\Delta S = S_2 - S_1 = \int_1^2 \left(\frac{\partial q}{T}\right)_{re} \tag{12-6-5}$$

对微元过程的熵变化

$$dS = \left(\frac{\delta q}{T}\right)_{re} \tag{12-6-6}$$

不可逆过程熵变化

$$S_2 - S_1 > \int_1^2 \left(\frac{\partial q}{T}\right)_{irr}$$

因此有

$$\Delta S = S_2 - S_1 \geq \int_1^2 \frac{\delta q}{T} \tag{12-6-7}$$

对于微元过程，则

$$dS \geqslant \frac{\delta q}{T} \tag{12-6-8}$$

其中，等号适用于可逆过程，不等号适用于不可逆过程。

工质在完成一个循环后熵变为零，即

$$\oint dS = 0 \tag{12-6-9}$$

固体或液体熵变化的计算：$\Delta S = mc \ln \frac{T_2}{T_1}$。

其中，c 为固体或液体的比热容，一般情况下有 $c_v = c_p = c$。

热源熵变计算：

恒温热源

$$\Delta S = \frac{Q}{T} \tag{12-6-10}$$

变温热源

$$\Delta S = \int \frac{\delta Q}{T} \tag{12-6-11}$$

孤立系统熵变

$$\Delta S = \sum_i \Delta S_i \tag{12-6-12}$$

12.6.4 孤立系统熵增原理

孤立系统熵增原理：若孤立系统所有的内部以及彼此间的作用都经历可逆变化，则孤立系统的总熵保持不变；若在任何一部分内发生不可逆过程或各部分间的相互作用中伴有不可逆性，则其总熵必定增加。即

$$\Delta S_{iso} \geqslant 0 \tag{12-6-13}$$

意义：

（1）可判断过程进行的方向。

（2）熵达到最大时，系统处于平衡态。

（3）系统不可逆程度越大，熵增越大。

（4）可作为热力学第二定律的数学表达式。

引起系统熵变化的因素有两类：一是由于与外界发生热交换由热流引起的熵流，记为 ΔS_f；二是由于不可逆因素的存在，而引起熵的增加 ΔS_g，称为熵产。熵流 $\Delta S_f = \int \frac{\delta Q}{T}$，可为正、负或为零，应视热流方向和情况而定（系统吸热为正，系统放热为负，绝热为零）；$\Delta S_g \geqslant 0$（不可逆过程为正，可逆过程为 0），不可逆性越大，熵产越大。若过程中熵产为零，则不可逆性消失，即成为可逆过程。据此，不可逆过程的熵产可作为过程不可逆性大小的度量。

熵方程的一般形式为(输入熵 − 输出熵) + 熵产 = 系统熵变

得到

$$\Delta S_{sys} = \Delta S_f + \Delta S_g \tag{12-6-14}$$

开口系统熵方程

$$(S_1 \partial m_1 - S_2 \partial m_2) + \partial S_f + \partial S_g = dS_{cv} \tag{12-6-15}$$

因此，热力学系统熵的变化都可以用熵流与熵产的代数和表示，即 $\Delta S = \Delta S_f + \Delta S_g$

其微分形式表示为 $dS = dS_f + dS_g$

对于孤立系统，$dS_f = 0$，因此有 $dS_{iso} = dS_g \geqslant 0$

$$\Delta S_{iso} = \Delta S_g \geqslant 0 \qquad (12-6-16)$$

其中，不等号适用于不可逆过程；等号适用于可逆过程。说明在孤立系统内，一切实际过程（不可逆过程）都朝着使系统熵增加的方向进行，在极限情况下（可逆过程）维持系统的熵不变，而任何使系统熵减少的过程是不可能发生的，这一原理即为孤立系统熵增原理。孤立系统熵增原理同样揭示了自然过程方向性的客观规律。任何自发过程都是使孤立系统熵增加的过程。

经典练习

12-6-1 热力学第二定律指出（   ）。

    A. 能量只能转换不能增加或消灭　　　　B. 能量只能增加或转换不能消灭

    C. 能量在转换中是有方向性的　　　　　D. 能量在转换中是无方向性的

12-6-2 能量在传递和转换过程进行的方向、条件及限度时热力学第二定律所研究的问题，其中（   ）是根本问题。

    A. 方向　　　　　　B. 条件　　　　　　C. 限度　　　　　　D. 转换量

12-6-3 单一热源的热机，又称为第二类永动机，它违反了（   ）。

    A. 能量守很定律　　B. 物质不变定律　　C. 热力学第一定律　　D. 热力学第二定律

12-6-4 热力学第二定律可以这样表述（   ）。

    A. 热能可以百分之百地转变成功

    B. 热能可以从低温物体自动的传递到高温物体

    C. 使热能全部而且连续地转变为机械功是不可能的

    D. 物体的热能与机械功既不能创造也不能消灭

12-6-5 关于热力学第二定律的表述，下列（   ）是正确的。

    A. 不可能从热源吸取热量使之完全转变为有用功

    B. 不可能把热量从低温物体传到高温物体而不产生其他变化

    C. 不可能从单一热源吸取热量使之完全转变为有用功

    D. 热量可从高温物体传到低温物体而不产生其他变化

12-6-6 制冷压缩机及其系统的最理想循环是（   ）。

    A. 卡诺循环　　　　B. 逆卡诺循环　　　C. 回热循环　　　　D. 奥拓循环

12-6-7 由等温放热过程、绝热压缩过程、等温加热过程和绝热膨胀过程所组成的循环是（   ）。

    A. 混合加热循环　　B. 定容加热循环　　C. 定压加热循环　　D. 卡诺循环

12-6-8 工质经卡诺循环后又回到初始状态，其内能（   ）。

    A. 增加　　　　　　B. 减少　　　　　　C. 不变　　　　　　D. 增加或减少

12-6-9 卡诺循环的热效率仅与下面（   ）有关。

    A. 高温热源的温度

    B. 低温热源的温度

    C. 高温热源的温度和低温热源的温度

D. 高温热源的温度和低温热源的温度及工作性质

12-6-10 某封闭系统经历了一不可逆过程后，系统向外界放热 20kJ，同时对外界做功为 10kJ，则系统的熵变化量为（　　　）。

A. 0　　　　　　　　B. 正　　　　　　　C. 负　　　　　　　D. 无法确定

12.7　水蒸气和湿空气

考试大纲☞：蒸发　冷凝　沸腾　汽化　定压发生过程　水蒸气图表　水蒸气基本热力过程　湿空气性质　湿空气焓湿图　湿空气基本热力过程

12.7.1　蒸发、冷凝、沸腾和汽化

水蒸气是由液态水经汽化而来的一种气体，离液态较近，不是理想气体，是实际气体，水蒸气不能作为理想气体来处理，因此理想气体的计算公式不适用于水蒸气，只能通过查热力学性质图表进行各种热力过程的计算。工程应用水蒸气的热力计算，通常使用水蒸气热力性质表和图确定其热物性。

汽化：使水由液相转变为气相的过程，相反的过程叫作冷凝。

汽化有蒸发和沸腾两种形式。蒸发是指液体表面的汽化过程，通常在任何温度下都可以发生；沸腾是指液体内部的汽化过程，它只能在达到沸点时才会发生。

饱和状态：指汽化和凝结的动态平衡状况。

饱和压力与饱和温度：当气液两相达到平衡时，蒸气所具有的压力称为饱和压力；在一定压力下，当气液两相达到平衡时，液体所具有的温度称为饱和温度。

处于饱和状态下的蒸气和液体分别称为饱和蒸气和饱和水。饱和蒸气和饱和水的混合物称为湿饱和蒸气，简称湿蒸气；不含饱和水的饱和蒸气称为干饱和蒸气。饱和温度和饱和压力必存在单值的对应关系。饱和压力与饱和温度关系为 $t_s = f(p_s)$。

12.7.2　水蒸气的定压发生过程

水蒸气的产生过程可分为预热、汽化和过热三个阶段。在一定压力下的未饱和液态工质，受外界加热温度升高到该压力所对应的饱和温度时，称为饱和液体。工质继续吸热，饱和液开始沸腾，在定温下，产生水蒸气而形成饱和液体和饱和水蒸气的混合物，称为湿饱和蒸气，简称湿蒸气。继续吸热直至液体全部汽化为水蒸气，这时称为过热蒸气，如图 12-7-1 所示。在某一定压力下，过热蒸气的温度与压力下饱和温度的差值称为过热蒸气的过热度。

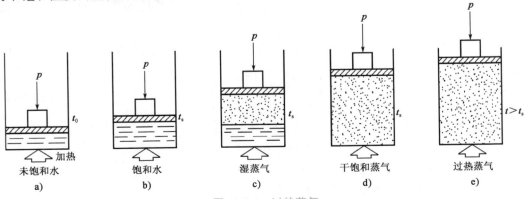

图 12-7-1　过热蒸气

水蒸气的定压发生过程在热力状态图上（见图 12-7-2）所标示的特征归纳起来为：

（1）一点：临界点 C，在状态参数坐标图上，饱和液体线与干饱和蒸气线相交的点，称为临界点。

（2）两线：饱和液体线、饱和蒸气线。

（3）三区：未饱和液体区、湿饱和蒸气区、过热蒸气区。

（4）五种状态：未饱和水状态、饱和水状态、湿饱和蒸气状态、干饱和蒸气状态和过热蒸气状态。在湿饱和蒸气区，湿蒸气的成分用干度 x 表示：

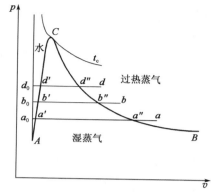

图 12-7-2 热力加热图

$$x = \frac{\text{湿蒸气中含干蒸气的质量}}{\text{湿蒸气的总质量}} \qquad （12-7-1）$$

则 $(1-x)$ 称为湿度，它表示湿蒸气中饱和水的含量。饱和液体线为 $x=0$ 的定干度线，饱和蒸气线为 $x=1$ 的定干度线。

【例 12-7-1】 水在定压下被加热可从未饱和水变成过热蒸气，此过程可分为三个阶段，其中包含的状态有：

　　　　　A.3 种　　　　　B.4 种　　　　　C.5 种　　　　　D.6 种

解 从水的 T-s 图上可以看出水从未饱和水变成过热蒸气的过程中经历五种状态：未饱和水状态、饱和水状态、湿饱和蒸气状态、干饱和蒸气状态、过热蒸气状态。选 C。

【例 12-7-2】 湿饱和蒸气是由饱和水和干饱和蒸气组成的混合物，表示湿饱和蒸气的成分的是：

　　　　　A.干度　　　　　B.含湿量　　　　　C.容积成分　　　　　D.绝对湿度

解 在湿饱和蒸气区中，湿蒸气的成分用干度 x 表示：

$$x = \frac{\text{湿蒸气中含干蒸气的质量}}{\text{湿蒸气的总质量}}$$

选 A。

【例 12-7-3】 水蒸气的干度被定义为：

　　　　　A.饱和水的质量与湿蒸气的质量之比

　　　　　B.干蒸气的质量与湿蒸气的质量之比

　　　　　C.干蒸气的质量与饱和水的质量之比

　　　　　D.饱和水的质量与干蒸气的质量之比

解 参考水蒸气干度的定义。选 B。

12.7.3 水蒸气图表

在工程计算中，水和水蒸气的状态参数可根据水蒸气表和图查。

1）零点的规定

物质气、液、固三相共存的状态点，称为该物质的三相点。

以水在三相（纯水的冰、水和气）平衡共存状态下的饱和水作为基准点。规定在三相态时饱和水的内能和熵为零。当压力低于三相点压力时，液相也不可能存在，而只可能是气相或固相。各种物质在三相点的温度和压力分别为定值。水的三相点温度和压力值为 $t_0 = 0.01℃$，$p_0 = 611.2\text{Pa}$。

2）临界点

当温度超过一定值t_c时，液相不可能存在，而只可能是气相。t_c称为临界温度，与临界温度相对应的饱和压力p_c称为临界压力。所以，临界温度和压力是液相与气相能够平衡共存时的最高值临界参数，是物质的固有常数，不同物质其值是不同的。水的临界参数值为：$t_c = 374.15\,℃$，$p_c = 22.129\text{MPa}$，$v_c = 0.003\,26\text{m}^3/\text{kg}$，$h_c = 2\,100\text{kJ/kg}$，$s_c = 4.429\text{kJ/(kg·K)}$。

水蒸气表有三种：

（1）按温度排列的饱和水与干饱和蒸气表。

（2）按压力排列的饱和水与干饱和蒸气表。

（3）未饱和水与过热蒸气表。已知压力和温度这两个独立的参数，可从表中查出v、h、s（表中参数角标为′表示饱和水的参数，角标为″表示干饱和蒸气的参数）。

水蒸气的焓熵h-s图如图 12-7-3 所示，以h为纵坐标，s为横坐标。图中C为临界点，粗线为界限曲线，其下方为湿蒸气区，其右上方为过热蒸气区，图中共有以下六种线簇：

（1）定压线簇。在湿蒸气区内，定压线是一组倾斜的直线。由于饱和温度与压力是对应关系，所以定压线也是定温线。在过热蒸气区内，定压线为一组倾斜向上的曲线，其斜率随温度的升高而增大。

（2）定温线簇。在湿蒸气区内，定温线即定压线。在过热蒸气区内，定温线是一组比较平坦的自左向右延伸的曲线，且越往右越平坦，接近水平线。

（3）定干度线簇。定干度线只在湿蒸气区内才有，是一组自临界点C起向右下方发散的曲线。

（4）定容线簇。定容线的延伸方向与定压线一致，只是比定压线稍陡的倾斜线，为了便于识别常用红线标出。

（5）定焓线簇。定焓线是一组水平线。

（6）定熵线簇。定熵线是一组垂直线。

应用水蒸气的h-s图，可根据已知的两个独立的状态参数确定状态点在图上的位置，然后查出其余的状态参数，并进行水蒸气热力过程的分析计算。

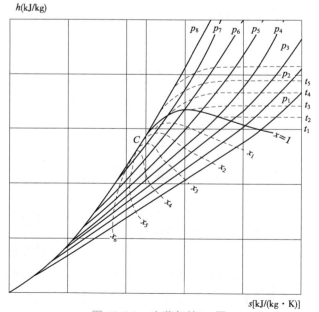

图 12-7-3 水蒸气的h-s图

【例 12-7-4】 水蒸气的干度为 x，从水蒸气表中查得饱和水的焓为 h'，湿饱和蒸气的焓为 h''，计算湿蒸气焓的表达式是：

A. $hx = h' + x(h'' - h')$ 　　　　　　B. $hx = x(h'' - h')$

C. $hx = h' - x(h'' - h')$ 　　　　　　D. $hx = h'' + x(h'' - h')$

解　如果有 1kg 湿蒸气，干度为 x，即有 $x$kg 饱和蒸气，$(1 - x)$kg 饱和水。则湿蒸气的一些参数计算公式如下：

$$h = xh'' + (1 - x)h'$$
$$v = xv'' + (1 - x)v'$$
$$s = xs'' + (1 - x)s'$$

选 A。

【例 12-7-5】 确定水蒸气两相区域焓熵等热力参数需要给定参数：

A. x 　　　　　B. p 和 T 　　　　　C. p 和 v 　　　　　D. p 和 x

解　在水蒸气的两相区除 p 或 T 外，其他参数与两相比例有关，即在已知 p 或 T($h', v', s', h'', v'', s''$) 和干度 x 的情况下，可以确定 h，v，s 等状态参数。选 D。

12.7.4　水蒸气的基本热力过程

水蒸气的基本热力过程为定温、定压、定容、定熵过程。

根据已知求得的初、终态参数，应用热力学第一、第二定律的基本方程及参数定义式计算。

定容过程，$v = $ 定值 　　　　$w = \int p\mathrm{d}v = 0$，$q = \Delta u = \Delta h - v\Delta p$

定压过程，$p = $ 定值 　　　　$w = \int p\mathrm{d}v = p(v_2 - v_1)$，$q = \Delta h$，$\Delta u = \Delta h - p\Delta v$

定温过程，$T = $ 定值 　　　　$q = \int T\mathrm{d}s = T(s_2 - s_1)$，$w = q - \Delta u$，$\Delta u = \Delta h - \Delta(pv)$

定熵过程（可逆绝热过程），$s = $ 定值

$$q = 0,\ w = \Delta u,\ w_\mathrm{t} = -\Delta h \tag{12-7-2}$$

12.7.5　湿空气的性质

自然界中的空气是一种混合气体，它是由干空气和水蒸气所组成，也称为湿空气。其中干空气主要是由 N_2，O_2，CO_2 和微量的稀有气体所组成。在常温常压下，大气中的水蒸气分压力很低，且远离液态，可以视为理想气体，所以湿空气可以作为理想气体看待。

湿空气是定组元、变成分的混合气体。由于水蒸气份额很少，故湿空气中的水蒸气可以作为理想气体对待，但同时水蒸气又具有饱和、过热、冷凝等水蒸气特征，因此湿空气中的水蒸气具有两重性。由于湿空气中的水蒸气会随状态变化而增加或减少，故湿空气的成分会随状态变化而改变，水蒸气的状态变化是湿空气问题讨论的要点。

1）湿空气成分及分压力

$$湿空气 = 干空气 + 水蒸气$$
$$B = p = p_\mathrm{a} + p_\mathrm{v} \tag{12-7-3}$$

湿空气的总压力 p 等于干空气分压力 p_a 与水蒸气分压力 p_v 之和。

2）饱和空气与未饱和空气

$$未饱和空气 = 干空气 + 过热水蒸气$$

$$饱和空气 = 干空气 + 饱和水蒸气$$

注意：由未饱和空气到饱和空气的途径有等压降温、等温加压。

露点温度：维持水蒸气含量不变，冷却使未饱和湿空气的温度降至水蒸气的饱和状态所对应的温度。

想一想：冬季，室内玻璃窗内侧为何会结霜？

3）湿空气的分子量及气体常数（湿空气的折合摩尔质量和折合气体常数）

$$M = r_a M_a + r_v M_v = 28.97 - 10.95 \frac{p_v}{B}$$

$$R = \frac{287}{1 - 0.378 \frac{p_v}{B}} \tag{12-7-4}$$

结论：湿空气的气体常数随水蒸气分压力的提高而增大。

4）绝对湿度和相对湿度

绝对湿度：每立方米湿空气所含水蒸气的质量。

相对湿度：湿空气的绝对湿度与同温度下饱和空气的饱和绝对湿度的比值。

$$\varphi = \frac{\rho_v}{\rho_s} \tag{12-7-5}$$

相对湿度反应湿空气中水蒸气含量接近饱和的程度。相对湿度的范围：$0 < \varphi < 1$。

应用理想气体状态方程，相对湿度又可表示为：

$$\varphi = \frac{p_v}{p_s} \tag{12-7-6}$$

湿空气中可容纳水蒸气的数量是有限度的，在一定的温度下，水蒸气分压力越大，则湿空气中水蒸气数量越多，湿空气越潮湿。所以，湿空气中水蒸气分压力的大小直接反映了湿空气的干湿程度。

φ值越小，表明湿空气越干燥，吸收水蒸气能力越强；φ值越大，表明湿空气越潮湿，吸收水蒸气的能力越弱。当$\varphi = 0$时，即为干空气；当$\varphi = 1$时，即为饱和湿空气；φ介于0~1之间的湿空气都是未饱和湿空气。

5）含湿量

湿空气中只有干空气的质量不会随湿空气的温度和湿度而改变。

含湿量（或称比湿度）：在含有1kg干空气的湿空气中，所混有的水蒸气质量。

$$d = 622 \frac{p_v}{B - p_v} \quad [\text{g/kg(a)}] \tag{12-7-7}$$

6）焓

定义：1kg干空气的焓和0.001dkg水蒸气的焓总和。

$$h = h_a + 0.001 d h_v \tag{12-7-8}$$

湿空气的焓值以 0℃的干空气和水为基准点，以定值比热容计算时：

①干空气的比焓为

$$h_a = c_p t = 1.01 t$$

②水蒸气的比焓由经验公式为

$$h_v = 2\,501 + 1.85 t$$

式中：2 501——0℃时饱和水的汽化潜热(kJ/kg)；

1.85——常温下水蒸气的平均质量定压热容[kJ/(kg·K)]。

代入公式：

$$h = 1.01t + 0.001d(2\,501 + 1.85t) \qquad (g/kg) \tag{12-7-9}$$

7）湿球温度

用湿纱布包裹温度计的水银头部，由于空气是未饱和空气，湿球纱布上的水分将蒸发，水分蒸发所需的热量来自两部分：

（1）降低湿布上水分本身的温度而放出热量。

（2）由于空气温度t将高于湿纱布表面温度，通过对流换热空气将热量传给湿球。

当达到热湿平衡时，纱布上水分蒸发的热量全部来自空气的对流换热，纱布上水分温度不再降低，此时湿球温度计的度数就是湿球温度。

湿球加湿过程中的热平衡关系式

$$h_1 + c_p t_w(d_2 - d_1)10^{-3} = h_2$$

由于湿纱布上水分蒸发量只有几克，而湿球温度计的度数又较低，在一般的通风空调工程中可以忽略不计。

因此

$$h_1 = h_2 \tag{12-7-10}$$

结论： 通过湿球的湿空气在加湿过程中，湿空气是一个等焓过程。

若干湿球温度差越大，说明空气越干燥。若空气达到饱和状态，则湿球温度等于干球温度。

【例 12-7-6】 湿空气是：

    A. 饱和蒸气与干空气组成的混合物   B. 干空气与过热燃气组成的混合物

    C. 干空气与水蒸气组成的混合物   D. 湿蒸气与过热蒸气组成的混合物

解 湿空气是定组元、变成分的混合气体。湿空气成分组成为干空气+水蒸气。选 C。

【例 12-7-7】 $4m^3$湿空气的质量是4.55kg，其中干空气4.47kg，此时湿空气的绝对湿度是：

    A. 1.14kg/m³   B. 1.12kg/m³   C. 0.02kg/m³   D. 0.03kg/m³

解 绝对湿度为每立方米湿空气所含水蒸气的质量。因为湿空气总质量是4.55kg，干空气质量为4.47kg，因此其中的水蒸气的质量为0.08kg，则绝对湿度为0.02 kg/m³。选 C。

【例 12-7-8】 如果湿空气的总压力为 0.1MPa，水蒸气分压为2.3kPa，则湿空气的含湿量约为：

    A. 5g/kg(a)   B. 10g/kg(a)   C. 15g/kg(a)   D. 20g/kg(a)

解 $d = 0.622\dfrac{p_w}{p-p_w} = 0.622 \times \dfrac{2.3}{100-2.3} = 0.014\,6\,kg/kg(a) = 14.6g/kg(a)$，选 C。

【例 12-7-9】 湿空气的含湿量是指：

    A. 1kg 干空气中所含有的水蒸气质量

    B. 1m³ 干空气中所含有的水蒸气质量

    C. 1kg 湿空气中所含有的水蒸气质量

    D. 1kg 湿空气中所含有的干空气质量

解 湿空气的含湿量是在含有 1kg 干空气的湿空气中，所混有的水蒸气质量。选 A。

【例 12-7-10】 湿空气的焓可用$h = 1.01t + 0.001d(2\,501 + 1.85t)$来计算，其中给定数字1.85是：

    A. 干空气的定压平均质量比热容

    B. 水蒸气的定容平均质量比热容

C. 干空气的定容平均质量比热容

D. 水蒸气的定压平均比热容

解 湿空气的焓值以 0℃的干空气和水为基准点，1kg干空气的焓和0.001dkg水蒸气的焓总和，即 $h = h_a + 0.001dh_v$，其中水蒸气的焓值为$h_v = 2\,501 + 1.85t$，式中2 501是 0℃时饱和水的汽化潜热，1.85为常温下水蒸气的平均质量定压热容[kJ/(kg·K)]。选 D。

【**例 12-7-11**】 湿空气的焓可用$h = 1.01t + 0.001d(2\,501 + 1.85t)$来计算，其中温度t是指：

A. 湿球温度　　　　B. 干球温度　　　　C. 露点温度　　　　D. 任意给定温度

解 湿空气的包括干空气的焓值以及水蒸气的焓值两部分。式中的t为湿空气的干球温度。选 B。

【**例 12-7-12**】 确定湿空气的热力状态需要的独立参数为：

A. 1个　　　　　B. 2个　　　　　C. 3个　　　　　D. 4个

解 根据相律公式$r = k - f + 2$，其中r为需要的独立参数，k为组元数，f为相数。湿空气是由干空气与水蒸气组合而成的二元单相混合工质，因此$k = 2$，$f = 1$，则$r = 3$。因此，要确定湿空气的热力状态需要的独立参数为 3个。选 C。

12.7.6　湿空气的焓湿图

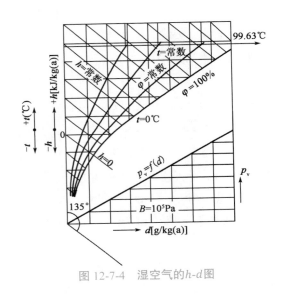

图 12-7-4　湿空气的h-d图

湿空气的h-d图如图 12-7-4 所示，是以 1kg 干空气量的湿空气为基准，在 0.1MPa 的大气压力下，以焓（h）为纵坐标，含湿量（d）为横坐标绘制而成的。利用h-d图不仅可以确定湿空气的状态，查出其状态参数，还可以用来分析湿空气的热力过程。

湿空气h-d图的构成如图 12-7-4 所示，为使图面展开，采用了两坐标夹角为135℃的坐标系，图中共有下列五种线簇：

1）定焓线

定焓线是一组与纵坐标成 135℃的平行线。湿空气的湿球温度t_w是定焓冷却至饱和湿空气（φ =100%）时的温度。因此，不同状态的湿空气只要其h相同，则具有相同的湿球温度。

2）定含湿量线

定含湿量线是一组与纵坐标轴平行的直线。露点t_d是湿空气定湿冷却至饱和湿空气（$\varphi = 100\%$）时的温度。因此不同状态的湿空气，只要其含湿量d相同，则具有相同的露点。

3）定温线

定温线是一组互不平行的直线，随着t的增高，定温线的斜率增大。

4）定相对湿度线

定相对湿度线φ是一组曲线。$\varphi = 0$的线就是干空气线，此时，$d = 0$，即与纵坐标轴重合。$\varphi = 100\%$线是饱和空气线，它将图面分成两部分。左上部是未饱和空气，$\varphi < 1$，其中水蒸气为过热状态；右下部无实用意义，湿空气中多余的水蒸气会以水滴的形式析出，湿空气本身仍保持饱和状态

（$\varphi = 100\%$）。

5）水蒸气分压力线

一个d值就可得到相应的p_v值，所以可绘出d与p_v的变换线，在$\varphi = 100\%$曲线下方，把与d相对应的p_v值表示在图右下方的纵坐标轴上，也有的表示在图的正上方。

图 12-7-4 中还绘出了一组定比体积（v）线。

12.7.7　湿空气的基本热力过程

1）加热过程

是干燥工程中不可缺少的组成过程之一。

状态参数：$t_2 > t_1$，$h_2 > h_1$，$\varphi_2 < \varphi_1$，$\Delta d = 0$

$$q = h_2 - h_1 \quad \text{(kJ/kg)(a)} \tag{12-7-11}$$

2）冷却过程

$$t_2 < t_1，h_2 < h_1，\varphi_2 > \varphi_1$$

$$q = h_2 - h_1（负值） \quad \text{(kJ/kg)(a)} \tag{12-7-12}$$

若$\Delta d = 0$，等含湿量冷却。

3）绝热加湿过程

在绝热条件下，向湿空气中加入水分以增加其含湿量称为绝热加湿过程。一般是在喷淋室中通过喷入循环水来完成的。在此过程中，湿空气的h值基本不变，可视为定焓过程。绝热加湿后，湿空气的d增加，φ提高，而t降低了，这是由于绝热过程水分蒸发所吸收的汽化潜热取自空气本身的原因。

$$t_2 < t_1，h_2 = h_1，\varphi_2 > \varphi_1，d_2 > d_1$$

每千克干空气吸收水蒸气（绝热加湿过程中的喷水量）：

$$\Delta d = d_2 - d_1 \quad \text{(g/kg)(a)} \tag{12-7-13}$$

4）定温加湿过程

$$t_2 = t_1，h_2 > h_1，\varphi_2 > \varphi_1，d_2 > d_1$$

$$q = h_2 - h_1 = 0.001\Delta d h_v \quad \text{(kJ/kg)(a)} \tag{12-7-14}$$

5）湿空气的混合

将两股或多股状态不同的湿空气混合，以得到温度和湿度符合一定要求的空气，是空气调节装置中经常采用的方法。如果混合过程中气流与外界无热量交换，则称为绝热混合。绝热混合得到的湿空气状态，取决于混合前各股空气的状态和它们的流量比例。

两股湿空气混合前分别处于状态 1 和 2，其质量流量分别为m_1和m_2，焓值分别为h_1和h_2，含湿量分别为d_1和d_2。两股湿空气混合后的空气状态用 3 表示，参数分别为m_3、h_3、d_3。

由于混合前后遵守质量守恒原理，则有$m_3 = m_1 + m_2$；

同时，混合前后能量守恒，则有$m_3 h_3 = m_1 h_1 + m_2 h_2$；

湿量守恒，则有$m_3 d_3 = m_1 d_1 + m_2 d_2$。

如果已知混合前的两股湿空气的状态参数，可由上述三个守恒方程，求得混合后的湿空气状态参数：

混合后的焓值：

$$h_3 = \frac{m_1 h_1 + m_2 h_2}{m_1 + m_2} \tag{12-7-15}$$

混合后的含湿量：

$$d_3 = \frac{m_1 d_1 + m_2 d_2}{m_1 + m_2} \tag{12.7-16}$$

6）湿空气的蒸发冷却过程

$$\left.\begin{array}{l} m_a(h_2 - h_1) = m_{w3} h_{w3} - m_{w4} h_{w4} \\ m_{w3} - m_{w4} = m_a(d_2 - d_1)10^{-3} \end{array}\right\} \tag{12.7-17}$$

【例 12-7-13】 在绝热条件下向未饱和湿空气中喷淋水的过程具有下列哪一特性？

A. $h_2 = h_1$，$t_2 = t_1$，$\varphi_2 > \varphi_1$ B. $h_2 = h_1$，$t_2 < t_1$，$\varphi_2 > \varphi_1$

C. $h_2 > h_1$，$t_2 = t_1$，$\varphi_2 > \varphi_1$ D. $h_2 > h_1$，$t_2 < t_1$，$\varphi_2 = \varphi_1$

解 本题考查空气的绝热（等焓）加湿过程分析。

绝热加湿过程中依据能量守恒，有 $h_1 + (d_2 - d_1)h_w = h_2$，式中 h_w 为喷入水的焓值，而 $(d_2 - d_1)h_w \approx 0$，故 $h_1 \approx h_2$，因此绝热加湿看成是等焓过程，喷入的液态水蒸发吸收空气的显热使得空气温度降低，在焓湿图上该过程沿着 d 增大、φ 增大、t 降低的方向进行。选 B。

【例 12-7-14】 两股湿空气混合，其流量为 $m_1 = 2\text{kg/s}$ 和 $m_2 = 1\text{kg/s}$，含湿量分别为 $d_1 = 12\text{g/kg(a)}$ 和 $d_2 = 21\text{g/kg(a)}$，混合后的含湿量为：

A. 18g/kg(a)   B. 16g/kg(a)

C. 15g/kg(a)   D. 13g/kg(a)

解 两股湿空气混合前后湿量是守恒的，所以有：

$$d = \frac{m_{a1}d_1 + m_{a2}d_2}{m_{a1} + m_{a2}} = \frac{2 \times 12 + 1 \times 21}{2 + 1} = 15\text{g/kg(a)}$$

选 C。

经典练习

12-7-1 当气体的压力越（   ）或温度越（   ），它就越接近理想气体。

A. 高，高   B. 低，低   C. 高，低   D. 低，高

12-7-2 水的定压汽化过程经历了除（   ）以外的三个阶段。

A. 定压升温阶段   B. 定压预热阶段

C. 定压汽化阶段   D. 定压过热阶段

12-7-3 湿蒸气的状态由（   ）决定。

A. 压力与温度   B. 压力与干度

C. 过热度与压力   D. 过冷度与温度

12-7-4 在水蒸气的 p-v 图中，零度水线左侧的区域称为（   ）。

A. 过冷水状态区   B. 湿蒸气状态区

C. 过热蒸气状态区   D. 固体状态区

12-7-5 水在锅炉内加热蒸汽化，所吸收的热量等于水的初状态的（   ）。

A. 温度变化   B. 压力变化

C. 熵的变化   D. 焓的变化

12-7-6　如果湿空气为未饱和蒸气，空气中的水蒸气处于（　　）。

　　A. 饱和状态　　　　　　　　　　　　B. 过热状态

　　C. 临界状态　　　　　　　　　　　　D. 任意状态

12-7-7　当湿空气定压降温时，若含湿量保持不变，则湿空气露点（　　）。

　　A. 增大　　　　　　B. 减少　　　　　　C. 不变　　　　　　D. 减少或不变

12-7-8　下列说法不正确的是（　　）。

　　A. 未饱和空气中的水蒸气是过热蒸气

　　B. 对饱和空气而言，干球温度、湿球温度和露点是相等的

　　C. 湿空气的含湿量相同，其相对湿度一定相同

　　D. 湿空气的温度不变，相对湿度变化时，其含湿量和露点也随之改变

12-7-9　对于未饱和空气，干球温度、湿球温度及露点中（　　）最高。

　　A. 干球温度　　　　B. 湿球温度　　　　C. 露点　　　　　　D. 三者相等

12-7-10　一定容积的湿空气中水蒸气的质量与干空气的质量之比称为（　　）。

　　A. 相对湿度　　　　B. 绝对湿度　　　　C. 含湿量　　　　　D. 含水率

12.8　气体和蒸气的流动

考试大纲☞：喷管和扩压管　流动的基本特性和基本方程　流速　音速　流量　临界状态　绝热节流

12.8.1　稳定流动基本方程

1）稳定流动

工质以恒定的流量连续不断地进出系统，系统内部及界面上每个工质的状态参数和宏观运动参数都保持一定，不随时间变化。

2）基本方程

气体和蒸气在管道中的一维稳定流动可通过以下三个基本方程来描述。

（1）连续性方程

由稳定流动特点

$$m_1 = m_2 = \cdots = m = \text{const} \tag{12-8-1}$$

而

$$m = \frac{fc}{v} \tag{12-8-2}$$

得

$$\frac{\mathrm{d}c}{c} + \frac{\mathrm{d}f}{f} - \frac{\mathrm{d}v}{v} = 0 \tag{12-8-3}$$

该式适用于任何工质可逆与不可逆过程。

（2）绝热稳定流动能量方程

$$\mathrm{d}h = \partial q - \frac{1}{2}\mathrm{d}c^2 - g\mathrm{d}z - \partial w_s \tag{12-8-4}$$

对绝热、不做功、忽略位能的稳定流动过程，得

$$d\frac{c^2}{2} = -dh \qquad (12-8-5)$$

说明： 增速以降低本身储能为代价。

（3）定熵过程方程

由可逆绝热过程方程 $pv^k = \text{const}$，得

$$\frac{dp}{p} + k\frac{dv}{v} = 0 \qquad (12-8-6)$$

3）音速与马赫数

音速：微小扰动在流体中的传播速度。

定义式

$$a = \sqrt{\left(\frac{\delta p}{\delta \rho}\right)_s} \qquad (12-8-7)$$

注意： 压力波的传播过程作定熵处理。

特别的，对理想气体：$a = \sqrt{kRT}$ 只随绝对温度而变。

马赫数（无因次量）：流速与当地音速的比值。

$$Ma = \frac{c}{a}\begin{cases} Ma > 1, & 超音速 \\ Ma = 1, & 临界音速 \\ Ma < 1, & 亚音速 \end{cases} \qquad (12-8-8)$$

12.8.2 定熵流动的基本特性

1）气体流速变化与状态参数间的关系

对定熵过程，由 $dh = vdp$，得到：$cdc = -vdp$，适用于定熵流动过程。

分析：

（1）气体流速增加（$dc > 0$），必导致气体的压力下降（$dp < 0$）。

（2）气体速度下降（$dc < 0$），则将导致气体压力的升高（$dp > 0$）。

2）管道截面变化的规律

联立 $cdc = -vdp$、连续性方程、可逆绝热过程方程，得到

$$\frac{df}{f} = (Ma^2 - 1)\frac{dc}{c} \qquad (12-8-9)$$

工程装置中为了改变流体流动，获取高速气流或者是气体流速降低，通常是采用改变其流动截面积的手段来实现的。

喷管是一种使流动工质加速从而增加其动能的管道。在喷管中，气体流速是增大的（$dc > 0$）。

扩压管是一种使工质沿流动方向增压的管道。在扩压管中，气流速度是减小的（$dc < 0$）。

对喷管：当 $Ma < 1$，因为 $dc > 0$，则喷管截面缩小 $df < 0$，称渐缩喷管；$Ma > 1$ 的超音速气流时，必须 $df > 0$，称渐扩喷管；若将 $Ma < 1$ 增大到 $Ma > 1$，则喷管截面积由 $df < 0$ 转变为 $df > 0$，称为渐缩渐扩喷管，称拉伐尔（Laval）喷管。称 $Ma = 1$、$df = 0$ 为喉部，此处的截面称临界截面。对扩压管反之。

喷管和扩压管的种类见图 12-8-1。

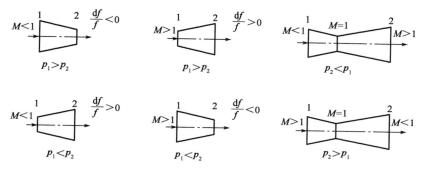

图 12-8-1 喷管和扩压管的种类

12.8.3 喷管中流速及流量计算

1）定熵滞止参数

绝热滞止：工质在绝热流动中，因遇着障碍物或某种原因而受阻，使速度降低直至变为零，这种过程称为绝热滞止。

将具有一定速度的气流在定熵条件下扩压，使流速降低为零。

由

$$\left.\begin{aligned} h_0 &= h_1 + \frac{c_1^2}{2} \\ T_0 &= T_1 + \frac{c_1^2}{2c_p} \end{aligned}\right\} \tag{12-8-10}$$

应用等熵过程参数间的关系式得

$$\frac{p_0}{p_1} = \left(\frac{T_0}{T_1}\right)^{\frac{k}{k-1}}$$

得

$$p_0 = p_1 \left(\frac{T_0}{T_1}\right)^{\frac{k}{k-1}} \tag{12-8-11}$$

2）喷管的出口流速

对理想气体

$$c_2 = \sqrt{\frac{2k}{k-1} R T_0 \left[1 - \left(\frac{p_2}{p_0}\right)^{\frac{k-1}{k}}\right]} \tag{12-8-12}$$

对实际气体

$$c_2 = 44.72 \sqrt{c_p (T_0 - T_2)} \tag{12-8-13}$$

3）临界压力比及临界流速

临界状态：工质在喷管中流动时，在喷管的最小截面处，若工质的流动速度等于当地音速，则此时工质所处的状态称为临界状态。

临界压力比：临界状态时工质压力与滞止压力之比称为临界压力比。

$$\beta = \frac{p_c}{p_0} = \left(\frac{2}{k+1}\right)^{\frac{k}{k-1}} \tag{12-8-14}$$

特别的，对双原子气体：$\beta = 0.528$。

4）流量与临界流量

$$m = \frac{f_2 c_2}{v_2} \quad (\text{kg/s}) \tag{12-8-15}$$

5）喷管的计算

（1）喷管的设计计算。出发点：$p_2 = p_b$，当流体流过喷管，已知p_0、T_0、k、p_b、f。

①当$\frac{p_b}{p_0} \geq \beta = \frac{p_c}{p_0}$，即$p_b > p_c$：采用渐缩喷管。

②当$\frac{p_b}{p_0} \leq \beta = \frac{p_c}{p_0}$，即$p_b < p_c$：采用渐扩喷管。

（2）渐缩喷管的校核计算。当流体流过渐缩喷管，已知p_0、T_0、k、p_b、f。

①当$\frac{p_b}{p_0} \geq \beta = \frac{p_c}{p_0}$，即$p_b > p_c$：$p_2 = p_b$。

②当$\frac{p_b}{p_0} \leq \beta = \frac{p_c}{p_0}$，即$p_b < p_c$：$p_2 = p_c$。

喷管的最大流量$m_{max} = \frac{f_c c_c}{v_c}$（kg/s）。

想一想： 渐缩喷管中气流速度能否超过音速？缩放喷管中气流出口速度能否低于音速？

【例 12-8-1】理想气体流经喷管后会使：

A. 流速增加、压力增加、温度降低、比体积减小

B. 流速增加、压力降低、温度降低、比体积增大

C. 流速增加、压力降低、温度升高、比体积增大

D. 流速增加、压力增加、温度升高、比体积均大

解 喷管的目的是使流体降压增速（$dp < 0$，$dc > 0$），同时经过喷管后比体积增大，温度降低，参照教材中温度、比体积计算公式。选 B。

【例 12-8-2】理想气体流经一渐缩形喷管，若在入口截面上的参数为c_1、T_1、p_1，测出出口截面处的温度和压力分别为p_2、T_2，其流动速度c_2等于：

A. $\sqrt{c_1^2 + 2\frac{kR}{k-1}(T_1 - T_2)}$ B. $\sqrt{c_1 + 2\frac{kR}{k-1}(T_1 - T_2)}$

C. $\sqrt{c_1^2 - 2\frac{kR}{k-1}(T_1 - T_2)}$ D. $\sqrt{c_1 - 2\frac{kR}{k-1}(T_1 - T_2)}$

解 当初速为c_1的流体经过渐缩喷管时，出口流动速度c_2的计算式为：

$$c_2 = \sqrt{c_1^2 + 2(h_1 - h_2)} = \sqrt{c_1^2 + 2c_p(T_1 - T_2)} = \sqrt{c_1^2 + 2\frac{kR}{k-1}(T_1 - T_2)}$$

选 A。

【例 12-8-3】设空气进入喷管的初始压力为1.2MPa，初始温度$T_1 = 350$K，背压为0.1MPa，空气$R_g = 287$J/(kg·K)，采用渐缩喷管时可以达到的最大流速为：

A. 343m/s B. 597m/s C. 650m/s D. 725m/s

解 对于空气$k = 1.4$，临界压比为

$$\varepsilon_{cr} = \left(\frac{2}{k+1}\right)^{\frac{k}{k-1}} = \left(\frac{2}{1.4+1}\right)^{\frac{1.4}{1.4-1}} = 0.528$$

采用渐缩喷管时所能达到的最大流速为其临界流速，即压比为临界压比时的出口流速，即为

$$c_{f,cr} = \sqrt{2\frac{k}{k+1}R_g T_1} = \sqrt{2 \times \frac{1.4}{1.4+1} \times 287 \times 350} = 342.33\text{m/s}$$

题目虽然给出背压为0.1MPa，但很显然，若使喷嘴出口工质达到0.1MPa，则压比已经小于了临界压比 0.521，这对于渐缩喷管是不能实现的。

选 A。

【例12-8-4】 对于喷管内理想气体的一维定熵流动，流速c、压力p、比焓h及比体积v的变化，正确的是：

　　A. $dc > 0$，$dp > 0$，$dh < 0$，$dv > 0$　　　　B. $dc > 0$，$dp < 0$，$dh < 0$，$dv < 0$

　　C. $dc > 0$，$dp < 0$，$dh > 0$，$dv > 0$　　　　D. $dc > 0$，$dp < 0$，$dh < 0$，$dv > 0$

解　气体流经喷管时，速度逐渐升高即$dc > 0$；实现压力能向速度能的转变，根据$cdc = -vdp$可知$dc > 0$时$dp < 0$；由$Tds = dh - vdp$，对于喷管内的等熵过程有$dh = vdp$，可知$dp < 0$时有$dh < 0$；根据过程方程$pv^k = C$，可知压力降低时比容增大，即$dv > 0$。

　　选D。

【例12-8-5】 在喷管设计选用过程中，当初始入口流速为亚音速，并且$\beta > \dfrac{p_b}{p_1}$时，应该选用：

　　A. 渐扩喷管　　　　B. 渐缩喷管　　　　C. 渐缩渐扩喷管　　D. 都可以

解　入口为亚音速流，满足条件的喷管类型为渐缩喷管或渐缩渐扩喷管。临界压力比$\beta = \dfrac{p_c}{p_1}$，若$\beta > \dfrac{p_b}{p_1}$，则背压$p_b < p_c$，喷管内的气体流速包括亚音速和超音速两部分，在超音速区域，气体比体积相对变化率大于流速相对变化率，故要求喷管截面逐渐扩大，在这种情况下，须选择渐缩渐扩喷管。选C。

12.8.4　绝热节流

工质在管内绝热流动时，由于通道截面突然缩小，使工质压力降低，这种现象称为绝热节流。

特点：绝热节流过程的焓相等，但不是等焓过程，如图 12-8-2 所示。

因为在缩孔附近，由于流速增加，焓下降，流体在通过缩孔时动能增加，压力下降并产生强烈扰动和摩擦。扰动和摩擦的不可逆性，使节流后的压力不能恢复到节流前。

绝热节流前后状态参数的变化：

对理想气体，节流后$h_1 = h_2$、$T_1 = T_2$、$p_1 > p_2$、$v_1 < v_2$、$s_2 > s_1$。

对于实际气体，节流后焓值不变，压力下降，比体积增大，比熵增大，但其温度是可以变化的。若节流后温度升高，称为热效应；若节流后的温度不变，称为零效应；若节流后温度降低，则称为冷效应。大多数气体节流后温度是降低的，因此利用这一特性可使气体通过节流获得低温和使气体液化。

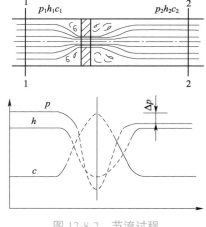

图 12-8-2　节流过程

【例12-8-6】 流体节流前后其焓保持不变，其温度将：

　　A. 减小　　　　　B. 不变　　　　　C. 增大　　　　　D. 不确定

解　绝热节流前后状态参数的变化：

对理想气体：$h_1 = h_2$、$T_1 = T_2$、$p_1 > p_2$、$v_1 < v_2$、$s_2 > s_1$；对于实际气体，节流后，焓值不变，压力下降，比体积增大，比熵增大，但其温度是可以变化的。若节流后温度升高，称为热效应；若节流后的温度不变，称为零效应；若节流后温度降低，则称为冷效应。因此流体节流前后期温度变化是不确定的。选D。

【例12-8-7】 空气以$150m/s$的速度在管道内流动，用水银温度计测量空气的温度。若温度计上的读数为 70℃，空气的实际温度是：

    A. 56℃   B. 70℃   C. 59℃   D. 45℃

解 工质在绝热流动中，因遇着障碍物或某种原因而受阻，使速度降低直至变为零，这种过程称为绝热滞止。水银温度计在管道中测得的温度是流体的滞止温度。而对于理想气体滞止参数的计算公式为：

$$\left.\begin{aligned} h_0 &= h_1 + \frac{c_1^2}{2} \\ T_0 &= T_1 + \frac{c_1^2}{2c_p} \end{aligned}\right\}$$

因此空气的实际温度是 $T_1 = T_0 - \frac{c_1^2}{2c_p} = 70 - \frac{150 \times 150}{2 \times 1001} = 59℃$，选 C。

【例 12-8-8】 压力为 9.807×10^5Pa、温度为 30℃的空气，流经阀门时产生绝热节流作用，使压力降为 6.865×10^5Pa，此时的温度为：

    A. 10℃   B. 30℃   C. 27℃   D. 78℃

解 绝热节流前后温度的变化是，对理想气体：温度不变；对于实际气体，其温度可能升高、可能降低也可能保持不变。本题中的空气可以近似认为是理想气体，因此绝热节流后温度保持不变，为 30℃。选 B。

【例 12-8-9】 理想气体绝热节流过程中节流热效应为：

    A. 零   B. 热效应

    C. 冷效应   D. 热效应和冷效应均可能有

解 选 A。

【例 12-8-10】 关于孤立系统熵增原理，下述说法中错误的是：

    A. 孤立系统中进行过程 $dS_{iso} \geq 0$

    B. 自发过程一定是不可逆过程

    C. 孤立系统中所有过程一定都是不可逆过程

    D. 当 S 达到最大值 S_{max} 时系统达到平衡

解 根据孤立系统熵增原理有 $dS_{iso} \geq 0$。当 $dS_{iso} > 0$ 时系统内部进行的为不可逆过程，而当 $dS_{iso} = 0$ 时，系统内部为可逆过程。选 C。

【例 12-8-11】 如图所示，湿蒸气经过绝热节流后，蒸气状态变化情况为：

    A. $h_2 = h_1$、$t_2 = t_1$、$p_2 = p_1$、$s_2 = s_1$

    B. $h_2 = h_1$、$t_2 < t_1$、$p_2 = p_1$、$s_2 = s_1$

    C. $h_2 = h_1$、$t_2 < t_1$、$p_2 < p_1$、$s_2 < s_1$

    D. $h_2 = h_1$、$t_2 < t_1$、$p_2 < p_1$、$s_2 > s_1$

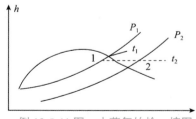

例 12-8-11 图 水蒸气的焓—熵图

解 绝热节流是指高压流体在稳定流动中，遇到缩口或调节阀门等阻力元件时由于局部阻力产生，压力显著下降的过程，在此过程中，没有对外输出功，而且过程进行较快，流体与外界的热交换量忽略不计，根据稳定流动能量方程 $\delta Q = \delta h + \delta W$，可知湿蒸汽绝热节流前后焓值不变（$h_2 = h_1$），由于节流时流体内部存在摩擦阻力损耗，所以它是一个不可逆过程，节流后的熵必定增大（$s_2 > s_1$）。由于两相区饱和温度和饱和压力是一一对应的，饱和温度随压力的降低而降低，即 $p_2 < p_1$，$t_2 < t_1$。选 D。

经典练习

12-8-1 喷管是用来将流体的压力能转化为（ 　　 ）。

A. 功 B. 热量 C. 动能 D. 内能

12-8-2 当流道截面积变小时，气体的流速（ 　　 ）。

A. 增大 B. 减小 C. 不变 D. 不一定

12-8-3 在缩放形扩压管的最小截面处，马赫数为（ 　　 ）。

A. 大于 1 B. 小于 1 C. 等于 1 D. 等于 0

12-8-4 气体流动中，当渐缩喷管出口截面压力与进口压力之比达到临界压力比，如此时出口截面压力继续下降，它们的流量将（ 　　 ）。

A. 增加 B. 减小 C. 不变 D. 不一定

12-8-5 任何压力下的理想气体经节流后，其温度将（ 　　 ）。

A. 降低 B. 升高 C. 不变 D. 不一定

12-8-6 湿蒸气经绝热节流后，（ 　　 ）不变。

A. 压力 B. 比焓 C. 比熵 D. 都不对

12.9 动力循环

考试大纲☞： 朗肯循环　回热和再热循环　热电循环　内燃机循环

12.9.1 郎肯循环

郎肯循环（Rankine Cycle）是最简单的蒸气动力理想循环，热力发电厂的各种较复杂的蒸气动力循环都是在郎肯循环的基础上予以改进而得到的。

1）装置与流程

（1）蒸气动力装置：主要设备为锅炉、汽轮机、冷凝器、给水泵，如图 12-9-1 所示。

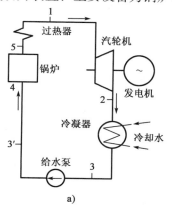 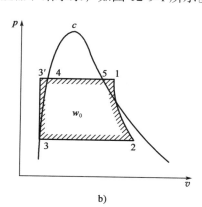

图 12-9-1　蒸气动力装置

（2）工作原理：郎肯循环可理想化为两个定压过程和两个定熵过程。

3′—4—5—1 水在蒸气锅炉中定压加热变为过热水蒸气，2—2 过热水蒸气在汽轮机内定熵膨胀，2—3 湿蒸气在凝汽器内定压（也定温）冷却凝结放热，3—3′凝结水在水泵中的定熵压缩。

2）朗肯循环的能量分析及热效率

汽耗率：蒸气动力循环装置每输出 1kW·h 功量时所消耗的蒸气量称为汽耗率。

取汽轮机为控制体，建立能量方程，朗肯循环的能量分析与计算如下。

循环吸热量
$$q_1 = h_1 - h_3 \tag{12-9-1}$$

循环放热量
$$q_1 = h_2 - h_3 \tag{12-9-2}$$

水蒸气流经汽轮机时，对外做功为
$$w_1 = h_1 - h_2 \tag{12-9-3}$$

水在水泵中升压所消耗的功为
$$w_p = h_4 - h_3 \tag{12-9-4}$$

由于水泵耗功相对于汽轮机做出的功极小，这样热效率可近似表示为
$$\eta = \frac{h_1 - h_2}{h_1 - h_3} \tag{12-9-5}$$

3）提高朗肯循环热效率的基本途径

依据： 卡诺循环热效率。

（1）平均吸热温度。直接方法是提高蒸气压力和温度。

（2）降低排气温度。

【例 12-9-1】有一流体以 3m/s 的速度通过直径 7.62cm 的管路进入动力机。进口处的焓为 2 558.6kJ/kg，内能为 2 326kJ/kg，压力为 $p_1 = 689.48$kPa，而在动力机出口处的焓为 1 395.6kJ/kg。若过程为绝热过程，忽略流体动能和重力位能的变化，该动力机所发出的功率是：

　　　　A. 4.65kW　　　　　B. 46.5kW　　　　　C. 1 163kW　　　　　D. 233kW

解　根据焓与内能的关系 $h = u + pv$，已知压力入口处内能、焓及压力，可以求得进口处的比体积 $v = (h - u)/p = 0.337$m^3/kg，进口处的质量流量 $m = V/v = c\pi r^2/v = 0.04$kg/s，单位质量流体经过动力机所做的功 $w = h_1 - h_2 = 2\,558.6 - 1\,395.6 = 1\,163$kJ/kg，则该动力机所发出的功 $W = m \cdot w = 1\,163 \times 0.04 = 46.5$kW。选 B。

【例 12-9-2】最基本的蒸气动力朗肯循环，组成该循环的四个热力过程分别是：

　　　　A. 定温吸热、定熵膨胀、定温放热、定熵压缩

　　　　B. 定压吸热、定熵膨胀、定压放热、定熵压缩

　　　　C. 定压吸热、定温膨胀、定压放热、定温压缩

　　　　D. 定温吸热、定熵膨胀、定压发热、定熵压缩

解　郎肯循环是最简单的蒸气动力理想循环，郎肯循环可理想化为两个定压过程和两个定熵过程，即定压吸热、定熵膨胀、定压放热、定熵压缩。选 B。

【例 12-9-3】组成蒸汽朗肯动力循环基本过程的是：

　　　　A. 等温加热，绝热膨胀，定温凝结，定熵压缩

　　　　B. 等温加热，绝热膨胀，定温凝结，绝热压缩

　　　　C. 定压加热，绝热膨胀，定温膨胀，定温压缩

　　　　D. 定压加热，绝热膨胀，定压凝结，定熵压缩

解　朗肯循环可理想化为两个定压过程和两个定熵过程。水在蒸汽锅炉中定压加热变为过热水蒸气，过热水蒸气在汽轮机内定熵膨胀，湿蒸汽在凝汽器内定压（也定温）冷却凝结放热，凝结水在水

泵中的定熵压缩。选 D。

12.9.2 回热、再热循环

目的：提高等效卡诺循环的平均吸热温度。

1）回热循环

具有回热过程的热力循环称为回热循环。这里，回热是指在热力循环中不同温度水平的工质之间产生的内部传热工程。蒸气功力的回热循环是指分次从汽轮机中抽出的一些做过功的蒸气。用其逐级对锅炉给水加热的热力循环。这样的回热循环也称为分级抽气回热循环。蒸气动力循环采用回热后，由于锅炉给水可从回热器中吸收一部分热量，使给水温度提高，这样可提高循环平均加热温度，从而提高循环的热效率。

抽气回热循环：用分级抽气来加热给水的实际回热循环。

利用一部分做过功的蒸气来加热给水，消除或减少平均吸热温度不高导致朗肯循环热效率不高这一不利因素的影响，即采用抽气回热的办法回热给水。一级抽气、混合式给水加热器的回热循环，如图 12-9-2 所示。由于采用了抽气回热，工质在热源（锅炉）中吸热，使平均吸热温度得到了提高。

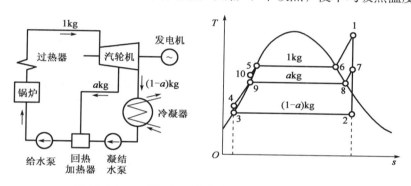

图 12-9-2　一级抽气、混合式给水加热器的回循环

2）再热循环

再热的目的是克服汽轮机尾部蒸气适度太大造成的危害。

将汽轮机高压段中膨胀到一定压力的蒸气重新引导锅炉的中间加热器（称为再热器）加热升温，然后再送入汽轮机使之继续膨胀做功。如图 12-9-3 所示。选择合适的再热压力，不仅可以使乏汽干度得到提高，而且由于附加循环提高了整个循环的平均吸热温度，因此还可以使循环热效率得到提高。

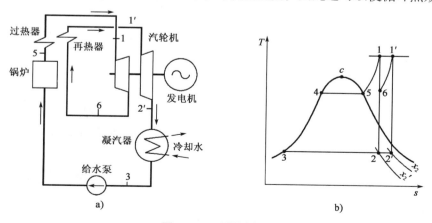

图 12-9-3　再热循环

12.9.3 热电循环

热电循环的实质：利用汽轮机中间抽气来供热。蒸气动力循环，通过凝汽器冷却水带走而排放到大气中去的能量约占总能量的 50% 以上。这部分热能数量很大，但温度不高（例如排气压力为 4kPa 时，其饱和温度仅为 29℃），难以利用。利用发电厂中做了一定数量功的蒸气作供热热源，用房屋采暖和生活用热，可大大提高利用率，这种既发电又供热的动力循环称为热电循环，如图 12-9-4 所示。

排气压力高于大气压力的汽轮机称为背压式汽轮机。这种系统没有凝汽器，蒸气在汽轮机内做功后仍具有一定的压力，通过管路送给热用户作为热源，放热后，全部或部分凝结水再回到热电厂。由于提高了汽轮机的排气压力，蒸气中用于做功（发电）的热能相应减少，所以背压式热电循环的循环热效率比单纯供电的凝汽式朗肯循环有所降低。由于热电循环中乏汽的热量得到了利用，所以热能利用率 K（所利用的能量与外热源提供的总能量的比值）提高了。背压式热电循环，热能利用率最高为 $K = 1$（普通朗肯循环热能利用率最低，调节抽气式热电循环的热能利用率介于两者之间）。但其缺点是热负荷和电负荷不能调节。

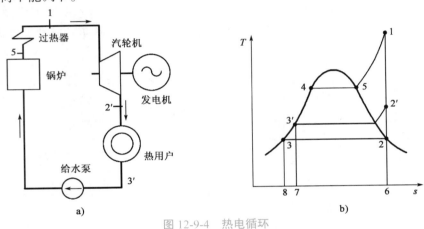

图 12-9-4　热电循环

【例 12-9-4】 热电循环是指：

A. 既发电又供热的动力循环　　　　　　B. 靠消耗热来发电的循环

C. 靠电炉作为热源产生蒸气的循环　　　D. 蒸气轮机装置循环

解 热电循环是利用汽轮机中间抽气来供热。蒸气动力循环，通过凝汽器冷却水带走而排放到大气中去的能量约占总能量的 50% 以上。这部分热能数量很大，但温度不高难以利用。利用发电厂中做了一定数量功的蒸气做供热热源，用房屋采暖和生活用热，可大大提高利用率，这种既发电又供热的动力循环称为热电循环。选 A。

12.9.4 内燃机循环

内燃机循环是指内燃机的燃烧过程在热机的气缸中进行。

内燃机是一个开口系统，每一个循环都要从外界吸入工质、循环结束时又将废气排于外界。同时，活塞在移动时与气缸壁不断发生摩擦，高温工质也可能通过气缸壁向外界少量放热，因此，实际的汽油机循环并不是闭合循环，也不是可逆循环。

图 12-9-5a）是一个四冲程汽油机的实际工作循环图。实际循环可简化为理想化情况。

（1）空气与燃气理想化为定比热容的理想气体。

（2）开式循环理想化为闭式循环。

（3）燃烧、排气过程理想化为工质的吸、放热过程。

（4）压缩与膨胀过程理想化为可逆绝热过程。

在对内燃机理论循环进行分析之前，首先引入三个特性参数：

（1）压缩比$\varepsilon = \frac{v_1}{v_2}$，表示压缩过程中工质体积被压缩的程度。

（2）定容升压比$\lambda = \frac{p_3}{p_2}$，表示定容加热过程中工质压力升高的程度。

（3）定压预胀比$\rho = \frac{v_4}{v_3}$，表示定压加热时工质体积膨胀的程度。

理想循环如图12-9-5b）、c）所示。工质首先被定熵压缩（过程1—2），接着从热源定容吸热（2—3），然后进行定熵膨胀做功（3—4），最后向冷源定容放热（4—1），完成一个可逆循环。经过上述抽象和概括，汽油机的实际循环被理想化为定容加热循环，也即奥拓循环。

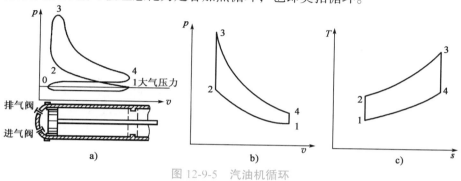

图 12-9-5　汽油机循环

定容加热理论循环的计算

$$\left.\begin{array}{l}吸热量 \quad q_1 = c_v(T_3 - T_2) \\ 放热量 \quad q_2 = c_v(T_4 - T_1) \\ 循环净功 \quad \omega_0 = q_1 - q_2 \end{array}\right\}$$

循环热效率　$\eta_t = \frac{\omega_0}{q_1} = 1 - \frac{q_2}{q_1}$，$\eta_{tv} = 1 - \frac{T_4 - T_1}{T_3 - T_2} = 1 - \frac{T_1(T_4/T_1 - 1)}{T_2(T_3/T_2 - 1)}$

因$\Delta s_{23} = \Delta s_{14}$，即

$$c_v \ln \frac{T_3}{T_2} = c_v \ln \frac{T_4}{T_1}$$

有

$$\frac{T_3}{T_2} = \frac{T_4}{T_1}$$

代入上式$\eta_{tv} = 1 - \frac{T_1}{T_2} = 1 - \frac{1}{T_2/T_1} = 1 - \frac{1}{(v_2/v_1)^{k-1}}$

得

$$\eta_{tv} = 1 - \frac{1}{\varepsilon^{k-1}} \tag{12-9-6}$$

其中，ε为压缩比，是个大于1的数，表示工质在燃烧前被压缩的程度。

可知，压缩比越高，内燃机的热效率也越高。但是ε值并不能任意提高，因为压缩比过大，压缩终了温度过高，容易产生爆燃，对活塞和气缸造成损害。压缩比要根据所用燃料的性质而定。对于一般的汽油机，$\varepsilon = 7 \sim 9$。

【例 12-9-5】 组成四冲程内燃机定压加热循环的四个过程是：

A. 绝热压缩、定压吸热、绝热膨胀、定压放热

B. 绝热压缩、定压吸热、绝热膨胀、定容放热

C. 定温压缩、定压吸热、绝热膨胀、定容放热

D. 绝热压缩、定压吸热、定温膨胀、定压放热

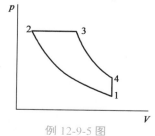

例 12-9-5 图

解 四冲程内燃机实际循环可简化为理想化情况，在 $p\text{-}v$ 图上的表示如图所示。选 B。

【**例 12-9-6**】 在内燃机循环计算中，m kg 气体放热量的计算式是：

    A. $mc_p(T_2 - T_1)$ B. $mc_v(T_2 - T_1)$

    C. $mc_p(T_2 + T_1)$ D. $mc_v(T_1 - T_2)$

解 在内燃机循环中气体的放热过程为定容过程，因此计算放热量时应采用定容比热。选 D。

经典练习

12-9-1 内燃机定压加热理想循环的组成依次为：绝热压缩过程、定压加热过程、绝热膨胀过程和（ ）。

    A. 定容放热过程   B. 定压放热过程

    C. 定容排气过程   D. 定压排气过程

12-9-2 内燃机定容加热理想循环的组成依次为：绝热压缩过程、定容加热过程、（ ）和定容放热过程。

    A. 绝热压缩过程   B. 定容排气过程

    C. 定温加热过程   D. 绝热膨胀过程

12-9-3 柴油机的理想循环中加热过程为（ ）过程。

    A. 绝热   B. 定压   C. 定温   D. 多变

12-9-4 某内燃机混合加热理想循环，从外界吸热 1 000 kJ/kg，向外界放热 400 kJ/kg，其热效率为（ ）。

    A. 0.3   B. 0.4   C. 0.6   D. 4

12-9-5 某热机在一个循环中，吸热 Q_1，放热 Q_2，则热效率为（ ）。

    A. $Q_1/(Q_1 - Q_2)$ B. $Q_2/(Q_1 - Q_2)$ C. $(Q_1 - Q_2)/Q_2$ D. $(Q_1 - Q_2)/Q_1$

12-9-6 柴油机理想循环的热效率总是随压缩比的降低而（ ）。

    A. 增大   B. 减小   C. 无关   D. 不定

12.10 制冷循环

考试大纲☞： 空气压缩制冷循环 蒸气压缩制冷循环 吸收式制冷循环 热泵 气体的液化

12.10.1 空气压缩制冷循环

空气压缩式制冷原理：将常温下较高压力的空气进行绝热膨胀，会获得低温低压的空气。原则是实现逆卡诺循环。

低温低压的空气（制冷剂）在冷室的盘管中定压吸热升温后进入压缩机，被绝热压缩提高压力，同时温度也升高，然后进入冷却器，被大气或水冷却到接近常温（即大气环境温度）后再进入膨胀机。压缩空气在膨胀机内进行绝热膨胀，压力降低同时温度也降低。将低温空气引入冷室的换热器，在换热器盘管内定压吸热，从而降低冷室的温度。空气吸热升温后又被吸入压缩机进行新的循环。

上述简单空气压缩制冷循环又称为布雷顿制冷循环，如图 12-10-1 所示。其中：

1—2 是空气在压缩机内定熵压缩过程；

2—3 是空气在冷却器中定压放热过程；

3—4 是空气在膨胀机中定熵膨胀过程；

4—1 是空气在冷室换热器中定压吸热过程。

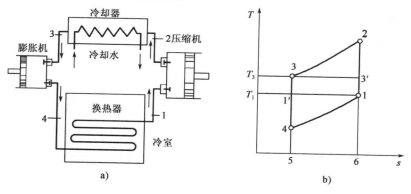

图 12-10-1　布雷顿制冷循环

注意：空气的热物性决定了空气压缩制冷循环的制冷系数低和单位供职的制冷能力小。

制冷系数
$$\varepsilon_1 = \frac{1}{\dfrac{T_2}{T_1} - 1} = \frac{1}{\left(\dfrac{p_2}{p_1}\right)^{\frac{k}{k-1}} - 1} \qquad (12\text{-}10\text{-}1)$$

或
$$\varepsilon_1 = \frac{T_1}{T_2 - T_1} \qquad (12\text{-}10\text{-}2)$$

式（12-10-1）中 $\dfrac{p_2}{p_1}$ 为压缩比。减小压缩比可提高制冷系数。

比较相同温度范围内的制冷系数，空气压缩制冷循环的制冷系数要比逆向卡诺循环的制冷系数小。

【例 12-10-1】 图示为卡诺制冷循环的 $T\text{-}S$ 图，从图中可知，表示制冷量的是：

A. 面积 $efghe$

B. 面积 $hgdch$

C. 面积 $efghe$ + 面积 $hgdch$

D. 面积 $aehba$ + 面积 $efghe$

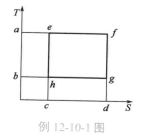

解　逆卡诺循环是所有制冷循环中最理想的循环。其制冷量 $q = t_b(s_d - s_c)$，在图中可以用面积 $hgdch$ 表示。选 B。

例 12-10-1 图

【例 12-10-2】 对于空气压缩式制冷理想循环，由两个可逆定压过程和两个可逆绝热过程，则提高该循环制冷系数的有效措施是：

A. 增加压缩机功率　　　　　　　　B. 增大压缩比 p_2/p_1

C. 增加膨胀机功率　　　　　　　　D. 提高冷却器和吸热换热器的传热能力

解　根据制冷循环的特点，循环中两个可逆定压过程和两个可逆绝热过程，分别为可逆定压冷凝、可逆定压蒸发、可逆绝热压缩、可逆绝热膨胀，通过提高冷却器和吸热换热器的传热能力，能够降低传热温差，从而减小冷凝温度和蒸发温度间的传热温差，以提高循环的制冷系数。选 D。

12.10.2　蒸气压缩制冷循环

1）实际压缩式制冷循环

（1）蒸气压缩制冷装置：由压缩机、冷凝器、膨胀阀及蒸发器组成。

（2）原理：从蒸发器出来的制冷剂的干饱和蒸气被吸入压缩机，绝热压缩后成为过热蒸气（过程 1→2），蒸气进入冷凝器，在定压下冷却（过程 2→3），进一步在定压定温下凝结成饱和液体（过程 3→4）。饱和液体继而经过一个膨胀阀（又称节流阀或减压阀），经绝热节流降压降温而变成低干度的湿蒸气，如图 12-10-2 所示。

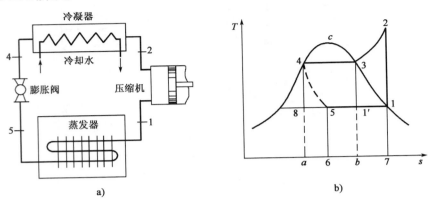

图 12-10-2　蒸气压缩制冷循环

注意：蒸气压缩制冷采用节流阀降压降温，是因为被节流的工质在饱和区域内，由于饱和温度和饱和压力互为函数，因此在节流降压的同时可以降温；而空气压缩制冷中的制冷工质空气，在一般使用温度范围内可视为理想气体，而理想气体经节流后，尽管其压力降低，但温度保持不变，所以不能通过节流达到降压降温的目的。因而，对空气压缩制冷必须用膨胀机而不能用节流阀。

2）制冷剂的压焓图（$\lg p\text{-}h$ 图）

（1）原理：以制冷剂焓作为横坐标，以压力对数为纵坐标，共绘出制冷剂的六种状态参数线簇：定焓（h）、定压力（p）、定温度（T）、定比体积（v）、定熵（S）及定干度（x）线。

（2）在 $\lg p\text{-}h$ 图（见图 12-10-3）中，饱和液体线（$x=0$）与干饱和蒸气线（$x=1$）相交于临界点 c。整个图面分成三个区，下界线（$x=0$）左侧为过冷液体（或未饱和液体）区；下界线与上界线（$x=1$）之间是湿蒸气区；上界线右侧是过热蒸气区。图中共绘有六组等状态参数线簇：

①定压线簇：定压线是一组水平线；

②定焓线簇：定焓线是一组垂直线；

③定温线簇：定温线在过冷液体区是一组近似垂直线，在湿蒸气区是一组水平线，与相应的定压线重合，在过热蒸气区是一组斜向下的曲线；

④定比体积线簇：定比体积线在湿蒸气区是一组向右上方倾斜的曲线，在过热蒸气区，向右上方倾斜的幅度更大；

⑤定熵线簇：定熵线是一组向右上方倾斜的曲线，其倾斜比定比体积线的斜率大；

⑥定干度线：只在湿蒸气区内绘出，是一组自临界点向下发散的曲线，由 $x=0$ 线逐渐增大至 $x=1$ 线。

蒸气压缩式制冷循环各热力过程在 $\lg p\text{-}h$ 图上的表示如图 12-10-4 所示。状态 1 为压缩机的吸汽状态点，状态点 2 为压缩机的排汽状态点，状态点 4 为冷凝器的出口状态点，状态点 5 为蒸发器进口状态点。

1→2 表示压缩机中的绝热压缩过程，2→3→4 是冷凝器中的定压冷却过程，4→5 为膨胀阀中的绝热节流过程，5→1 表示蒸发器内的定压蒸发过程。

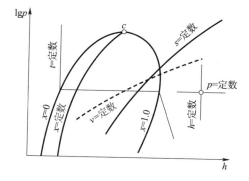

图 12-10-3   lgp-h的典型曲线

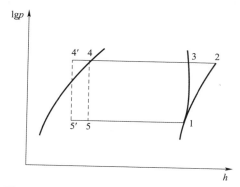

图 12-10-4   蒸气压缩式制冷循环各热力过程

3）制冷循环能量分析及制冷系数

（1）制冷剂在蒸发器内吸收低温物体的热量（即制冷量）

$$q_0 = h_1 - h_5 \tag{12-10-3}$$

（2）制冷剂在冷凝器内向外界排出的热量

$$q_1 = h_2 - h_4 \tag{12-10-4}$$

（3）循环净功

$$\omega_0 = h_2 - h_1 \tag{12-10-5}$$

（4）制冷系数

$$\varepsilon_1 = \frac{q_2}{\omega_2} = \frac{h_1 - h_5}{h_2 - h_1} = \frac{收获}{消耗} \tag{12-10-6}$$

制冷剂质量流量

$$m = \frac{Q_2}{q_2} \tag{12-10-7}$$

压缩机所需功率

$$p = \frac{m\omega_0}{3600} \tag{12-10-8}$$

冷凝器热负荷

$$Q = m(h_2 - h_1) \tag{12-10-9}$$

4）影响制冷系数的主要因素

（1）制冷剂的冷凝温度。

（2）蒸发温度。

【例 12-10-3】评价制冷循环优劣的经济性能指标为制冷系数，它可表示为：

    A. 耗净功/制冷量　　　　　　B. 压缩机耗功/向环境放出的热量

    C. 制冷量/耗净功　　　　　　D. 向环境放出的热量/从冷藏室吸收的热量

解　制冷系数 $\varepsilon_1 = \frac{q_2}{\omega_2} = \frac{收获}{消耗}$，在制冷系统中收获的是制冷机产生的制冷量，而消耗的是机械功。选 C。

【例 12-10-4】靠消耗功来实现制冷的循环有：

    A. 蒸气压缩式制冷，空气压缩式制冷

    B. 吸收式制冷，空气压缩式制冷

    C. 蒸气压缩式制冷，吸收式制冷

    D. 所有的制冷循环都是靠消耗功来实现的

解　吸收式制冷是利用某些具有特殊性质的工质对，通过一种物质对另一种物质的吸收和释放，产生物质的状态变化，从而伴随吸热和放热过程。吸收式制冷机可用电或煤油加热，无运动部件，不消耗机械功。选 A。

【例 12-10-5】制冷循环中的制冷量是指：

A. 制冷剂从冷藏室中吸收的热量

B. 制冷剂向环境放出的热量

C. 制冷剂从冷藏室中吸收的热量 — 制冷剂向环境放出的热量

D. 制冷剂从冷藏室中吸收的热量 + 制冷剂向环境放出的热量

解 制冷量是指空调进行制冷运行时，单位时间内从密闭空间、房间或区域内去除的热量总和。选 A。

【例 12-10-6】冬天用一热泵向室内供热，使室内温度保持在 20℃。已知房屋的散热损失是 120 000kJ/h，室外环境温度为−10℃，则带动该热泵所需的最小功率是：

A. 8.24kW　　　　B. 3.41kW　　　　C. 3.14kW　　　　D. 10.67kW

解 带动该热泵所需要的最小功率应满足使房间满足热平衡的条件，即对应的最小制热量应等于房屋的散热损失，同时系统还需按照逆卡诺循环运行以期有最高的制热系数。按照逆卡诺循环系统的制热系数。

$$\varepsilon = \frac{q}{\omega} = \frac{T_1}{T_1 - T_2} = \frac{273 + 20}{(273 + 20) - (273 - 10)} = 9.77$$

所需最小功率

$$\omega = \frac{q}{\varepsilon} = \frac{120\,000/3\,600}{9.77} = 3.41\text{kW}$$

选 B。

12.10.3　吸收式制冷循环

吸收式制冷是利用制冷剂液体汽化吸热实现制冷，它是直接利用热能驱动，以消耗热能为补偿，将热量从低温物体转移到高温物体中去。吸收式制冷采用的工质是用两种沸点低的物质为制冷剂，沸点高的物质为吸收剂。

例如，氨吸收式制冷循环，如图 12-10-5 所示，其中氨用作制冷剂、水为吸收剂。冷凝器、膨胀阀和蒸发器与蒸气压缩制冷完全相同，区别是用吸收器、发生器、溶液泵及减压阀取代了压缩机。

吸收式制冷循环是利用溶液在不同温度下具有不同溶解的特性，使制冷剂（氨）在较低温度下被吸收剂（水）吸收，并在较高温度下蒸发起到升压的作用。因此，吸收器相当于压缩机的低压吸气侧，而发生器则相当于压缩机的高压排气侧，其中吸收剂（水）充当了将制冷剂（氨）从低压侧输运到高压侧的运载液体的角色。所以，吸收式制冷剂中为实现制冷目的工质进行了两个循环，即制冷剂循环和溶液循环。

12.10.4　热泵

将热量由大气送至高温暖室所用的机械装置称为热泵。热泵实质上是一种能源采掘机械，它以消耗一部分高质能（机械能、电能或高温热能等）为补偿，通过热力循环，把环境介质（水、空气、土地）中储存的低质能量加以发掘进行利用。在每一次供热循环中，1kg 工质放给暖室的热量称为供热量。它的工作原理与制冷机相同，都按逆循环工作，所不同的是它们工作的温度范围和要求的效果不同。

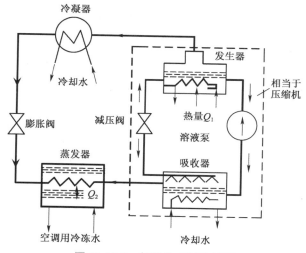

图 12-10-5　氨吸收式制冷循环

制冷装置是将低温物体的热量传给自然环境，以造成低温环境；热泵则是从自然环境中吸取热量，并将它输送到人们所需要温度较高的物体中去。

在蒸发器中，制冷剂蒸发吸取自然水源或环境大气中的热能，经压缩后的制冷剂在冷凝器中放出热量加热供热系统的回水，然后由循环泵送到热用户用作采暖或热水供应等；在冷凝器中，制冷剂凝结成饱和液体，经节流降压降温进入蒸发器，蒸发吸热，汽化为干饱和蒸气，从而完成一个循环。

热泵循环的经济性以消耗单位功量所得到的供热量来衡量，称为供热系数。循环制冷系数越高，供热系数也越高。

【例 12-10-7】 有一热泵用来冬季采暖和夏季降温。室内要求保持 20℃，室内外温度每相差 1℃，每小时通过房屋围护结构的热损失是 1 200kJ，热泵按逆向卡诺循环工作，当冬季室外温度为 0℃时，带动该热泵所需的功率是：

　　　　A. 4.55kW　　　　　B. 0.455kW　　　　　C. 5.55kW　　　　　D. 6.42kW

解　选 B。

【例 12-10-8】 热泵与制冷机的工作原理相同，但是：

　　　　A. 它们工作的温度范围和要求的效果不同

　　　　B. 它们采用的工作物质和压缩机的形式不同

　　　　C. 它们消耗能量的方式不同

　　　　D. 它们吸收热量的多少不同

解　本题主要考查热泵供热循环与制冷循环的异同。热泵循环是通过消耗机械功，从大气中吸收热量，然后将其送入温度高于大气温度的暖室；而制冷循环是通过消耗机械功，从冷藏室吸收热量，然后将其送入大气环境。两者的相同之处在于都是消耗机械功的循环，不同之处在于热泵循环是从大气环境吸收热量，而制冷循环是把热量排入大气环境。热泵是将环境作为低温热源；而制冷是将环境作为高温热源。选 A。

12.10.5　气体的液化

气体可经液化得到相应的液态物质。任何气体只要使其经历适当的热力过程，将其温度降低至临界温度以下，并保持其压力大于对应温度下的饱和压力，便都可以从气体转化为液体。可以看出，为了使气体液化，最重要的是解决降温问题。最基本的气体液化循环——林德-汉普森（Linde-Hampson）循环。林德-汉普森系统工作原理主要是利用焦耳-汤姆逊效应，使气体通过节流阀而降温液化。

被液化的气体进入定温压气机压缩，然后进入换热器，在其中被定压冷却，使温度降低至最大回转温度下。这时，使气体通过节流阀，由于焦耳-汤姆逊效应，气体的压力和温度均大大降低，节流后为湿蒸气，流入分离器中，使空气的饱和液体和饱和蒸气分离开来，液体空气留在分离器中，而饱和蒸气被引入换热器去冷却从压气机出来的高压气体而自身被加热升温到状态点，然后与补充的新鲜空气混合，再进入压气机重新进行液化循环。

经典练习

12-10-1 提高制冷系数的正确途径是（　　　　）。

    A. 尽量使实际循环接近逆卡诺循环

    B. 尽量增大冷剂在冷库和冷凝器中的传热温度

    C. 降低冷库温度

    D. 提高冷却水温度

12-10-2 其他条件不变，蒸气压缩制冷循环的制冷系数随蒸发温度的提高、冷凝温度的提高、过冷度的加大而（　　　　）。

    A. 升高   B. 降低   C. 不变   D. 无法确定

12-10-3 某蒸气压缩制冷循环，向冷凝器放热240kJ/kg，消耗外界功60kJ/kg，其制冷系数为（　　　　）。

    A. 1.33   B. 0.75   C. 4   D. 3

12-10-4 一台热机带动一台热泵，热机和热泵排出的热量均用于加热暖气散热器的热水。若热机的热效率为50%，热泵的供热系数为10，则输给散热器的热量是输给热机热量的（　　　　）倍。

    A. 5.5   B. 9.5   C. 10   D. 10.5

12-10-5 以 R12 为工质的制冷循环，工质在压缩机进口为饱和蒸气状态（$h_1 = 573.6\text{kJ/kg}$），同压力下饱和液体的焓值为$h_5 = 405.1\text{kJ/kg}$。若工质在压缩机出口处$h_2 = 598\text{kJ/kg}$，在绝热节流阀进口处$h_3 = 443.8\text{kJ/kg}$，则单位质量工质的制冷量为（　　　　）kJ/kg。

    A. 24.4   B. 129.8   C. 154.2   D. 168.5

参考答案及提示

12-1-1 B 由公式$p = p_g + p_b$（当$p > p_b$时），可知表压$p_g = p - p_b$，因此测得的压差为表压，数值为 0.08MPa。

12-1-2 C 题中几个状态参数只有温度能够通过直接测量获得。

12-1-3 B 闭口系统是指系统与外界没有任何质量交换的热力系统。

12-1-4 C

12-1-5 A

12-2-1　B　如果系统完成某一热力过程后，再沿原来路径逆向进行时，能使系统和外界都返回原来状态而不留下任何变化，则这一过程称为可逆过程。因此经过可逆过程工质必然恢复原来状态。

12-2-2　C

12-2-3　C

12-2-4　D　可逆过程中没有任何耗散，效率最高，因此获得的最大可用功最多。

12-3-1　C　热力学第一定律实质上就是能量守恒与转换定律在热现象中的应用。它确定了热力过程中各种能量在数量上的相互关系。

12-3-2　A　由技术功的公式 $w_t = -\int_1^2 v\mathrm{d}p$，可知在可逆流动过程中压力降低使得 w_t 为正值，当技术功为正时，表示系统对外输出技术功。

12-3-3　D　热力学第一定律阐述了能量的转换在数量上的守恒关系。

12-3-4　A

12-3-5　D　理想气体的内能包括分子具有的移动动能、转动动能以及振动动能。

12-3-6　D

12-3-7　A　根据热力学第一定律中符号的规定可知，系统对外放热，q 为负号，温度上升，则热力学能增加，即 Δu 为正号，由热力学第一定律公式 $q = \Delta u + w$，在该过程中为了使 q 为负号，因 Δu 为正号，则 w 必须取负号，即外界必须对系统做功。

12-3-8　B　热力学第一定律公式 $q = \Delta u + w$ 适用于任何工质任何过程，而 $w = 0$ 说明没有膨胀功，根据膨胀功的概念 $w = \int_1^2 p\mathrm{d}v$，可以知道 $\mathrm{d}v = 0$，即定容过程，因此选 B。

12-3-9　D　由于工质的比体积发生变化而做的功称为容积功。

12-3-10　B

12-4-1　C　参考混合气体分压力定律。

12-4-2　C　参考混合气体分容积定律。

12-4-3　C　理想气体的定压比体积与定容比热的比值为比热容比，对空气为 1.4。

12-4-4　D

12-4-5　B

12-5-1　B　$pv^n = $ 常数，当 $n = k$ 时，为绝热过程，没有热量的交换，外界做功用于增加系统的内能。

12-5-2　A

12-5-3　C　该描述为热力学第一定律在定容过程中的具体描述，适用于任何气体。

12-5-4　A

12-5-5　B

12-5-6　C

12-5-7　D

12-5-8　A

12-5-9　A　当活塞处于左死点时，活塞顶面与缸盖之间须留有一定的空隙，称为余隙（余隙容积）。由于余隙容积的存在，活塞不可能将高压气体全部排出，因此余隙比减小，容积效率提高。

12-6-1　C　热力学第二定律的实质便是论述热力过程的方向性及能质退化或贬值的客观规律。

12-6-2　A

12-6-3　D　第二类永动机是指从单一热源中取热，由热力学第二定律可知该类热机不能实现。

12-6-4　C

12-6-5　B

12-6-6　B　制冷循环是逆向循环，在所有逆向循环中逆卡诺循环效率最高。

12-6-7　D

12-6-8　C　卡诺循环为理想可逆循环，经卡诺循环恢复到初始态时，没有任何变化。

12-6-9　C　影响卡诺循环效率的因素是高低温热源的温度。

12-6-10 D

12-7-1　D　气体压力越低，温度越高，则越远离液化状态，也越接近理想气体。

12-7-2　A

12-7-3　B　可以用压力和干度两个参数确定两相区内的湿蒸气的状态。

12-7-4　D

12-7-5　D　由热力学第一定律可知水在锅炉中的吸热量为水在锅炉进出口的焓差。

12-7-6　B　未饱和的湿空气的组成成分为干空气和过热蒸气。

12-7-7　C

12-7-8　C　含湿量与相对湿度是表征湿空气干湿情况的两个参数，但其物理意义不同。

12-7-9　A

12-7-10 C

12-8-1　C　喷管是通过改变流道截面面积，提升流体流速的装置，即将压力能转变为流体的动能。

12-8-2　D　流体速度变化情况不仅与流动截面面积变化有关，还与马赫数有关。

12-8-3　C

12-8-4　C　气体节流过程可以认为是一绝热过程，节流前后焓不变，而理想气体的焓是温度的单值函数，故理想气体节流后温度不变。

12-8-5　C

12-8-6　B　湿蒸气为实际气体，节流前后焓不变。

12-9-1　A

12-9-2　D

12-9-3　B

12-9-4　C

12-9-5　D

12-9-6　B　内燃机的效率$\eta_{tv} = 1 - \dfrac{1}{\varepsilon^{k-1}}$，其中$\varepsilon$为内燃机压缩比，可见压缩比越大内燃机效率越高。

12-10-1　A　制冷循环越接近理想的逆卡诺循环效率越高。

12-10-2　D　蒸气压缩制冷循环的制冷系数分别随蒸发温度的提高而提高、随冷凝温度的提高而降低、过冷度的加大而增大。

12-10-3　D　由能量守恒定律可知，蒸发器的制冷量为180kJ，按照制冷系数的定义可知答案为D。

12-10-4　A

12-10-5　C

13 传 热 学

考题配置　单选，10 题

分数配置　每题 2 分，共 20 分

复习指导

　　传热学是研究热量传递过程规律的一门科学，研究内容包括传热的三种基本方式（热传导、热对流、热辐射），实际传热过程的规律及控制。要求学生能够熟练掌握热量传递的三种基本方式及传热过程所遵循的基本规律，能运用传热学理论分析计算实际的热量传递过程，掌握控制实际传热过程的基本途径。

13.1　导热理论基础

考试大纲 ☞：导热基本概念　温度场　温度梯度　傅里叶定律　导热系数　导热微分方程　导热过程的单值性条件

13.1.1　导热基本概念

　　传热的基本方式有热传导、热对流和热辐射三种。

　　热传导是指在不涉及物质转移的情况下，热量从物体中温度较高的部位传递给相邻的温度较低的部位，或从高温物体传递给相接触的低温物体的过程，简称导热。导热是物质的属性，可在固体、液体和气体中发生；单纯的导热发生在固体中。

　　1）温度场

　　温度场是指在各个时刻物体内各点温度分布的总称。一般地，物体的温度分布是坐标和时间的函数，即

$$t = f(x, y, z, \tau)$$

　　其中 x，y，z 为空间坐标，τ 为时间坐标。

　　稳态温度场（定常温度场）：是指在稳态条件下物体各点的温度分布不随时间的改变而变化的温度场。

$$t = f(x, y, z)$$

　　非稳态温度场是指物体的温度随时间变化的温度场。

　　2）温度梯度

　　系统中某一点所在的等温面与相邻等温面之间的温差，与其法线间的距离之比的极限为该点的温度梯度，记为 grad$t$。它是一个矢量，其正方向指向温度升高的方向。

$$\mathrm{grad}t = \frac{\partial t}{\partial n} n$$

直角坐标系：

$$\mathrm{grad}t = \frac{\partial t}{\partial x}\vec{i} + \frac{\partial t}{\partial y}\vec{j} + \frac{\partial t}{\partial z}\vec{k}$$

显然，温度梯度表明了温度在空间上的最大变化率及其方向。

【**例 13-1-1**】关于传热的基本方式说法正确的是：

A. 导热、对流和辐射换热　　　　　　B. 导热、对流换热和辐射

C. 热传导、热对流和热辐射　　　　　D. 导热、对流换热和辐射换热

解　对流换热和辐射换热都是复合换热，而不是基本传热方式。选 C。

13.1.2　傅里叶定律

傅里叶（Fourier）于 1822 年提出了著名的导热基本定律——傅里叶定律，指出了导热热流密度矢量与温度梯度之间的关系。

$$q = -\lambda \mathrm{grad}t = -\lambda \frac{\partial t}{\partial n} n$$

式中：λ ——比例常数，导热率（导热系数）；负号表示热量传递的方向同温度升高的方向相反。

在直角坐标系中的向量表达式为：$q = -\lambda \left(\frac{\partial t}{\partial x} i + \frac{\partial t}{\partial y} j + \frac{\partial t}{\partial z} k \right)$

对一维稳态导热可写为：$q_x = -\lambda \frac{\mathrm{d}t}{\mathrm{d}x} i$

傅里叶定律的适用条件：适用于各向同性物体。对于各向异性物体，热流密度矢量的方向不仅与温度梯度有关，还与热导率的方向性有关，因此热流密度矢量与温度梯度不一定在同一条直线上。

13.1.3　导热系数（导热率、比例系数）

导热系数的定义由傅里叶定律给出：

$$\lambda = \frac{q}{-\mathrm{grad}t}$$

影响材料导热系数最主要的因素是温度。绝大多数材料的导热系数都可以近似表示为温度的线性函数形式，即：$\lambda = \lambda_0(1 + bt)$。

1）气体的导热系数

气体导热靠分子热运动时的相互碰撞，气体的导热系数一般在 0.006~0.6W/(m·℃)范围内变化。所有气体的导热系数均随温度升高而增大，氢和氦的导热系数比其他气体高得多。

2）液体导热系数

迄今为止对液体导热机理仍不是很清楚，液体导热系数大致在 0.07~0.7W/(m·℃)范围，主要依靠弹性波的传递作用。多数液体的导热系数随温度升高而降低，但水例外。液态金属和电解液是一类特殊的液体。

3）固体（金属与保温材料）导热系数

固体中的热量传递是自由电子的迁移和晶格振动相叠加这两种作用的结果，合金的导热系数一般比纯金属低，金属材料的导热系数和电导率的排列顺序完全相同。金属的导热系数一般随温度升高呈下降趋势。各类物质的导热系数数值的大致范围及随温度变化的情况如图 13-1-1 所示。

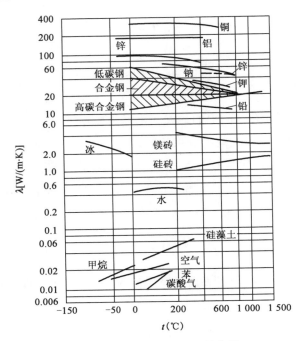

图 13-1-1　各种物质导热系数范围

我国规定：平均温度不高于 350℃时的导热系数不大于 0.12W/(m·℃)的材料称为保温材料。保温材料的特点是它们经常呈多孔状，或者具有纤维结构。

【例 13-1-2】下列物质的导热系数，排列正确的是：

A. 铝<钢铁<混凝土<木材　　　　　　　　B. 木材<钢铁<铝<混凝土

C. 木材<钢铁<混凝土<铝　　　　　　　　D. 木材<混凝土<钢铁<铝

解　根据物质导热系数的机理及图 13-1-1，各种物质种类导热系数一般为 $\lambda_{金} > \lambda_{液} > \lambda_{气}$；金属导热系数一般为 12~418W/(m·℃)，液体导热系数一般为 12~418W/(m·℃)，气体导热系数为 0.006~0.6W/(m·℃)。

可知金属的导热系数要大于混凝土和木材；而钢铁和铝两种金属相比较，铝的导热系数更大一些。选 D。

【例 13-1-3】如果室内外温差不变，则用以下材料砌成的厚度相同的四种外墙中，热阻最大的是：

A. 干燥的红砖　　　　　　　　　　　　　　B. 潮湿的红砖

C. 干燥的空心红砖　　　　　　　　　　　　D. 潮湿且水分冻结的红砖

解　多孔保温材料受湿度的影响很大。因为水分的渗入替代了相当一部分空气，而且更重要的是，当潮湿材料有温度梯度时，水和湿汽顺热流方向迁移（即从高温区向低温区迁移），同时携带很多热量。例如，干砖的导热系数为 0.35W/(m·K)，水的导热系数为 0.6W/(m·K)，而湿砖的导热系数可达 1.0W/(m·K)。空气为热的不良导体，导热系数λ非常小；多孔保温材料受湿度的影响很大，干燥的红砖肯定比潮湿的红砖热阻大，同时空心砖含一定的空气，保温性能得到提高。因此，现在为了建筑节能的需要，很多建筑结构都采用空心砖。选 C。

【例 13-1-4】当天气由潮湿变为干燥时，建筑材料的热导率可能会出现：

A. 木材、砖及混凝土的热导率均有明显增大

B. 木材的热导率下降，砖及混凝土的热导率不变

C. 木材、砖及混凝土的热导率一般变化不大

D. 木材、砖及混凝土的热导率均会下降

解 像木材、砖、混凝土等多孔介质材料，潮湿情况下细孔中会有大量的液态水出现，而干燥以后细孔中则完全是空气，液态的热导率大于气态的热导率，因此整体的热导率会下降。选 D。

13.1.4 导热微分方程

傅里叶定律确定了温度梯度和热流密度之间的关系，而要确定物体的温度梯度就必须知道物体的温度场，即温度分布。因此，导热分析的首要任务就是确定物体内部的温度场。解决导热问题，应首先建立关于导热问题的导热微分方程，其次求解温度场。

导热微分方程在直角坐标系中的基本表达式为

$$\rho c \frac{\partial t}{\partial \tau} = \lambda \left(\frac{\partial^2 t}{\partial x^2} + \frac{\partial^2 t}{\partial y^2} + \frac{\partial^2 t}{\partial z^2} \right) + q_v$$

上式亦可写为

$$\frac{\partial t}{\partial \tau} = a \left(\frac{\partial^2 t}{\partial x^2} + \frac{\partial^2 t}{\partial y^2} + \frac{\partial^2 t}{\partial z^2} \right) + \frac{q_v}{\rho c} = a\nabla^2 t + \frac{q_v}{\rho c}$$

其中，∇^2 为拉普拉斯算子；$a = \frac{\lambda}{\rho c}$ 为热扩散系数，单位为 m^2/s。

它表述了导热系统内温度场随时间和空间的变化规律，是导热温度场的场方程。

对于物性参数为常数，稳态温度场，$\frac{\partial t}{\partial \tau} = 0$，则方程变为

$$\frac{\partial^2 t}{\partial x^2} + \frac{\partial^2 t}{\partial y^2} + \frac{\partial^2 t}{\partial z^2} + \frac{q_v}{\lambda} = 0$$

如果无内热源稳态温度场，则方程变为

$$\frac{\partial^2 t}{\partial x^2} + \frac{\partial^2 t}{\partial y^2} + \frac{\partial^2 t}{\partial z^2} = 0$$

对于圆柱坐标系

$$\frac{\partial t}{\partial \tau} = a \left(\frac{\partial^2 t}{\partial r^2} + \frac{1}{r} \frac{\partial t}{\partial r} + \frac{1}{r^2} \frac{\partial^2 t}{\partial \varphi^2} \frac{\partial^2 t}{\partial z^2} \right) + \frac{q_v}{\rho c}$$

对于球坐标系

$$\frac{\partial t}{\partial \tau} = a \left[\frac{1}{r^2} \frac{\partial}{\partial r} \left(r^2 \frac{\partial t}{\partial r} \right) + \frac{1}{r^2 \sin \theta} \frac{\partial}{\partial \theta} \left(\sin \theta \frac{\partial t}{\partial \theta} \right) + \frac{1}{r^2 \sin^2 \theta} \frac{\partial^2 t}{\partial \varphi^2} \right] + \frac{q_v}{\rho c}$$

13.1.5 导热过程的单值性条件

单值性条件是导热微分方程式确定唯一解的附加补充说明条件。导热问题的完整数学描述包括导热微分方程式和单值性条件两部分。导热问题的单值性条件通常包括如下四项。

（1）几何条件：表征导热系统的几何形状和大小（属于三维、二维或一维问题）。

（2）物理条件：说明导热系统的物理特性（即物性量和内热源的情况）。

（3）初始条件：又称时间条件，反映导热系统的初始状态。

$$t_{\tau=0} = f(x, y, z)$$

稳态导热过程无时间条件。

（4）边界条件：反映导热系统在界面上的特征，也可理解为系统与外界环境之间的关系。

①第一类边界条件：已知任何时刻物体边界上的温度分布，即：$t|_s = t_w$。

②第二类边界条件：给出导热物体边界面上的热流密度（包括大小、方向）分布及其随时间的变化规律。

$$q = q_{\mathrm{w}}$$

或

$$\left.\frac{\partial t}{\partial n}\right|_{\mathrm{w}} = -\frac{q_{\mathrm{w}}}{\lambda}$$

绝热边界条件：当边界面绝热时，可看作恒热流边界条件的特例。

$$q_{\mathrm{w}} = 0$$

③第三类边界条件：给出导热体边界面与周围流体进行对流换热的流体温度t_{f}及表面换热系数h。

$$-\lambda \left.\frac{\mathrm{d}t}{\mathrm{d}n}\right|_{\mathrm{w}} = h\left(t_{\mathrm{w}} - t_{\mathrm{f}}\right)$$

说明： 本节首先介绍了传热学的概貌，为以后分章复习创造条件。本章涉及各种导热问题的基本概念，重点阐述了导热的基本定律，导出了描述物体温度分布规律的导热微分方程，并简述了导热微分方程的单值性条件。要求读者对于导热过程及其数学描写有一个基本了解，复习本章内容应注意以下几个方面：

（1）掌握热量传递三种基本方式和基本过程的物理概念，对于常见的一些实际热量传递问题，能直觉地判明其中有关的基本方式和基本过程。

（2）傅里叶定律是导热的基本定律，要深刻理解它的含义，了解它的应用。

（3）导热系数表征物质的导热能力，它是用于导热分析的一个重要热物性参数。要了解影响导热系数的诸因素，对各种材料导热系数的大小有一个数量级概念。

（4）导热微分方程是用数学形式表达出导热物体内温度场的内在规律性，亦即导热过程的共性；而单值性条件则是说明一个具体导热过程的个性。从内因与外因的关系来说，物体温度场的内在规律性即为导热现象的内因，而边界条件则是体现外因对内因的影响。因此，导热微分方程和单值性条件，提供了导热过程的共性和个性、内因和外因的完整的数学描写。读者对于一个给定的导热过程应能构造出完整的数学模型。

【例 13-1-5】 求解导热微分方程需要给出单值性条件，下列选项中哪一组不属于单值性条件？

    A. 边界上对流换热时空气的相对湿度及压力

    B. 几何尺寸及物性系数

    C. 物体中的初始温度分布及内热源

    D. 边界上温度梯度分布

解　单值性条件包含几何条件、物理条件、边界条件和时间条件。其中，边界条件有三类，第一类边界条件给出任何时刻物体边界上的温度值。第二类边界条件给出任何时刻物体边界上的热流密度值，根据傅里叶定律，第二类边界条件相当于已知任何时刻物体边界面法向的温度梯度值。第三类边界条件即对流换热边界条件，当物体壁面与流体相接触进行对流换热时，给出边界面周围流体温度t_{f}及边界面与流体之间的表面传热系数h。

所以，选项 B、C、D 都对，而选项 A 不属于单值性条件。选 A。

经典练习

13-1-1　一般而言，液体的导热系数与气体的导热系数值相比是（　　　　）。

A. 较高的

B. 较低的

C. 相等的

D. 接近的

13-1-2　当物性参数为常数且无内热源时的导热微分方程式可写为（　　）。

A. $v^2 t + \dfrac{qv}{\lambda} = 0$

B. $\dfrac{\partial t}{\partial \tau} = \alpha \nabla^2 t$

C. $\nabla^2 t = 0$

D. $\dfrac{\mathrm{d}^2 t}{\mathrm{d}x^2} = 0$

13-1-3　下列说法中正确的是（　　）。

A. 空气热导率随温度升高而增大

B. 空气热导率随温度升高而下降

C. 空气热导率随温度升高保持不变

D. 空气热导率随温度升高可能增大也可能减小

13-1-4　温度梯度的方向是指向温度（　　）。

A. 增加方向　　　　B. 降低方向　　　　C. 不变方向　　　　D. 趋于零方向

13.2　稳态导热

考试大纲☞： 通过单平壁和复合平壁的导热　通过单圆筒壁和复合圆筒壁的导热　临界热绝缘直径　通过肋壁的导热　肋片效率　通过接触面的导热　二维稳态导热问题

稳态导热：$\partial t / \partial \tau = 0$，微分方程：$\nabla^2 t + \dfrac{q_\mathrm{v}}{\lambda} = 0$

13.2.1　通过平壁的导热

1）第一类边界条件

（1）无限大平壁，见图 13-2-1，厚度为 δ，无内热源，材料的导热系数 λ 为常数。平壁两侧表面分别保持均匀稳定的温度 t_{w_1} 和 t_{w_2}，$t_{\mathrm{w}_1} > t_{\mathrm{w}_2}$。温度分布为线性，即

$$t = t_{\mathrm{w}_1} - \frac{t_{\mathrm{w}_1} - t_{\mathrm{w}_2}}{\delta} x$$

热流密度为

$$q = -\lambda \frac{\mathrm{d}t}{\mathrm{d}x} = \frac{\lambda}{\delta} \left(t_{\mathrm{w}_1} - t_{\mathrm{w}_2} \right) \qquad (\mathrm{W/m^2})$$

（2）对于导热系数随温度线形变化，即 $\lambda = \lambda_0 (1 + bt)$，温度分布为

$$t + \frac{1}{2} bt^2 = \left(t_{\mathrm{w}_1} + \frac{1}{2} bt_{\mathrm{w}_1}^2 \right) + \frac{t_{\mathrm{w}_2} - t_{\mathrm{w}_1}}{\delta} x \left[1 + \frac{1}{2} b \left(t_{\mathrm{w}_1} + t_{\mathrm{w}_2} \right) \right]$$

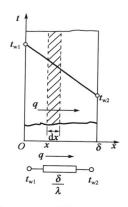

图 13-2-1　单层平壁的导热

说明：壁内温度不再是直线规律，而是按曲线变化。

$$b > 0 \Rightarrow \frac{\mathrm{d}^2 t}{\mathrm{d}x^2} < 0 \Rightarrow 曲线是向上凸的$$

$$b < 0 \Rightarrow \frac{\mathrm{d}^2 t}{\mathrm{d}x^2} > 0 \Rightarrow 曲线是向上凹的$$

热流密度为

$$q = \frac{t_{w_1} - t_{w_2}}{\delta} \lambda_0 \left[1 + \frac{1}{2} b(t_{w_1} + t_{w_2}) \right]$$

（3）热阻概念。

类比电学欧姆定律，热流密度为

$$q = \frac{t_{w_1} - t_{w_2}}{\dfrac{\delta}{\lambda}} = \frac{\Delta t}{R_\lambda}$$

其中，$R_\lambda = \delta/\lambda$ 为单位面积的导热热阻。

通过整个平壁的热流量为

$$\Phi = \frac{t_{w_1} - t_{w_2}}{\dfrac{\delta}{A\lambda}} = \frac{\Delta t}{R_{\lambda A}}$$

其中，$R_{\lambda A} = \delta/(\lambda A)$ 是面积为 A 的导热热阻。

（4）多层平壁（复合壁）的导热问题。

对于 n 层多层平壁，热流密度

$$q = \frac{t_{w_1} - t_{w_{n+1}}}{\sum\limits_{i=1}^{n} R_{\lambda,i}}$$

2）第三类边界条件

厚度为 δ 的无限大平壁，无内热源，材料的导热系数 λ 为常数。给出第三类边界条件，即：在 $x = 0$ 处，界面外侧流体的温度为 t_{f_1}，对流换热表面传热系数为 h_1；在 $x = \delta$ 处，界面外侧流体的温度为 t_{f_2}，对流换热表面传热系数为 h_2，热流密度为

$$q = \frac{t_{f_1} - t_{f_2}}{\dfrac{1}{h_1} + \dfrac{\delta}{\lambda} + \dfrac{1}{h_2}}$$

多层平壁
$$q = \frac{t_{f_1} - t_{f_2}}{\dfrac{1}{h_1} + \sum\limits_{i=1}^{n} \dfrac{\delta_i}{\lambda_i} + \dfrac{1}{h_2}}$$

3）通过复合平壁的导热

当组成复合平壁的各种不同材料的导热系数相差不大时，可近似当作一维导热问题处理。

复合平壁的导热量

$$\Phi = \frac{\Delta t}{\sum R_\lambda}$$

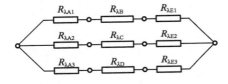

图 13-2-2　复合平壁的导热

如图 13-2-2 所示，总导热热阻为

$$\sum R_\lambda = \cfrac{1}{\cfrac{1}{R_{\lambda A_1} + R_{\lambda B} + R_{\lambda E_1}} + \cfrac{1}{R_{\lambda A_2} + R_{\lambda C} + R_{\lambda E_2}} + \cfrac{1}{R_{\lambda A_3} + R_{\lambda D} + R_{\lambda E_3}}}$$

【例 13-2-1】 有一砖砌墙壁，厚为 0.25m。已知内外壁面的温度分别为 25℃和 30℃。试计算墙壁内的温度分布和通过的热流密度。

解　由平壁导热的温度分布 $\dfrac{t - t_1}{t_2 - t_1} = \dfrac{x}{\delta}$ 代入已知数据可以得出墙壁内 $t = 25 + 20x$ 的温度分布表达式。再从附录查得红砖的 $\lambda = 0.87 \text{W}/(\text{m} \cdot \text{℃})$，于是可以计算出通过墙壁的热流密度 $q = \dfrac{\lambda}{\delta}(t_1 - t_2) =$

$-17.4W/m^2$。

【例 13-2-2】采用稳态平板法测量材料的导热系数时，依据的是无限大平板的一维稳态导热问题的解。已知测得材料两侧的温度分别是 60℃和 30℃，通过材料的热流量为 1W。若被测材料的厚度为 30mm，面积为 $0.02m^2$，则该材料的导热系数为：

        A. 5.0W/(m·K)   B. 0.5W/(m·K)   C. 0.05W/(m·K)   D. 1.0W/(m·K)

解 $\Phi = Aq = A\lambda(t_{w_1} - t_{w_2})/\delta = 0.02\lambda(60 - 30)/0.03$，$\lambda = 0.05W/(m·K)$。选 C。

【例 13-2-3】多层平壁一维导热中，当导热率为非定值时，平壁内的温度分布：

        A. 直线   B. 连续的曲线   C. 间断折线   D. 不确定

解 热导率随温度发生变化的关系式为：$\lambda = \lambda_0(1 + bt)$，其中 $b \neq 0$

单层平壁的温度分布为：$\left(t + \dfrac{1}{b}\right)^2 = \left(t_{w1} + \dfrac{1}{b}\right)^2 - \left[\dfrac{2}{b} + (t_{w1} + t_{w2})\right]\dfrac{t_{w1} - t_{w2}}{\delta}x$

可以看出温度分布是曲线。所以，对于多层平壁内的温度分布是连续的曲线。选 B。

【例 13-2-4】某平壁厚为 0.2m，进行一维稳态导热过程中，热导率为 12W/(m·K)，温度分布为 $t = 150 - 3\,500x^3$，可以求得在平壁中心处中心位置 $x = 0.1m$ 的内热源强度为：

        A. $-25.2kW/m^3$ B. $-21kW/m^3$ C. $2.1kW/m^3$ D. $25.2kW/m^3$

解 根据傅里叶定律：$q_x = -\lambda\dfrac{dt}{dx}$，温度分布为 $t = 150 - 3\,500x^3$，不同 x 处的热流密度不相同，所以平壁中存在内热源。

一维稳态有内热源导热过程的微分方程为：$\dfrac{d^2t}{dx^2} + \dfrac{q_v}{\lambda} = 0$，则可得 $q_v = -\lambda\dfrac{d^2t}{dx^2}$

又已知其温度分布 $t = 150 - 3\,500x^3$，则可得 $\dfrac{dt}{dx} = -3\,500 \times 3 \times x^2$，$\dfrac{d^2t}{dx^2} = -3\,500 \times 3 \times 2x$

所以 $q_v = -\lambda\dfrac{d^2t}{dx^2} = 12 \times 3\,500 \times 3 \times 2x = 252\,000x$

解得 $x = 0.1m$ 的内热源强度为 $25\,200W/m^3$，即 $25.2kW/m^3$。选 D。

13.2.2　通过圆筒壁的导热

工程中常用圆管作为换热壁面，如锅筒、传热管、热交换器及其外壳。圆筒受力均匀、强度高、制造方便。

1）第一类边界条件

单层圆筒壁面，见图 13-2-3，内半径为 r_1，外半径为 r_2，长度为 l，长度 l 远大于壁厚，无内热源，圆筒壁材料的导热系数 λ 为常数，圆筒壁内、外表面分别维持均匀稳定的温度 t_{w_1} 和 t_{w_2}，且 $t_{w_1} > t_{w_2}$。

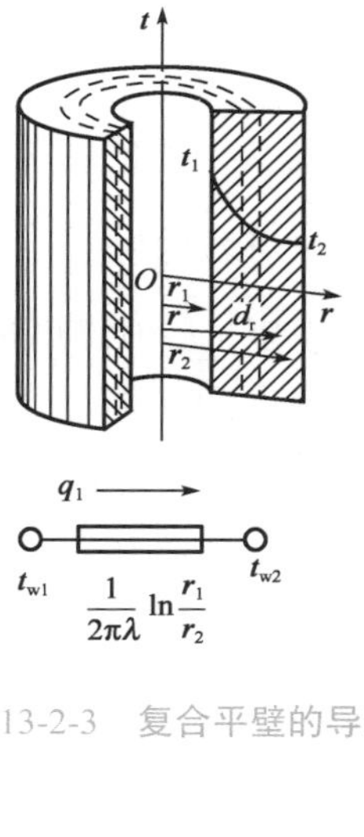

则圆筒壁的温度分布为

$$t = t_{w_1} - \frac{t_{w_1} - t_{w_2}}{\ln\dfrac{r_2}{r_1}}\ln\frac{r}{r_1}$$

或

$$t = t_{w_1} - \frac{t_{w_1} - t_{w_2}}{\ln\dfrac{d_2}{d_1}}\ln\frac{d}{d_1}$$

由此可见，圆筒壁中的温度分布呈对数曲线，而平壁中的温度分布呈线性分布。

圆筒壁的导热量

$$\Phi = 2\pi\lambda l \cdot \frac{t_{w_1} - t_{w_2}}{\ln\dfrac{r_2}{r_1}}$$

图 13-2-3　复合平壁的导热

可见，Φ与r无关，通过整个圆筒壁面的热流量不随半径的变化而变化，在不同的r处，通过的热流量是相等的。

将Φ写成热阻形式，则

$$\Phi = \frac{t_{w_1} - t_{w_2}}{\frac{1}{2\pi\lambda l}\ln\frac{r_2}{r_1}} \quad (W)$$

其中，$\frac{1}{2\pi\lambda l}\ln\frac{r_2}{r_1}$是长度为$l$的圆筒壁的导热热阻(K/W)。

通过每米长圆筒壁的热流量为

$$q_l = \frac{\Phi}{l} = \frac{t_{w_1} - t_{w_2}}{\frac{1}{2\pi\lambda}\ln\frac{r_2}{r_1}} \quad (W/m)$$

单位长度圆筒壁的导热热阻为

$$R_{\lambda l} = \frac{1}{2\pi\lambda}\ln\frac{r_2}{r_1} \quad (m\cdot K/W)$$

多层圆筒壁的单位长度导热量为

$$q_l = \frac{t_{w_1} - t_{w,n+1}}{\sum\limits_{i=1}^{n} R_{\lambda l,i}} = \frac{t_{w_1} - t_{w,n+1}}{\sum\limits_{i=1}^{n}\frac{1}{2\pi\lambda_i}\ln\frac{d_{i+1}}{d_i}}$$

注意：求各层直径时，应是$d + 2\delta$。对于圆管外，用几层材料进行保温时，应将导热系数少的材料设置在内侧。对平壁有这种要求吗？

2）第三类边界条件

单位长度圆筒壁的导热量为：

$$q_l = \frac{t_{f_1} - t_{f_2}}{\frac{1}{h_1\cdot 2\pi r_1} + \frac{1}{2\pi\lambda}\ln\frac{r_2}{r_1} + \frac{1}{h_2\cdot 2\pi r_2}} \quad (W/m)$$

或

$$q_l = \frac{t_{f_1} - t_{f_2}}{\frac{1}{h_1\cdot\pi d_1} + \frac{1}{2\pi\lambda}\ln\frac{d_2}{d_1} + \frac{1}{h_2\cdot\pi d_2}} \quad (W/m)$$

也可表示为 $\qquad q_l = k_l\cdot(t_{f_1} - t_{f_2})$

式中，k_l为传热系数，表示冷、热流体之间温差为1℃时，单位时间通过单位长度圆筒壁的传热量[W/(m·K)]。

单位长度圆筒壁传热热阻

$$R_l = \frac{1}{k_l} = \frac{1}{h_1\cdot\pi d_1} + \frac{1}{2\pi\lambda}\cdot\ln\frac{d_2}{d_1} + \frac{1}{h_2\cdot\pi d_2} \quad (m\cdot K/W)$$

圆筒壁中的温度分布

$$t = t_{w_1} - \frac{t_{w_1} - t_{w_2}}{\ln\frac{r_2}{r_1}}\ln\frac{r}{r_1}$$

对多层圆筒壁，热流体通过圆筒壁传给冷流体的热流量为：

$$q_l = \frac{t_{f_1} - t_{f_2}}{\frac{1}{h_1\cdot\pi d_1} + \sum\limits_{i=1}^{n}\frac{1}{2\pi\lambda_i}\ln\frac{d_{i+1}}{d_i} + \frac{1}{h_2\cdot\pi d_{i+1}}}$$

【例 13-2-5】 在一条蒸汽管道外敷设厚度相同的两层保温材料,其中材料 A 的导热系数小于材料 B 的导热系数。若不计导热系数随温度的变化,仅从减小传热量的角度考虑,哪种材料应敷在内层?

$\quad\quad$ A. 材料 A $\quad\quad\quad\quad$ B. 材料 B $\quad\quad\quad\quad$ C. 无所谓 $\quad\quad\quad\quad$ D. 不确定

解 对于圆筒形保温材料而言,内侧的温度变化率比较大,故将导热系数小的保温材料放于内侧,将充分发挥保温材料的保温作用。选 A。

13.2.3 临界热绝缘直径

工程上,为减少管道的散热损失,常在管道外侧覆盖热绝缘层或称隔热保温层。

覆盖热绝缘层不是在任何情况下都能减少热损失,应正确选择热绝缘材料,分析热流体通过管壁和热绝缘层传给冷流体传热过程的热阻,即

$$R_l = \frac{1}{h_1 \pi d_1} + \frac{1}{2\pi\lambda_1}\ln\frac{d_2}{d_1} + \frac{1}{2\pi\lambda_{\mathrm{ins}}}\ln\frac{d_{\mathrm{x}}}{d_2} + \frac{1}{h_2 \pi d_{\mathrm{x}}}$$

$$\frac{\mathrm{d}R_l}{\mathrm{d}d_{\mathrm{x}}} = \frac{1}{\pi d_{\mathrm{x}}}\left(\frac{1}{2\lambda_{\mathrm{ins}}} - \frac{1}{h_2 d_{\mathrm{x}}}\right) = 0$$

得临界热绝缘直径

$$d_{\mathrm{x}} = d_{\mathrm{c}} = \frac{2\lambda_{\mathrm{ins}}}{h_2}$$

d_{c} 只取决于 λ_{ins} 和 h_2,d_{c} 不一定大于 d_2。

从图 13-2-4 中可知:

(1)当 $d_2 < d_{\mathrm{c}}$ 时,如果管道保温后的外径 d_{x} 在 $d_2 \sim d_3$ 之间,这时管道的传热量 q_l 反而比没有保温层时更大,直到 $d_{\mathrm{x}} > d_3$ 时,才起到减少热损失的作用。

(2)当 $d_2 > d_{\mathrm{c}}$ 时,R_l 及 q_l 均是 d_{x} 的单调函数,用保温层肯定能减少热损失。

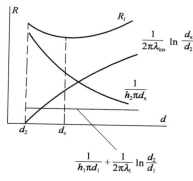 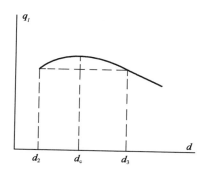

图 13-2-4 临界热绝缘直径

【例 13-2-6】 一条架设在空气中的电缆外面包敷有绝缘层,因通电而发热。在稳态条件下,若剥掉电缆的绝缘层而保持其他条件不变,则电缆的温度会:

$\quad\quad$ A. 升高 $\quad\quad\quad\quad$ B. 降低 $\quad\quad\quad\quad$ C. 不变 $\quad\quad\quad\quad$ D. 不确定

解 剥掉电缆的绝缘层,电缆表面温度比空气的温度高,有温差就有传热,电缆就会向空气散热,温度会降低。选 B。

【例 13-2-7】 在外径为 133mm 的蒸汽管道外敷设保温层,管道内是温度为 300℃饱和水蒸气,按规定,保温材料的外层温度不得超过 50℃。若保温材料的导热系数为 0.05W/(m·℃),为把管道热损

失控制在 150W/m 以下，保温层的厚度至少应为：

        A. 92mm   B. 46mm   C. 23mm   D. 184mm

解 由 $q_l = \dfrac{t_{w_1} - t_{w_2}}{\frac{1}{2\pi\lambda}\ln\frac{r_2+\delta}{r_1}} \leqslant 150$，可得 $\delta \geqslant 45.76\text{mm}$。选 B。

【例 13-2-8】 外径为 50mm 和内径为 40mm 的过热高压高温蒸汽管道在保温过程中，如果保温材料热导率为 0.05W/(m·K)，外部表面总散热系数为 5W/(m²·K)，此时：

    A. 可以采用该保温材料   B. 降低外部表面总散热系数

    C. 换选热导率较低的保温材料   D. 减小蒸汽管道外径

解 临界热绝缘直径 $d_c = \dfrac{2\lambda_{\text{ins}}}{h} = \dfrac{2\times0.05}{5} = 0.02\text{m} < 40\text{mm}$，因此本保温材料在外保温可以增加保温效果。本题考查临界热绝缘直径的概念，选项 B 会使临界热绝缘直径变大，选项 C 会使临界热绝缘直径变小但无太大意义，选项 D 与本题考查内容基本无关，是干扰项。选 A。

13.2.4 通过肋壁的导热

在工业和日常生活中广泛采用肋片，目的有两个，一是当肋片加在换热系数较小（热阻较大）的一侧时，是为了强化传热；二是有时肋片加在换热系数较大的冷流体侧，此时，是为了降低壁温。

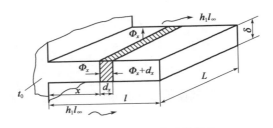

图 13-2-5 等截面直肋的导热

1）通过等截面直肋的导热

设肋片的高度为 l，宽度为 L，厚度为 δ。肋片的横截面积为 $A_L = L \times \delta$，肋片的横截面的周边长度为 $U = 2(L + \delta)$。肋基的温度 t_0 为常量，金属肋片的导热系数为 λ，周围流体的温度为 t_f，肋片与流体的对流换热表面传热系数为 h，把肋片的表面散热当作负的内热源。如图 13-2-5 所示，等截面直肋温度分布为：

$$\theta = \theta_0 \frac{e^{m(l-x)} + e^{-m(l-x)}}{e^{ml} + e^{-ml}} = \theta_0 \frac{\text{ch}[m(l-x)]}{\text{ch}(ml)}$$

其中，$m = \sqrt{\dfrac{hU}{\lambda A_L}}$。

令 $x = l$，得肋端的过余温度为

$$\theta|_{x=l} = \frac{\theta_0}{\text{ch}(ml)}$$

据能量守恒定律知，肋片散入外界的全部热流量都必须通过 $x = 0$ 处的肋基截面。据傅里叶定律得知通过肋片散入外界的热流量为

$$\Phi = -\lambda A_L \frac{\text{d}\theta}{\text{d}x}\Big|_{x=0}$$

可得：

$$\Phi = -\lambda A_L[-m\theta_0\text{th}(ml)] = \lambda m A_L \theta_0 \text{th}(ml) = \sqrt{hU\lambda A_L}\,\theta_0\text{th}(ml) \quad \text{(W)}$$

几点说明：

（1）对于一般工程计算，尤其高而薄的肋片，可以获得较精确的结果。若必须考虑肋端对流散热时，可采用一种简便的方法：即用假象高度 $l' = l + \dfrac{\delta}{2}$ 代替实际高度 l。

（2）当 $\text{Bi} = h\delta/\lambda \leqslant 0.05$ 时，用假象高度 $l' = l + \dfrac{\delta}{2}$ 代替实际高度 l 引起的误差不超过 1%。对于短而厚的肋片，温度场是二维的，上述算式不适用。

（3）敷设肋片不一定就能强化传热，只有满足一定的条件才能增加散热量，设计肋片时要注意这一点。

2）肋片效率

肋片效率定义为，肋片的实际散热量与其整个肋片都处于肋基温度下的最大可能的散热量之比，记为η_f。

$$\eta_f = \frac{\Phi}{\Phi_0} = \frac{hUl(t_m - t_f)}{hUl(t_0 - t_f)} = \frac{\theta_m}{\theta_0}$$

影响肋片效率的因素有：肋片的几何形状和尺寸、肋片材料的导热系数、肋片表面与周围介质的表面传热系数。

肋片效率的计算式为

$$\eta_f = \frac{\text{th}(ml)}{ml}$$

η_f随ml的变化情况：

（1）当$ml = 2.7$时，$\text{th}(ml) > 0.99$，当$ml > 2.7$时，$\text{th}(ml)$的值变化不大，趋于 1。这时η_f可以认为与ml成反比关系，ml增加，η_f减小。

（2）采用变截面的肋片，可提高肋片效率。

（3）一般认为，$\eta_f > 80\%$的肋片经济适用。

【例 13-2-9】壁面添加肋片散热过程中，肋的高度未达到一定高度时，随着肋高度增加，散热量也增大。当肋高度超过某数值时，随着肋片高度增加，会出现：

        A. 肋片平均温度趋于饱和，效率趋于定值

        B. 肋片上及根部过余温度θ下降，效率下降

        C. 稳态过程散热量保持不变

        D. 肋效率η_f下降

解　当肋高度超过某数值时，散热量的增加逐渐减少，最后趋向一个定值，肋片效率随着高度的增加下降。平均温度逐渐减小，肋片效率逐渐下降，选项 A 错误。

根部过余温度不变，选项 B 错误。

$\varphi = \sqrt{hU\lambda A_L}\theta_0\text{th}(mL)$散热量不断增加，选项 C 错误。

选 D。

13.2.5　通过接触面的导热

两个固体表面直接接触时，见图 13-2-6，即使宏观上看起来是非常平整的表面，它们的表面也仍是粗糙的，是点接触而非面接触。这样就给导热带来额外的热阻——接触热阻。

其表示式为：

$$R_C = \frac{t_{2A} - t_{2B}}{\Phi} = \frac{\Delta t_C}{\Phi}$$

（1）产生并影响接触热阻的主要因素：

①接触表面的粗糙度；

②表面接触时施加压力的大小；

③两接触面之间形成的空隙中气体的热物性。

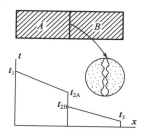

图 13-2-6　接触面热阻

（2）减小接触热阻的措施：

①减小接触表面的粗糙度；

②增加接触压力；

③在两接触表面之间加一层具有高导热系数和高延展性的材料；

④在接触面之间涂以具有良好导热性的油脂。

13.2.6 二维稳态导热问题

为了便于工程设计计算，对于有些二维、三维稳态导热问题，针对已知两个恒定温度边界之间的导热热流量，采用一种简便计算公式：引入形状因子S，表征物体几何形状和尺寸的因素的综合参数。对导热系数为常数的情形，导热的热流量可按下式计算

$$\Phi = S\lambda (t_1 - t_2)$$

说明： 导热问题的求解一般可归结为对导热微分方程式的求解。复习本节要注意理解和掌握以下几点即可达到较好的复习效果：①一维稳态导热是工程上常见的，应掌握处理这类问题的方法，能由物理模型建立起相应的数学模型，进而求得温度分布和热流密度。②深入理解第三类边界条件下的导热，即传热过程的概念，弄清楚内热源对于导热的影响。③理解热阻的意义，熟悉平壁、圆筒壁和球壁一维稳态导热的热阻表达式，对无内热源的大平壁、长圆筒壁和球壁的导热及传热过程，进行分析计算。④理解肋片效率的概念及其影响因素。掌握应用肋片效率曲线计算肋片的散热量。⑤理解接触热阻概念及其影响因素，了解消除接触热阻的技术途径。⑥了解内热源对于大平壁、长圆筒壁和空心球壁稳态导热的影响，并能进行传热分析计算。

经典练习

13-2-1 圆柱壁面双层保温材料敷设过程中，为了减少保温材料用量或减少散热量，应采取的措施为（　　）。

　　A. 导热率较大的材料在内层 　　　　　　B. 导热率较小的材料在内层

　　C. 根据外部散热条件确定 　　　　　　　D. 材料的不同布置对散热量影响不明显

13-2-2 在双层平壁无内热源常物性一维稳态导热计算过程中，如果已知平壁的热导率分别是δ_1、λ_1、δ_2、λ_2，如果双层壁内，外侧温度分别为t_1和t_2，则计算双层壁交界面上温度t_1错误的关系式是（　　）。

　　A. $\dfrac{t_1 - t_{\mathrm{in}}}{\frac{\delta_1}{\lambda_1}} = \dfrac{t_{\mathrm{in}} - t_2}{\frac{\delta_2}{\lambda_2}}$ 　　　　　　B. $\dfrac{t_1 - t_2}{\frac{\delta_1}{\lambda_1} + \frac{\delta_2}{\lambda_2}} = \dfrac{t_1 - t_{\mathrm{in}}}{\frac{\delta_1}{\lambda_1}}$

　　C. $\dfrac{t_1 - t_2}{\frac{\delta_1}{\lambda_1} + \frac{\delta_2}{\lambda_2}} = \dfrac{t_{\mathrm{in}} - t_2}{\frac{\delta_2}{\lambda_2}}$ 　　　　　　D. $\dfrac{t_1 - t_{\mathrm{in}}}{\frac{\delta_2}{\lambda_2}} = \dfrac{t_{\mathrm{in}} - t_2}{\frac{\delta_2}{\lambda_1}}$

13-2-3 单层圆柱体内径一维径向稳态导热过程中无内热源，物性参数为常数，则下列说法正确的是（　　）。

　　A. Φ导热量为常数 　　　　　　　　　B. Φ为半径的函数

　　C. q_l（热流量）为常数 　　　　　　　D. q_l只是l的函数

13-2-4 对于无限大平壁的一维稳态导热，下列陈述中错误的是（　　）。

　　A. 平壁内任何平行于壁面的平面都是等温面

　　B. 在平壁中任何两个等温面之间温度都是线性变化的

C. 任何位置上的热流密度矢量垂直于等温面

D. 温度梯度的方向与热流密度的方向相反

13.3　非稳态导热

考试大纲 ☞：非稳态导热过程的特点　对流换热边界条件下非稳态导热　诺模图　集总参数法　常热流通量边界条件下非稳态导热

物体的温度随时间而变化的导热过程称非稳态导热。$\frac{\partial t}{\partial \tau} \neq 0$，任何非稳态导热过程必然伴随着加热或冷却过程。

13.3.1　非稳态导热过程的特点

非稳态导热过程可分为两大类型：

1）瞬态非稳态导热过程

依据温度变化的特点，可将加热或冷却过程分为三个阶段：①不规则情况阶段；②正常情况阶段；③建立新的稳态阶段。

2）周期性的非稳态导热过程

周期性的非稳态导热过程，在物体内部将形成温度波和热流波。一方面物体内部各处的温度按一定的波幅随时间周期性波动；另一方面，同一时刻物体内温度分布也是周期性波动的。

13.3.2　对流换热边界条件下无限大平壁的加热与冷却过程非稳态导热

1）分析解解法

如图 13-3-1 所示，无限大平壁，厚度 2δ，平壁材料的导热系数 λ 和热扩散率 a 为常数，初始时刻平壁各处温度均匀一致，为 t_0。初始瞬间将平壁放于温度为 t_f 的流体中，且 $t_0 > t_f$，物体被冷却，流体温度 t_f 保持不变，平壁两侧表面与流体之间的表面传热系数 h 为常数。平壁两面对称冷却，所以平壁中的温度分布是对称的，对称面是平壁的中心截面。因此只要研究厚度为 δ 的半块平壁的情况就行了。

微分方程：$\frac{\partial t}{\partial \tau} = \frac{1}{\alpha} \frac{\partial^2 t}{\partial x^2}$，初始条件：$\tau = 0$，$t = t_0$

将中心边界条件为绝热边界条件，引入过余温度：

$$\theta(x,\tau) = t(x,\tau) - t_f$$

傅里叶准则数：$Fo = \frac{\alpha \tau}{L^2}$，毕渥准则数：$Bi = \frac{hL}{\lambda}$

进行求解得：

$$\frac{\theta(x,\tau)}{\theta_0} = \sum_{x=1}^{\infty} \frac{2\sin\beta_x}{\beta_x + \sin\beta_x \cos\beta_x} \cos\left(\beta_x \frac{x}{\delta}\right) \exp\left(-\beta_x^2 \frac{\alpha\tau}{\delta^2}\right)$$

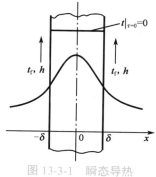

图 13-3-1　瞬态导热

2）图解法

将分析解绘制的计算线即为诺模图。因此，也可通过查诺模图得到其温度分布。

3）毕渥准则数 Bi

毕渥准则数说明物体内部导热热阻与表面复合换热热阻的相对大小，其大小将影响温度场的分布。

$$Bi = \frac{L/\lambda}{1/h} = \frac{hL}{\lambda}$$

对于对流边界条件下瞬态非稳态导热而言：

（1）当$Bi \to 0$时，物体表面对流换热热阻$1/h$远大于物体内的导热热阻L/λ，物体内部任何时刻的温度几乎是均匀的，这也就说物体的温度场仅仅是时间的函数，而与空间坐标无关。我们称这样的非稳态导热系统为集总热容（一个等温系统或物体）。

（2）当$Bi \to \infty$时，物体表面对流换热热阻$1/h$远小于物体内的导热热阻L/λ，使得任何时刻物体表面温度几乎与环境流体温度相同，边界条件就变成了第一类边界条件，即给定物体边界上的温度。

（3）当$0 < Bi < \infty$时，物体表面对流换热热阻$1/h$与物体内的导热热阻L/λ相当，是正常的第三类边界条件。

以上三种情况温度分布特征如图 13-3-2 所示。

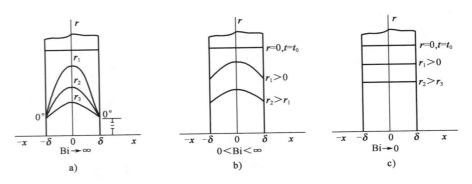

图 13-3-2　Bi准则对无限大平壁温度分布的影响

4）Fo准则数对温度分布的影响

傅里叶准则数$Fo = \frac{\alpha\tau}{L^2}$为非稳态导热过程的无因次时间。

当$Fo > 0.2$（或 0.55 时），只取级数中的第一项对于工程计算已足够准确，即

$$\frac{\theta(x,\tau)}{\theta_0} = \frac{2\sin\beta_1}{\beta_1 + \sin\beta_1\cos\beta_1}\cos\left(\beta_1\frac{x}{\delta}\right)\exp(-\beta_1^2 Fo)$$

该式说明当$Fo > 0.2$时，物体在给定的边界条件下，物体中任何给定地点过余温度的对数值将随时间按线性规律变化，此即瞬态非稳态温度变化的正常情况阶段。

如图 13-3-3 所示，图中$\tau > \tau^*$范围即为瞬态非稳态温度变化的正常情况阶段，其特征是各时刻$\ln\theta$-τ斜率相等。

5）集总参数法

当$Bi < 0.1$，忽略物体内部导热热阻，认为物体温度均匀一致的分析方法。

如图 13-3-4 所示，V、A、ρ分别为导热物体的体积、表面积和密度。

依据从τ时刻开始，在$d\tau$时间内的能量守恒式为

$$-\rho V c \mathrm{d}t = hA(t - t_\mathrm{f})\mathrm{d}\tau$$

引入过余温度$\theta = t - t_\mathrm{f}$，积分得物体的温度场为

$$\theta = \theta_0 \exp\left(-\frac{hA}{\rho cV}\tau\right)$$

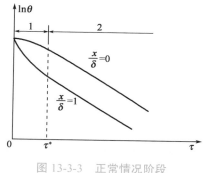

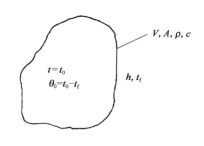

图 13-3-3　正常情况阶段　　　　　　　　图 13-3-4　集总参数法分析

【例 13-3-1】 一小铜球，直径 12mm，导热系数 26W/(m·K)，密度为 8 600kg/m³，比热容 343，对流传热系数 48W/(m²·K)，初温度为 15℃，放入 75℃ 的热空气中，小球温度到 70℃ 需要的时间为：

　　　　　　　A. 915s　　　　　　　B. 305s　　　　　　　C. 102s　　　　　　　D. 50s

解　$Bi = 48 \times 0.006 \div 26 = 0.011 < 0.1$，由集总参数法

$$\frac{\theta}{\theta_0} = \frac{t - t_f}{t_0 - t_f} = \frac{70 - 75}{15 - 75} = 0.233; \quad \frac{\theta}{\theta_0} = e^{-\frac{hA}{\rho V c}\tau}$$

$$\tau = -\frac{\rho c V}{hA} \ln \frac{\theta}{\theta_0} = -\frac{8\,600 \times 343 \times 0.006}{48 \times 3} \times \ln 0.083\,3 = 305s$$

选 B。

【例 13-3-2】 在非稳态导热过程中，根据温度的变化特性可以分为三个不同的阶段，下列说法中不正确的是：

　　　　A. 在 $0.2 < Fo < \infty$ 的时间区域内，过余温度随时间线性变化

　　　　B. $Fo < 0.2$ 的时间区域内，温度变化受初始条件影响最大

　　　　C. 最初的瞬态过程是无规则的，无法用非稳态导热微分方程描述

　　　　D. 如果变化过程中物体的 Bi 数很小，则可以将物体温度当作空间分布均匀计算

解　非稳态的三个阶段中，初始阶段和正规状态阶段是以 $Fo = 0.2$ 为界限。小于 0.2 的为初始阶段，这个阶段内受初始条件影响较大，而且各个部分的变化规律不相同，因此选项 B 正确。在正规状态阶段，过余温度的对数值随时间按线性规律变化，因此选项 A 不正确。当 Bi 较小时，意味着物体的导热热阻接近为零，因此物体内的温度趋近于一致，这也是集总参数法的解题思想，所以选项 D 正确。非稳态的导热微分方程在描述非稳态问题时并未有条件限制，即便是最初阶段也是可以描述的，所以选项 C 错误。本题出现两个错误选项，编者认为标准答案应该是选项 C，这个选项的错误较为明显，选项 A 也不对，但有可能是出题人的疏漏造成的。选 C。

【例 13-3-3】 某长导线的直径为 2mm，比热容为 385J/(kg·K)，热导率为 110W/(m·K)，外部复合传热系数为 24W/(m²·K)，则采用集总参数法计算温度时，其 Bi 数为：

　　　　　　　A. 0.000 88　　　　　B. 0.000 44　　　　　C. 0.000 22　　　　　D. 0.000 11

解　$Bi = \frac{hL}{\lambda}$

在《传热学》（第 6 版）74 页有定型尺寸的特别说明，对于无限长圆柱取半径为定型尺寸。代入数据，即 $Bi = \frac{hL}{\lambda} = \frac{24 \times 2 \div 2 \times 10^{-3}}{110} = 0.000\,22$，选 C。

13.3.3　常热流通量边界条件下非稳态导热

半无限大物体在常热流通量作用下的瞬态非稳态导热。数学描述为

$$\frac{\partial \theta}{\partial \tau} = \frac{1}{a}\frac{\partial^2 \theta}{\partial x^2} \qquad (\theta = t - t_0)$$

$\tau = 0, \ \theta = 0$

$x = 0, \ -\lambda \frac{\partial \theta}{\partial x}\Big|_{x=0} = q_w = \cos s$

$x \to \infty, \ \theta = 0$

其分析解：$\theta(x,\tau) = -\frac{2q_w}{\lambda}\sqrt{a\tau} \times ierfc\left(\frac{x}{2\sqrt{a\tau}}\right)$

其中 $ierfc(u) = \int_0^\infty erfc(u)\mathrm{d}u = \frac{1}{\sqrt{\pi}}\exp(-u^2) - uerfc(u)$ 称为高斯误差补函数的一次积分。

热流渗透厚度定义为 $\delta(\tau) = \sqrt{12a\tau} = 3.46\sqrt{a\tau}$，它是随时间而变化的，它反映在所考虑的时间范围内，界面上热作用的影响所波及的厚度。

说明：非稳态导热问题可在大量工程应用中遇到。对于工程技术人员来说，重要之点在于懂得处理这类问题的方法，而其第一步就是计算毕渥准则数Bi。如果Bi < 0.1，则可采用集总参数法求解；若 Bi > 0.1，则应采用其他方法。在复习过程中尽量按照以下顺序掌握各个知识点：①理解非稳导热过程的特点和热扩散率 a 的物理意义及其对非稳态导热过程的影响。②了解第三类边界条件下一维非稳态导热问题（无内热源）分析解法的方法与步骤，理解由分析解得出的一些物理概念和结论。③了解集总热容系统的概念，理解集总热容系统非稳态导热过程的特点，能应用集总参数法求解处于恒定环境温度中物体的非稳态导热问题。

经典练习

13-3-1　无限大平壁，厚度 2δ，物体被冷却，流体温度 t_f 保持不变，下列（　　）是 Bi → 0 时，平壁的温度分布。

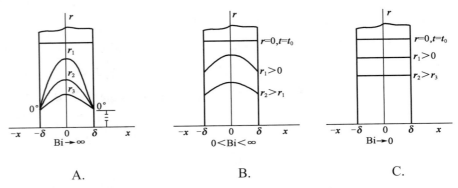

     A.   B.   C.

13-3-2　大平板采用集总参数法的判别条件是（　　）。

  A. Bi > 0.1   B. Bi = 1   C. Bi < 0.1   D. Bi = 0.1

13-3-3　初温为 30℃ 的大铜板，厚度为 120mm，被置于 400℃的炉中加热。已知铜板两侧与周围环境间的表面传热系数为 125W/(m²·K)，铜板的 $\rho = 8440\mathrm{kg/m^3}$，$C_p = 377\mathrm{J/(kg \cdot K)}$，$\lambda = 110\mathrm{W/(m \cdot K)}$，估算 100s 后铜板的温度为（　　）℃。

  A. 53   B. 100   C. 120   D. 130

13.4　导热问题数值解

考试大纲☞：有限差分法原理　稳态导热问题的数值计算　节点方程建立　节点方程式求解　非稳态导热问题的数值计算　显式差分格式及其稳定性　隐式差分格式

随着计算机的普及应用和性能的不断改善，对物理问题进行离散求解的数值方法发展得十分迅速，并得到广泛应用，因而成为传热学的一个重要分支。

13.4.1　有限差分法原理

有限差分法是求得偏微分方程数值解的最古老的方法。对简单的几何形状的流动与传热问题也是一种最容易实施的方法。其基本方法是，将求解区域用网格的交点（节点）所组成的点的集合来代替。在每个节点上，描写所研究的流动与传热问题的偏微分方程中的每一个导数项，用相应的差分表达式来代替，从而在每个节点上形成一个代数方程。这些离散点上被求物理量值的集合称为该物理量的数值解。

将求解区域分割成有限数目的网格单元，利用有限差商代替微商（微分），有限差商即为有限差分。

如图 13-4-1 所示，二维稳态导热问题的区域离散。

13.4.2　稳态导热问题的数值计算

1）内部节点离散方程的建立

（1）泰勒级数展开法

如图 13-4-2 所示，以节点(m,n)处的二阶偏导数为例。

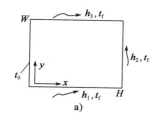
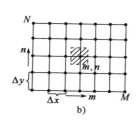
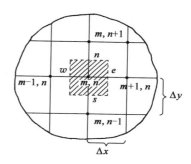

图 13-4-1　二维物体中的网格　　　　　　图 13-4-2　内节点离散方程的建立

$$\frac{\partial^2 t}{\partial x^2}\bigg|_{m,n} = \frac{t_{m+1,n} - 2t_{m,n} + t_{m-1,n}}{\Delta x^2} + 0(\Delta x^2)$$

其中，$0(\Delta x^2)$称截断误差，误差量级为Δx^2，即表示未明确写出的级数余项中Δx的最低阶数为2。在数值计算时，用三个相邻节点上的值近似表示二阶导数的表达式即可，则相应地略去$0(\Delta x^2)$。于是得

$$\frac{\partial^2 t}{\partial x^2}\bigg|_{m,n} = \frac{t_{m+1,n} - 2t_{m,n} + t_{m-1,n}}{\Delta x^2}$$

同理

$$\frac{\partial^2 t}{\partial y^2}\bigg|_{m,n} = \frac{t_{m,n+1} - 2t_{m,n} + t_{m,n-1}}{\Delta y^2}$$

根据导热问题的控制方程（导热微分方程）$\frac{\partial^2 t}{\partial x^2} + \frac{\partial^2 t}{\partial y^2} = 0$，得

$$\frac{t_{m+1,n} - 2t_{m,n} + t_{m-1,n}}{\Delta x^2} + \frac{t_{m,n+1} - 2t_{m,n} + t_{m,n-1}}{\Delta y^2} = 0$$

若$\Delta x = \Delta y$，则有

$$t_{m,n} = \frac{1}{4}(t_{m+1,n} + t_{m-1,n} + t_{m,n+1} + t_{m,n-1})$$

（2）平衡法

其本质是傅里叶导热定律和能量守恒定律的体现。对每个元体，可用傅里叶导热定律写出其能量守恒的表达式。如图 13-4-2 所示，元体在垂直纸面方向取单位长度，通过元体界面(w, e, n, s)所传导的热流量可以对有关的两个节点根据傅里叶定律写出

$$\Phi_w = \lambda \Delta y \frac{t_{m-1,n} - t_{m,n}}{\Delta x}, \quad \Phi_e = \lambda \Delta y \frac{t_{m+1,n} - t_{m,n}}{\Delta x}$$

$$\Phi_n = \lambda \Delta x \frac{t_{m,n+1} - t_{m,n}}{\Delta y}, \quad \Phi_s = \lambda \Delta x \frac{t_{m,n-1} - t_{m,n}}{\Delta y}$$

对元体(m, n)，根据能量守恒定律可知

$$\Phi_w + \Phi_e + \Phi_n + \Phi_s = 0$$

若$\Delta x = \Delta y$，则有

$$t_{m,n} = \frac{1}{4}(t_{m+1,n} + t_{m-1,n} + t_{m,n+1} + t_{m,n-1})$$

与泰勒级数展开法结果一致。

2）边界节点离散方程的建立

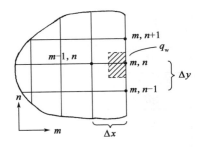

图 13-4-3　平直边界上的节点

（1）对于第一类边界条件的导热问题，边界节点温度是已知的。

（2）第二类或第三类边界条件的导热问题，不知边界温度，因而应对边界节点补充相应的代数方程，才能使方程组封闭，以便求解。用热平衡法导出平直边界点上的离散方程。

如图 13-4-3 所示，边界节点(m, n)只能代表半个元体，若边界上有向该元体传递的热流密度为q_w，有内热源，据能量守恒定律对该元体有

$$\lambda \frac{t_{m-1,n} - t_{m,n}}{\Delta x} \Delta y + \lambda \frac{t_{m,n+1} - t_{m,n}}{\Delta y} \cdot \frac{\Delta x}{2} + \lambda \frac{t_{m,n-1} - t_{m,n}}{\Delta y} \cdot \frac{\Delta x}{2} + \frac{\Delta x \Delta y}{2} \Phi_{m,n} + \Delta y q_w = 0$$

若$\Delta x = \Delta y$时，则

$$t_{m,n} = \frac{1}{4}\left(2t_{m-1,n} + t_{m,n+1} + t_{m,n-1} + \frac{\Delta x^2 \Phi_{m,n}}{\lambda} + \frac{2\Delta x q_w}{\lambda}\right)$$

讨论有关q_w的三种情况：

①若是绝热边界，则$q_w = 0$，即令上式$q_w = 0$即可。

②若$q_w \neq 0$时，流入元体，q_w取正，流出元体，q_w取负，使用上述公式。

③若属对流边界，则$q_w = h(t_f - t_{m,n})$，将q_w代入上式即可。

3）代数方程的求解方法

（1）直接解法：通过有限次运算获得精确解的方法，如：矩阵求解，高斯消元法。

（2）迭代法：先对要计算的场作出假设（设定初场），在迭代计算中不断予以改进，直到计算前的假定值与计算结果相差小于允许值为止，称迭代计算收敛。

目前应用较多的是：

①高斯-赛德尔迭代法：每次迭代计算，均是使用节点温度的最新值。

②雅可比迭代法：每次迭代计算，均用上一次迭代计算出的值。

【**例 13-4-1**】对于图中二维稳态导热问题，右边界是绝热的，如果采用有限差分法求解，当 $x =$ y 时，则下面正确的边界节点方程是：

A. $t_1 + t_2 + t_3 - 3t_4 = 0$

B. $t_1 + 2t_2 + t_3 - 4t_4 = 0$

C. $t_1 + 2t_2 + t_3 - t_4 = 0$

D. $t_1 + t_2 + 2t_3 - 3t_4 = 0$

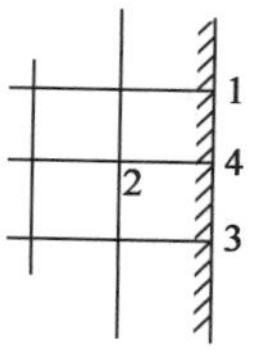

解 由第二类边界条件边界节点的节点方程，由于右边界是绝热的，则 $q_{\mathrm{w}} = 0$，整理方程可得 $t_1 + 2t_2 + t_3 - 4t_4 = 0$。选 B。

例 13-4-1 图

【**例 13-4-2**】常物性无内热源二维稳态导热过程，在均匀网格步长下，如图所示的平壁面节点处于第二类边界条件时，其差分格式为：

A. $t_1 = \frac{1}{3}\left(t_2 + t_3 + t_4 + \frac{\Delta x}{\lambda}q_{\mathrm{w}}\right)$

B. $t_1 = \frac{1}{2}\left(t_2 + t_3 + t_4 + \frac{\Delta x}{\lambda}q_{\mathrm{w}}\right)$

C. $t_1 = \frac{1}{4}\left(t_2 + t_3 + t_4 + \frac{\Delta x}{\lambda}q_{\mathrm{w}}\right)$

D. $t_1 = \frac{1}{4}(t_2 + t_3 + t_4) + \frac{\Delta x}{\lambda}q_{\mathrm{w}}$

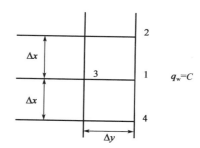

解 节点 1 为边界节点，其节点方程为：

$$\frac{1}{2}\Delta x\lambda\frac{t_2 - t_1}{\Delta y} + \frac{1}{2}\Delta x\lambda\frac{t_4 - t_1}{\Delta y} + \Delta y\lambda\frac{t_3 - t_1}{\Delta x} + \Delta y q_{\mathrm{w}} = 0$$

$$t_1 = \frac{1}{4}(t_2 + t_3 + t_4) + \frac{\Delta x}{\lambda}q_{\mathrm{w}}$$

例 13-4-2 图

选 D。

【**例 13-4-3**】常物性有内热源（$q_{\mathrm{c}} = C$，$\mathrm{W/m^3}$）二维稳态导热过程，在均匀网格步长下，如图所示，其内节点差分方程可写为：

A. $t_{\mathrm{p}} = \frac{1}{4}\left(t_1 + t_2 + t_3 + \frac{q_{\mathrm{v}}}{\lambda}\right)$

B. $t_{\mathrm{p}} = \frac{1}{4}(t_1 + t_2 + t_3 + t_4) + \frac{q_{\mathrm{v}}\Delta x^2}{4\lambda}$

C. $t_{\mathrm{p}} = \frac{1}{4}(t_1 + t_2 + t_3 + t_4) + q_{\mathrm{v}}\Delta x^2$

D. $t_{\mathrm{p}} = \frac{1}{4}(t_1 + t_2 + t_3 + t_4)$

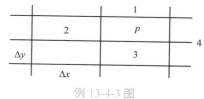

例 13-4-3 图

解 建立热平衡关系式：

$$\lambda\frac{t_1 - t_{\mathrm{p}}}{\Delta x} + \lambda\frac{t_2 - t_{\mathrm{p}}}{\Delta x} + \lambda\frac{t_3 - t_{\mathrm{p}}}{\Delta x} + \lambda\frac{t_4 - t_{\mathrm{p}}}{\Delta x}\Delta x + q_{\mathrm{v}}\Delta x^2 = 0$$

$$t_{\mathrm{p}} = \frac{1}{4}(t_1 + t_2 + t_3 + t_4) + \frac{q_{\mathrm{v}}\Delta x^2}{4\lambda}$$

选 B。

13.4.3 非稳态导热问题的数值解法

由前可知：非稳态导热和稳态导热二者微分方程的区别在于，控制方程中多了一个非稳态项，其中扩散项的离散方法与稳态导热一样。

1）一维非稳态导热时间—空间区域的离散化

如图 13-4-4 所示，x 为空间坐标，τ 为时间坐标。

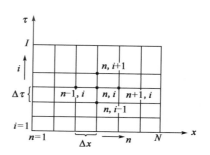

图 13-4-4 一维非稳态导热时间-空间区域离散化

非稳态项的离散有三种。

（1）向前差分

将函数t在节点$(n, i+1)$对点(n, i)作泰勒展开，则有

$$t_n^{(i+1)} = t_n^{(i)} + \Delta\tau \left.\frac{\partial t}{\partial \tau}\right|_{n,i} + \frac{\Delta\tau^2}{2} \left.\frac{\partial^2 t}{\partial \tau^2}\right|_{n,i} + \cdots$$

因此

$$\left.\frac{\partial t}{\partial \tau}\right|_{n,i} = \frac{t_n^{(i+1)} - t_n^{(i)}}{\Delta\tau} + 0(\Delta\tau)$$

其中$0(\Delta\tau)$截断误差表示余项中$\Delta\tau$的最低阶为一次。

由上式得：函数t在节点$(n, i+1)$对点(n, i)处一阶导数的向前差分公式：

$$\left.\frac{\partial t}{\partial \tau}\right|_{n,i} = \frac{t_n^{(i+1)} - t_n^{(i)}}{\Delta\tau}$$

（2）向后差分

将函数t在节点$(n, i-1)$对点(n, i)作泰勒展开，可得$\left.\frac{\partial t}{\partial \tau}\right|_{n,i}$的向后差分公式

$$\left.\frac{\partial t}{\partial \tau}\right|_{n,i} = \frac{t_n^{(i)} - t_n^{(i-1)}}{\Delta\tau}$$

（3）中心差分

$\left.\frac{\partial t}{\partial \tau}\right|_{n,i}$的向前差分与向后差分之和，即得$\left.\frac{\partial t}{\partial \tau}\right|_{n,i}$的中心差分表达式

$$\left.\frac{\partial t}{\partial \tau}\right|_{n,i} = \frac{t_n^{(i+1)} - t_n^{(i-1)}}{2\Delta\tau}$$

2）一维非稳态导热微分方程的离散方法

（1）显式差分格式

对一维非稳态导热微分方程中$\frac{\partial t}{\partial \tau} = a\frac{\partial^2 t}{\partial x^2}$的扩散项→中心差分；非稳态项→向前差分。

$$t_n^{(i+1)} = \frac{a\Delta\tau}{\Delta x^2}\left(t_{n+1}^{(i)} + t_{n-1}^{(i)}\right) + \left(1 - \frac{2a\Delta\tau}{\Delta x^2}\right)t_n^{(i)}$$

$$t_n^{(i+1)} = \mathrm{Fo}_\Delta\left(t_{n+1}^{(i)} + t_{n-1}^{(i)}\right) + (1 - 2\mathrm{Fo}_\Delta)t_n^{(i)}$$

由此可见，只要i时层上各节点的温度已知，那么$i+1$时层上各节点的温度即可算出，且不需设立方程组求解。此关系式即为显式差分格式。

在上式中，满足这种合理性是有条件的，即上式中$t_n^{(i)}$前的系数必大于等于零，即$(1 - 2\mathrm{Fo}_\Delta) \geqslant 0$，亦即：$\mathrm{Fo}_\Delta \leqslant 1/2$。

否则，将出现不合理情况。这种节点温度随时间的跳跃式变化是不符合物理规律的，所以称该方程具有不稳定性。

【例 13-4-4】 对于一维非稳态导热的有限差分方程，如果对时间域采用显式格式进行计算，则对于内部节点而言，保证计算稳定性的判据为：

        A. $\mathrm{Fo} \leqslant 1$ B. $\mathrm{Fo} \geqslant 1$ C. $\mathrm{Fo} \leqslant 1/2$ D. $\mathrm{Fo} \geqslant 1/2$

解 选 C。

（2）隐式差分格式

对一维非稳态导热微分方程$\frac{\partial t}{\partial \tau} = a\frac{\partial^2 t}{\partial x^2}$中的扩散项在$(i+1)$时层上采用中心差分，非稳态项将$t$在节点$(n, i+1)$处对节点$(n, i)$采用向前差分，得

$$\frac{t_n^{(i+1)} - t_n^{(i)}}{\Delta \tau} = a \frac{t_{n+1}^{(i+1)} - 2t_n^{(i+1)} + t_{n-1}^{(i+1)}}{\Delta x^2}$$

此种差分格式称隐式差分格式，计算是无条件的。不受时间及空间的步长影响。

3）对于一维导热显示格式的对流边界节点方程

对于第一类边界条件的导热问题，边界节点温度是已知的；第二类或第三类边界条件的导热问题，用热平衡法导出边界点上的离散方程。

如图 13-4-5 所示，第三类边界条件用热平衡法离散方程。

（1）显式差分格式

$$t_N^{(i+1)} + t_N^{(i)}(1 - 2Fo_\Delta \cdot Bi_\Delta - 2Fo_\Delta) + 2Fo_\Delta t_{n-1}^{(i)} + 2Fo_\Delta \cdot Bi_\Delta \cdot t_f$$

稳定性条件是：$1 - 2Fo_\Delta \cdot Bi_\Delta - 2Fo_\Delta \geq 0$，即

$$Fo_\Delta \leq \frac{1}{2(1 + Bi_\Delta)}$$

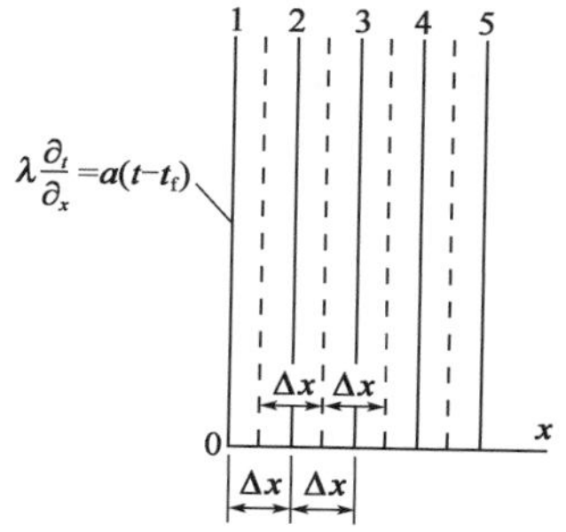

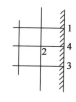

图 13-4-5　第三类边界条件显式差分格式

由此可见：对流边界节点要得到的合理的解，其限制条件比内节点更为严格，所以，当由边界条件及内节点的稳定性条件得出的 Fo_Δ 不同时，应选较小的 Fo_Δ 来确定允许采用的 $\Delta \tau$，方能满足两者稳定性要求。

（2）隐式差分格式

$$t_N^{(i+1)}(1 + 2Fo_\Delta \cdot Bi_\Delta + Fo_\Delta) = 2Fo_\Delta t_{n+1}^{(i+1)} + 2Fo_\Delta Bi_\Delta t_f^{(i+1)} + t_N^i$$

隐式差分格式是无条件稳定的。

说明： 传热学的数值解是一种近似解。由于这种解法比较简便，且其计算结果在很多情况下能较好地描述客观实际，故在工程上得到了泛的应用。复习本章要注意理解和掌握以下内容：①理解差分和差商的概念，掌握用差分代替微分和对控制容积（网格单元）进行热平衡分析，建立节点温度方程的方法。②能用迭代法或高斯消元法求解二维稳态导热问题的有限差分方程组。③了解截断误差。中心差分的截断误差较小，温度对空间坐标的二阶导数一般采用中心差分表达式，而温度对时间的一阶导数采用向前差分或向后差分的表达式。④了解显式差分格式的稳定性条件，能用有限差分法求解一维非稳态导热问题（无内热源）。

经典练习

13-4-1　对于如图所示二维稳态导热问题，右边界是恒定热流边界条件，热流密度为 q_w，若采用有限差分法求解，当 $\Delta x = \Delta y$ 时，则下面的边界节点方程式正确的是（　　　）。

A. $t_1 + t_2 + t_3 - 3t_4 + q_w \Delta x / \lambda = 0$

B. $t_1 + 2t_2 + t_3 - 4t_4 + 2q_w \Delta y / \lambda = 0$

C. $t_1 + t_2 + t_3 - 3t_4 + 2q_w \Delta x / \lambda = 0$

D. $t_1 + 2t_2 + t_3 - 4t_4 + q_w \Delta x / \lambda = 0$

题 13-4-1 图

13-4-2　常物性无内热源一维非稳态导热过程第三类边界条件下微分得到离散方程，进行计算时要达到收敛需满足（　　　）。

A. $Bi < \frac{1}{2}$　　　　　　B. $Fo \leq 1$　　　　　　C. $Fo \leq \frac{1}{2Bi+2}$　　　　　　D. $Fo \leq \frac{1}{2Bi}$

13-4-3　有限差分导热离散方式说法不正确的是（　　　　）。
A. 边界节点用级数展开　　　　　　　　B. 边界节点用热守衡方式
C. 中心节点用级数展开　　　　　　　　D. 中心节点用热守衡方式

13.5　对流换热分析

考试大纲☞：对流换热过程和影响对流换热的因素　对流换热过程微分方程式　对流换热微分方程组　流动边界层　热边界层　边界层换热微分方程组及其求解　边界层换热积分方程组及其求解　动量传递和热量传递的类比　物理相似的基本概念　相似原理　实验数据整理方法

对流换热是发生在流体和与之接触的固体壁面之间的热量传递过程。计算基本公式为牛顿冷却公式：$q = h(t_w - t_f)(\mathrm{W/m^2})$，或$\varPhi = h(t_w - t_f)A(\mathrm{W})$。对流换热问题分析的目的是确定表面传热系数$h$的数值。确定表面传热系数方法有四种：分析法、类比法、实验法和数值法。

13.5.1　影响对流换热的因素

1）流体流动的起因

按流体运动的起因不同，对流换热可区分为：自然对流换热和受迫对流换热。

2）流体的流动状态

流动状态有层流和紊流。

3）流体的热物理性质

流体的热物理性质对于对流换热有较大的影响。流体的热物性参数主要包括以下 5 种。

（1）导热系数λ：λ大，则流体内的导热热阻小，换热强。

（2）比热容c_p和密度ρ：ρ和c_p大，单位体积流体携带的热量多，热对流传递的热量多。

（3）黏度μ：黏度大，阻碍流体流动，不利于热对流。温度对黏度的影响较大。

（4）体积膨胀系数：在自然对流中起作用。

（5）定性温度：确定流体物性参数值所用的温度。常用的定性温度主要有以下三种：流体平均温度t_f，壁表面温度t_w和流体与壁面的平均算术温度：$(t_f + t_w)/2$。

4）流体的相变

流体发生相变时换热有新规律。无相变时主要是显热；有相变时有潜热的释放或吸收。

5）换热表面几何因素

几何因素主要指壁面尺寸、壁面粗糙度、壁面形状和壁面与流体的相对位置。一般选用对于对流换热的特性起决定作用的物体的几何尺度为定型尺寸。如，管内流动：取管内径；外掠管子：取管外径；外掠平板：取板长。

由以上分析可见，表面传热系数是众多因素的函数，即

$$h = f(u, t_w, t_f, \lambda, c_p, \rho, \alpha, \mu, l)$$

研究对流换热的目的就是找出上式的具体函数式。

13.5.2 对流换热过程微分方程式

如图 13-5-1 所示是一个简单的对流换热过程。

根据傅里叶定律和牛顿冷却公式可得

$$h_x = -\frac{\lambda}{\Delta t_x}\left(\frac{\partial t}{\partial y}\right)_{w,x}$$

引入过余温度 θ，即 $\theta = t - t_w$，则

$$h_x = -\frac{\lambda}{\Delta \theta_x}\left(\frac{\partial \theta}{\partial y}\right)_{w,x}$$

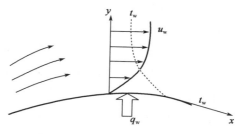

图 13-5-1 对流换热过程示意图

该式称为对流换热过程微分方程式，它确定了表面传热系数与温度场之间的关系。

13.5.3 对流换热微分方程组

由于流体的运动影响着流场的温度分布，因而流体的速度分布（速度场）是要同时确定的。求解对流换热表面传热系数一般要通过解对流换热微分方程组。

要确立温度场和速度场就必须找出支配方程组，它们应该是，从质量守恒定律导出的连续性方程、从动量守恒定律导出的动量微分方程和从能量守恒定律导出的能量微分方程。

连续性方程为

$$\frac{\partial u}{\partial x} + \frac{\partial v}{\partial y} = 0$$

动量微分方程又称 $N\text{-}S$ 方程，有

在 x 方向上　　　$\rho\left(\frac{\partial u}{\partial \tau} + u\frac{\partial u}{\partial x} + v\frac{\partial u}{\partial y}\right) = X - \frac{\partial p}{\partial x} + \mu\left(\frac{\partial^2 u}{\partial x^2} + \frac{\partial^2 u}{\partial y^2}\right)$

在 y 方向上　　　$\rho\left(\frac{\partial v}{\partial \tau} + u\frac{\partial v}{\partial x} + v\frac{\partial v}{\partial y}\right) = Y - \frac{\partial p}{\partial y} + \mu\left(\frac{\partial^2 v}{\partial x^2} + \frac{\partial^2 v}{\partial y^2}\right)$

能量微分方程

$$\rho c_p\left(\frac{\partial t}{\partial \tau} + u\frac{\partial t}{\partial x} + v\frac{\partial t}{\partial y}\right) = \lambda\left(\frac{\partial^2 t}{\partial x^2} + \frac{\partial^2 t}{\partial y^2}\right)$$

13.5.4 边界层换热微分方程组及其求解

1）流动边界层

流体外掠平板，其流动边界层如图 13-5-2 所示，$u/u_\infty = 0.99$ 处离壁的距离为边界层厚度，流体平行流过平板的临界雷诺数为

$$Re_c = 5 \times 10^5$$

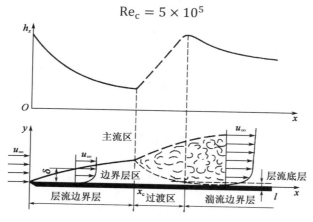

图 13-5-2 流体外掠平板

流动边界层理论的基本论点：

（1）流场可划分为主流区（由理想流体运动微分方程——欧拉方程描述）和边界区（由黏性流体运动微分方程组描述）。

（2）边界层很薄，其厚度δ与壁的定型尺寸相比是个很小的量。

（3）在边界层内存在较大的速度梯度。

（4）在边界层内流动状态分为层流和紊流。

流体在管内流动属于内部流动过程，其主要特征是，流动存在着两个明显的流动区段，即流动进口区段和流动充分发展区段，如图 13-5-3 所示。

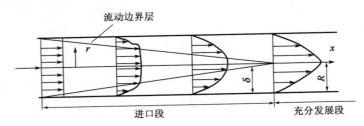

图 13-5-3　流体在管内流动

实验研究表明，当管内流动的雷诺数Re < 2 300时为层流流动，当管内流动的雷诺数Re ≥ 10^4时为紊流流动，而雷诺数在Re < 2 300 < 10^4之间时管内流动处于过渡流动区域。上述关系式中的雷诺数定义为Re = $u_\mathrm{m}d/v$。

2）热（温度）边界层

当流体流过物体，二者有温差时，将产生热边界层。当壁面与流体之间的温差（$\theta = t - t_\mathrm{w}$）达到壁面与来流流体之间的温差（$\theta_\mathrm{f} = t_\mathrm{f} - t_\mathrm{w}$）的 0.99 倍时，即$\theta = 0.99\theta_\mathrm{f}$，此位置就是边界层的外边缘，而该点到壁面之间的距离则是热边界层的厚度，记为δ_t。δ_t与δ一般不相等。

3）数量级分析与边界层微分方程

数量级分析：比较方程中各量或各项的量级的相对大小；保留量级较大的量或项；舍去那些量级小的项，方程大大简化。其中连续性方程和对流换热过程微分方程式还是原来的方程，变化的是

动量微分方程 $\qquad u\frac{\partial u}{\partial x} + v\frac{\partial u}{\partial y} = \gamma\frac{\partial^2 u}{\partial y^2}$

能量微分方程 $\qquad u\frac{\partial t}{\partial x} + v\frac{\partial t}{\partial y} = a\frac{\partial^2 t}{\partial y^2}$

解此方程组得出边界层速度场、温度场，进而求出局部表面传热系数。

求解得到的结论如下（对于层流）：

（1）边界层厚度δ及局部摩擦系数$C_{\mathrm{f},x}$

$$\frac{\delta}{x} = 5.0\mathrm{Re}_x^{-\frac{1}{2}}\text{和}C_{\mathrm{f},x} = 0.664\mathrm{Re}_x^{-\frac{1}{2}}$$

其中$\mathrm{Re}_x = \frac{u_\infty x}{v}$。

（2）常壁温（$t_\mathrm{w} = \mathrm{const}$）平板局部表面传热系数

$$h_x = 0.332\frac{\lambda}{x}\mathrm{Re}_x^{\frac{1}{2}}\cdot\mathrm{Pr}^{\frac{1}{3}}$$

写成无量纲准则关联式的形式$\mathrm{Nu}_x = \frac{h_x\cdot x}{\lambda} = 0.332\mathrm{Re}_x^{\frac{1}{2}}\cdot\mathrm{Pr}^{\frac{1}{3}}$

求解长为 l 的一段平板的平均表面传热系数 h：

$$h = \frac{1}{l}\int_0^l h_x \mathrm{d}x = 2 \times 0.332\frac{\lambda}{l} \cdot \mathrm{Re}^{\frac{1}{2}} \cdot \mathrm{Pr}^{\frac{1}{3}} = 2h_l$$

所以，$h = 0.664\frac{\lambda}{l} \cdot \mathrm{Re}^{\frac{1}{2}} \cdot \mathrm{Pr}^{\frac{1}{3}}$ 或 $\mathrm{Nu} = 0.664\mathrm{Re}^{\frac{1}{2}} \cdot \mathrm{Pr}^{\frac{1}{3}}$

其中，普朗特准则 $\mathrm{Pr} = \frac{\nu}{a} = \frac{\mu/\rho}{\lambda/(\rho c_{\mathrm{p}})} = \frac{\mu c_{\mathrm{p}}}{\lambda}$（Pr 为物性准则）。

努谢尔特准则 $\mathrm{Nu} = \frac{hl}{\lambda}$，它反映流体与固体表面之间对流换热的强弱。

定性温度：取边界层平均温度 $t_{\mathrm{m}} = (t_{\mathrm{f}} + t_{\mathrm{w}})/2$，定型尺寸为板长。

（3）$\delta_{\mathrm{t}}/\delta = \mathrm{Pr}^{-1/3}$。对于 $\mathrm{Pr} = 1$ 的流体，边界层无量纲速度曲线与无量纲温度曲线重合，且 $\delta = \delta_{\mathrm{t}}$；当 $\mathrm{Pr} > 1$ 时，$\nu > a$，黏性扩散 > 热量扩散，$\delta > \delta_{\mathrm{t}}$；当 $\mathrm{Pr} < 1$ 时，$\nu < a$，黏性扩散 < 热量扩散，$\delta < \delta_{\mathrm{t}}$。

（4）对流换热表面传热系数可以用有关准则数来表示，这样可以把影响 h 的众多因素用几个准则数来概括，使变量大为减少。如 $\mathrm{Nu} = f(\mathrm{Re}, \mathrm{Pr})$。

【例 13-5-1】 温度为 t_∞ 流体以速度 u_∞ 外掠温度恒为 t_{w} 的平板时的层流受迫对流传热问题，在一定条件下可以用边界层换热微分方程求解，用这种方法得到的对流传热准则关联式表明，平板局部表面传热系数 h_x 与沿流动方向 x 的变化规律为：

A. $h_x \propto x^{1/2}$ B. $h_x \propto x^{1/7}$

C. $h_x \propto x^{1/3}$ D. $h_x \propto x^{-1/2}$

解 $h_x = 0.332\frac{\lambda}{x}\mathrm{Re}_x^{\frac{1}{2}} \cdot \mathrm{Pr}^{\frac{1}{3}}$，$\mathrm{Re}_x = \frac{u_\infty x}{\nu}$，所以 $h_x \propto x^{-1/2}$。选 D。

13.5.5 边界层换热积分方程组及其求解

即使是一个极简单的平板对流换热问题，其微分方程组的求解也是相当困难的。一种近似的方法是建立和求解边界层中的积分方程。

1）边界层动量积分方程（以 u_∞ 为常数的常物性流体外掠平板层流流动为例）

$$\rho\frac{\mathrm{d}}{\mathrm{d}x}\left[\int_0^\delta (u_\infty - u) \cdot u\mathrm{d}y\right] = \mu\left(\frac{\mathrm{d}u}{\mathrm{d}y}\right)_{\mathrm{w}}$$

选用多项式作为速度分布的表达式：$u = a + b \cdot y + c \cdot y^2 + d \cdot y^3$，4 个待定常数由边界条件及边界层特性来确定，于是速度分布表达式为

$$\frac{u}{u_\infty} = \frac{3}{2}\frac{y}{\delta} - \frac{1}{2}\left(\frac{y}{\delta}\right)^3$$

求得

$$\frac{\delta}{x} = \frac{4.64}{\sqrt{\mathrm{Re}_x}}$$

得到摩擦系数，即

$$C_{\mathrm{f},x} = \frac{0.646}{\sqrt{\mathrm{Re}_x}}$$

在长度为 l 的一段平板上的层流平均摩擦系数为

$$C_{\mathrm{f}} = \frac{1}{l}\int_0^l C_{\mathrm{f},x}\mathrm{d}x = 2C_{\mathrm{f},l} = \frac{1.292}{\sqrt{\mathrm{Re}}}$$

2）边界层能量积分方程

把能量守恒定律应用于控制体可推导出边界层能量积分方程

$$\frac{\mathrm{d}}{\mathrm{d}x}\left(\int_0^{\delta_t}(t_f-t)u\mathrm{d}y\right)=a\left(\frac{\partial t}{\partial y}\right)_w$$

选用多项式的边界层温度分布表达式：

$$t=a+b\cdot y+c\cdot y^2+d\cdot y^3$$

引入过余温度θ：$\theta=t-t_w$，于是边界层中温度分布表达式为：

$$\frac{\theta}{\theta_f}=\frac{3}{2}\frac{y}{\delta_t}-\frac{1}{2}\left(\frac{y}{\delta_t}\right)^3$$

根据上式及边界层中速度分布，求解边界层能量积分方程得，热边界层厚度：

$$\frac{\delta_t}{\delta}=\frac{1}{1.025}\mathrm{Pr}^{-\frac{1}{3}}\approx\mathrm{Pr}^{-\frac{1}{3}}$$

这个结论是在$\mathrm{Pr}>1$的前提下得到的，对$\mathrm{Pr}>1$的流体才适用。对于空气，$\mathrm{Pr}=0.7$，上式也可以近似适用。但对于液态金属（$\mathrm{Pr}\ll1$）和油类（Pr数较高）则不适用。

进一步理解$\mathrm{Pr}=\frac{\nu}{a}$的物理意义：$\nu$表示流体分子传递动量的能力，$a$表示流体分子传递热量的能力。两者的比值反映了流体的动量传递能力与热量传递能力之比的大小。Pr越大，表示传递动量的能力越大。

常物性流体外掠平板层流换热的局部表面传热系数h_x为

$$h_x=0.332\frac{\lambda}{x}\mathrm{Re}_x^{\frac{1}{2}}\cdot\mathrm{Pr}^{\frac{1}{3}}$$

其无量纲表达形式为

$$\mathrm{Nu}_x=0.332\mathrm{Re}_x^{\frac{1}{2}}\cdot\mathrm{Pr}^{\frac{1}{3}}\qquad\text{（与微分方程所得的精确解相吻合）}$$

引入斯坦登准则：$\mathrm{St}_x=\frac{\mathrm{Nu}_x}{\mathrm{Re}_x\mathrm{Pr}}=\frac{h_x}{\rho c_p u_\infty}$，是$\mathrm{Nu}$、$\mathrm{Re}$、$\mathrm{Pr}$三者的综合准则。

则

$$\mathrm{St}_x\cdot\mathrm{Pr}^{\frac{2}{3}}=0.332\mathrm{Re}_x^{-\frac{1}{2}}$$

长为l的一段平板的平均表面传热系数h为

$$h=\frac{1}{l}\int_0^l h_x\mathrm{d}x=2h_l=0.664\frac{\lambda}{l}\cdot\mathrm{Re}^{\frac{1}{2}}\cdot\mathrm{Pr}^{\frac{1}{3}}$$

$$\mathrm{Re}=\frac{u_\infty l}{\nu}$$

$$\mathrm{Nu}=0.664\mathrm{Re}^{\frac{1}{2}}\cdot\mathrm{Pr}^{\frac{1}{3}}$$

$$\mathrm{Nu}=\frac{hl}{\lambda}$$

$$\mathrm{St}\cdot\mathrm{Pr}^{\frac{2}{3}}=0.664\mathrm{Re}^{-\frac{1}{2}},\ \mathrm{St}=\frac{\mathrm{Nu}}{\mathrm{Re}\cdot\mathrm{Pr}}=\frac{h}{\rho c_p u_\infty}$$

定性温度：取边界层平均温度$t_m=(t_f+t_w)/2$，定型尺寸为板长。

【例 13-5-2】用来描述流动边界层厚度与热边界层厚度之间关系的相似准则是：

　　　　A. 雷诺数 Re　　　　　　　　　　　　B. 普朗特数 Pr

　　　　C. 努塞尔特数 Nu　　　　　　　　　　D. 格拉晓夫数 Gr

解　$\delta_t/\delta=\mathrm{Pr}^{-1/3}$。选 B。

13.5.6　动量传递与热量传递的类比

1）紊流动量传递和热量传递

紊流传递的机理，除了有和层流一样的分子扩散传递外，还有流体质点脉动带来的传递动量和热量的机理。紊流时，动量传递和热量传递的大为增强是依靠后一种机理。

紊流切应力为

$$\tau_{\mathrm{t}} = -\rho\overline{v'u'} = \rho\varepsilon_{\mathrm{m}}\frac{\mathrm{d}u}{\mathrm{d}y} \qquad (\mathrm{N/m^2})$$

式中：ε_{m} ——紊流动量扩散率（$\mathrm{m^2/s}$），或称为紊流黏度，可由试验测定。

紊流热量传递的净效果

$$q_{\mathrm{t}} = \rho c_{\mathrm{p}}\overline{v't'} = -\rho c_{\mathrm{p}}\varepsilon_{\mathrm{h}}\frac{\mathrm{d}t}{\mathrm{d}y}$$

式中：ε_{h} ——紊流热扩散率（$\mathrm{m^2/s}$）。

注意： ε_{m}和ε_{h}虽分别与运动黏度ν和热扩散率a相对应，也具有扩散率的单位$\mathrm{m^2/s}$，但它们不是流体的物性，它们只反映紊流的性质，与雷诺数、紊流强度以及离壁面距离有关。$\mathrm{Pr_t} = \varepsilon_{\mathrm{m}}/\varepsilon_{\mathrm{h}}$称为紊流普朗特准则。

综上所述，紊流总黏滞应力为：层流黏滞应力τ_l与紊流黏滞应力τ_{t}之和，即

$$\tau = \tau_l + \tau_{\mathrm{t}} = \rho(\nu + \varepsilon_{\mathrm{m}})\frac{\mathrm{d}u}{\mathrm{d}y}$$

紊流总热流密度为：层流导热量q_l与紊流传递热量q_{t}之和，即

$$q = q_l + q_{\mathrm{t}} = -\rho c_{\mathrm{p}}(a + \varepsilon_{\mathrm{h}})\frac{\mathrm{d}t}{\mathrm{d}y}$$

以上两式是紊流传递过程分析的基本关系式。

2）雷诺类比

（1）对于层流：$\varepsilon_{\mathrm{m}} = 0$，$\varepsilon_{\mathrm{h}} = 0 \Rightarrow \left.\begin{array}{l} q = q_l = -\rho c_{\mathrm{p}}a\dfrac{\mathrm{d}t}{\mathrm{d}y} \\ \tau = \tau_l = \rho\nu\dfrac{\mathrm{d}u}{\mathrm{d}y} \end{array}\right\}$（两式相除）

当$\mathrm{Pr} = 1$时，上式可改写为：

$$\frac{q_l}{\tau_l} = -c_{\mathrm{p}}\cdot\frac{\mathrm{d}t}{\mathrm{d}u}$$

（2）对于紊流：雷诺的分析采用一个很粗糙的一层模型，假定整个流场是由单一的紊流层构成，即认为不存在层流底层（即在雷诺考虑的紊流流场内，紊流传递作用远大于分子扩散作用，$\nu \ll \varepsilon_{\mathrm{m}}$，$a \ll \varepsilon_{\mathrm{h}}$）。

此时，$\left.\begin{array}{l} \tau = \tau_{\mathrm{t}} = \rho\varepsilon_{\mathrm{m}}\dfrac{\mathrm{d}u}{\mathrm{d}y} \\ q = q_{\mathrm{t}} = -\rho c_{\mathrm{p}}\varepsilon_{\mathrm{h}}\dfrac{\mathrm{d}t}{\mathrm{d}y} \end{array}\right\} \Rightarrow \dfrac{q}{\tau} = -c_{\mathrm{p}}\cdot\dfrac{\varepsilon_{\mathrm{h}}}{\varepsilon_{\mathrm{m}}}\cdot\dfrac{\mathrm{d}t}{\mathrm{d}u}$

取$\mathrm{Pr_t} = 1$，则有：$\dfrac{q}{\tau} = -c_{\mathrm{p}}\cdot\dfrac{\mathrm{d}t}{\mathrm{d}u}$（这里$t$，$u$取时均值）

上式表达了紊流热量和动量传递的雷诺类比方程。

当$\mathrm{Pr} = \mathrm{Pr_t} = 1$时，层流和紊流的热量与动量的类比关系形式一致，服从同一方程，称为雷诺一层结构紊流模型。

3）紊流摩擦系数与表面传热系数的关系

在一层模型中，认为q/τ等于壁面的比值$q_{\mathrm{w}}/\tau_{\mathrm{w}}$，并作常数处理，则

$$\mathrm{St} = C_{\mathrm{f}}/2 \qquad （雷诺类比的解）$$

对于局部传热系数 h_x 和局部摩擦系数 $C_{f,x}$，则：$St_x = C_{f,x}/2$

以上解表达了紊流表面传热系数和摩擦系数间的关系，称为简单雷诺类比律。

注意：上面的解只适用于 $Pr = 1$ 的流体，当 $Pr \neq 1$ 时，用 $Pr^{\frac{2}{3}}$ 修正 St，则：$St \cdot Pr^{\frac{2}{3}} = C_f/2$，此式为柯尔棚类比律，或称为修正雷诺类比，定性温度为：$t_m = (t_f + t_w)/2$，适用于 $Pr = 0.5 \sim 50$。

4）外掠平板紊流换热

对于光滑平板，平板紊流局部摩擦系数

$$C_{f,x} = 0.059\,2Re_x^{-\frac{1}{5}} \qquad (5 \times 10^5 \leqslant Re \leqslant 10^7)$$

则常温壁外掠平板紊流局部表面传热系数关联式为

$$Nu_x = 0.029\,6Re_x^{\frac{4}{5}} \cdot Pr^{\frac{1}{3}}$$

全板平均表面换热系数为

$$h = \frac{1}{l}\left(\int_0^{x_c} h_{x,l}\mathrm{d}x + \int_{x_c}^l h_{x,t}\mathrm{d}x \right)$$

则：$Nu = (0.037Re^{0.8} - 871) \cdot Pr^{\frac{1}{3}}$

适用于：$0.6 \leqslant Pr \leqslant 60$，$5 \times 10^5 \leqslant Re \leqslant 10^8$，特征尺寸为 $x = l$；特征流速为 u_∞；而定性温度为壁面与流体的平均温度 $t_m = (t_f + t_w)/2$。

13.5.7　相似理论基础

1）物理相似

（1）几何相似：对应边成比例。

（2）物理现象相似：温度、速度、密度、黏度、导热系数等对应点物理量成比例。

（3）单值性条件相似：边界条件相似（对应边界点物理量场相似）和时间条件相似（对应时间物理量场相似）。

2）相似原理

相似原理阐述了三方面的内容：相似性质，相似准则间的关系和判别相似的条件。

（1）相似性质。

彼此相似的现象，它们的同名相似准则必定相等。

主要相似准则及其物理意义：

①努谢尔特准则：$Nu = \frac{hl}{\lambda}$，对流换热现象相似，则 Nu 必定相等，表征壁面法向流体无量纲过余温度梯度的大小。反映给定流场的换热能力与其导热能力的对比关系，以及对流换热的强弱。这是一个在对流换热计算中必须要加以确定的准则。

②雷诺准则：$Re = \frac{ul}{\nu}$，两流体的运动现象相似，则 Re 必相等。反映流体流动时惯性力与黏滞力的相对大小。

③贝克利准则：$Pe = \frac{ul}{a} = \frac{\nu}{a}\frac{ul}{\nu} = Pr \cdot Re$，两热量传递现象相似，则 Pe 必相等。反映流场的热对流能力与其热传导能力的对比关系。

④格拉晓夫准则：$Gr = \frac{g\alpha\Delta t l^3}{\nu^2}$，自然对流换热现象相似，则 Gr 必定相等。反映浮升力与黏滞力的相对大小。流体自然对流状态是浮升力与黏滞力相互作用的结果。

⑤普朗特准则：$Pr = \dfrac{\nu}{a}$，物性现象相似，则Pr必定相等。它反映了流体的动量扩散能力与能量扩散能力的对比关系，是物性准则。

⑥斯坦登准则：$St = \dfrac{Nu}{Re \cdot Pr} = \dfrac{h}{\rho u_\infty c_p}$，表征流体对流换热的热流密度与流体可传递的最大热流密度的比值。

（2）相似准则间的关系。

①无相变、受迫、稳态对流换热，且当自然对流不能忽略时，准则关联式为
$$Nu = f(Re, Pr, Gr)$$

②无相变、受迫、稳态对流换热，且自然对流可忽略时，准则关联式为
$$Nu = f(Re, Pr)$$

③对于空气，Pr可作为常数处理，则空气受迫紊流换热时的准则关联式为
$$Nu = f(Re)$$

④对于自然对流换热，从微分方程组相似分析中可以得到Nu、Re、Gr、Pr四个准则，但因$Re = f(Gr)$不是一个独立的准则，所以准则方程应为
$$Nu = f(Gr, Pr)$$

根据相似准则间的关系，实验数据应整理成准则关联式的形式。

（3）判别相似的条件。

相似第三定理：凡同类现象，若同名已定准则相等，且单值性条件相似（几何、物理、边界、时间），那么这两个现象一定相似。

3）结论

（1）实验时应测量各相似准则中包含的全部物理量，其中物性由实验系统中的定性温度确定。

（2）实验结果整理成准则关联式。

（3）实验结果可以推广应用到相似的现象。

4）实验数据的整理方法

在对流换热研究中，准则函数通常整理为幂函数的形式，如图 13-5-4 所示。

$$\left. \begin{array}{l} Nu = CRe^n \\ Nu = CRe^n \cdot Pr^m \\ Nu = C(Gr \cdot Pr)^n \end{array} \right\}$$

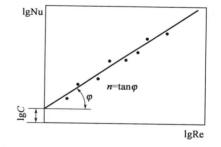

图 13-5-4　准则关联式图示

其中，C、n、m等常数由实验数据确定。

以准则关联式$Nu = CRe^n$为例，对它取对数就得到直线方程的形式：$\lg Nu = \lg C + n \lg Re$。

说明： 本章从分析对流换热的机理和影响因素入手，论述了对流换热过程的物理和数学模型。在此基础上，介绍了求解对流换热问题的三种方法，即理论分析法、比拟法和相似理论指导的实验法。复习本章，要注意理解和掌握以下内容：①对流换热过程的定性分析、主要影响因素，应深入理解对流换热过程的物理基础，掌握分析方法。②两种边界层的形成、发展及不同特点，不同边界层的热量传递机理。③要理解微分方程式各项的物理意义。④雷诺比拟反映了流动摩擦系数和表面传热系数之间的定量关系，可由摩擦系数来推算表面传热系数。应该了解层流和紊流中动量及热量传递的定量描述方法。⑤理解相似理论及其对实验研究对流换热问题的指导意义。相似理论对实验研究的指导意义

在于：通过相似分析，把影响物性现象的众多物理量，组成几个相似准则，使实验大大简化；把实验结果整理成准则函数式（准则方程式），可推应用到相似现象中去；可以用模型实验代替原型实验。相似准则在传热及其他学科研究中被泛采用，应了解常用相似准则的物理意义及使用场合。

【例 13-5-3】 下列换热工况中，可能相似的是：

A. 两圆管内单相受迫对流换热，分别为加热和冷却过程

B. 两块平壁面上自然对流换热，分别处于冬季和夏季工况

C. 两圆管内单相受迫对流换热，流体分别为水和导热油

D. 两块平壁面上自然对流换热，竖放平壁分别处于空气对流和水蒸气凝结

解 相似判定的三要素为：要保证同类现象，单值性条件相同，同名的准则相等。选项 A、B 不满足同类现象，选项 D 不满足同名的准则相等。选 C。

【例 13-5-4】 确定同时存在自然对流和受迫对流的混合换热准则关系的是：

A. $Nu = f(Gr, Pr)$ 　　　　　　　　B. $Nu = f(Re, Pr)$

C. $Nu = f(Gr, Re, Pr)$ 　　　　　　D. $Nu = f(Fo, Gr, Re)$

解 自然对流受Gr和Pr影响，强迫对流受Pr和Re影响，所以选 C。选项 A 是自然对流准则关系式，选项 B 是受迫对流准则关系式。

【例 13-5-5】 在求解对流传热问题时，常使用准则方程式，其获得方程式的方法是：

A.分析法　　　　　B.实验法　　　　　C.比拟法(代数法)　　　　D.数值法

解 分析法只适用于几种特别简单的传热问题，例如一维稳态导热和外掠平板层流传热，而大部分复杂的传热问题分析法则无法求解。在传热学中，有时利用动量传递与热量传递进行比拟计算，它是忽略了压力梯度和体积力，因而利用比拟法有一定的限制条件。数值法的准确性依赖于传热模型、边界条件以及数值计算过程的准确性，并且这些模型和计算结果得到部分典型实验的验证后，才能真实反映传热问题。所以，求解对流传热问题时，大多数采用实验法，选 B。

经典练习

13-5-1 采用对流换热边界层微分方程组，积分方程组或雷诺类比法求解对流换热过程中，正确的说法是（　　　）。

A. 微分方程组的解是精确解　　　　　B. 积分方程组的解是精确解

C. 雷诺类比的解是精确解　　　　　　D. 以上三种均为近似值

13-5-2 能量和动量的传递都是和对流与扩散相关的，因此两者之间存在着某种类似。可以采用雷诺比拟来建立湍流受迫对流时能量传递与动量传递之间的关系，这种关系通常表示为（　　　）。

A. 雷诺数 Re 与摩擦系数 C_f 的关系

B. 斯坦登数 St 与摩擦系数 C_f 的关系

C. 努赛尔数 Nu 与摩擦系数 C_f 的关系

D. 格拉晓夫数 Gr 与摩擦系数 C_f 的关系

13.6　单相流体对流换热及准则方程式

考试大纲☞：管内受迫流动换热　　外掠圆管流动换热　　自然对流换热　　自然对流与受迫对流并存的混合流动换热

13.6.1 管内受迫流动换热

1）流动进口段与流动充分发展段

管内流动进口段：从管子进口到边界层汇合处的这段管长内的流动。

流动充分发展段：进入定型流动的区域。

在流动充分发展段，流体的径向速度分量v为零，且轴向速度u不再沿轴向变化，即

$$\frac{\partial u}{\partial x} = 0, \; v = 0$$

2）管内的流态

层流：$Re < 2\,300$；紊流流动：$Re > 10^4$；过渡流动：$2\,300 < Re < 10^4$。

$$Re = \frac{u_m d}{\nu}$$

式中：u_m ——管内流体的截面平均流速；

$\quad\quad d$ ——管子的内直径；

$\quad\quad \nu$ ——流体的运动黏度。

3）热进口段和热充分发展段

当流体温度和管壁温度不同时，在管子的进口区域同时也有热边界层在发展，热边界层最后也会在管中心汇合，从而进入热充分发展的流动换热区域，在热边界层汇合之前也就必然存在热进口区段。

对常物性流体，在常热流和常壁温边界条件下，热充分发展段的特征是

$$\frac{\partial}{\partial x}\left(\frac{t_{w,x} - t}{t_{w,x} - t_{f,x}}\right) = 0$$

可得：

$$\frac{-(\partial t/\partial r)_{r=R}}{t_{w,x} - t_{f,x}} = \frac{h_x}{\lambda} = \text{const}$$

则常物性流体在热充分发展段的表面传热系数保持不变。

管内局部表面传热系数的变化，如图 13-6-1 所示。

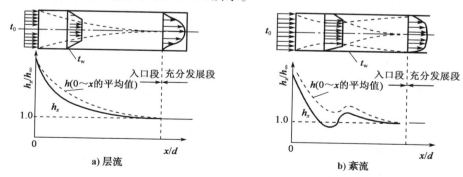

图 13-6-1 管内局部表面传热系数的变化

在进口处，边界层最薄，h_x具有最高值，随后降低。在层流情况下，h_x趋于不变值的距离较长（入口段有强化换热的作用，所以短管强化换热）。

4）管内流体平均速度及平均温度

管内流体平均速度：

$$u_{\mathrm{m}} = \frac{v}{f}$$

对常物性流体，断面平均温度为：

$$t_{\mathrm{f}} = \frac{2}{u_{\mathrm{m}} \cdot R^2} \int_0^R tu \cdot r\mathrm{d}r$$

上式计算断面平均温度，必须知道$u(r)$和$t(r)$的分布，比较麻烦。使用上往往测出截面平均温度，即流体充分混合，如图13-6-2所示，这样测到的温度实用上就可作为截面平均温度。

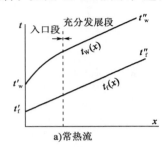 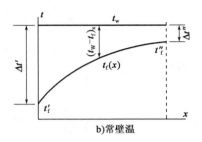

图 13-6-2 管内换热温度变化

（1）对常热流边界条件下的平均温度（设物性为常量）

①全管长平均温度。可取管的进、出口断面平均温度的算术平均值作为全管长温度的平均，即

$$t_{\mathrm{f}} = \frac{t_{\mathrm{f}}' + t_{\mathrm{f}}''}{2}$$

②全管长的流体与管壁间的平均温度差

$$\Delta t = \frac{\Delta t' + \Delta t''}{2}$$

其中，$\Delta t' = t_{\mathrm{w}}' - t_{\mathrm{f}}'$，$\Delta t'' = t_{\mathrm{w}}'' - t_{\mathrm{f}}''$。

（2）对常壁温边界条件下的平均温度

①全管长流体与壁面间的平均温差Δt_{m}

$$\Delta t_{\mathrm{m}} = \frac{\Delta t' - \Delta t''}{\ln \frac{\Delta t'}{\Delta t''}} \quad \left(\Delta t' = t_{\mathrm{w}} - t_{\mathrm{f}}', \ \Delta t'' = t_{\mathrm{w}} - t_{\mathrm{f}}''\right)$$

Δt_{m}称为对数平均温差。

若$\frac{\Delta t'}{\Delta t''} < 2$，则可用$\frac{\Delta t' + \Delta t''}{2}$代替上式。

②全管长流体的平均温度

$$t_{\mathrm{f}} = t_{\mathrm{w}} + \Delta t_{\mathrm{m}} \quad \text{或} \quad t_{\mathrm{f}} = t_{\mathrm{w}} - \Delta t_{\mathrm{m}} \quad \left(t_{\mathrm{f}} \neq \frac{t_{\mathrm{f}}' + t_{\mathrm{f}}''}{2}, \ \text{但若} \frac{\Delta t'}{\Delta t''} < 2, \ \text{则} t_{\mathrm{f}} = \frac{t_{\mathrm{f}}' + t_{\mathrm{f}}''}{2}\right)$$

【例 13-6-1】已知换热器逆流布置，冷流体进口水温12℃、出口水温55℃，热流体进口水温86℃、出口水温48℃，其平均温差为：

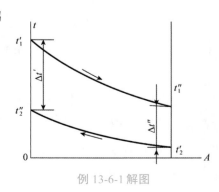

          A.40.49℃   B.33.4℃

          C.40.5℃   D.33.5℃

解 如解图所示。将数据代入公式，解答如下：

$$\Delta t_{\mathrm{m}} = \frac{\Delta t' - \Delta t''}{\ln \frac{\Delta t'}{\Delta t''}} = \frac{(86 - 55) - (48 - 12)}{\ln \frac{86 - 55}{48 - 12}} = 33.4℃$$

选 B。

例 13-6-1 解图

13.6.2　管内受迫流动换热计算

1）紊流换热

当管内流动的雷诺数Re > 10⁴时，管内流体处于旺盛的紊流状态。此时的换热计算可采用下面推荐的准则关系式（迪图斯-贝尔特公式）

$$\mathrm{Nu_f} = 0.023\mathrm{Re}_f^{0.8}\mathrm{Pr}^n$$

流体加热：$n = 0.4$；流体冷却：$n = 0.3$

此式适用于流体与壁面具有中等以下温差的场合（即该温差下物性场不均匀性带来的误差不超过工程允许范围。对空气，温差小于 50℃，对于水，温差小于 20~30℃）。

式中采用的定型尺寸为管子内直径d，定性温度采用全管长流体平均温度。实验验证范围为：平直管，$\mathrm{Re}_f = 10^4 \sim 1.2 \times 10^5$；$\mathrm{Pr}_f = 0.7 \sim 120$，$l/d \geqslant 60$。

对于非圆形管，上述的公式同样使用，只是定型尺寸用当量直径d_e。

将准则关系式展开，可显示出影响紊流表面传热系数的有关因素。

$$h = f(u^{0.8}, \lambda^{0.6}, c_p^{0.4}, \rho^{0.8}, \mu^{-0.4}, d^{-0.2})$$

由此可见，当流体种类确定后，要增强或削弱换热，只能通过改变流速和管径来实现。$u\uparrow$，$d\downarrow$ ⇒ 强化换热。

考虑各种修正时，紊流换热准则关系式为：$\mathrm{Nu}_f = 0.023\mathrm{Re}_f^{0.8}\mathrm{Pr}^n\varepsilon_t\varepsilon_R\varepsilon_l$。

（1）温度修正

当流体为液体时
$$\begin{cases} \varepsilon_t = \left(\dfrac{\mu_f}{\mu_w}\right)^{0.11} & \text{液体受管壁加热时} \\ \varepsilon_t = \left(\dfrac{\mu_f}{\mu_w}\right)^{0.25} & \text{液体受管壁冷却时} \end{cases}$$

当流体为气体时
$$\begin{cases} \varepsilon_t = \left(\dfrac{T_f}{T_w}\right)^{0.5} & \text{气体受管壁加热时} \\ \varepsilon_t = 1 & \text{气体受管壁冷却时} \end{cases}$$

（2）弯管修正（弯管、螺旋管）

弯曲管道内的流体流动换热必须在平直管计算结果的基础上乘以一个大于 1 的修正系数ε_R，即$\varepsilon_R > 1$。对于流体为气体时：$\varepsilon_R = 1 + 1.77d/R$；对于流体为液体时：$\varepsilon_R = 1 + 10.3(d/R)^3$。式中$R$为弯曲管的曲率半径。

（3）入口修正（短管修正）

当管子的长径比$l/d < 60$时，属于短管内流动换热，进口段的影响不能忽视。此时亦应在按照长管计算出结果的基础上乘以相应的修正系数。对于尖角入口的短管，推荐的入口效应修正系数为：$\varepsilon_l = 1 + (d/l)^{0.7}$。

注意：从以上修正系数可以看出，短管修正系数和弯管修正系数不会小于 1，所以工程上可以利用短管和螺旋管来强化对流换热。

2）管内层流换热计算公式

当雷诺数Re < 2 300时管内流动处于层流状态，如果管子较长（即处于热充分发展段），则Nu_f可作为常数处理（Nu_f与Re无关）。此时

$$\mathrm{Nu}_f = 4.36 \qquad (q = \mathrm{const})$$
$$\mathrm{Nu}_f = 3.66 \qquad (t_w = \mathrm{const})$$

3）粗糙管壁的换热

管内对流换热类比律表达式：$St = f/8$。

使用该公式的条件：$Pr = 1$；粗糙管；紊流。若考虑物性影响，用$Pr^{2/3}$修正，则：$St \cdot Pr^{2/3} = f/8$。定性温度：流体平均温度t_f。摩擦系数f取决于：壁面粗糙度和雷诺数。

【例 13-6-2】 水力粗糙管内的受迫对流传热系数与管壁的粗糙度密切相关，粗糙度的增加提高了流体的流动阻力，但：

      A. 却使对流传热系数减少　　　　　　B. 却使对流传热系数增加

      C. 对流传热系数却保持不变　　　　　D. 管内的温度分布却保持不变

解　流体流过粗糙壁面能产生涡流，增强换热，使对流传热系数增加。选 B。

13.6.3　外掠圆管流动换热

1）外掠单管

流体横向绕流圆柱体时，如图 13-6-3 所示，当Re数较大时，流体在边界层发生分离。观测给出，

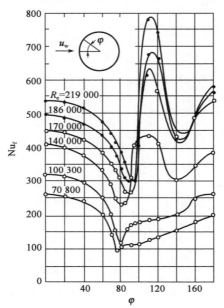

图 13-6-3　外掠管束换热

绕流圆柱的流动当Re < 10时流动不会发生分离现象；当10 < Re≤1.5 × 10⁵时，边界层为层流，流动分离点在$\varphi = 80°\sim85°$之间；当Re > 1.5 × 10⁵，边界层在分离点前已经转变为紊流，流动分离点在$\varphi \approx 140°$处。这里定义的雷诺数为：$Re = u_\infty d/\nu$，其中u_∞为来流速度，d为圆柱体外直径。边界层的成长和分离决定了外掠圆管换热的特征。

对流体外掠单管对流换热的准则关联式推荐为

$$Nu_f = C Re_f^n \cdot Pr_f^{0.37} \cdot \left(\frac{Pr_f}{Pr_w}\right)^{0.25}$$

适用范围为：$0.7 < Pr < 500$，$1 < Re_f < 10^6$。当$Pr > 10$时，Pr_f的幂次改为 0.36。定性温度为主流温度；定型尺寸为管外径；速度为管外流速最大值。

2）外掠管束

管束的排列方式很多，最常见的有顺排和叉排两种。如图 13-6-4 所示，叉排时流体扰动较好，所以一般地说，叉排时的换热比顺排时强，同时叉排时的流动阻力也比顺排时大，顺排有易于清洗的优点。

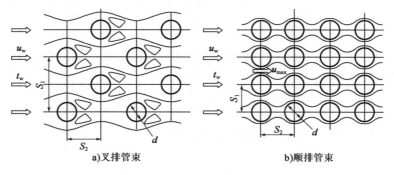

a)叉排管束　　　　　　　　　　b)顺排管束

图 13-6-4　外掠管束换热

管束换热的关联式为:

$$\mathrm{Nu} = C\mathrm{Re}^n\mathrm{Pr}^m\left(\frac{\mathrm{Pr_f}}{\mathrm{Pr_w}}\right)^{0.25}\left(\frac{s_1}{s_2}\right)^p\varepsilon_z$$

式中: $\dfrac{s_1}{s_2}$ ——相对管间距;

ε_z ——管子排数影响的修正系数。

【例 13-6-3】在流体外掠圆管的受迫对流传热时,如果边界层始终是层流的,则圆管表面上自前驻点开始到边界层脱体点之间,对流传热系数可能:

    A. 不断减小   B. 不断增加
    C. 先增加后减少   D. 先减小后增加

解 当流体刚接触圆管表面时,层流边界层开始生成,圆管表面上自前驻点开始到边界层脱体点之间,边界层厚度在不断增加,对流传热系数则不断减小。选 A。

【例 13-6-4】单相流体外掠管束换热过程中,管束的排列、管径、排数以及雷诺数的大小均对表面传热系数(对流换热系数)有影响,下列说法不正确的是:

    A. Re 增大,表面传热系数增大
    B. 在较小的雷诺数下,叉排管束表面传热系数大于顺排管束
    C. 管径和管距减小,表面传热系数增大
    D. 后排管子的表面传热系数比前排高

解 管束换热的关联式:

$$\mathrm{Nu} = C\mathrm{Re}^n\mathrm{Pr}^m\left(\frac{\mathrm{Pr_f}}{\mathrm{Pr_w}}\right)^{0.25}\left(\frac{s_1}{s_2}\right)^p\varepsilon_z$$

Re 增大,增大扰流,会增大 h,选项 A 正确。

一般叉排的扰动比顺排强,h 也大,但是阻力相反,选项 B 正确。

后排管子的表面传热系数是第一排的 1.3~1.7 倍,因为后排受到前排尾流影响较大,选项 D 正确。

选项 C 中,横向和纵向的管间距对 h 的影响是相反的,所以错误,故选 C。

13.6.4 自然对流换热

1)大空间自然对流换热

如图 13-6-5 所示,竖直平板在空气中的自然冷却过程。

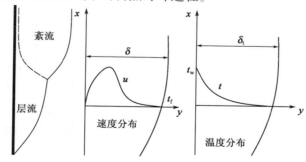

图 13-6-5 竖直平板在空气中的自然冷却过程

对于竖板表面的自然对流

$$\begin{cases} \mathrm{Gr} \cdot \mathrm{Pr} < 10^9 & \text{层流} \\ \mathrm{Gr} \cdot \mathrm{Pr} > 10^9 & \text{紊流} \end{cases}$$

（1）边界层中的速度和温度特点

$$\begin{cases} y = 0 \text{ 处} & u_{\mathrm{w}} = 0 \\ y = \dfrac{1}{3}\delta \text{ 处} & u = u_{\max} \\ y = \delta \text{ 处} & u_{\delta} = 0 \end{cases} \qquad \begin{cases} y = 0 \text{ 处} & t = t_{\mathrm{w}} \\ y = \delta_{\mathrm{t}} \text{ 处} & t = t_{\mathrm{f}} \end{cases}$$

由于空气的 $\mathrm{Pr} \approx 0.7$，所以温度边界层的厚度大于速度边界层，即 $\delta_{\mathrm{t}} > \delta$。

【例 13-6-5】竖壁无限空间自然对流传热，从层流到紊流，同一高度位置温度边界层 δ_{t} 与速度边界层 δ 相比，下列正确的是：

A. $\delta_{\mathrm{t}} < \delta$ B. $\delta_{\mathrm{t}} \approx \delta$ C. $\delta_{\mathrm{t}} > \delta$ D. 不确定

解 温度边界层 δ_{t} 与速度边界层 δ 不一定相等，而是取决于 Pr 数。$\mathrm{Pr} > 1$，$\delta_{\mathrm{t}} < \delta$；$\mathrm{Pr} = 1$，$\delta_{\mathrm{t}} \approx \delta$；$\mathrm{Pr} < 1$，$\delta_{\mathrm{t}} > \delta$。选 D。

（2）竖板自然对流换热准则关联式

常壁温条件，即 $t_{\mathrm{w}} = \mathrm{const}$

$$\mathrm{Nu} = C(\mathrm{Gr} \cdot \mathrm{Pr})^n = C Ra^n$$

定性温度：$t_{\mathrm{m}} = (t_{\mathrm{w}} + t_{\mathrm{f}})/2$；定型（特征）尺寸：对竖板或竖管（圆柱体），定型尺寸为板（管）高。

常热流条件，即 $q_{\mathrm{w}} = \mathrm{const}$，在这样的情况下，$q$ 为已知量，t_{w} 为未知量，则 Gr 中的 Δt 为未知量。为方便起见，在准则关联式中采用 Gr^*（称为修正 Gr）代替 Gr，则

$$\mathrm{Gr}^* = \mathrm{Nu} \cdot \mathrm{Gr} = \frac{g \alpha q l^4}{\lambda \nu^2}$$

在常热流条件下，局部表面传热系数准则关联式为

$$\mathrm{Nu}_x = C(\mathrm{Gr}_x^* \cdot \mathrm{Pr})^n$$

在计算此式时，$t_{\mathrm{w},x}$ 未知，则 $t_{\mathrm{m},x}$ 未知，所以需用试算法，假定 $t_{\mathrm{w},x}$ 的值。

2）受限空间中的自然对流换热

（1）受限空间中的自然对流特征。

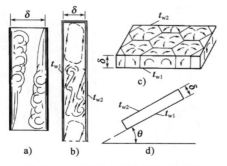

图 13-6-6 受限空间中的自然对流

从图 13-6-6 中可看出，在两壁面存在温度差时流体就会产生自然对流，但由于受到壁面空间的限制，将形成环状流动。

（2）在受限空间中的换热可按纯导热计算的几种情况：对竖壁，当两壁的温差与厚度都很小，$\mathrm{Gr}_{\delta} = g \alpha \Delta t \delta^3 / \nu^2 < 2\,000$ 时；对热面在上，冷面在下的水平夹层；热面在下，冷面在上的水平夹层，对气体 $\mathrm{Gr}_{\delta} < 1\,700$ 时，可按纯导热过程计算。

（3）受限空间自然对流换热准则关联式为

$$\mathrm{Nu}_{\delta} = C(\mathrm{Gr}_{\delta} \cdot \mathrm{Pr})^m \left(\frac{H}{\delta}\right)^n$$

定性温度均为 $t_{\mathrm{m}} = (t_{\mathrm{w}1} + t_{\mathrm{w}2})/2$，Nu、Rr 数中的定型尺寸均为 δ。

通过夹层的热流密度：$q = h_{\mathrm{e}}(t_{\mathrm{w}1} - t_{\mathrm{w}2})$

其中，h_e为当量表面传热系数，单位为W/(m² · K)。

【例 13-6-6】 如图所示采用平板法测量图中冷热面夹层中的液体的导热系数，为了减小测量误差，应该采用哪种布置方式？

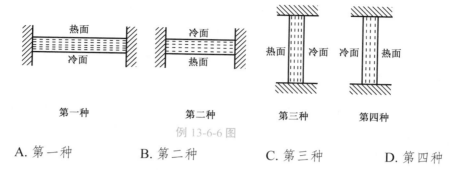

例 13-6-6 图

A. 第一种   B. 第二种   C. 第三种   D. 第四种

解 第一种情况不能形成自然对流，测量误差最小。选 A。

13.6.5 自然对流换热与受迫对流并存的混合流动换热

什么情况下需考虑受迫对流换热中存在的自然对流换热，是根据Gr/Re^2的大小来确定的，Gr/Re^2表示浮力与惯性力的相对大小。一般认为，当$Gr/Re^2 \leq 0.1$时，可忽略自然对流的影响，传热按纯受迫对流计算；当$Gr/Re^2 \geq 10$时，可忽略受迫对流作用，传热按纯自然对流计算；当$Gr/Re^2 = 0.1 \sim 10$时，传热必须同时考虑两方面的作用。

说明：工程上常见的四种典型类别单相流体对流换热分别为：管内强迫对流换热、外掠物体对流换热、自然对流换热和高速流动对流换热。对于这些典型换热问题的计算，要掌握一些常用的、比较新的实验关联式。正确选用这些关联式是很重要的。必须根据对流换热问题的类型和流态等，选择合适的关联式，切不可张冠李戴。复习本章要注意的问题有：①对于每一类换热问题要注意掌握物理过程的分析（流动和换热的特点及影响因素等）、流态的判断和正确选用实验关联式，并注意与工程应用结合起来。②各类换热问题的实验关联式，要弄清楚影响换热过程的诸多因素在关联式中是怎样反映的，理解式中各项的物理意义，并按其规定的定性温度、特性尺度和适用范围，正确使用关联式。③对于强迫对流换热，还要求能够分析进口段和充分发展的流动换热特点；对于外掠物体对流换热，要注意管束中管的排列形式、管距和管排数对换热的影响；对于自然对流换热，要掌握它的换热机理和边界层特点；对于高速流动换热，要弄清它与低速流动换热的区别。

经典练习

13-6-1 流体与壁面间的受迫对流传热系数与壁面的粗糙度密切相关，粗糙度的增加（　　　）。

A. 使对流传热系数减少　　　　　B. 使对流传热系数增加

C. 使雷诺数减小　　　　　　　　D. 不会改变管内的温度分布

13-6-2 如图所示，由冷、热两个表面构成的夹层中是流体且无内热源。如果端面绝热，则达到稳态时，传热量最少的放置方式是（　　　）。

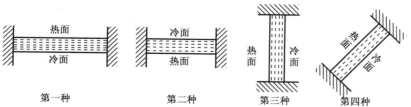

第一种　　　　　第二种　　　　第三种　　　　第四种

A. 第一种　　　　　　　B. 第二种　　　　　　　C. 第三种　　　　　　　D. 第四种

13-6-3　空气与温度恒为t_w的竖直平壁进行自然对流传热，远离壁面的空气温度为t。描述这一问题的相似准则关系式包括以下相似准则（　　　）。

　　A. 雷诺数 Re，普朗特数 Pr，努塞尔特数 Nu

　　B. 格拉晓夫数 Gr，雷诺数 Re，普朗特数 Pr

　　C. 普朗特数 Pr，努塞尔特数 Nu，格拉晓夫数 Gr

　　D. 雷诺数 Re，努塞尔特数 Nu，格拉晓失数 Gr

13-6-4　由于二次流的影响，在相同的边界条件下，弯管内的受迫对流传热系数与直管时的对流传热系数有所不同。因此在用直管的对流传热准则关系式计算弯管情况下对流传热系数时，都要在计算的结果上乘以一个修正系数，这个系数（　　　）。

　　A. 始终大于 1　　　　　　　　　　　　　B. 始终小于 1

　　C. 对于气体大于 1，对于液体小于 1　　　D. 对于液体大于 1，对于气体小于 1

13-6-5　管内受迫定型流动换热过程中，速度分布保持不变，流体温度及传热具有下列何种特性？（　　　）

　　A. 温度分布达到定型　　　　　　　　　　B. 表面对流换热系数趋于定值

　　C. 温度梯度达到定值　　　　　　　　　　D. 换热量也达到最大

13.7　凝结与沸腾换热

考试大纲☞： 凝结换热基本特性　膜状凝结换热及计算　影响膜状凝结换热的因素及增强换热的措施
沸腾换热　饱和沸腾过程曲线　大空间泡态沸腾换热及计算　泡态沸腾换热的增强

13.7.1　凝结换热基本特性

　　蒸汽与低于饱和温度的壁面接触时，蒸气会在壁面上凝结成液体并向壁面放出凝结潜热，这种现象称为凝结换热现象。表面凝结有两种基本形态：膜状凝结和珠状凝结。凝结液润湿壁的能力取决于它的表面张力和对壁的附着力，若附着力大于表面张力，则会形成膜状凝结，反之则形成珠状凝结。珠状凝结的表面传热系数大大高于膜状凝结，但珠状凝结很不稳定，在工业设备中实际发生的都是膜状凝结。

13.7.2　膜状凝结换热及计算

　　1）层流膜状凝结理论解（液膜层流时竖壁膜状凝结换热）

凝结液膜的厚度为

$$\delta = \left[\frac{4\mu_l \cdot \lambda \cdot x \cdot (t_s - t_w)}{\rho_l^2 \cdot g \cdot r}\right]^{\frac{1}{4}}$$

局部表面传热系数

$$h_x = \left[\frac{\rho_l^2 \cdot g \cdot r \cdot \lambda^3}{4\mu_l \cdot x \cdot (t_s - t_w)}\right]^{\frac{1}{4}}$$

高为l的竖壁，壁面平均表面传热系数为

$$h = 0.943 \left[\frac{\rho_l^2 \cdot g \cdot r \cdot \lambda^3}{\mu_l \cdot l \cdot (t_s - t_w)} \right]^{\frac{1}{4}}$$

水平圆管外壁膜状凝结的平均表面传热系数为

$$h = 0.725 \left[\frac{\rho_l^2 \cdot g \cdot r \cdot \lambda^3}{\mu_l \cdot d \cdot (t_s - t_w)} \right]^{\frac{1}{4}}$$

特性尺度：水平管用外径d，竖壁用壁的高度l；定性温度：$t_m = (t_s + t_w)/2$。

在其他条件相同时，一般管子的长度和外径的比大于 2.85，所以管子水平放置时的凝结表面传热系数将大于竖放。

2）层流膜状凝结换热准则关联式

垂直壁理论解：$Co = 1.47 Re_c^{-\frac{1}{3}}$；水平管理论解：$Co = 1.51 Re_c^{-\frac{1}{3}}$

其中：
$$Re_c = \frac{d_e \cdot u_m}{\nu}, \quad Co = h \left(\frac{\lambda^3 \rho^2 g}{\mu^2} \right)^{-\frac{1}{3}}$$

式中：u_m——壁的底部$x = l$处液膜断面平均流速(m/s)；

d_e——该膜层断面的当量直径(m)。

工程上，把理论解的系数增加20%，以此作为垂直壁层流膜凝结换热的实用计算式，即

$$h = 1.13 \left[\frac{\rho_l^2 \cdot g \cdot r \cdot \lambda^3}{\mu_l \cdot l \cdot (t_s - t_w)} \right]^{\frac{1}{4}} \text{ 或 } Co = 1.76 Re_c^{-\frac{1}{3}}$$

3）流态的判别

对于垂直壁，液膜流态由层流转变为紊流的转变点为：$Re_c = 1\,800$。

对于水平管，凝结液从管壁两侧向下流，层流到紊流的转变点为：$Re_c = 3\,600$。

4）紊流膜状凝结换热

垂直壁紊流液膜段的平均表面传热系数的准则关联式为

$$Co = \frac{Re_c}{8750 + 58 Pr^{-0.5} (Re_c^{0.75} - 253)}$$

对于底部已达到紊流状态的竖壁凝结换热，整个壁面分成层流段和紊流段，沿整个壁面上的平均表面传热系数：

$$h = h_l \cdot \frac{x_c}{l} + h_t \cdot \left(1 - \frac{x_c}{l} \right)$$

式中：x_c——由层流转变为紊流的临界高度；

h_l——层流段的平均表面传热系数；

h_t——紊流段的平均表面传热系数。

【例 13-7-1】 饱和蒸气分别在 A、B 两个等温垂直壁面上凝结，其中 A 的高度和宽度分别为H和$2H$，B 的高度和宽度分别为$2H$和H，两个壁面上的凝结传热量分别为Q_A和Q_B。如果液膜中的流动都是层流，则：

A. $Q_A = Q_B$ 　　　　 B. $Q_A > Q_B$ 　　　　 C. $Q_A < Q_B$ 　　　　 D. $Q_A = Q_B/2$

解　A 和 B 的换热面积相同，换热温差相同，液膜是层流的表面换热系数随着高度（自上而下）是减小的，$h_B < h_A$，所以$Q_A > Q_B$。选 B。

13.7.3 影响膜状凝结因素及增强换热措施

（1）影响因素：①蒸气流速；②蒸气中含不凝性气体；③表面粗糙度；④蒸气中含油；⑤过热蒸气。

（2）措施：①改变表面几何特征；②有效排除不凝结性气体；③加速凝液排除。

【例 13-7-2】 以下关于饱和蒸气在竖直壁面上膜状凝结传热的描述中正确的是：

    A. 局部凝结传热系数 h_z 沿壁面方向 x（从上到下）数值逐渐增加

    B. 蒸气中的不凝结气体会导致换热强度下降

    C. 当液膜中的流动是湍流时，局部对流传热系数保持不变

    D. 流体的黏度越高，对流传热系数越大

解 局部凝结传热系数 h_z 沿壁面方向 x（从上到下）数值：当液膜中的流动是层流时，h_z 逐渐减小，当液膜中的流动是湍流时，h_z 增加；流体的黏度越高，对流传热系数越小；由于气体的导热系数比液体的小，蒸汽中的不凝结气体增加了液膜的导热热阻，所以换热强度下降。选 B。

【例 13-7-3】 小管径水平管束外表面蒸汽凝结过程中，上下层管束之间的凝结表面传热系数 h 的关系为：

    A. $h_{下排} > h_{上排}$ B. $h_{下排} < h_{上排}$

    C. $h_{下排} = h_{上排}$ D. 不确定

解 上一层管子的凝液流到下一层管子上，使得下一层管面的膜层增厚，所以下一层的 h 比上一层的小。选 B。

【例 13-7-4】 如果要增强蒸汽凝结换热，常见措施中较少采用的是：

    A. 增加凝结面积   B. 促使形成珠状凝结

    C. 清除不凝结气体   D. 改变凝结表面几何形状

解 凝结表面的几何形状一般都是平面或者圆管表面，增强凝结可以改变表面光滑度而不是形状，选项 D 错误。选项 A、B、C 都是常见有效方法。选 D。

13.7.4 沸腾换热基本概念

（1）沸腾：液体吸热后在其内部产生气泡的汽化过程称为沸腾。

（2）沸腾换热：由于液体沸腾而发生的加热面与液体的换热。

（3）沸腾换热分类：大空间沸腾和有限空间沸腾。

（4）产生沸腾的条件：液体必须过热和要有汽化核心。

13.7.5 大空间沸腾换热

（1）大空间沸腾

指加热壁面沉浸在具有自由表面的液体中所发生的沸腾。

（2）饱和沸腾

液体主体温度达到饱和温度 t_s，壁面温度 t_w 高于饱和温度 t_s 所发生的沸腾。

（3）过冷沸腾

指液体主体温度低于相应压力下饱和温度，壁面温度大于该饱和温度所发生的沸腾。

（4）饱和沸腾过程和沸腾曲线

沸腾曲线如图 13-7-1 所示，可以看出，随着沸腾温差 Δt 的变化，饱和沸腾有四个换热规律全然不同的区段：对流沸腾、泡态沸腾（核态沸腾）、过渡沸腾及膜态沸腾。

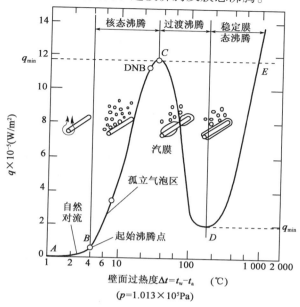

图 13-7-1　大空间沸腾曲线

C 点称为沸腾临界点，$q_c = q_{max}$ 称为临界热流密度。当热流密度超过 q_c 时会发生这样的现象：由于热流密度无法随过热度的增加而减少，工况将不再按沸腾曲线由 C 点向 D 点过渡，而是由 C 点直接跳转到同一热流密度 q_c 下的点 E，这是非常危险的，可能导致设备烧毁，以 q_{max} 为警戒点，所以为了确保热力设备的安全运行，热流密度应控制在 q_{max} 以下。

（5）泡态沸腾机理

要产生气泡必须有先天的汽化核心，使得初始气泡的半径为某一有限值。

因为气泡生成时，要求 $P_v > p_l$，所以 $t_v > t_s$，即热平衡要求 $t_l > t_s$。为了维持气泡的热平衡，液体必须存在过热度。

壁面凹处最先能满足气泡生成的条件：

$$R_{min} = \frac{2\sigma T_s}{r\rho_v \cdot \Delta t}$$

①若气泡半径 $R < R_{min}$ 时，表面张力 > 内外压差，则气泡内蒸气凝结，气泡不能形成；②若气泡半径 $R > R_{min}$ 时，气泡才能成长。

由上式可解释两个现象：

①紧贴加热壁面处液体具有最大过热度，在这里生成气泡核所需的半径最小，由于壁面上一般总有划痕、凹坑等，它们是生成气泡核的最好地点。

②$\Delta t \uparrow \Rightarrow R_{min} \downarrow$，加热面上更小的凹缝将成为汽化核心，因而汽化核心数量将随壁面过热度的增加而增加。

13.7.6　大空间泡态沸腾表面传热系数的计算

1）适用于水的米海耶夫计算式

在 $1 \times 10^5 \sim 4 \times 10^6 Pa$ 压力下的大空间饱和沸腾计算式

$$h = 0.533q^{0.7}p^{0.15} \quad [\text{W/(m}^2 \cdot \text{K)}]$$

由 $$q = h\Delta t \Rightarrow h = 0.122\Delta t^{2.33}p^{0.55} \quad [\text{W/(m}^2 \cdot \text{K)}]$$

式中：h ——沸腾换热表面传热系数；

　　　p ——沸腾绝对压力；

　　　Δt ——壁面过热度；

　　　q ——热流密度。

2）适用于各种液体的计算式

$$q = \mu_l \cdot r \left[\frac{g(\rho_l - \rho_v)}{\sigma}\right]^{\frac{1}{2}} \left[\frac{c_{p,l}(t_w - t_s)}{C_{w,l} \cdot r \cdot Pr_l^s}\right]^3 \quad (\text{W/m}^2)$$

式中：$c_{p,l}$ ——饱和液体的定压热容；

　　　$C_{w,l}$ ——取决于加热表面—液体组合情况的系数；

　　　Pr_l ——饱和液体的普朗特数；

　　　σ ——液体—蒸气界面的表面张力(N/m)；

　　　s ——经验指数，对于水，$s = 1$，对于其他液体，$s = 1.7$。

13.7.7　泡态沸腾换热的增强

沸腾表面上的凹坑最容易产生汽化核心，因此增加表面凹坑是强化沸腾换热的有效方法，增加表面凹坑的方法有：

（1）用烧结、钎焊、火焰喷涂、电离沉积等方法在换热表面造成一层多孔结构。

（2）采用机械加工的方法在换热管表面上造成多孔结构。

说明： 凝结换热和沸腾换热是有相变的对流换热过程，它要比单相流体的对流换热复杂得多。有相变的对流换热温差小，而表面传热系数往往较大，特别是水蒸气凝结和水沸腾的表面传热系数很大。但在制冷剂的工作过程中，其凝结和沸腾换热表面传热系数不大。由于凝结和沸腾换热过程的复杂性，以致很少有通用的关系式。复习本章要注意理解和掌握以下内容：①了解膜状凝结和珠状凝结的物理过程，能计算竖壁、水平圆管外侧表面和管束外侧表面的层流膜状凝结换热的表面传热系数。②了解大容器饱和沸腾（自然对流沸腾）曲线各段的沸腾状态，能计算大容器饱和沸腾换热表面传热系数。③了解影响凝结换热和沸腾换热的主要因素。

经典练习

13-7-1　饱和蒸气分别在形状、尺寸、温度都相同的 A、B 两个等温垂直壁面上凝结，其中 A 上面是珠状凝结，B 板上是膜状凝结。若两个壁面上的凝结传热量分别为 Q_A 和 Q_B，则（　　　）。

　　A. $Q_A = Q_B$　　　　B. $Q_A > Q_B$　　　　C. $Q_A < Q_B$　　　　D. $Q_A = Q_B/2$

13-7-2　根据努塞尔特对凝结传热时的分析解，局部对流传热系数 h_x 沿壁面方向 x（从上到下）的变化规律为（　　　）。

　　A. $h_x \propto x^2$　　　　B. $h_x \propto x^{(-1/4)}$　　　　C. $h_x \propto x^{(1/4)}$　　　　D. $h_x \propto x^{(-1/2)}$

13-7-3　表面进行膜状凝结换热的过程，影响凝结换热作用最小的因素为（　　　）。

　　A. 蒸气的压力　　　　　　　　　　　　B. 蒸气的流速

　　C. 蒸气的过热度　　　　　　　　　　　D. 蒸气中的不凝性气体

13.8 热辐射的基本定律

考试大纲☞： 辐射强度和辐射力　普朗克定律　斯蒂芬-波尔兹曼定律　兰贝特余弦定律　基尔霍夫定律

13.8.1 基本概念

1）热辐射的本质和特点

物体由于热的原因向外发射电磁波的过程，称为热辐射。电磁波的波长范围可从几万分之一微米（μm）到数千米，它们的名称和分类如图 13-8-1 所示。凡波长在 0.38~0.76μm 范围的电磁波均为可见光线，通常把波长在 0.1~100μm 范围的电磁波称为热射线。

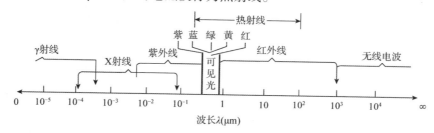

图 13-8-1　电磁波谱

热辐射的特点：①热辐射可以在真空中传播，热辐射的两个能量传递不需要其他介质；②伴随能量形式的转变；③任何物体，只要温度高于绝对零度，就会不停地向周围空间发射电磁波。

2）物体对热辐射的吸收、反射和穿透

当热辐射投射到物体表面上时，一般会发生三种现象，即吸收、反射和穿透，如图 13-8-2 所示。

由能量守恒定律：$Q = Q_\rho + Q_\alpha + Q_\tau$

$$\frac{Q_\alpha}{Q} + \frac{Q_\rho}{Q} + \frac{Q_\tau}{Q} = 1$$

$$\Downarrow \quad \Downarrow \quad \Downarrow$$

$$\alpha + \rho + \tau = 1$$

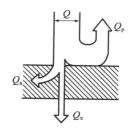

图 13-8-2　热射线的吸收、反射和穿透

其中：α 为吸收率，ρ 为反射率，τ 为透射率。

（1）对于液体和固体：热射线的透射率 $\tau = 0$，则有 $\alpha + \rho = 1$。

（2）对于气体，可认为气体对热射线几乎没有反射能力，即 $\rho = 0$，则有 $\alpha + \tau = 1$。

为了研究方便，引入三个假定的理想物体：黑体、白体和透明体。

（1）黑体：吸收率 $\alpha = 1$ 的物体。

（2）白体（镜体）：反射率 $\rho = 1$ 的物体。

（3）透明体：投射率 $\tau = 1$ 的物体。黑体、白体、透明体都是对全波长射线而言的。

3）辐射强度和辐射力

立体角：以立体角的角端为中心，作一半径为 r 的半球，将半球表面上被立体角所切割的面积 A_2 对球心所张开的角度，称为立体角，记为 ω，单位为 sr（球面度）。如图 13-8-3 所示，$\omega = \frac{A_2}{r^2}$（sr）。

半球的立体角为

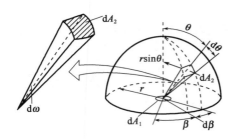

图 13-8-3　立体角和定向辐射强度

$$\omega = \frac{2\pi r^2}{r^2} = 2\pi (\text{sr})$$

定向辐射强度：单位时间内，物体单位可见辐射面积，在某一方向的单位立体角内所发射的一切波长的能量。

$$I_{(\theta,\beta)} = \frac{\mathrm{d}\Phi_{(\theta,\beta)}}{\mathrm{d}\omega \cdot \mathrm{d}A \cdot \cos\theta} \quad [\text{W}/(\text{m}^2 \cdot \text{sr})]$$

单色辐射强度：单位时间内，物体每单位可见面积，在波长λ附近的单位波长间隔内，单位立体角内所发射的能量。记为$I_{\lambda(\theta,\beta)}$，单位为$\text{W}/(\text{m}^2 \cdot \text{sr} \cdot \mu\text{m})$。

$$I_{(\theta,\beta)} = \int_0^\infty I_{\lambda(\theta,\beta)} \mathrm{d}\lambda$$

辐射力：单位时间内，物体的单位表面积向整个半球空间所有方向发射的全部波长的能量总和，记为E，单位为W/m^2。

辐射力E与定向辐射强度I的关系为：$E = \int_{\omega=2\pi} I \cdot \cos\theta \cdot \mathrm{d}\omega = \int_{\omega=2\pi} E_\theta \cdot \mathrm{d}\omega$

光谱辐射力：单位时间内从物体单位表面积上发射的热射线中，单位波段范围电磁波所具有的辐射能，也称为单色辐射力，记为E_λ，单位为$\text{W}/(\text{m}^2 \cdot \mu\text{m})$。

$$E_\lambda = \frac{\mathrm{d}E}{\mathrm{d}\lambda} \quad 或 \quad E = \int_0^\infty E_\lambda \mathrm{d}\lambda$$

定向辐射力：单位时间内，物体的单位表面积，向半球空间的某给定辐射方向上，在单位立体角内所发射全波长的能量，记为E_θ，单位为$\text{W}/(\text{m}^2 \cdot \text{sr})$。

$$E_\theta = \frac{\mathrm{d}E}{\mathrm{d}\omega} \quad 或 E = \int_{\omega=2\pi} E_\theta \cdot \mathrm{d}\omega，而 E_\theta = I_\theta \cdot \cos\theta$$

在法线方向$\theta = 0°$，则有：$E_n = I_n$。

单色定向辐射力：单位时间内，物体的单位表面积，向半球空间的某给定辐射方向上，在单位立体角内所发射的在波长λ附近的单位波长间隔内的能量，记为$E_{\lambda,\theta}$，单位为$\text{W}/(\text{m}^2 \cdot \text{sr} \cdot \mu\text{m})$。

$$E_{\lambda,\theta} = \frac{\mathrm{d}E}{\mathrm{d}\lambda \cdot \mathrm{d}\omega} \quad 或 \quad E = \int_{\omega=2\pi} \int_0^\infty E_{\lambda,\theta} \mathrm{d}\lambda \mathrm{d}\omega$$

13.8.2　普朗克定律

普朗克定律揭示了黑体在不同温度下的单色辐射力$E_{b\lambda}$随波长λ的分布规律。

$$E_{b\lambda} = \frac{C_1 \lambda^{-5}}{e^{\frac{C_2}{\lambda T}} - 1} \quad [\text{W}/(\text{m}^2 \cdot \mu\text{m})]$$

式中：C_1——普朗克第一常数，$C_1 = 3.743 \times 10^8 \text{W} \cdot \mu\text{m}^4/\text{m}$；

$\quad\quad C_2$——普朗克第二常数，$C_2 = 1.439 \times 10^4 \mu\text{m} \cdot \text{K}$。

普朗克定律还可以写成另外一种通用形式

$$\frac{E_{b\lambda}}{T^5} = \frac{C_1}{(\lambda T)^5 \left(e^{\frac{C_2}{\lambda T}} - 1\right)} = f(\lambda T)$$

根据该式绘出的曲线表示在图 13-8-4 中，由图知：

（1）黑体的单色辐射力随温度升高而增大。即：λ一定时，$T\uparrow$，则 $E_{b\lambda}\uparrow$。

（2）曲线下的面积表示辐射力 E_b。$T\uparrow$，则 $E_b\uparrow$，且短波区增大的速度比长波区大。

（3）在一定温度下，黑体的单色辐射力随波长的变化，先是增加，然后又减小，中间有一峰值，记为 $E_{b\lambda,\max}$。$E_{b\lambda,\max}$ 对应的波长叫峰值波长 $\lambda_{\max}$。

（4）随着温度的提高，峰值波长 $\lambda_{\max}$ 逐渐向短波方向移动。

维恩位移定律给出了黑体的峰值波长 $\lambda_{\max}$ 与绝对温度之间的函数关系

$$\lambda_{\max}\cdot T = 2\,897.6\mu m \cdot K$$

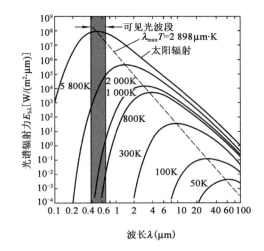

图 13-8-4　普朗克定律的图示

【例 13-8-1】根据普朗克定律，黑体的单色辐射力与波长之间的关系是一个单峰函数，其峰值所对应的波长：

    A. 与温度无关

    B. 随温度升高而线性减小

    C. 随温度升高而增大

    D. 与绝对温度成反比

解　由图 13-8-4 可以看出峰值所对应的波长与绝对温度成反比。选 D。

13.8.3　斯蒂芬-波尔兹曼定律

它给出了黑体的辐射力与绝对温度的关系

$$E_b = \sigma_b \cdot T^4 \quad 或 \quad E_b = C_b \cdot \left(\frac{T}{100}\right)^4$$

式中：σ_b ——黑体辐射常数，$\sigma_b = 5.67\times10^{-8}W/(m^2\cdot K^4)$；

    C_b ——黑体辐射系数，$C_b = 5.67W/(m^2\cdot K^4)$。

13.8.4　兰贝特余弦定律

它描述了黑体辐射能量沿半球空间方向的变化规律。黑体辐射的定向辐射强度与方向无关，也就是说，在半球空间的各个方向上的定向辐射强度相等

$$I_{\theta_1} = I_{\theta_2} = \cdots = I_n = I$$

另一种表达形式

$$E_\theta = I_\theta \cos\theta = I_n \cos\theta = E_n \cos\theta$$

漫射表面：把符合兰贝特定律的辐射物体表面称为漫射表面。

对于漫射表面

$$E = \int_{\omega=2\pi} I\cos\theta d\omega = I\int_{\theta=0}^{\frac{\pi}{2}}\int_{\beta=0}^{2\pi}\cos\theta\cdot\sin\theta d\theta d\beta = I\pi$$

13.8.5　基尔霍夫定律

发射率（也称为黑度）ε：相同温度下，实际物体的半球总辐射力与同温度下黑体半球总辐射力之比。

$$\varepsilon = \frac{E}{E_b} = \frac{E}{\sigma T^4}$$

灰体：光谱吸收比与波长无关的物体称为灰体。此时，不管投入辐射的分布如何，吸收比α都是同一个常数。即将光谱吸收比$\alpha(\lambda)$等效为常数，即$\alpha = \alpha(\lambda) = const$。与黑体类似，它也是一种理想物体。

基尔霍夫定律的各种形式：

（1）在热平衡条件下：$\varepsilon = \alpha$（实际物体的半球平均发射率等于它对同温度的黑体发出辐射的平均吸收率）。

（2）在温度不平衡条件下：

①$\varepsilon_{\lambda,\theta,T} = \alpha_{\lambda,\theta,T}$（实际物体表面的单色定向发射率等于同温度下的单色定向吸收率）无条件成立，对物体表面性质、是否处于热平衡都不做要求。

②对漫射表面，由于辐射性质与方向无关，则基尔霍夫定律表达为：$\varepsilon_{\lambda,T} = \alpha_{\lambda,T}$。

③对于灰表面，由于辐射性质与波长无关，则基尔霍夫定律表达为：$\varepsilon_{\theta,T} = \alpha_{\theta,T}$。

④对漫-灰表面，辐射性质与方向、波长均无关，则基尔霍夫定律表达为：$\varepsilon_{(T)} = \alpha_{(T)}$。

13.8.6　维恩定律

维恩位移定律，也是热辐射的基本定律之一。在一定温度下，绝对黑体的温度与辐射本领最大值相对应的波长λ的乘积为一常数，即

$$\lambda_{\max} \cdot T = 2\,897.6\mu m \cdot K$$

上述结论称为维恩位移定律。它表明，当绝对黑体的温度升高时，辐射本领的最大值向短波方向移动。

维恩位移定律是针对黑体来说的，说明了黑体越热，其辐射谱光谱辐射力（及某一频率的光辐射能量的能力）的最大值所对应的波长越短，而除了绝对零度外，其他任何温度下物体辐射的光的频率都是从零到无穷的，只是各个不同的温度对应的"波长—能量"图形不同，而实际物体都是黑体乘以黑度所对应灰体时的理想情况。譬如在宇宙中，不同恒星随表面温度的不同会显示出不同的颜色，温度较高的显蓝色，次之显白色，濒临燃尽而膨胀的红巨星表面温度只有 2 000~3 000K，因而显红色。太阳的表面温度是 5 778K，根据维恩位移定律计算得到的峰值辐射波长则为 502nm，这近似处于可见光光谱范围的中点，为黄光。

【例 13-8-2】根据维恩位移定律可以推知，室内环境温度下可见波段的辐射力最大值：

　　　　A. 某些波长下可以达到　　　　　　　　B. 都可以达到

　　　　C. 不可能达到　　　　　　　　　　　　D. 不确定

解　维恩位移定律给出了黑体的峰值波长$\lambda_{\max}$与绝对温度之间的函数关系：$\lambda_{\max} \cdot T = 2\,897.6\mu m \cdot K$。室内环境温度一般取20℃，则$\lambda_{\max} = 9.89\mu m$，而可见光段是$\lambda = 0.38~0.76\mu m$，所以$\lambda_{\max} = 9.89\mu m$不在可见光段。

与太阳表面相比，通电的白炽灯的温度要低数千度，所以白炽灯的辐射光谱偏橙。至于处于"红

热"状态的电炉丝等物体，温度要更低，所以更加显红色。温度再下降，辐射波长便超出了可见光范围，进入红外区，譬如人体、室内家具释放的辐射就主要是红外线，军事上必须使用的红外线夜视仪就是通过探测这种红外线来进行"夜视"的。选 C。

【例 13-8-3】 以下关于实际物体发射和吸收特性中正确的是：

    A. 实际物体的发射率等于实际物体的吸收率

    B. 实际物体的定向辐射强度符合兰贝特余弦定律

    C. 实际物体的吸收率与其所接受的辐射源有关

    D. 黑色的物体比白色的物体吸收率要高

解 漫射灰表面的发射率等于该表面的吸收率；除了黑体以外，只有漫射表面才符合兰贝特余弦定律；黑色的物体在可见光波段内比白色的物体吸收率要高，对红外线吸收率基本相同。选 C。

说明：复习本章要理解热辐射的物理本质和特点；掌握黑体、漫射体、白体、透明体和灰体的概念以及黑度、吸收率、反射率和透射率；掌握黑体的辐射规律（四个定律）和基尔霍夫定律；了解影响物体表面辐射性质的因素及简化处理方法。本章的难点之一是对基尔霍夫定律的理解。此外，物体的黑度仅取决于物体自身的情况，而物体的吸收率除与物体自身情况有关外，还与发射辐射能的物体的性质和温度等有关。

经典练习

13-8-1 根据史提芬-波尔兹曼定律，面积为 $2m^2$、温度为 $300℃$ 的黑体表面的辐射力为（   ）。

    A. $11\,632W/m^2$ B. $6\,112W/m^2$ C. $459W/m^2$ D. $918W/m^2$

13-8-2 实际物体的辐射力可以表示为（   ）。

    A. $E = aE_b$ B. $E = E_b/a$ C. $E = \varepsilon E_b$ D. $E = E_b/\varepsilon$

13-8-3 辐射换热过程中，能量属性及转换与导热和对流换热过程不同，下列说法错误的是（   ）。

    A. 温度大于绝对温度的物体都会有热辐射

    B. 不依赖物体表面接触进行能量传递

    C. 辐射换热过程伴随能量两次转换

    D. 物体热辐射过程与温度无关

13-8-4 固体表面进行辐射换热时，表面吸收率 α、透射率 τ 和反射率 ρ 有 $\alpha + \tau + \rho = 1$，在理想或特殊条件下表面分别称之为黑体、透明体或者是白体，描述中错误的是（   ）。

    A. 投射到表面的辐射能量全部反射时，$\rho = 1$，称之为白体

    B. 投射到表面的辐射能量全部可以穿透时，透射率 $\tau = 1$

    C. 红外线辐射和可见光辐射全部被吸收，表面呈现黑色

    D. 投射辐射中，波长在 $0.1 \sim 100\mu m$ 的辐射能量能全部吸收时，称之为黑体

13.9 辐射换热计算

考试大纲☞： 黑表面间的辐射换热   角系数的确定方法   角系数及空间热阻   灰表面间的辐射换热   有效辐射   表面热阻   遮热板   气体辐射的特点   气体吸收定律   气体的发射率和吸收率   气体与外壳间的辐射换热   太阳辐射

13.9.1 任意黑表面间的辐射换热

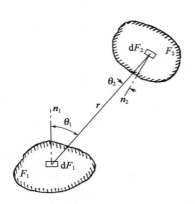

如图 13-9-1 所示，设有两个任意放置的非凹黑体表面，面积分别为 A_1、A_2，温度分别为 T_1、T_2。从表面上分别取微元面积 dA_1、dA_2，两者的距离为 r，两表面的法线与连线 r 间的夹角分别为 θ_1、θ_2。

黑体表面 A_1 和 A_2 之间的辐射换热量为

$$\Phi_{1、2} = \int_{A_1} \int_{A_2} \Phi_{dA_1、dA_2} = (E_{b_1} - E_{b_2}) \int_{A_1} \int_{A_2} \frac{\cos\theta_1 \cdot \cos\theta_2}{\pi r^2} dA_1 dA_2$$

图 13-9-1　任意位置两非凹黑表面的辐射换热

13.9.2 角系数及空间热阻

1）角系数

角系数：表示一表面发出的辐射能中直接落到另一表面上的百分数。

表面积 A_1 对表面积 A_2 的角系数为

$$X_{1,2} = \frac{1}{A_1} \int_{A_1} \int_{A_2} \frac{\cos\theta_1 \cdot \cos\theta_2}{\pi r^2} dA_1 dA_2$$

同理，表面积 A_2 对表面积 A_1 的角系数为

$$X_{2,1} = \frac{1}{A_2} \int_{A_1} \int_{A_2} \frac{\cos\theta_1 \cdot \cos\theta_2}{\pi r^2} \cdot dA_1 dA_2$$

可见：$A_1 X_{1,2} = A_2 X_{2,1}$

此式表示两表面在辐射换热时的互换性，也称为角系数的相对性。

2）辐射空间热阻

任意放置的两黑体表面间的辐射换热计算式用角系数形式表示为

$$\Phi_{1,2} = (E_{b_1} - E_{b_2}) \cdot A_1 \cdot X_{1,2} = (E_{b_1} - E_{b_2}) \cdot A_2 \cdot X_{2,1}$$

上式可写为

$$\Phi_{1,2} = \frac{E_{b_1} - E_{b_2}}{\dfrac{1}{A_1 \cdot X_{1,2}}}$$

其中，$\dfrac{1}{A_1 \cdot X_{1,2}}$ 为辐射空间热阻，如图 13-9-2 所示。

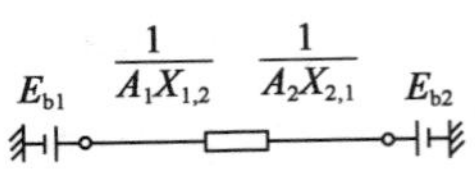

对于两块平行的黑体大平壁（$A = A_1 = A_2$），则

$$\Phi_{1,2} = (E_{b_1} - E_{b_2}) \cdot A = \sigma_b (T_1^4 - T_2^4) A$$

图 13-9-2　辐射空间热阻

13.9.3 角系数的确定方法

1）积分法确定角系数

对于符合兰贝特定律的漫射表面，角系数可以从它的定义式直接积分运算求得。实用上为了简化计算，对表面间不同相对位置的角系数计算式画成线图，通过查图确定角系数。

2）代数法确定角系数

代数法是利用角系数的特性作为分析的基础。利用该方法的前提是系统一定是封闭的，如果不封闭可以做假想面，令其封闭。

角系数的特性：互换性（相对性）、完整性、分解性。

（1）互换性（相对性）

任意两个表面A_i和A_j间的角系数满足关系：

$$A_i X_{i,j} = A_j X_{j,i}$$

（2）完整性

由n个表面组成的空腔，任何一个表面对空腔各表面间的角系数存在关系

$$X_{i,1} + X_{i,2} + \cdots + X_{i,j} + \cdots + X_{i,n} = \sum_{j=1}^{n} X_{i,j} = 1 \qquad (i = 1,2,3,\cdots,n)$$

（3）分解性

两个表面A_1及A_2，如果把表面A_1分解为A_3和A_4则有

$$A_1 X_{1,2} = A_3 X_{3,2} + A_4 X_{4,2}$$

如果把表面A_2分解为A_5和A_6，则有

$$A_1 X_{1,2} = A_1 X_{1,5} + A_1 X_{1,6}$$

一个由3个非凹形表面组成的系统（3个表面在垂直于纸面方向是很长的），则有

$$X_{1,2} = \frac{A_1 + A_2 - A_3}{2A_1}, \quad X_{1,3} = \frac{A_1 + A_3 - A_2}{2A_1}, \quad X_{2,3} = \frac{A_2 + A_3 - A_1}{2A_2}$$

两个非凹表面A_1和A_2之间的角系数，如图 13-9-3 所示，假定在垂直于纸面的方向上，表面的长度是无限延伸的，为求$X_{1,2}$，今做无限延长的辅助面ac、bd、ad和bc，构成封闭的系统。则

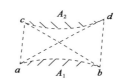

图 13-9-3　两个非凹表面之间的角系数

$$X_{ab,cd} = \frac{(bc + ad) - (ac + bd)}{2ab}$$

即

$$X_{1,2} = \frac{交叉线段长度之和 - 不交叉线段长度之和}{表面A_1的端面长度的 2 倍}$$

此方法称为交叉线法。

【例 13-9-1】 图中的正方形截面的长通道，下表面 1 对上表面 2 的角系数为：

A. 1/3　　　　　　B. 0.3　　　　　　C. 0.707　　　　　　D. 0.414

解

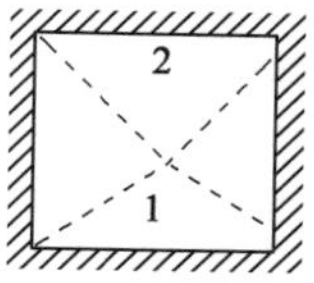

$$X_{1,2} = \frac{交叉线段长度之和 - 不交叉线段长度之和}{表面A_1的端面长度的 2 倍} = (2\sqrt{2}a - 2a)/2a = 0.414$$

选 D。

例 13-9-1 图

13.9.4　封闭空腔诸黑表面间的辐射换热

设有n个黑体表面组成的封闭空腔，i表面与其他黑表面间的辐射换热

$$\Phi_i = E_{b_i} \cdot A_i - \sum_{j=1}^{n} E_{b_j} \cdot X_{j,i} \cdot A_j$$

可见，i表面与周围诸黑表面间的总辐射换热，是表面i发射的能量与诸黑表面向i表面投射能量的差额。

由三个黑体表面组成的封闭空腔的辐射换热网络图，如图 13-9-4 所示。当组成封闭空腔诸表面有某个表面j是绝热时，即它在辐射换热过程中没有净热量交换，$Q_j = 0$，投射到该表面的能量将全部反射出去，则该表面所表示的节点不必和外电源相连接，该表面的辐射力或温度相应的电位E_{b_j}称为不固定的浮动电位，这种绝热面也称为重辐射面。

13.9.5 灰表面间的辐射换热

1）有效辐射

单位时间内离开单位面积的总辐射能为该表面的有效辐射，记为J，包括了自身的发射辐射E和反射辐射ρG。图 13-9-5 表示了灰体表面 1 的有效辐射J_1。

$$J_1 = \varepsilon_1 E_{b_1} + \rho_1 G_1 = \varepsilon_1 E_{b_1} + (1 - \alpha_1)G_1$$

在表面外能感受到的辐射就是有效辐射，它也是用辐射探测仪能测量到的表面辐射。

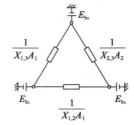

图 13-9-4　三个黑体表面组成的封闭空腔的辐射换热网络图 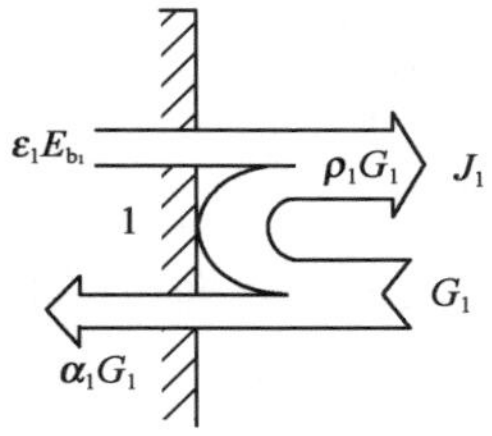　　　　图 13-9-5　有效辐射

2）辐射表面热阻

灰体表面单位面积的辐射换热量

$$\Phi_1 = \frac{\varepsilon_1}{1 - \varepsilon_1} A_1 (E_{b_1} - J_1) = \frac{E_{b_1} - J_1}{\dfrac{1 - \varepsilon_1}{\varepsilon_1 A_1}}$$

其中，$\dfrac{1 - \varepsilon_1}{\varepsilon_1 A_1}$称作$E_{b_1}$和$J_1$之间的表面辐射热阻，简称表面热阻，如图 13-9-6 所示。

3）组成封闭空腔的两灰表面间的辐射换热

如图 13-9-7 所示，组成封闭空腔的两灰表面间的辐射换热计算式为：

$$\Phi_{1,2} = \frac{E_{b_1} - E_{b_2}}{\dfrac{1 - \varepsilon_1}{\varepsilon_1 A_1} + \dfrac{1}{X_{1,2} \cdot A_1} + \dfrac{1 - \varepsilon_2}{\varepsilon_2 A_2}}$$

图 13-9-6　表面热阻 　　　　　　　图 13-9-7　封闭空腔的两灰表面间的辐射换热

如果用A_1作为计算面积，则

$$\Phi_{1,2} = \frac{A_1 (E_{b_1} - E_{b_2})}{\left(\dfrac{1}{\varepsilon_1} - 1\right) + \dfrac{1}{X_{1,2}} + \dfrac{A_1}{A_2}\left(\dfrac{1}{\varepsilon_2} - 1\right)} = \varepsilon_s X_{1,2} A_1 (E_{b_1} - E_{b_2})$$

其中，$\varepsilon_s = \dfrac{1}{1+X_{1,2}\left(\frac{1}{\varepsilon_1}-1\right)+X_{2,1}\left(\frac{1}{\varepsilon_2}-1\right)}$ 称为系统发射率。

（1）两块平行的灰体大平壁（$A = A_1 = A_2$）的辐射换热

$$\Phi_{1,2} = \frac{A\left(E_{b_1} - E_{b_2}\right)}{\dfrac{1}{\varepsilon_1} + \dfrac{1}{\varepsilon_2} - 1}$$

（2）空腔与内包壁面之间的辐射换热

$$\Phi_{1,2} = \varepsilon_1 A_1\left(E_{b_1} - E_{b_2}\right)$$

4）封闭空腔中诸灰表面间的辐射换热

网络求解法，以三个表面组成的封闭空腔为例，如图 13-9-8 所示。根据基尔霍夫定律来求解：在稳定的电路中，电路任一节点上的电流代数和等于零。

节点 1：

$$\frac{E_{b_1} - J_1}{\dfrac{1-\varepsilon_1}{\varepsilon_1 A_1}} + \frac{J_2 - J_1}{\dfrac{1}{X_{1,2}A_1}} + \frac{J_3 - J_1}{\dfrac{1}{X_{1,3}A_1}} = 0$$

节点 2：

$$\frac{E_{b_2} - J_2}{\dfrac{1-\varepsilon_2}{\varepsilon_2 A_2}} + \frac{J_1 - J_2}{\dfrac{1}{X_{1,2}A_1}} + \frac{J_3 - J_2}{\dfrac{1}{X_{2,3}A_2}} = 0$$

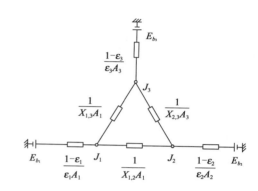

图 13-9-8　三个灰表面组成封闭空腔辐射换热网络

节点 3：

$$\frac{E_{b_3} - J_3}{\dfrac{1-\varepsilon_3}{\varepsilon_3 A_3}} + \frac{J_1 - J_3}{\dfrac{1}{X_{1,3}A_1}} + \frac{J_2 - J_3}{\dfrac{1}{X_{2,3}A_2}} = 0$$

以上三个独立方程，联立求解可得出 J_1、J_2 和 J_3。

如果某个表面 i 是绝热面，$\Phi_i = 0$，则在网络中该节点可不与电源相连接，其有效辐射 J_i 值是浮动的。

13.9.6　遮热板

由于工程上的需求，经常需要强化或削弱辐射换热。

强化辐射换热的主要途径有两种：增加发射率和增加角系数。

削弱辐射换热的主要途径有三种：降低发射率、降低角系数和加入遮热板。

遮热板：是指插入两个辐射面之间以削弱换热的薄板。遮热板对整个系统不起加入或移走热量的作用，而仅仅是在热流途中增加热阻以减少换热量。

如图 13-9-9 所示，则由平板 1 传到平板 2 的辐射换热量为

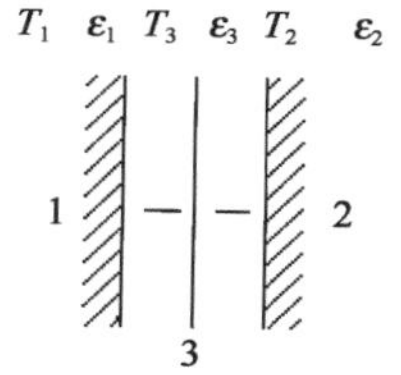

图 13-9-9　遮热板原理

$$q_{1,2} = \frac{1}{2}\frac{\sigma_b(T_1^4 - T_2^4)}{\dfrac{1}{\varepsilon_1} + \dfrac{1}{\varepsilon_2} - 1}$$

比较可以看出，当三块板的表面发射率相同时，设置一块遮热板后的辐射换热量是无遮热板时换热量的 1/2。同样可以证明，在 T_1 和 T_2 保持不变的情况下，遮热板增至 n 块时，换热量将减少到原来的 $1/(n+1)$，遮热板的表面发射

率越小，遮热效果越明显。

用网络图法分析遮热效果非常方便，如图 13-9-10 所示。

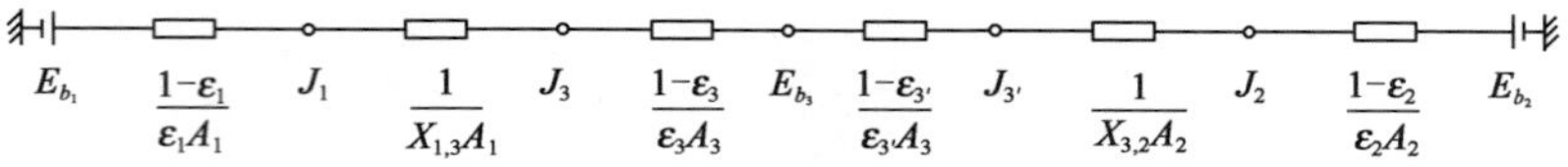

$$E_{b_1} \quad \dfrac{1-\varepsilon_1}{\varepsilon_1 A_1} \quad J_1 \quad \dfrac{1}{X_{1,3}A_1} \quad J_3 \quad \dfrac{1-\varepsilon_3}{\varepsilon_3 A_3} \quad E_{b_3} \quad \dfrac{1-\varepsilon_{3'}}{\varepsilon_3 A_3} \quad J_{3'} \quad \dfrac{1}{X_{3,2}A_2} \quad J_2 \quad \dfrac{1-\varepsilon_2}{\varepsilon_2 A_2} \quad E_{b_2}$$

图 13-9-10　两平行大平壁或管壁中间有一块遮热板时的辐射换热网络

【例 13-9-2】 冬季里在中央空调供暖的空房间内将一支温度计裸露在空气中，那么温度计的读数：

　　A. 高于空气温度　　　　　　　　　　　　B. 低于空气的温度

　　C. 等于空气的温度　　　　　　　　　　　D. 不确定

解　温度计与比室温低的内墙壁之间的辐射换热，使得温度计的读数低于空气的温度。选 B。

【例 13-9-3】 表面温度为 50℃ 的管道穿过室内，为了减少管道向室内的散热，最有效的措施是：

　　A. 表面喷黑色的油漆　　　　　　　　　　B. 表面喷白色的油漆

　　C. 表面缠绕铝箔　　　　　　　　　　　　D. 表面外安装铝箔套筒

解　根据遮热板原理，管道表面外安装铝箔套筒减少管道向室内的辐射换热。选 D。

【例 13-9-4】 两个灰体大平板之间插入三块灰体遮热板，设各板的发射率相同，插入三块板后辐射传热量将减少：

　　　　　　　　A. 25%　　　　　　　B. 33%　　　　　　　C. 50%　　　　　　　D. 75%

解　当加入 n 块发射率相同的遮热板时，传热量将减少到原来的 $\dfrac{1}{n+1}$。所以，插入三块板后辐射传热量将减少：$1 - \dfrac{1}{3+1} = 75\%$，选 D。

13.9.7　气体辐射

1）气体辐射的特点

（1）气体辐射对波长具有选择性。

（2）气体的辐射和吸收是在整个容积中进行的。

2）气体吸收定律

$$I_{\lambda,s} = I_{\lambda,0} \cdot e^{-K_\lambda \cdot s}$$

它表明：单色辐射强度在吸收性气体中传播时按指数规律衰减。

3）气体的发射率和吸收率

（1）气体的单色吸收率和单色发射率

将基尔霍夫定律应用于单色辐射，$\varepsilon_\lambda = \alpha_\lambda$，则：$\varepsilon_\lambda = \alpha_\lambda = 1 - e^{-k_\lambda \cdot ps}$

（2）气体的发射率

影响气体发射率的因素是：气体温度；射线平均行程 s 与气体分压 p 的乘积；气体分压和气体所处的总压。

CO_2 与 H_2O 共存时的发射率：$\varepsilon_g = \varepsilon_{CO_2} + \varepsilon_{H_2O} - \Delta\varepsilon$

（3）气体的吸收率

气体辐射具有选择性，不能将它作为灰体看待，所以气体吸收率不等于气体发射率。

$$\alpha_g = \alpha_{CO_2} + \alpha_{H_2O} - \Delta\alpha$$

4）气体与外壳间的辐射换热

以烟气与炉膛周围受热面之间的辐射换热为例。

（1）受热面作为黑体

$$\Phi = A\sigma_b\left(\varepsilon_g T_g^4 - \alpha_g T_w^4\right)$$

（2）受热面发射率为ε_w的灰体

$$\Phi = \varepsilon_w A\sigma_b\left(\varepsilon_g T_g^4 - \alpha_g T_w^4\right)$$

13.9.8　太阳辐射

太阳辐射能量中的紫外线部分约占 8.7%；可见光部分约占 44.6%；红外线部分约占 45.4%。太阳辐射能量99%集中在波长$\lambda = 0.2 \sim 3.0\mu m$的短波区。大气层外缘与太阳射线垂直的单位面积上接收到的太阳辐射能为$1\,353 W/m^2$，称为太阳常数；由此可算得太阳表面相当于温度为 5 762K 的黑体。

1）大气对太阳的削弱作用

（1）大气层中的CO_2、H_2O、O_2对太阳辐射有吸收作用，且具有明显选择性。

（2）太阳辐射在大气层中遇到空气分子和微小尘埃产生的散射。

（3）大气中的云层和较大的尘粒对太阳辐射的反射作用。

（4）与太阳辐射通过大气层的行程有关。

2）太阳能的利用

作为太阳能吸收器表面材料，要求它对$0.3 \sim 3.0\mu m$波长范围的光谱吸收率接近于 1，而对波长大于$3.0\mu m$范围光谱吸收率接近于 0。对于某些金属材料，表面镀层处理后具有这种性能，这种表面为选择性表面，如图 13-9-11 所示。

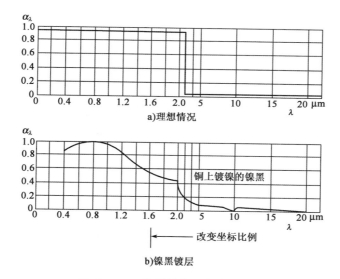

图 13-9-11　选择性表面光谱吸收比

玻璃是太阳能利用中的一种重要材料，普通玻璃可以透过$2.0\mu m$以下的射线，所以可把投射在它上面的太阳辐射大部分透射进入家内；然而窗玻璃对$3.0\mu m$以上的长波辐射基本不透过，如图 13-9-12 所示。因此室内常温下物体所辐射的长波射线就被阻隔在室内，从而产生了所谓温室效应。玻璃中氧化铁含量对透光率有很大影响，氧化铁含量增加则透光率下降。

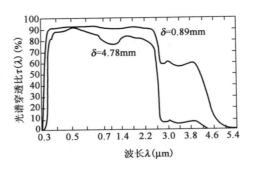

图 13-9-12 普通玻璃的光谱透射比

说明： 实际物体表面的辐射和吸收随方向和波长变化（热辐射的方向性和光谱性），但在红外线波段范围内，大多数工程材料表面可处理为漫射-灰表面。复习本节要注意理解和掌握以下内容：①理解投射辐射和有效辐射概念，掌握漫射-灰表面净辐射换热量的两种不同形式表达式。②理解角系数的概念及其基本性质（完整性、相对性和叠加性）。有限表面间的角系数是一个平均角系数，它适用于漫射表面间的辐射计算。角系数的大小取决于表面形状、大小和相对位置，而与表面的温度和辐射性质无关。掌握角系数的确定方法。③理解构成封闭空腔的漫射—灰表面的辐射换热模拟网络。能熟练计算由两个或三个漫射—灰表面构成的封闭系统的辐射换热。④了解气体热辐的基本特性和影响气体黑度及吸收率的因素，能确定含有大量二氧化碳和水蒸气的混合气体的黑度及吸收率，能计算气体与包壳间的辐射换热。

【例 13-9-5】 在秋末冬初季节，晴朗天气晚上草木表面常常会结霜，其原因可能是：

A. 夜间水蒸气分压下降达到结霜温度

B. 草木表面因夜间降温及对流换热形成结霜

C. 表面导热引起草木表面的凝结水结成冰霜

D. 草木表面凝结水与天空辐射换热达到冰点

解 大气层外宇宙空间的温度接近绝对零度，是个理想冷源，在 8~13μm 的波段内，大气中所含二氧化碳和水蒸气的吸收比很小，穿透比较大，地面物体通过这个窗口向宇宙空间辐射散热，达到一定冷却效果。这种情况是由于晴朗天气下，草木表面与太空直接辐射换热使得草木表面的温度达到了冰点。选 D。

【例 13-9-6】 大气层能够阻止地面绝大部分热辐射进入外空间，由此产生温室效应，其主要原因是：

A. 大气中的二氧化碳等多原子气体　　　　B. 大气中的氮气

C. 大气中的氧气　　　　　　　　　　　　D. 大气中的灰尘

解 大气中的温室气体有二氧化碳、氯氟烃、甲烷等，其中以二氧化碳为主。选 A。

经典练习

13-9-1 计算灰体表面间的辐射传热时，通常需要计算某个表面的冷热量损失 q，若已知黑体辐射量为 E_b，有效辐射为 J，投入辐射为 G，正确的计算式是（   ）。

A. $q = E_b - G$　　　　B. $q = E_b - J$　　　　C. $q = J - G$　　　　D. $q = E - G$

13-9-2 在关于气体辐射的论述中，错误的是（   ）。

A. 气体的辐射和吸收过程是在整个容积中完成的

B. 二氧化碳吸收辐射能量时，对波长有选择性

C. 气体的发射率与压力有关

D. 气体可以看成是灰体，因此其吸收率等于发射率

13-9-3　角系数 $X_{i,j}$ 表示表面发射出的辐射能中直接落到另一个表面上，其中不适用的是（　　）。

A. 漫灰表面

B. 黑体表面

C. 辐射时各向均匀表面

D. 定向辐射和定向反射表面

13-9-4　抽真空的保冷瓶胆是双壁镀银的夹层结构，外壁内表面温度为 30℃，内壁外表面温度为 0℃，镀银壁黑度为 0.03，计算由于辐射换热单位面积的散热量（　　）W/m²。

A. 3.12　　　　　　B. 2.48　　　　　　C. 2.91　　　　　　D. 4.15

13.10　传热和换热器

考试大纲☞：通过肋壁的传热　复合换热时的传热计算　传热的削弱和增强　平均温度差　效能——传热单元数　换热器计算

13.10.1　通过肋壁的传热

肋壁换热如图 13-10-1 所示，肋表面积为 $A_2 = A_2'' + A_2'$，其中 A_2' 为肋片之间的基部面积，A_2'' 为肋片表面积。

（1）肋片效率

$$\eta_f = \frac{h_2 A_2''(t_{w2,m} - t_{f2})}{h_2 A_2''(t_{w2} - t_{f2})} = \frac{t_{w2,m} - t_{f2}}{t_{w2} - t_{f2}}$$

肋片的总效率：

$$\eta = \frac{A_2' + \eta_f A_2''}{A_2}$$

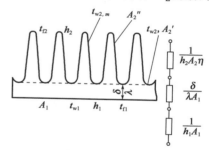

图 13-10-1　通过肋壁的传热

（2）肋壁传热公式

$$\Phi = \frac{t_{f1} - t_{f2}}{\frac{1}{h_1 A_1} + \frac{\delta}{\lambda A_1} + \frac{1}{h_2 A_2 \eta}} = \frac{t_{f1} - t_{f2}}{\frac{1}{h_1} + \frac{\delta}{\lambda} + \frac{A_1}{h_2 A_2 \eta}} A_1$$

将上式写为：$\Phi = k_1 A_1 (t_{f1} - t_{f2})$

其中，k_1 是以光壁面面积 A_1 为基准的传热系数。

$$k_1 = \frac{1}{\frac{1}{h_1} + \frac{\delta}{\lambda} + \frac{1}{h_2 \beta \eta}} \quad [W/(m^2 \cdot K)] \left(\beta = \frac{A_2}{A_1}, 称为肋化系数\right)$$

如果壁面的任何一侧有污垢，则导热系数中应加上污垢热阻 R_f，即导热项的热阻为：

对 k_1：$\frac{\delta}{\lambda} + R_f$

加肋后，肋片一侧的热阻为：$1/(h_2 \beta \eta)$，它比无肋的光壁换热热阻 $1/h_2$ 小（因为 $\beta\eta > 1$），因而使换热量 Φ 增大。

（3）加肋的目的

①强化传热：当换热器两侧的表面传热系数相差较大时，肋片应加在热阻大的一侧效果好。传热

壁两侧的热阻差相差越大，在热阻大的一侧加肋产生的强化传热的效果越显著。当换热器两侧的表面传热系数都较低时，如气体换热器，则可在两侧都加肋片。

②调节壁面温度：在传热壁的低温侧加肋能降低壁面温度。当低温侧热阻比高温侧热阻大时，在低温侧加肋既能强化传热，又能降低壁面温度。如果低温侧热阻比高温侧热阻小，则低温侧加肋的主要目的是降低壁面温度。同样，加肋片有时也能使壁温升高。

【例 13-10-1】 某建筑外墙的面积为12m²，室内空气与内墙表面的对流传热系数为8W/(m²·K)，外表面与室外环境的复合传热系数为23W/(rn²·K)，墙壁的厚度为 0.48m，导热系数0.75W/(m·K)，总传热系数为：

A. 1.24W/(m² · K)   B. 0.81W/(m² · K)

C. 2.48W/(m² · K)   D. 0.162W/(m² · K)

解 总传热系数等于总热阻的倒数

$$R = \frac{1}{h_1} + \frac{1}{h_2} + \frac{\delta}{\lambda} = \frac{1}{8} + \frac{1}{23} + \frac{0.48}{0.75} = 0.808$$

$$K = \frac{1}{0.808} = 1.24 \text{W}/(\text{m}^2 \cdot \text{K})$$

选 A。

13.10.2 复合换热时的传热计算

对流与辐射并存的换热称为复合换热，有

$$q = q_c + q_r$$

对流换热密度

$$q_c = h_c(t_w - t_f)$$

辐射换热热流密度

$$q_r = \left\{ \varepsilon C_b \left[\left(\frac{T_w}{100} \right)^4 - \left(\frac{T_{am}}{100} \right)^4 \right] / (t_w - t_f) \right\} (t_w - t_f) = h_r(t_w - t_f)$$

则

$$q = q_c + q_r = (h_c + h_r)(t_w - t_f) = h(t_w - t_f)$$

13.10.3 传热的削弱和增强

1）增强传热的方法

①扩展传热面；②改变流动状况；③使用添加剂改变流体物性；④改变表面状况；⑤改变换热面的形状和大小；⑥改变能量传递方式；⑦靠外力产生振荡，强化传热。

2）削弱传热的方法

（1）覆盖热绝缘材料：泡沫热绝缘材料；超细粉末热绝缘材料；真空热绝缘层。

（2）改变表面状况：改变表面的辐射特性；附加抑制对流元件。

13.10.4 平均温度差

流体在套管换热器中顺流和逆流时，流体温度变化情况如图 13-10-2 所示。

换热器的传热量的计算式为

$$Q = kA\Delta t_m$$

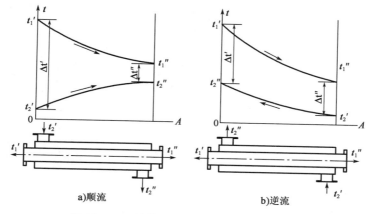

图 13-10-2　流体温度随传热面变化示意图

换热器的平均温度差

$$\Delta t_\mathrm{m} = \frac{\Delta t' - \Delta t''}{\ln \dfrac{\Delta t'}{\Delta t''}}$$

顺流和逆流的区别在于

顺流　　　　　　　　　$\Delta t' = t_1' - t_2'$　　　　$\Delta t'' = t_1'' - t_2''$

逆流　　　　　　　　　$\Delta t' = t_1' - t_2''$　　　　$\Delta t'' = t_1'' - t_2'$

顺流和逆流是两种极端情况，在相同的进出口温度下，逆流的平均温度差最大，顺流则最小；当 $\Delta t'/\Delta t'' < 2$ 时，可用算术平均温度差代替对数平均温度差，误差小于 4%，即 $\Delta t_\mathrm{m} = (\Delta t' + \Delta t'')/2$。其他复杂布置时换热器的平均温度差，逆流的平均温度差乘以温差修正系数，即 $\Delta t_\mathrm{m} = \varepsilon_{\Delta t}(\Delta t_\mathrm{m})_{逆流}$。

【例 13-10-2】一逆流套管式水—水换热器，冷水的进口温度为 25℃，出口温度为 55℃。热水进水温是 70℃，热水的流量是冷水的流量的 2 倍，且物性参数不随温度变化，与平均温差最接近的数据为：

　　　　　　A. 15℃　　　　　　B. 20℃　　　　　　C. 25℃　　　　　　D. 30℃

解　冷水进出口温差为 $55 - 25 = 30$℃

热水的流量是冷水的流量的 2 倍，所以热水进出口温差为 15℃，则热水出口温度为 55℃。

可采用对数平均温差公式进行计算：

$\Delta t' = t_1' - t_2'' = 70 - 55 = 15$, $\Delta t'' = t_1'' - t_2' = 55 - 25 = 30$

$\Delta t_\mathrm{m} = \dfrac{\Delta t' - \Delta t''}{\ln \frac{\Delta t'}{\Delta t''}} = 21.6$

选 B。

13.10.5　换热器计算

换热器热计算分两种情况：设计计算和校核计算。

换热器热计算的基本方程式是传热方程式及热平衡式。

$$\Phi = kA\Delta t_\mathrm{m} \qquad 和 \qquad \Phi = M_1 c_1 (t_1' - t_1'') = M_2 c_2 (t_2'' - t_2')$$

换热器的热计算有两种方法：平均温差法和效能-传热单元数（ε-NTU）法。

1）平均温差法

就是直接应用传热方程和热平衡方程进行热计算，其具体步骤如下。

对于设计计算（已知 $M_1 c_1$、$M_2 c_2$ 及进出口温度中的三个，求 k、A）：

（1）初步布置换热面，并计算出相应的总传热系数 k。

（2）根据给定条件，由热平衡式求出进、出口温度中的那个待定的温度。

（3）由冷热流体的 4 个进出口温度确定平均温差 Δt_m。

（4）由传热方程式计算所需的换热面积 A，并核算换热面流体的流动阻力。

（5）如果流动阻力过大，则需要改变方案重新设计。

对于校核计算（已知 A、$M_1 c_1$、$M_2 c_2$ 及两个进口温度，求 t_1''、t_2''）：

（1）先假设一个流体的出口温度，按热平衡式计算另一个出口温度。

（2）根据 4 个进出口温度求得平均温差 Δt_m。

（3）根据换热器的结构，算出相应工作条件下的总传热系数 k。

（4）已知 kA 和 Φ，按传热方程式计算在假设出口温度下的 Δt_m，根据 4 个进出口温度，用热平衡式计算另一个 Φ，这个值和上面的 Φ 都是在假设出口温度下得到的，因此，都不是真实的换热量。

（5）比较两个 Φ 值，满足精度要求则结束，否则，重新假定出口温度，重复（1）~（6），直至满足精度要求。

2）效能—传热单元数法

（1）换热器的效能和传热单元数。

效能的定义为换热器的实际传热量 q 与可能最大传热量 q_{max} 之比。

如果冷流体 $M_2 c_2 = (Mc)_{min}$，则

$$\varepsilon = \frac{t_2'' - t_2'}{t_1' - t_2'}$$

如果热流体 $M_1 c_1 = (Mc)_{min}$，则

$$\varepsilon = \frac{t_1' - t_1''}{t_1' - t_2'}$$

（2）效能和传热单元数的关系。

顺流时

$$\varepsilon = \frac{1 - \exp[-NTU(1 + C_r)]}{1 + C_r} \quad \left(NTU = \frac{kA}{C_{min}} \text{为传热单元数}\right)$$

逆流时

$$\varepsilon = \frac{1 - \exp[-NTU(1 - C_r)]}{(1 - C_r)\exp[-NTU(1 - C_r)]} \quad \left[C_r = \frac{(Mc)_{min}}{(Mc)_{max}}\right]$$

当冷热流体之一发生相变时，相当于 $C_{max} \to \infty$，即 $C_r = C_{min}/C_{max} \to 0$，于是上面效能公式可简化为：$\varepsilon = 1 - \exp(-NTU)$

当两种流体的热容相等时，即 $C_r = C_{min}/C_{max} = 1$，$\varepsilon$ 公式可以简化为

顺流时

$$\varepsilon = \frac{1 - \exp(-2 \times NTU)}{2}$$

逆流时

$$\varepsilon = \frac{NTU}{1 + NTU}$$

3）用效能-传热单元数法计算换热器的步骤

（1）设计计算（已知 $M_1 c_1$、$M_2 c_2$ 及进出口温度中的三个，求 k、A）。

显然，利用已知条件可以计算出 ε，而带求的 k、A 则包含在 NTU 内，因此，对于设计计算是已知 ε，求 NTU，求解过程与平均温差法相似，不再重复。

（2）校核计算（已知 A、$M_1 c_1$、$M_2 c_2$ 及两个进口温度，求 t_1''、t_2''）。

由于 k 事先不知，所以仍然需要假设一个出口温度，具体如下：

① 假设一个出口温度 t''，利用热平衡式计算另一个 t''。

② 利用四个进出口温度计算定性温度，确定物性，并结合换热器结构，计算总传热系数 k。

③ 利用 k，A 计算 NTU。

④ 利用 NTU 计算 ε。

⑤ 利用公式分别计算 Φ。

⑥ 比较两个 Φ，是否满足精度，否则重复以上步骤。

从上面步骤可以看出，假设的出口温度对传热量 Φ 的影响不是直接的，而是通过定性温度，影响总传热系数，从而影响 NTU，并最终影响 Φ 值。而平均温差法的假设温度直接用于计算 Φ 值，显然 ε-NTU 法对假设温度没有平均温差法敏感，这是该方法的优势。

说明： 综合所学知识，提高分析解决问题的能力，综述了以下三部分内容：①复合换热、传热过程和有复合换热时的传热；②传热的增强和削弱；③换热器基本知识及热力计算。学习这一节除了要着重注意培养综合能力、分析解决问题的能力之外，还要注意培养多维思维和辩证思维能力。例如，注意掌握一分为二的观点；强化传热中抓主要矛盾的方法；对于换热设备的性能要求，既要考虑传热能力，又要考虑阻力损失，还要考虑经济性，即要求综合性能指标。这就要全面地、辩证地分析问题。复习本节要注意以下几点：①理解复合换热和传热过程，掌握传热分析方法，并能较熟练地应用热路分析法求解复杂传热问题。②理解增强和削弱热量传递过程的原理和手段，能综合应用所学知识分析解决一般性强化和削弱传热的问题。③了解工程上常见的换热器类型，能对间壁式换热器进行传热分析，并能进行热力计算。

【**例 13-10-3**】 套管式换热器中顺流或逆流布置下 ε-NTU 关系不同，下述说法错误的是：

  A. $c_{\min}/c_{\max} > 0$，相同 NTU 下，$\varepsilon_{\text{顺}} < \varepsilon_{\text{逆}}$

  B. $c_{\min}/c_{\max} = 0$，NTU $\to \infty$，$\varepsilon_{\text{顺}} \to 1$，$\varepsilon_{\text{逆}} \to 1$

  C. $c_{\min}/c_{\max} = 1$，NTU $\to \infty$，$\varepsilon_{\text{顺}} \to 0.5$，$\varepsilon_{\text{逆}} \to 1$

  D. $c_{\min}/c_{\max} > 0$，NTU 增大，$\varepsilon_{\text{顺}}$ 和 $\varepsilon_{\text{逆}}$ 都趋于同一个定值

解 如解图所示，选项 A、B、C 是正确的。而根据选项 C 的结果可以判定选项 D 是错误的。

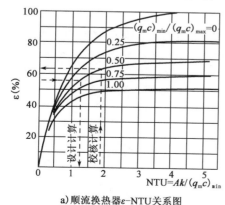

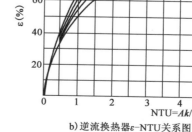

a) 顺流换热器 ε-NTU 关系图   b) 逆流换热器 ε-NTU 关系图

例 13-10-3 解图

经典练习

13-10-1 一套管式水—水换热器，冷水的进口温度为25℃，热水进口温度为70℃，热水出口温度为 55℃。若冷水的流量远远大于热水的流量，则与该换热器的对数平均温差最接近的数据为（　　）。

    A. 15℃   B. 25℃   C. 35℃   D. 45℃

13-10-2 一逆流套管式水—水换热器，冷水的出口温度为55℃，热水进口温度为70℃。若热水的流量与冷水的流量相等，换热面积和总传热系数分别为2m²和150W/(m²·K)，且物性参数不随温度变化，则与该换热器的传热量最接近的数据为（　　）。

    A. 3 500W   B. 4 500W   C. 5 500W   D. 6 500W

13-10-3 套管式换热器，顺流换热，两侧为水—水单项流体换热，一侧水温进水 65℃，出水45℃，流量为1.25kg/s，另一侧入口为 15℃，流量为2.5kg/s，则换热器对数平均温差为（　　）。

    A. 35℃   B. 33℃   C. 31℃   D. 25℃

13-10-4 管套式换热器中进行换热时，如果两侧为水—水单相流体换热，一侧水温由 55℃降到35℃，流量为0.6kg/s，另一侧入口为 15℃，流量为1.2kg/s，则换热器分别作顺流和逆流时的平均温差比Δt_m(逆流)/Δt_m(顺流)为（　　）。

    A. 1.35   B. 1.25   C. 1.14   D. 1.0

参考答案及提示

13-1-1 A 一般情况$\lambda_{金} > \lambda_{液} > \lambda_{气}$。

13-1-2 B $v_2 t + \dfrac{qv}{\lambda} = 0$为常物性稳态具有内热源的导热问题；$\nabla^2 t = 0$为常物性无内热源稳态的三维导热；$\dfrac{d^2 t}{dx^2} = 0$为常物性无内热源稳态的一维导热。

13-1-3 A 气体导热系数在较大压力范围变化不大，因而一般把导热系数仅仅视为温度的函数，查图 13-1-1 可知，空气的空气热导率随温度升高而增大。

13-1-4 A

13-2-1 B 圆柱壁面内侧温度变化率较大，将导热率较小的材料在内层，以减少散热量。

13-2-2 D 由于是一维稳态导热，则热流密度是常数。

13-2-3 C Φ为圆柱体高的函数。

13-2-4 B 当平壁的导热系数为常数时，在平壁中任何两个等温面之间温度都是线性变化的。当平壁的导热系数随着温度变化时，任何两个等温面之间温度都是非线性的。

13-3-1 C 如图 13-3-2 所示。

13-3-2 C

13-3-3 A Bi $= 125 \times 0.06 \div 110 = 0.068 < 0.1$，由采用集总数法：

$$\frac{\theta}{\theta_0} = e^{-\frac{hA}{\rho V c}\tau}$$

$$\frac{\theta}{\theta_0} = \frac{t - t_f}{t_0 - t_f} = \frac{t - 400}{30 - 400} = e^{-\frac{125 \times 100}{8\,440 \times 0.06 \times 377}} = 0.94$$

$$t = 53$$

13-4-1　C　根据第二类边界条件边界节点的节点方程可得。

13-4-2　C

13-4-3　A　边界节点用热守衡方式，中心节点可以用级数展开，也可以用热守衡方式。

13-5-1　A　积分方程组的求解要先假设速度和温度的分布，因此是近似解；雷诺类比的解是由比拟理论求得的，也是近似解。

13-5-2　B　湍流受迫对流时能量传递与动量传递之间的关系式：$St = C_f/2$。

13-6-1　B　流体流过粗糙壁面能产生涡流，增强换热，使对流传热系数增加。

13-6-2　A　第一种情况不能形成自然对流，其他三种都会形成自然对流，增强换热。

13-6-3　C　自然对流传热的相似准则关系式为$Nu = f(Gr, Pr)$。

13-6-4　A　在弯曲的通道中流动产生的离心力，将在流场中形成二次环流，此二次环流与主流垂直，它增加了对边界层的扰动，有利于换热。而且管的弯曲半径越小，二次环流的影响越大。

13-6-5　B　管内受迫流动达到充分发展段时，无量纲温度$(t_w - t)/(t_w - t_f)$和表面对流换热系数趋于定值。

13-7-1　B　由于珠状凝结的表面传热系数大大高于膜状凝结的，A 和 B 的换热面积相同，换热温差相同，所以$Q_A > Q_B$。

13-7-2　B　凝结传热的分析解：

$$h = 0.943 \left[\frac{\rho_l^2 \cdot g \cdot r \cdot \lambda^3}{\mu_l \cdot x \cdot (t_s - t_w)} \right]^{\frac{1}{4}}$$

13-7-3　A　蒸汽的流速如果过大，增强凝结换热；蒸汽中的不凝性气体，使凝结换热减弱。

13-8-1　B　$E_b = 5.67 \times [(273 + 300)/100]^4 = 6\,112 W/m^2$。

13-8-2　C　实际物体的辐射力等于该物体的发射率乘上同温度黑体的辐射力。

13-8-3　D　物体热辐射过程与热力学温度四次方成正比。

13-8-4　D　投射到表面的辐射能量全部吸收时，$\alpha = 1$，称之为黑体，指的是全波段。

13-9-1　A　黑体对于投入辐射全部吸收，冷热量损失q为向外辐射的减去吸收的。

13-9-2　D　气体辐射具有明显的选择性，因此不能看成灰体，其吸收率不等于发射率。

13-9-3　D　这里的辐射能是指向半球空间的辐射，不是某个方向上的。

13-9-4　B

$$q_{12} = \frac{E_{b1} - E_{b2}}{\frac{1}{\varepsilon_1} + \frac{1}{\varepsilon_1} - 1} = \frac{5.67 \times (3.03^4 - 2.73^4)}{\frac{1}{0.03} + \frac{1}{0.03} - 1} = 2.48 \text{W/m}^2$$

13-10-1 C 由于冷水的流量远远大于热水的流量，且：

$$M_1 c_1 (t_1' - t_1'') = M_2 c_2 (t_2'' - t_2')$$

冷水温度基本不变：

$$\Delta t' = t_1' - t_2' = 70 - 25 = 45℃, \quad \Delta t'' = t_1'' - t_2'' = 55 - 25 = 30℃$$

$$\Delta t_m = \frac{\Delta t' + \Delta t''}{2} = \frac{45 + 30}{2} = 37.5℃$$

13-10-2 B 由于热水的流量与冷水的流量相等，则热水进出口温差与冷水的进出口温差相等，可用冷热水的进口温差作为对数平均温差：

$$Q = kF \times \Delta t = 2 \times 150 \times (70 - 55) = 4500 \text{W}$$

13-10-3 B 由 $M_1 c_1 (t_1' - t_1'') = M_2 c_2 (t_2'' - t_2')$

可得 $1.25 \times (65 - 45) = 2.5 \times (t_2'' - 15)$

得 $t_2'' = 25℃$

$$\Delta t' = t_1' - t_2' = 65 - 15 = 50, \quad \Delta t'' = t_1'' - t_2'' = 45 - 25 = 20$$

$$\Delta t_m = \frac{\Delta t' - \Delta t''}{\ln \frac{\Delta t'}{\Delta t''}} = 33℃$$

13-10-4 C 由 $M_1 c_1 (t_1' - t_1'') = M_2 c_2 (t_2'' - t_2')$

可得 $0.6 \times (55 - 25) = 1.2 \times (t_2'' - 15)$

得 $t_2'' = 25℃$

$$\Delta t_{m\,顺} = \frac{\Delta t' - \Delta t''}{\ln \frac{\Delta t'}{\Delta t''}} = \frac{30}{\ln 4}, \quad \Delta t_{m\,逆} = \frac{\Delta t' - \Delta t''}{\ln \frac{\Delta t'}{\Delta t''}} = \frac{10}{\ln 1.5}$$

$$\Delta t_{m\,逆} / \Delta t_{m\,顺} \approx 1.14$$

14 工程流体力学及泵与风机

考题配置　单选，10 题

分数配置　每题 2 分，共 20 分

复习指导

本章阐述了流体的主要物理性质、流体平衡和运动的基本规律、相似原理与量纲分析以及流体机械的基本性能和应用。要求掌握流体力学动力学及黏性流体力学相关基本概念和基本理论；熟练应用流体动力学的三大基本方程解决工程实际问题；理解相似理论的概念和模型率的选择；熟练掌握流体机械原理、特征曲线及应用分析。

14.1　流体动力学基础

考试大纲☞：流体运动的研究方法　稳定流动与非稳定流动　理想流体的运动方程式　实际流体的运动方程式　伯努利方程式及其使用条件

流体是由大量做无规则运动的分子组成的，分子之间存在空隙，但考虑宏观特性，在流动空间和时间上所采用的一切特征尺度和特征时间，都比分子距离和分子碰撞时间大得多。因此，可把流体视为没有间隙地充满它所占据的整个空间的一种连续介质，且其所有的物理量都是空间坐标和时间的连续函数的一种假设模型，这就是连续介质模型。这样就可以把物理量作为时空连续函数，利用连续函数这一数学工具来研究问题。

流体都有一定的可压缩性，液体可压缩性很小，而气体的可压缩性较大。在流体的形状改变时，流体各层之间也存在一定的运动阻力（即黏滞性）。当流体的黏滞性和可压缩性很小时，可近似看作是理想流体，它是人们为研究流体的运动和状态而引入的一个理想模型。

【例 14-1-1】 流体力学对理想流体运用了以下哪种力学模型，从而简化了流体的物质结构和物理性质？

　　　　　　　A. 连续介质

　　　　　　　B. 无黏性、不可压缩

　　　　　　　C. 连续介质、不可压缩

　　　　　　　D. 连续介质、无黏性、不可压缩

解　连续介质、无黏性、不可压缩都是理想化假设的模型。选 D。

14.1.1　流体运动的研究方法

表征运动流体的物理量称为流体的流动参数。描述流体运动就是要表达流体质点的流动参数，在不同空间位置上随时间连续变化的规律。在流体力学中，描述流体运动的方法有拉格朗日（Lagrange）法和欧拉（Euler）法。

拉格朗日法从分析流体质点的运动着手，分析流动参数随时间的变化规律，然后综合所有被研究流体质点的运动情况，来获得整个流体运动的规律。

由于拉格朗日方法着眼于每个流体质点，需要找到一种方法用以区分不同的流体质点。通常采用的方法是以初始时刻t_0时，各质点的空间坐标(a,b,c)作为不同质点的区别标志。在流体运动过程中，每一个质点的运动坐标不是独立变量，而是起始坐标(a,b,c)和时间变量t的函数。人们把a、b、c、t叫作拉格朗日变数。

流体质点的空间位置(x,y,z)，可以表示为

$$\left.\begin{array}{l} x = x(a,b,c,t) \\ y = y(a,b,c,t) \\ z = z(a,b,c,t) \end{array}\right\} \tag{14-1-1}$$

运动坐标对时间求导，则可得流体质点的速度

$$\left.\begin{array}{l} v_x = \dfrac{\mathrm{d}x}{\mathrm{d}t} = \dfrac{\partial x}{\partial t} = \dfrac{\partial x(a,b,c,t)}{\partial t} \\[2mm] v_y = \dfrac{\mathrm{d}y}{\mathrm{d}t} = \dfrac{\partial y}{\partial t} = \dfrac{\partial y(a,b,c,t)}{\partial t} \\[2mm] v_z = \dfrac{\mathrm{d}z}{\mathrm{d}t} = \dfrac{\partial z}{\partial t} = \dfrac{\partial z(a,b,c,t)}{\partial t} \end{array}\right\} \tag{14-1-2}$$

欧拉法不同于拉格朗日法。欧拉法的着眼点是空间点，即着眼于流体经过流场中各空间点时的运动情况，而不关心这些运动特性是由哪些流体质点表现出来的，也不考虑流体质点的来龙去脉，然后综合空间点上各质点的流动参数及其变化规律，用以描述整个流体的运动。

欧拉法用质点的空间坐标(x,y,z)与时间变量t来表达流场中的流体运动规律，(x,y,z)称为欧拉变数。欧拉变数不是各自独立的，因为流体质点的空间位置x、y、z与运动过程中的时间变量有关。不同的时间，各个流体质点对应不同的空间坐标，因而对任一流体质点来说，其位置变量x、y、z是时间t的函数。因此，流场中各空间点的流速所组成的速度场可以表示为

$$\left.\begin{array}{l} v_x = v_x(x,y,z,t) = v_x[(t),y(t),z(t),t] \\ v_y = v_y(x,y,z,t) = v_y[(t),y(t),z(t),t] \\ v_z = v_z(x,y,z,t) = v_z[(t),y(t),z(t),t] \end{array}\right\} \tag{14-1-3}$$

由上式可以得到任一时刻（即t一定）流体质点速度在空间中的分布规律，也可以得到任一空间点（即x、y、z一定）的流体质点速度随时间的变化规律。

【例 14-1-2】下列说法正确的是：

    A. 分析流体运动时，拉格朗日法比欧拉法在做数学分析时更为简便

    B. 拉格朗日法着眼于流体中各个质点的流动情况，而欧拉法着眼于流体经过空间各固定点时的运动情况

    C. 流线是拉格朗日法对流动的描述，迹线是欧拉法对流动的描述

    D. 拉格朗日法和欧拉法在研究流体运动时，有本质的区别

解 这两种方法都是对流体运动的描述，只是着眼点不同，因此不能说有本质的区别。拉格朗日法是把流体的运动，看作无数个质点运动的总和，以部分质点作为观察对象加以描述，将这些质点的运动汇总起来，就得到整个流动。拉格朗日法也称为迹线法。欧拉法是以流动的空间作为观察对象，

观察不同时刻各空间点上流体质点的运动参数，将各个时刻的情况汇总起来，就描述了整个流动。欧拉法也称为流线法。选 B。

【**例 14-1-3**】 设流场的表达式为 $u_x = -x + t$，$u_y = x + t$，$u_z = 0$。求 $t = 2$ 时，通过空间点 $(1,1,1)$ 的迹线为：

A. $\begin{cases} x = t - 1 \\ y = 4e^{t-2} - t + 1 \\ z = 1 \end{cases}$ 　　　　　B. $\begin{cases} x = t + 1 \\ y = 4e^{t-2} - t - 1 \\ z = 1 \end{cases}$

C. $\begin{cases} x = t - 1 \\ y = 4e^{t-2} - t - 1 \\ z = 1 \end{cases}$ 　　　　　D. $\begin{cases} x = t + 1 \\ y = 4e^{t-2} + t - 1 \\ z = 1 \end{cases}$

解 已知有 $\dfrac{\mathrm{d}x}{\mathrm{d}t} = -x + t$；$\dfrac{\mathrm{d}y}{\mathrm{d}t} = x + t$；$\dfrac{\mathrm{d}z}{\mathrm{d}t} = 0$（$t$ 为变量）

积分后得 $\begin{cases} x = C_1 e^{-t} + t - 1 \\ y = C_2 e^{t} - t - 1 \\ z = C_3 \end{cases}$

又因为 $t = 2$ 时，$x = y = z = 1$

所以得 $C_1 = 0$；$C_2 = 4e^{-2}$；$C_3 = 1$

代入后得迹线方程为 $\begin{cases} x = t - 1 \\ y = 4e^{t-2} - t - 1 \\ z = 1 \end{cases}$，选 C。

14.1.2　恒定流动和非恒定流动

如果流场中每一空间点上的流动参数都不随时间变化，这种流动就称为恒定流动，又称为定常流动，否则称为非恒定流动或非定常流动。恒定流动中，流场内的速度、压力、密度等所有的物理量只是空间坐标 (x, y, z) 的函数，与时间变量 t 无关，$\dfrac{\partial v}{\partial t} = \dfrac{\partial p}{\partial t} = \dfrac{\partial \rho}{\partial t} = \dfrac{\partial T}{\partial t} = 0$，即各流动参数的当地导数为零。

14.1.3　恒定元流能量方程

在采用欧拉法分析流体运动时，还将涉及一些流体力学的基本概念和定义，在此做简要介绍，详细内容可参见相关资料。

1）迹线

流体质点运动的轨迹称为迹线，它给出同一质点在不同时刻的速度方向。由迹线的形状可以清楚地看出质点的流动情况，从而得出流场的参数分布和变化情况，迹线是拉格朗日法分析流体运动的概念。

2）流线

流线是指某一瞬时在流场中所作的一条假想的空间曲线，在该时刻，位于曲线上各点的流体质点的速度在各点与流线相切。

流线形象地给出了流场中的流动状态，通过流线可以清楚地看出某时刻流场中各点的速度方向。显然，流线是欧拉法分析流体运动的概念。在流场内可以绘出一簇流线，所构成的流线图称为流谱。

一般情况下（除驻点或奇点），流线具有如下性质。

（1）恒定流动中，流线形状不随时间变化，且流体质点的流线与迹线重合。

（2）流线不能相交，不能突然转折，只能是一条光滑曲线。否则，在交点或转折点处将有两个速度矢量，这意味着在同一时刻，同一流体质点具有两个运动方向，这是不可能的。

由流线的定义，可以建立流线的微分方程

$$\frac{\mathrm{d}x}{v_x} = \frac{\mathrm{d}y}{v_y} = \frac{\mathrm{d}z}{v_z}$$

因为流线是某一时刻的曲线，所以时间变量t不是自变量，只能作为一个参变量。求某一指定时刻的流线时，需要把t当作常数代入上式，然后进行积分即可求得。

3）流管

在流场中任取一非流线又不相交的封闭曲线，过曲线上各点作流线，这些流线组成一个封闭的管状曲面，称为流管。由流线的定义可知，位于流管表面上的流体质点只具有切于流管方向的速度，因而流体质点只能在流管内部或流管表面流动，而不能穿越流管。流管如同真实的固体管壁，将其内部的流体限制在管内流动。自来水管的内表面就是流管的一个实例。

4）流束

流管内的全部流体，称为流束。微小的封闭曲线构成的流管内的流体称为元流，又称微元流束。元流的极限就是流线。实际工程中，把管内流动和渠道中的流动看作是总的流束，它由无限多元流组成，称为总流。

5）过流断面

与流束或总流的所有流线都相垂直的横断面称为过流断面。过流断面可能是平面，也可能是各种形式的曲面。如果流体是水，则称为过水断面。由于元流的过流断面无限小，可以认为其断面上的运动参数分布均匀，但对于总流，过流断面上各点的运动要素却不一定相等。

单位时间内通过某一过流断面的流体量称为流量，它可以用体积或质量来表示，其相应的流量分别称为体积流量（q_V，$\mathrm{m^3/s}$）和质量流量（q_m，$\mathrm{kg/s}$）。不加说明时，"流量"一词概指体积流量。

对于元流，过流断面面积上的速度可认为是均匀分布的，且方向与过流断面垂直，故元流的流量为

$$\mathrm{d}q_V = v\mathrm{d}A \tag{14-1-4}$$

总流的流量等于所有元流流量之和

$$q_V = \int_A v\,\mathrm{d}A \tag{14-1-5}$$

6）断面平均流速

所谓断面平均流速，是一种假想的流速，即过流断面上各点的速度都相等，其大小等于过流断面的流量q_V除以过流断面面积A，即

$$v = \frac{q_V}{A} = \frac{\int_A v\mathrm{d}A}{A} \tag{14-1-6}$$

断面平均流速的概念十分重要，它将使我们的研究和计算大为简化，尤其在工程计算中，具有重要的实际意义。

7）渐变流与急变流

按流线沿程变化的缓急程度，又将非均匀流动分为渐变流与急变流。各流线接近于平行直线的流动，称为渐变流。此时，各流线之间的夹角很小，且流线的曲率半径很大。反之，称为急变流。由于

渐变流的所有流线是一组几乎平行的直线，其过流断面可认为是一平面。同时，恒定渐变流过流断面上动压强的分布近似地符合静压强的分布规律，即同一过流断面上 $z + \dfrac{p}{\rho g} \approx$ 常数。渐变流的极限情况就是均匀流。

8）连续性方程

这是流体力学基本方程之一，是质量守恒原理的流体力学表达式。在总流中取面积为 A_1 和 A_2 的两个断面，对恒定流两截面间流动空间内的流体质量不变，即有可压缩流体的连续性方程

$$\rho_2 \overline{v}_2 A_2 = \rho_1 \overline{v}_1 A_1 \tag{14-1-7}$$

当流体不可压缩时，密度为常数，则不可压缩流体的连续性方程为

$$\overline{v}_2 A_2 = \overline{v}_1 A_1 \tag{14-1-8}$$

如果质量力只有重力，则恒定不可压缩流体的质量力势函数 $W = -gz$，将其代入沿流线的伯努利积分式中，由于元流的过流断面积无限小，所以沿流线积分就是沿元流积分，可得

$$z + \frac{p}{\rho g} + \frac{v^2}{2g} = C \tag{14-1-9}$$

或

$$z_1 + \frac{p_1}{\rho g} + \frac{v_1^2}{2g} = z_2 + \frac{p_2}{\rho g} + \frac{v_2^2}{2g} \tag{14-1-10}$$

这就是理想流体恒定元流的伯努利方程。

推导此方程所引入的限定条件，就是理想流体元流伯努利方程的应用条件：理想流体、恒定流动、质量力只有重力、不可压缩流体。

如果流动速度为零，则由伯努利方程又可得出平衡流体的流体静力学基本方程式

$$z + \frac{p}{\rho g} = C$$

因此，伯努利方程式中各项的物理意义和几何意义也就比较明显。

从物理角度看，z 代表单位质量流体对某基准面具有的位能，$\dfrac{p}{\rho g}$ 代表单位重力流体的压能，$\dfrac{v^2}{2g}$ 代表单位重力流体的动能。因此，伯努利方程的物理意义为：对于重力作用下的恒定不可压缩流体，单位重量流体所具有的位能、动能和压能之和，即机械能，沿流线不变。由此可见，伯努利方程实质就是物理学能量守恒定律在流体力学上的一种表现形式。

从几何角度看，伯努利方程的每一项的量纲与长度相同，都代表某一个高度。z 代表所研究点相对于某基准面的几何高度，称为位置水头，$\dfrac{p}{\rho g}$ 代表所研究点处压力大小的高度，称为压强水头，$\dfrac{v^2}{2g}$ 代表所研究点处速度大小的高度，称为速度水头。通常将位置水头与压强水头之和称为测压管水头，测压管水头与速度水头之和称为总水头。伯努利方程的几何意义为：对于重力作用下的恒定不可压缩流体，总水头为一常数，或总水头沿流线相等。

实际流体具有黏性，在运动时由于流层间内摩擦力做功，将一部分机械能转变为热能而耗散，因此实际流体流动的机械能将沿程减少。根据能量守恒定律，可得实际流体恒定元流的伯努利方程

$$z_1 + \frac{p_1}{\rho g} + \frac{v_1^2}{2g} = z_2 + \frac{p_2}{\rho g} + \frac{v_2^2}{2g} + h'_{\mathrm{w}} \tag{14-1-11}$$

其中，h'_{w} 表示单位质量流体沿着流线从 1 点到 2 点的机械能损失。方程（14-1-11）中各项及总水头、测压管水头的沿程变化可在图上表示出来。可知，实际流体的总水头线是沿程下降的，而测压管

水头线沿程可升、可降，也可不变。

14.1.4 恒定总流能量方程

在实际工程中需要解决的往往是总流流动问题，如管路或渠道中的流动。因此，应该将元流的伯努利方程推广到总流中去。

$$z_1 + \frac{p_1}{\rho g} + \frac{\alpha_1 v_1^2}{2g} = z_2 + \frac{p_2}{\rho g} + \frac{\alpha_2 v_2^2}{2g} + h_\text{w} \tag{14-1-12}$$

其中，α 值与断面流速分布有关，一般情况下 $\alpha = 1.05 \sim 1.10$，在渐变流动情况下，通常取 $\alpha = 1.0$。

上式就是实际流体恒定总流的伯努利方程，其每一项的物理意义和几何意义与元流的伯努利方程相类似。

总流的伯努利方程是在一些限制条件下得到的，应用该方程时需要满足以下限制条件。

（1）流体不可压缩。

（2）流动是恒定的。

（3）质量力只有重力。

（4）过流断面上的流动必须是渐变流，但两过流断面间可以是急变流。

14.1.5 毕托管测流速

毕托管也称为测压管，是一种用于检测管道内气体（液体）的压力、风速、风量的检测仪器，如图 14-1-1 所示。它主要由两根细管组成，一根为全压管，另一根为静压管。两管有同心套接式的（内管为全压管，外管为静压管），也有并排连接的。在测压段，全压管的顶端开有全压感受孔，静压管的管壁上开有静压感受孔。

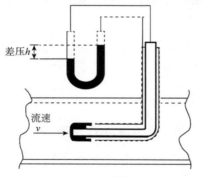

图 14-1-1 毕托管原理示意图

由伯努利方程可知：

$$z_1 + p_1 + \frac{\rho v_1^2}{2} = z_2 + p_2 + \frac{\rho v_2^2}{2}$$

毕托管一管孔口正对液流方向，90°转弯后液流的动能转化为势能，液体在管内上升的高度是该处的总水头；另一根管开口方向与液流方向垂直，只感应到液体的压力，液体在管内上升的高度是该处的测压管水头，此时 v_2 为 0，同时有 $z_1 = z_2$，则

$$p_1 + \frac{\rho v_1^2}{2} = p_2$$

可得到 $\frac{\rho v_1^2}{2} = p_2 - p_1 = \Delta p$，$v_1 = \sqrt{\frac{2\Delta p}{\rho}}$

其中：$\Delta p = (\rho_1 - \rho_2)g\Delta h$，$\rho_1$、$\rho_2$ 分别为被测流体与 U 形管中液体的密度。

【例 14-1-4】 根据流体运动参数是否随时间的变化可以分为稳定流动和非稳定流动，请问下面说法正确的是：

A. 流体非稳定流动时，只有流体的速度随时间而变化

B. 流体稳定流动时，任何情况下沿程压力均不变

C. 流体稳定流动时，流速一定很小

D. 流体稳定流动时，各流通断面的平均流速不一定相同

解　流体非稳定流动时，流体压力也随时间而变化。流体稳定流动时，根据连续性方程，其各流通断面的质量流量相同，但平均流速不一定相同。选 D。

【**例 14-1-5**】流线的微分方程式为：

A. $\dfrac{dz}{v_x} = \dfrac{dx}{v_y} = \dfrac{dy}{v_z}$

B. $\dfrac{dy}{v_x} = \dfrac{dx}{v_y} = \dfrac{dz}{v_z}$

C. $\dfrac{dx}{v_x} = \dfrac{dy}{v_y} = \dfrac{dz}{v_z}$

D. $\dfrac{dy}{v_x} = \dfrac{dz}{v_y} = \dfrac{dx}{v_z}$

解　此题可直接由流线的定义得出。选 C。

【**例 14-1-6**】设流场的表达式为：$u_x = -x + t$，$u_y = y + t$，$u_z = 0$。求 $t = 2$ 时，通过空间点 $(1,1,1)$ 的流线为：

A. $(x-2)(y+2) = -3$，$z = 1$

B. $(x-2)(y+2) = 3$，$z = 1$

C. $(x+2)(y+2) = -3$，$z = 1$

D. $(x+2)(y+2) = 3$，$z = 1$

解　由流线的定义，可以建立流线的微分方程。

$$\frac{dx}{v_x} = \frac{dy}{v_y} = \frac{dz}{v_z}$$

可得

$$\begin{cases} \dfrac{dx}{-x+t} = \dfrac{dy}{y+t} \\ dz = 0 \end{cases}$$

t 可以认为是常数，两边积分后，得该流动的流线方程为

$$\begin{cases} -\ln(x-t) = \ln(y+t) + c \\ z = c_2 \end{cases}$$

进一步处理得：

$$\begin{cases} (x-t)(y+t) = C_1 \\ z = C_2 \end{cases}$$

又因为 $t = 2$ 时，$x = y = z = 1$

得：$C_1 = -3$，$C_2 = 1$

选 A。

【**例 14-1-7**】如图所示，用水银压差计+文丘里管测量管道内水流量，已知管道的直径 $d_1 = 200mm$，文丘里管道喉管直径 $d_2 = 100mm$，文丘里管的流量系数 $\mu = 0.95$。已知测出的管内流量 $Q = 0.025m^3/s$，那么两断面的压强差 Δh 为（水银的密度为 $13\ 600kg/m^3$）：

A. 24.7mm

B. 35.6mm

C. 42.7mm

D. 50.6mm

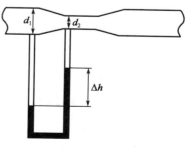

例 14-1-7 图

解

$$v_1 = \frac{Q}{A_1} = \frac{4Q}{\pi d_1^2} = 0.795m/s$$

$$v_2 = \frac{Q}{A_2} = \frac{4Q}{\pi d_2^2} = 3.183m/s$$

列伯努利方程：　$z_1 + \dfrac{p_1}{\rho g} + \dfrac{v_1^2}{2g} = z_2 + \dfrac{p_2}{\rho g} + \dfrac{v_2^2}{2g}$

得

$$\frac{p_1 - p_2}{\rho g} = \frac{v_2^2 - v_1^2}{2g}$$

$$\frac{\left(\rho_{Hg} - \rho_{水}\right)\Delta h}{\rho_{水}} = \frac{v_2^2 - v_1^2}{2g}$$

$$\Delta h = 42.7mm$$

故

选 C。

【例 14-1-8】 如图所示，应用细管式黏度计测定油的黏度。已知细管直径 $d = 6mm$，测量段长 $l = 2m$，实测油的流量 $Q = 77cm^3/s$，流态为层流，水银压差计读值 $h = 30cm$，水银的密度 $\rho_{HG} = 13\,600kg/m^3$，油的密度 $\rho = 901kg/m^3$。油的运动黏度为：

例 14-1-8 图

　　　　A. 8.57×10^{-4}　　　　　B. 8.57×10^{-5}
　　　　C. 8.57×10^{-6}　　　　　D. 8.57×10^{-7}

解　列伯努利方程：

$$z_1 + \frac{p_1}{\rho g} + \frac{v_1^2}{2g} = z_2 + \frac{p_2}{\rho g} + \frac{v_2^2}{2g} + \lambda \frac{l}{d} \frac{v^2}{2g}$$

得

$$\frac{p_1 - p_2}{\rho g} = \lambda \frac{l}{d} \frac{v^2}{2g}$$

$$\frac{\left(\rho_{Hg} - \rho_{油}\right)\Delta h}{\rho_{油}} = \lambda \frac{l}{d} \frac{v^2}{2g}$$

由

$$v = \frac{4Q}{\pi d^2} = \frac{4 \times 77 \times 10^{-6}}{\pi \times (6 \times 10^{-3})^2} = 2.72m/s$$

得

$$\lambda = 0.033\,6$$

已知流态为层流，则有

$$\lambda = \frac{64}{Re} = 0.033\,6$$

得 $Re = 1\,903.7$

此时雷诺数 Re 小于 2 300，流态确实为层流。

$$v = \frac{ud}{Re} = \frac{2.72 \times 6 \times 10^{-3}}{1\,903.7} = 8.57 \times 10^{-6}$$

选 C。

从此题可看出，已经不是单纯地考伯努利方程，而是与流态、阻力损失计算联合应用求解。这是近几年考题出现的新特征，综合应用也对考生把握知识的能力提出了更高的要求。

说明： 本节的主要内容就是运动方程，涉及的考题主要就是运动方程的内涵与运用，并且有时候需要进行方程的联立求解。

经典练习

14-1-1　运动流体的压强（　　）。
　　　　A. 与空间位置有关，与方向无关　　　　B. 与空间位置无关，与方向有关
　　　　C. 与空间位置和方向都有关　　　　　　D. 与空间位置和方向都无关

14-1-2　$z + \frac{p}{\gamma} + \frac{v^2}{2g} = C$（常数）表示（　　）。
　　　　A. 不可压缩理想流体稳定流动的伯努利方程
　　　　B. 可压缩理想流体稳定流动的伯努利方程
　　　　C. 不可压缩理想流体不稳定流动的伯努利方程

D. 不可压缩黏性流体稳定流动的伯努利方程

14-1-3　对于某一管段中的不可压缩流体的流动，取三个管径不同的断面，其管径分别为 $A_1 = 150mm$，$A_2 = 100mm$，$A_3 = 200mm$。则三个断面 A_1、A_2、A_3 对应的流速比为（　　　）。

　　A. 16 : 36 : 9

　　B. 9 : 25 : 16

　　C. 9 : 36 : 16

　　D. 16 : 25 : 9

14-1-4　重度为 10 000N/m³ 的理想流体在直管内从 1 断面流到 2 断面，如图所示，若 1 断面的压强 $p_1 = 300kPa$，则 2 断面压强 p_2 等于（　　　）。

　　A. 100kPa　　　　　　　　B. 150kPa

　　C. 200kPa　　　　　　　　D. 250kPa

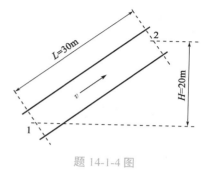

题 14-1-4 图

14.2　相似原理和模型实验方法

考试大纲☞：物理现象相似的概念　相似三定理　方程和因次分析法　流体力学模型研究方法　实验数据处理方法

在一些流动问题的研究中，单纯采用理论分析的方法难以解决问题，必须借助实验手段来研究流体运动规律的物理本质。而相似性原理和因次分析，为科学地组织实验及整理实验数据提供了理论指导，是发展流体力学理论、解决实际工程问题的有力工具。

14.2.1　力学相似

为了能够使模型流动表现出原型流动的主要现象和物理本质，并能从模型流动上预测原型流动的结果，必须使模型流动与原型流动保持力学的相似关系。所谓力学相似，是指模型流动和原型流动在对应部位上的对应物理量都应该有一定的比例关系，具体而言，力学相似必须满足两个流动几何相似、运动相似、动力相似，以及两个流动的边界条件和初始条件相似。

几何相似指原型与模型之间保持几何形状和几何尺寸的相似，也就是原型和模型的对应边长保持一定的比例关系，对应角相等。几何相似，是力学相似的前提。

运动相似是指原型流动与模型流动的流线几何相似，而且对应点上的速度成比例，或者说，两个流动的速度场是几何相似的。运动相似通常是模型实验的目的。

动力相似是指原型流动和模型流动中对应点上作用着同名的力，各同名力的方向相同且具有同一比例。动力相似是运动相似的保证。

14.2.2　相似准则

要使两个流动动力相似，需要两流动相应点上的力多边形相似，相应边（同名力）成比例，由此得到各单项力的相似准则。以角标 p 表示原型，角标 m 表示模型。

描写流体运动和受力关系的是流体运动微分方程（动力学方程）。两个相似流动必须满足同一运动微分方程（N-S 方程）。现分别写出模型流动和原型流动的不可压缩流体的运动微分方程标量形式第

一式

$$\frac{\partial v_{xp}}{\partial t_p} + v_{xp}\frac{\partial v_{xp}}{\partial x_p} + v_{yp}\frac{\partial v_{xp}}{\partial y_p} + v_{zp}\frac{\partial v_{xp}}{\partial z_p} = f_{xp} - \frac{1}{\rho_p}\frac{\partial p_p}{\partial x_p} + v_p\Delta v_{xp}$$

$$\frac{\partial v_{xm}}{\partial t_m} + v_{xm}\frac{\partial v_{xm}}{\partial x_m} + v_{ym}\frac{\partial v_{xm}}{\partial y_m} + v_{zm}\frac{\partial v_{xm}}{\partial z_m} = f_{xm} - \frac{1}{\rho_m}\frac{\partial p_m}{\partial x_m} + v_m\Delta v_{xm} \tag{14-2-1}$$

所有同类物理量均具有同一比例系数，因此有

$$x_p = \lambda_l x_m;\quad y_p = \lambda_l y_m;\quad z_p = \lambda_l z_m$$

$$v_{xp} = \lambda_v v_{xm};\quad v_{yp} = \lambda_v v_{yxm};\quad v_{zp} = \lambda_v v_{zm}$$

$$t_p = \lambda_t t_m;\quad \rho_p = \lambda_\rho \rho_m;\quad v_{xp} = \lambda_\upsilon v_{xm};\quad p_p = \lambda_p p_m;\quad f_p = \lambda_f f_m$$

由对模型的和原型的两运动微分方程以及同类物理量有同一比例的关系并经对比可写出下式。

$$\frac{\lambda_v}{\lambda_t} \quad = \frac{\lambda_v^2}{\lambda_l} \quad = \lambda_g \quad = \frac{\lambda_p}{\lambda_\rho \lambda_l} \quad = \frac{\lambda_v \lambda_\upsilon}{\lambda_l^2}$$

$$\vdots \qquad \vdots \qquad \vdots \qquad \vdots \qquad \vdots$$

$$① \qquad ② \qquad ③ \qquad ④ \qquad ⑤$$

上述 5 项分别表示单位质量的时变惯性力、位变惯性力、质量力、法向表面力-压力、切向表面力-摩擦力，因此上式就表示模型流动与原型流动的力多边形相似。

将上式中的位变惯性力 $\left[\frac{\lambda_v^2}{\lambda_l}\right]$ 除全式，可得

$$\frac{\lambda_l}{\lambda_v \lambda_t} = 1 = \frac{\lambda_l \lambda_g}{\lambda_v^2} = \frac{\lambda_p}{\lambda_\rho \lambda_v^2} = \frac{\lambda_\upsilon}{\lambda_l \lambda_v} \tag{14-2-2}$$

$$\vdots \qquad \qquad \vdots \qquad \vdots \qquad \vdots$$

$$① \qquad \qquad ② \qquad ③ \qquad ④$$

上式中的①、②、③、④项，表示模型流动和原型流动在动力相似时各比例系数之间有一个约束，并非各比例系数的数值可以随便取值。对其进一步分析可以得到以下各相似准则（相似准数）。

1）雷诺（Reynolds）相似准数

$$Re = \frac{vl}{v} = \frac{\rho vl}{\mu}$$

这是由式（14-2-2）第四项得出的，由此

$$\frac{\lambda_v \lambda_l}{\lambda_\upsilon} = \frac{\lambda_\rho \lambda_v \lambda_l}{\lambda_\mu} = 1 \tag{14-2-3}$$

$$\frac{v_m l_m}{v_m} = \frac{\rho_m v_m l_m}{\mu_m} = \frac{v_p l_p}{v_p} = \frac{\rho_p v_p l_p}{\mu_p} \tag{14-2-4}$$

令 $Re = \frac{vl}{v} = \frac{vl\rho}{\mu}$，动力相似中要求 $Re_m = Re_p$。

雷诺相似准数是一个无量纲的量，它是由 v、l、v 这三个物理量，或者是 v、l、ρ、μ 组合的一个物理量。它代表了流动中的惯性力和所受的黏性力之比，也称为黏性力相似准数。

2）弗劳德（Froude）相似准数

$$Fr = \frac{v^2}{gl}$$

这是由式（14-2-2）第二项得出的，由此

$$\frac{\lambda_{\mathrm{v}}^2}{\lambda_{\mathrm{g}}\lambda_l} = 1 \tag{14-2-5}$$

$$\frac{v_{\mathrm{p}}^2}{v_{\mathrm{m}}^2} = \frac{g_{\mathrm{p}}}{g_{\mathrm{m}}}\frac{l_{\mathrm{p}}}{l_{\mathrm{m}}} \tag{14-2-6}$$

令 $\mathrm{Fr} = \dfrac{v^2}{gl}$，动力相似中要求 $\mathrm{Fr_m} = \mathrm{Fr_p}$。

弗劳德相似准数是一个无量纲的量，它是由 v、g、l 这三个物理量以上述形式组合的一个物理量。它代表了流动中惯性力和重力之比，反映了流体中重力作用的影响程度，也称为重力相似准数。

3）欧拉（Euler）相似准数

$$\mathrm{Eu} = \frac{p}{\rho v^2}$$

这是由式（14-2-2）第三项得出的，由此

$$\frac{\lambda_{\mathrm{p}}}{\lambda_{\rho}\lambda_{\mathrm{v}}^2} = 1 \tag{14-2-7}$$

$$\frac{p_{\mathrm{p}}}{p_{\mathrm{m}}} = \frac{\rho_{\mathrm{p}}}{\rho_{\mathrm{m}}}\frac{v_{\mathrm{p}}^2}{v_{\mathrm{m}}^2} \tag{14-2-8}$$

令 $\mathrm{Eu} = \dfrac{p}{\rho v^2}$，动力相似中要求 $\mathrm{Eu_m} = \mathrm{Eu_p}$。

欧拉相似准数是一个无量纲的量，它是由 p、ρ、v 这三个物理量以上述形式组合的一个物理量。它代表了流动中所受的压力和惯性力之比，也称为压力相似准数。

4）马赫（Mach）相似准数

$$\mathrm{Ma} = \frac{v}{c}$$

除上述几个相似准数以外，我们可以从其他流动方程中推得另外一些相似准数。如我们用 c 表示声速——微小扰动在流体中的传播速度，则对可压缩流动，由

$$c^2 = \frac{\mathrm{d}p}{\mathrm{d}\rho} \tag{14-2-9}$$

可得

$$\frac{\lambda_{\mathrm{v}}}{\lambda_{\mathrm{c}}} = 1 \tag{14-2-10}$$

令 $\mathrm{Ma} = \dfrac{v}{c}$，动力相似中要求 $\mathrm{Ma_m} = \mathrm{Ma_p}$。

即模型流动的马赫数的数值应该和原型流动的马赫数数值相等。马赫相似准数也是一个无量纲量，是 v、c 这两个物理量以上述形式组合的一个综合物理量。它代表流动中的压缩程度，也称为弹性力相似准数。$\mathrm{Ma} < 1$ 为亚音速流动；$\mathrm{Ma} > 1$ 为超音速流动。一般说，马赫数小于 0.15 可以作为不可压缩流动处理。

【例 14-2-1】 要保证两个流动问题的力学相似，下列描述错误的是：

A. 流动空间相应线段长度和夹角角度均呈同一比例

B. 相应点的速度方向相同，大小呈比例

C. 相同性质的作用力呈同一比例

D. 应同时满足几何、运动、动力相似

解　动空间相应线段长度呈同一比例，夹角角度相等。选 A。

14.2.3 因次分析法

物理量单位的种类称为量纲，表示物理量的本质属性，用 dim 表示。一个物理量可以用不同的单位度量，但量纲却是唯一的。例如长度、宽度、高度、厚度、深度都可以用米、英尺等长度单位来度量，但是它们的量纲都是长度量纲L。

由于许多物理量的量纲之间都有一定的联系，在量纲分析时选少数几个物理量的量纲作为基本量纲，其他物理量的量纲都可以由这些基本量纲导出，称为导出量纲。基本量纲是相互独立的，不能由其他量纲的组合来表示，在工程流体力学中常用质量、长度、时间（M、L、T）作为基本量纲。

在一般的力学问题中，任意一个物理量B的量纲都可以用 M、L、T 这三个基本量纲的指数乘积来表示

$$\dim B = M^{\alpha}L^{\beta}T^{\gamma}$$

在量纲分析中，有一些物理量的量纲为 1，称为无量纲量，用 M0L0T0 表示。无量纲量就是一个数，但可以把它看成由几个物理量组合而成的综合表达。例如雷诺相似准数的量纲

$$\dim Re = \dim\left(\frac{vl}{\nu}\right) = \frac{LT^{-1}L}{L^2T^{-1}} = M^0L^0T^0$$

为一个无量纲的量。为了区别于纯数，把无量纲量看成是由多个物理量组成的综合物理量更合适些，如我们应该把雷诺相似准数 Re 看成由流速v、特征尺度l和流体运动黏度ν这三个物理量的综合表达，或者把它看成由流速v、特征尺度l、流体密度ρ和流体动力黏度ν这四个物理量的综合表达。

量纲一致性原理是指一个物理现象或一个物理过程用一个物理方程表示时，方程中每项的量纲应该都是和谐的、一致的、齐次的，也叫做量纲和谐性原理或量纲齐次性原理。这个原理告诉我们，一个正确的物理方程，式中每项的量纲应该都是相同的。

下面对量纲分析方法中得到广泛应用的 Π 定理（Buckingham 定理）进行介绍。

对于某个流动现象或某个流动过程，如果存在有n个变量互为函数关系

$$f(a_1, a_2, a_3, \cdots, a_n) = 0 \qquad (14\text{-}2\text{-}11)$$

而这些变量中含有m个基本量纲，则可把这n个有量纲的变量的函数关系转换成$(n-m)$个无量纲量的函数关系

$$F(\pi_1, \pi_2, \pi_3, \cdots, \pi_{n-m}) = 0 \qquad (14\text{-}2\text{-}12)$$

上面这个函数关系式全部是无量纲量$\pi_i(i = 1,2,3,\cdots,n-m)$。

这个定理表达出了物理方程的明确的量间关系，并把方程中的变量数减少m个，更主要的是，这个定理把流动现象或流动过程更概括地表示在此函数关系中。

【例 14-2-2】下列关于因次分析法的描述，错误的是：

　　A. 因次分析法就是相似理论

　　B. 因次是指物理量的性质和类别，又称为量纲

　　C. 完整的物理方程等式两边的每一项都具有相同性质的因次

　　D. 因次可分为基本因次和导出因次

解　因次分析法和相似理论都为科学地组织实验及整理实验数据提供了理论指导。但相似理论是说明自然界和工程中各相似现象相似原理的，在结构模型试验研究中，只有模型和原型保持相似，才能由模型试验结果推算出原型结构的相应结果。而因次分析法反映任何因次一致的物理方程都可以表示为一组无因次数群的零函数。选 A。

14.2.4　模型实验

为了使模型和原型流动完全相似，除需要几何相似外，各独立的相似准则数应同时满足。但实际上要同时满足所有准则数是很困难的，甚至是不可能的，一般只能达到近似相似，就是要保证对流动起重要作用的力相似，这就是模型的选择问题。如水利工程中的明渠流以及江、河、溪流，都是以水位落差形式表现的重力来支配流动的，对于这些以重力起支配作用的流动，应该以弗劳德相似准数作为决定性相似准数。有不少流动需要求流动中的黏性力，或者求流动中的水力阻力或水头损失，如管道流动、流体机械中的流动、液压技术中的流动等，此时应当以满足雷诺相似准数为主，Re 就是决定性相似准数。对于非定常流动，如流体在旋转叶轮叶片间的流道中的流动，应当以满足斯特劳哈相似准数为主，Sr 就是决定性相似参数。对于可压缩流动，应当以满足马赫相似准数为主，Ma 就是决定性相似准数。对于 Eu 这个相似准数，它代表了流场的速度和压力关系，根据流动的基本方程，在满足流动相似的条件下，其压力场也相似。因此在其他相似准数作为决定性相似准数相等时，欧拉相似准数能够同时满足。

有的原型尺寸很大（如飞机、船舶、桥梁等），如果对原型直接进行实验，不但费用很大，而且有时候难以进行实验测量；有的原型则尺寸微小（如滴灌中的滴头等），难以观测其中的流动过程。而在原型的设计过程中，也需要进行模型实验来修改设计方案。模型实验再现的不仅仅是原型流动的表面现象，而是流动现象的物理本质。只有保证模型实验和原型流动中的物理本质相同，模型实验才有价值。

进行模型实验设计时，首先要根据原型要求的实验范围、实验场地大小、模型制作和量测条件选择尺度比例系数 λ_l；然后根据对流动情况的受力分析，满足对流动起主要作用的力相似，选择相似准数；最后确定流速比例系数和模型的流量。

【例 14-2-3】下列不是通风空调中进行模型实验的必要条件的是：

A. 原型和模型的各对应长度比例一定

B. 原型和模型的各对应速度比例一定

C. 原型和模型中起主导作用的同名作用力的相似准则数相等

D. 所有相似准则数相等

解　实际上要同时满足所有准则数是很困难的，甚至是不可能的，一般只能达到近似相似，就是要保证对流动起重要作用的力相似即可。选 D。

【例 14-2-4】直径为 1m 的给水管在直径为 10cm 的水管中进行模型试验，现测得模型流量为 0.2m³/s，则原模型给水管实际流量为：

A. 8m³/s　　　　　　　　　　　　　　B. 6m³/s

C. 4m³/s　　　　　　　　　　　　　　D. 2m³/s

解　此题首先考察的是模型律的选择问题。在该题中，是给水管道，因此按前面基础知识讲解内容，此时应当以满足雷诺相似准数为主，Re 就是决定性相似准数，即 $\mathrm{Re_n} = \mathrm{Re_m}$。

$$\frac{v_n d_n}{\nu_n} = \frac{v_m d_m}{\nu_m}$$

现在 $d_n = 1$，$d_m = 0.1$；水的黏度不变。

所以

$$v_m = \frac{4Q_m}{\pi d_m^2} = \frac{4 \times 0.2}{\pi \times 0.01} = \frac{80}{\pi}$$

$$v_n = \frac{v_m d_m}{d_n} = 0.1 v_m = \frac{8}{\pi}$$

$$Q_n = \frac{\pi d_n^2}{4} v_n = \frac{\pi}{4} \times \frac{8}{\pi} = 2\text{m}^3/\text{s}$$

选 D。

经典练习

14-2-1　下列（　　　）是流动相似不必满足的条件。

A. 几何相似

B. 必须是同一种流体介质

C. 动力相似

D. 初始条件和边界条件相似

14-2-2　流体的压力p、速度v、密度ρ的正确的无量纲数组合是（　　　）。

A. $\frac{p}{\rho v^2}$　　　　　　　B. $\frac{p\rho}{v^2}$　　　　　　　C. $\frac{p}{\rho v^2}$　　　　　　　D. $\frac{p}{\rho v}$

14-2-3　直径为 1m 的给水管在直径为 10cm 的水管中进行模型试验，现测得模型的流量为 0.2m³/h，若测得模型单位长度的水管压力损失为 146Pa，则原型给水管中单位长度的水管压力损失为（　　　）。

A. 1.46Pa　　　　　　B. 2.92Pa　　　　　　C. 4.38Pa　　　　　　D. 6.84Pa

14-2-4　下列对于雷诺模型律和弗劳德模型律的说法正确的是（　　　）。

A. 闸流一般采用雷诺模型律，桥墩扰流一般采用弗劳德模型律

B. 有压管道一般采用雷诺模型律，紊流淹没射流一般采用弗劳德模型律

C. 有压管道一般采用雷诺模型律，闸流一般采用弗劳德模型律

D. 闸流一般采用雷诺模型律，紊流淹没射流一般采用弗劳德模型律

14.3　流动阻力和能量损失

考试大纲☞： 层流与紊流现象　流动阻力分类　圆管中层流与紊流的速度分布　层流和紊流沿程阻力系数的计算　局部阻力产生的原因和计算方法　减少局部阻力的措施

水头损失是流体与固壁相互作用的结果。固壁作为流体的边界层，会显著地影响这一系统的机械能与热能的转化过程。在工程的设计计算中，根据流体接触的边壁沿程是否变化，把能量损失分为两类：沿程损失h_f和局部损失h_m。它们的计算方法和损失机理不同。

14.3.1　流动阻力分类

在边壁沿程不变的管段上（如图 14-3-1 中的ab、bc、cd段），流动阻力沿程也基本不变，称这类阻力为沿程阻力。克服沿程阻力引起的能量损失称为沿程损失。图中的h_{fab}、h_{fbc}、h_{fcd}就是ab、bc、cd段的损失——沿程损失。由于沿程损失沿管段均匀分布，即与管段的长度成正比，所以也称为长度损失。

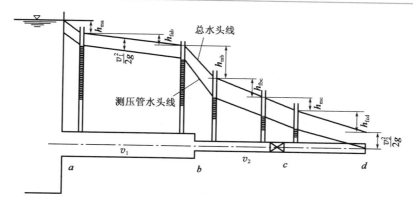

图 14-3-1 沿程阻力与沿程损失

在边界急剧变化的区域，阻力主要集中在该区域内及其附近，这种集中分布的阻力称为局部阻力。克服局部阻力的能量损失称为局部损失。例如图 14-3-1 中的管道进口、变径管和阀门等处，都会产生局部阻力。h_{ma}、h_{mb}、h_{mc}就是相应的局部水头损失。引起局部阻力的原因是漩涡区的产生及速度方向和大小的变化。

整个管路的能量损失等于各管段的沿程损失和各局部损失的总和。即

$$h_l = \sum h_f + \sum h_m$$

对于如图 14-3-1 所示的流动系统，能量损失为：

$$h_l = h_{fab} + h_{fbc} + f_{fcd} + h_{ma} + h_{mb} + h_{mc}$$

能量损失计算公式用水头损失表达时，则为

沿程水头损失

$$h_f = \lambda \frac{l}{d} \cdot \frac{v^2}{2g} \tag{14-3-1}$$

局部水头损失

$$h_m = \zeta \frac{v^2}{2g} \tag{14-3-2}$$

用压强损失表达时，则为

$$p_f = \lambda \frac{l}{d} \cdot \frac{\rho v^2}{2} \tag{14-3-3}$$

$$p_m = \xi \frac{\rho v^2}{2} \tag{14-3-4}$$

式中：l ——管长；

d ——管径；

v ——断面平均流速；

g ——重力加速度；

λ ——沿程阻力系数；

ξ ——局部阻力系数。

在以上这些公式中，核心问题是各种流动条件下无因次系数λ和ξ的计算，除了少数简单情况，其主要是用经验或半经验的方法获得。本章的主线就是沿程阻力系数λ和局部阻力系数ξ的计算。

【例 14-3-1】关于管段的沿程阻力，下列描述错误的是：

    A. 沿程阻力与沿程阻力系数成正比

    B. 沿程阻力与管段长度成正比

    C. 沿程阻力与管径成反比

D. 沿程阻力与管内平均流速成正比

解 沿程阻力与管内平均流速的平方成正比。选 D。

14.3.2 层流与紊流现象

早在 19 世纪初期，人们注意到流体运动有两种结构不同的流动状态，能量损失的规律与流态密切相关。

层流为各层质点互不掺混、分层有规则地流动。

紊流为流体质点互相强烈掺混、极不规则地流动。

雷诺数（Reynolds number）是一种可用来表征流体流动情况的无量纲数，流态的判别条件如下。

层流 $$\mathrm{Re} = vd/v < 2\,000 \tag{14-3-5}$$

紊流 $$\mathrm{Re} = vd/v > 2\,000 \tag{14-3-6}$$

要强调指出的是，临界雷诺数值$\mathrm{Re_K} = 2\,000$是仅就圆管而言的，对于诸如平板绕流和厂房内气流等边壁形状不同的流动，具有不同的临界雷诺数值。

层流和紊流的根本区别在于，层流各流层间互不掺混，只存在黏性引起的各流层间的滑动摩擦阻力；紊流时则有大小不等的涡体动荡于各流层间，除了黏性阻力，还存在着由于质点掺混，互相碰撞所造成的惯性阻力。因此，紊流阻力比层流阻力大得多。

层流到紊流的转变是与涡体的产生联系在一起的。图 14-3-2 绘出了涡体产生的过程。

设流体原来做直线层流运动。由于某种原因的干扰，流层发生波动，见图 14-3-2a）。于是在波峰一侧断面受到压缩，流速增大，压强降低；在波谷一侧由于过流断面增大，流速减小，压强增大。因此流层受到图 14-3-2b）中箭头所示的压差作用。这将使波动进一步加大，见图 14-3-2c），终于发展成涡体。涡体形成后，由于其一侧的旋转切线速度与流动方向一致，故流速较大，压强较小。而另一侧旋转切线速度与流动方向相反，流速较小，压强较大。于是涡体在其两侧压差作用下，将由一层转到另一层，见图 14-3-2d），这就是紊流掺混的原因。

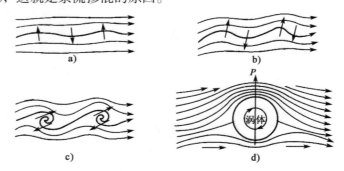

图 14-3-2 层流到紊流的转变过程

层流受扰动后，当黏性的稳定作用起主导作用时，扰动就受到黏性的阻滞而衰减下来，层流就是稳定的。当扰动占上风，黏性的稳定作用无法使扰动衰减下来，于是流动便变为紊流。因此，流动呈现什么流态，取决于扰动的惯性作用和黏性的稳定作用相互斗争的结果。

【例 14-3-2】 实际流体运动存在两种形态：层流和紊流。下面哪一项可以用来判别流态？

A. 摩阻系数   B. 雷诺数

C. 运动黏性   D. 管壁粗糙度

解 雷诺数表示作用于流体微团的惯性力与黏性力之比，利用雷诺数可区分流体的流动是层流还是紊流。选 B。

【例 14-3-3】 有一管径 $d = 25\text{mm}$ 的室内上水管，水温 $t = 10℃$。试求为使管道内保持层流状态的最大流速为多少？（$10℃$时水的运动黏滞系数 $\nu = 1.31 \times 10^{-6}\text{m}^2/\text{s}$）

　　　　　　A. 0.052 5m/s　　　　B. 0.105 0m/s　　　　C. 0.210 0m/s　　　　D. 0.420 0m/s

解　由 $\text{Re} = \dfrac{vd}{\nu} = 2\,000$，知 $v = 2000 \times 1.31 \times 10^{-6}/0.025 = 0.105\ \text{m/s}$，选 B。

14.3.3　均匀流动方程式

均匀流只能发生在长直的管道或渠道这一类断面形状和大小都沿程不变的流动中，因此只有沿程损失，而无局部损失。为了导出沿程阻力系数的计算公式，首先建立沿程损失和沿程阻力之间的关系。

$$h_f = \frac{2\tau_0 l}{\gamma r_0} \tag{14-3-7}$$

其中，h_f/l 为单位长度的沿程损失，称为水力坡度，以 J 表示，即

$$J = \frac{h_f}{l}$$

代入上式得

$$\tau_0 = \gamma \frac{r_0}{2} J \tag{14-3-8}$$

式（14-3-7）或式（14-3-8）就是均匀流动方程式。它反映了沿程水头损失和管壁切应力之间的关系。

上面的分析适用于任何大小的流束，对于半径为 r 的流束，则

$$\frac{\tau}{\tau_0} = \frac{r}{r_0} \tag{14-3-9}$$

式（14-3-9）表明圆管均匀流的过流断面上，切应力与半径成正比，在断面上按直线规律分布，管轴线上为零，在管壁上达最大值。

【例 14-3-4】 圆管均匀流中，与圆管的切应力成正比的是：

　　　　　A. 圆管的直径　　　　　　　　　　　　B. 圆管的长度
　　　　　C. 圆管的表面积　　　　　　　　　　　D. 圆管的圆周率

解　圆管均匀流的过流断面上，切应力与半径成正比，肯定也与直径成正比。选 A。

14.3.4　圆管中的层流

圆管中的层流运动，可以看成无数无限薄的圆筒层，一个套着一个地相对滑动，各流层间互不掺混，各流层间的切应力服从牛顿内摩擦定律。为了得到流速分布，将牛顿内摩擦定律与均匀流动方程联立，可得

$$u = \frac{\gamma J}{4\mu}(r_0^2 - r^2) \tag{14-3-10}$$

可见，断面流速分布是以管中心线为轴的旋转抛物面。

$r = 0$ 时，即在管轴上，达最大流速

$$u_{\max} = \frac{\gamma J}{4\mu}r_0^2 = \frac{\gamma J}{16\mu}d^2 \tag{14-3-11}$$

（14-3-10）代入平均流速定义式

$$v = \frac{Q}{A} = \int_A \frac{u\mathrm{d}A}{A} = \int_0^{r_0} \frac{u \cdot 2\pi r\mathrm{d}r}{A}$$

得平均流速为

$$v = \frac{\gamma J}{8\mu} r_0^2 = \frac{\gamma J}{32\mu} d^2 \tag{14-3-12}$$

比较式（14-3-11）和式（14-3-12），得

$$v = \frac{1}{2} v_{\max} \tag{14-3-13}$$

等于最大流速的一半。

根据式（14-3-12），得

$$h_{\mathrm{f}} = J \cdot l = \frac{32\mu v l}{\gamma d^2} \tag{14-3-14}$$

此式从理论上证明了层流沿程损失和平均流速一次方成正比。这个结论和雷诺实验的结果一致。

将式（14-3-14）写成计算沿程损失的一般形式，则

$$h_{\mathrm{f}} = \lambda \frac{l}{d} \frac{v^2}{2g} = \frac{32\mu v l}{\gamma d^2} = \frac{64}{\mathrm{Re}} \cdot \frac{l}{d} \cdot \frac{v^2}{2g}$$

由此式，可得圆管层流的沿程阻力系数的计算式

$$\lambda = \frac{64}{\mathrm{Re}} \tag{14-3-15}$$

它表明圆管层流的沿程阻力系数仅与雷诺数有关，且成反比，而和管壁粗糙无关。

【例 14-3-5】 圆管内均匀层流断面流速分布规律可以描述为以管中心为轴的旋转抛物面，其最大流速为断面平均流速的：

   A. 1.5 倍   B. 2 倍   C. 3 倍   D. 4 倍

解 即平均流速等于最大流速的一半。选 B。

【例 14-3-6】 在圆管直径和长度一定的输水管道中，当流体处于层流时，随着雷诺数的增大，沿程阻力系数和沿程水头损失都将发生变化，请问下面哪一种说法正确？

   A. 沿程阻力系数减小，沿程水头损失增大

   B. 沿程阻力系数增大，沿程水头损失减小

   C. 沿程阻力系数减小，沿程水头损失减小

   D. 沿程阻力系数不变，沿程水头损失增大

解 层流时，沿程阻力系数为 $\lambda = \frac{64}{\mathrm{Re}}$，所以沿程阻力系数减小。而 $\mathrm{Re} = \frac{vd}{\nu}$，圆管直径不变，雷诺数变大，所以其流速是变大的。又知沿程水头损失为：

$$h_{\mathrm{f}} = \lambda \frac{l}{d} \frac{v}{2g} = \frac{32\mu v l}{\gamma d^2}$$

其中，流速变大，其他参数不变，所以沿程水头损失是增大的。选 A。

14.3.5 紊流流动

紊流的基本特征是在运动过程中，流体质点具有不断地互相混掺的现象；由于质点的互相混掺，使流区内各点的速度、压强等运动要素发生一种脉动现象。所谓脉动现象，就是诸如速度、压强等空

间点上的物理量随时间的变化做无规则的即随机的变动。在做相同条件下的重复试验时，所得瞬时值不相同，但多次重复试验的结果的算术平均值趋于一致，具有规律性。

由于湍流的速度、压强等均为具有随机性质的脉动量，在时间上和空间上都不断地变化着；只有采取适当的方法加以平均，取得平均值后才能进一步研究其运动规律。通过对速度分量u_x的时间平均给出时均法的定义，以同样地获得其他物理量的时均值。

设u_x为瞬时值，带"—"表示其平均值，则时均值$\overline{u}_x$定义为

$$\overline{u}_x(x,y,z,t) = \frac{1}{T}\int_{t-T/2}^{t+T/2} u_x(x,y,z,\xi)\mathrm{d}\xi \tag{14-3-16}$$

式中：ξ ——时间积分变量；

　　　T ——平均周期，是一常数，它的取值应比紊流的脉动周期大得多，而比流动的不恒定性的特征时间又小得多，随具体的流动而定。

瞬时值与平均值之差即为脉动值，用"′"表示。于是，脉动速度为

$$u'_x = u_x - \overline{u}_x$$

紊流阻力：在紊流中，一方面因时均流速不同，各流层间的相对运动，仍然存在着黏性切应力，另一方面还存在着由脉动引起的动量交换产生的惯性切应力。因此，紊流阻力包括黏性切应力和惯性切应力。

黏性切应力可由牛顿内摩擦定律计算

$$\overline{\tau}_1 = \mu\frac{\mathrm{d}\overline{u}_x}{\mathrm{d}y}$$

惯性切应力，由下式表示

$$\overline{\tau}_2 = -\rho\overline{u'_x u'_y}$$

采用混合长度理论，对于圆管紊流，可以从理论上证明断面上流速分布是对数型的

$$u = \frac{1}{\beta}\sqrt{\frac{\tau_0}{\rho}}\ln y + C \tag{14-3-17}$$

式中：y ——离圆管壁的距离；

　　　β ——卡门通用常数，由试验确定；

　　　C ——积分常数。

【例 14-3-7】紊流阻力包括有：

　　　A. 黏性切应力　　　　　　　　　　B. 惯性切应力

　　　C. 黏性切应力或惯性切应力　　　　D. 黏性切应力和惯性切应力

解　层流各流层间互不掺混，只存在黏性引起的各流层间的滑动摩擦阻力；紊流时则有大小不等的涡体动荡于各流层间。除了黏性阻力，还存在由于质点掺混，互相碰撞所造成的惯性阻力。因此，紊流阻力比层流阻力大得多。选 D。

14.3.6　沿程阻力计算

沿程损失的计算，关键在于如何确定沿程阻力系数λ。由于紊流的复杂性，λ的确定不可能像层流那样严格地从理论上推导出来。其研究途径通常有二：一是直接根据紊流沿程损失的实测资料，综合成阻力系数λ的纯经验公式；二是用理论和试验相结合的方法，以紊流的半经验理论为基础，整理成半

经验公式。

沿程阻力系数λ，主要取决于Re和壁面粗糙这两个因素。

尼古拉兹对不同管径、不同沙粒径进行了大量的实验，将沿程损失系数λ的变化归纳如下。

层流区	$\lambda = f_1(\text{Re})$
临界过渡区	$\lambda = f_2(\text{Re})$
紊流光滑区	$\lambda = f_3(\text{Re})$
紊流过渡区	$\lambda = f(\text{Re}, \Delta/d)$
紊流粗糙区（阻力平方区）	$\lambda = f(\Delta/d)$

尼古拉兹实验比较完整地反映了沿程损失系数λ的变化规律，揭露了影响λ变化的主要因素，他对λ和断面流速分布的测定，为推导紊流的半经验公式提供了可靠的依据。

14.3.7　局部水头损失

流体在流经各种局部障碍时，流动遭到破坏，引起流速分布的急剧变化，甚至会引起边界层的分离，产生漩涡，从而形成形状阻力和摩擦阻力，即局部阻力，由此产生局部水头损失。

和沿程损失相似，局部损失一般也用流速水头的倍数来表示，它的计算公式为

$$h_m = \zeta \frac{v^2}{2g} \tag{14-3-18}$$

ζ称为局部阻力系数。由上式可以看出，求h_m的问题就转变为求ζ的问题了。

实验研究表明，局部损失和沿程损失一样，不同的流态遵循不同的规律。如果流体以层流经过局部阻碍，而且受干扰后流动仍能保持层流的话，局部损失也还是由各流层之间的黏性切应力引起的。只有由于边壁的变化，促使流速分布重新调整，流体质点产生剧烈变形，加强了相邻流层之间的相对运动，因而加大了这一局部地区的水头损失。

局部阻碍的种类虽多，如分析其流动的特征，主要的也不过是过流断面的扩大或收缩，流动方向的改变，流量的合入与分出等几种基本形式，以及这几种基本形式的不同组合。

以下列出几种典型的局部阻力系数。

1）突然扩大管

$$\left.\begin{array}{c} h_m = \left(1 - \dfrac{A_1}{A_2}\right)^2 \dfrac{v_1^2}{2g} = \zeta_1 \dfrac{v_1^2}{2g} \\[3mm] h_m = \left(\dfrac{A_2}{A_1} - 1\right)^2 \dfrac{v_2^2}{2g} = \zeta_2 \dfrac{v_2^2}{2g} \end{array}\right\} \tag{14-3-19}$$

所以突然扩大的阻力系数为

$$\zeta_1 = \left(1 - \frac{A_1}{A_2}\right)^2 \quad \text{或} \quad \zeta_2 = \left(\frac{A_2}{A_1} - 1\right)^2 \tag{14-3-20}$$

当液体从管道流入断面很大的容器中，或气体流入大气时，$\frac{A_1}{A_2} \approx 0$，$\zeta_1 = 1$。这是突然扩大的特殊情况，称为出口阻力系数。

2）突然缩小管

对应的流速水头为$\frac{v_2^2}{2g}$。

$$\zeta = 0.5 \left(1 - \frac{A_2}{A_1}\right) \tag{14-3-21}$$

当液体从断面很大的容器进入管道时，$\frac{A_2}{A_1} \approx 0$，$\zeta_1 = 0.5$。这是突然缩小的特殊情况，称为进口阻力系数。

14.3.8 减少局部阻力的措施

减小管中流体运动的阻力有两条完全不同的途径：一种是改进流体外部的边界，改善边壁对流动的影响；另一种是在流体内部投加极少量的添加剂，使其影响流体运动的内部结构来实现减阻。添加剂减阻是近 20 年来才迅速发展起来的减阻技术。虽然到目前为止，它在工业技术中还没有得到广泛的应用，但就当前了解的实验研究成果和少数生产使用情况来看，它的减阻效果是很突出的。

减小紊流局部阻力的着眼点在于防止或推迟流体与壁面的分离，避免漩涡区的产生或减小漩涡区的大小和强度。减少局部损失措施的基本原则在于：尽量减小漩涡区或防止漩涡区的形成，及减少二次流动波及的范围，从而减小撞击损失和减少在速度重新分布时的动量交换。下面选几种典型的常用配件为例来说明这个问题。

1）渐扩管和突扩管

扩散角大的渐扩管阻力系数较大。

2）弯管

弯管的阻力系数在一定范围内随曲率半径R的增大而减小。表 14-3-1 给出了 90°弯管在不同R/d时的ζ值。

不同R/d时的 90°弯管的ζ值($Re = 10^6$)　　　　　　　　　　　　　表 14-3-1

R/d	0	0.5	1	2	3	4	6	10
ζ	1.14	1.00	0.246	0.159	0.145	0.167	0.20	0.24

由表 14-3-1 可知，如$R/d < 1$，ζ值随R/d的减小而急剧增加，这与漩涡区的出现和增大有关。如$R/d > 3$，ζ值又随R/d的加大而增加，这是由于弯管加长后，摩阻增大造成的。因此弯管的R最好在$d \sim 4d$范围内。

断面大的弯管，往往只能采用较小的R/d，可在弯管内部布置一组导流叶片，以减小漩涡区和二次流，降低弯管的阻力系数。越接近内侧，导流叶片越应布置得密些。装上圆弧形导流叶片的弯管，阻力系数可由 1.0 减小到 0.3 左右。

【例 14-3-8】 下列哪项措施通常不用于通风系统的减阻？

　　　　　A. 改突扩为渐扩

　　　　　B. 增大弯管的曲率半径

　　　　　C. 设置导流叶片

　　　　　D. 加入减阻添加剂

解　选项 A 和 C，都可以减小阻力系数，可以减小通风系统的阻力损失。选项 B 中，增大弯管的曲率半径，特别是$(1 \sim 4)d$的范围内，也可减少阻力。对于选项 D，在通风系统中加入减阻添加剂，效果不明显，另外还可能会对通风系统带来二次污染。选 D。

经典练习

14-3-1　已知 10℃时水的运动黏度为$1.31 \times 10^{-6} \mathrm{m^2/s}$，管径$d = 50\mathrm{mm}$的水管，在水温$t = 10℃$

时，管内保持层流的最大流速为（　　　）。

A. 0.105m/s
B. 0.052 5m/s
C. 0.21m/s
D. 0.115m/s

14-3-2　如图所示，直径为 150mm、长为 350m 的管道自水库取水排入大气中，管进入口和出口分别比水库顶部水面低 8m 和 14m，沿程阻力系数为 0.04，不计局部阻力损失。则排水量为（　　　）。

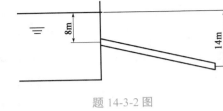

题 14-3-2 图

A. 1.40m³/s
B. 0.05m³/s
C. 1.05m³/s
D. 0.56m³/s

14-3-3　垂直于圆管轴线的截面上，流体速度的分布（　　　）。

A. 层流时比紊流时更加均匀
B. 紊流时比层流时更加均匀
C. 与流态没有关系
D. 仅与圆道直径有关

14-3-4　通过一组35m长的串联管道将水泄入环境中，如图所示，管道前 15m 的直径为 50mm（沿程阻力系数为 0.019），然后管道直径变为 75mm（沿程阻力系数为 0.030），与水库连接的水道入口处局部阻力系数为 0.5，其余局部阻力不计。当要求保持排水量为10m³/h时，则水库水面应比管道出口高（　　　）。

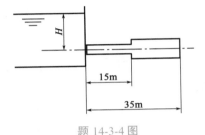

题 14-3-4 图

A. 0.814m
B. 0.794m
C. 0.348m
D. 1.470m

14-3-5　流体在圆管内做层流运动，其管道轴心速度为2.4m/s，圆管半径为 250mm，管内通过的流量为（　　　）。

A. 2.83m³/h
B. 2.76m³/h
C. 0.236m³/h
D. 0.283m³/h

14.4　管路计算

考试大纲☞：简单管路的计算　串联管路的计算　并联管路的计算

在工程实践中，如农业灌溉排水等系统中，常遇到由简单管路、串联管路、并联管路等组合而成的管网。

14.4.1　简单管路的计算

在水力计算中，通常将等径、无分支管路系统称为简单管路，而将由几段不同管径、不同长度的管段组合而成的复杂管路系统称为复杂管路。复杂管路系统都可认为是由两种基本类型管路，即串联管路和并联管路组合而成。

简单管路的阻力可表示为

$$h_w = \sum h_f + \sum h_j = \sum_i \lambda_i \frac{l_i}{d_i} \frac{v_i^2}{2g} + \sum_k \zeta_k \frac{v_k^2}{2g} = \zeta_c \frac{v_2^2}{2g} \tag{14-4-1}$$

式中：ζ_c ——管系阻力系数。

将 $v_2 = \frac{4Q}{\pi d^2}$ 代入上式得

$$H = \frac{8\left(\lambda\frac{1}{d} + \sum\zeta\right)}{g\pi^2 d^4}Q^2 \tag{14-4-2}$$

令 $S_H = \frac{8\left(\lambda\frac{1}{d} + \sum\zeta\right)}{g\pi^2 d^4}$，则

$$H = S_H Q^2 \tag{14-4-3}$$

其中，S_H 综合反映了管路的沿程阻力和局部阻力情况，称为管路阻抗。可见，简单管路中，总阻力与流量的平方成正比。

如果是气体管路，不具有明显的水头特征，应该采用压强来表示，即在公式两端乘以重度 γ，则其计算公式变为：

$$p = \gamma H = \gamma S_H Q^2 = S_p Q^2 \tag{14-4-4}$$

14.4.2 串联管路的计算

串联管路是由许多简单管路首尾相接组合而成，如图 14-4-1 所示。

简单管路是构成复杂管路的基本单元。

（1）特性一：流量规律。

当无节点分流：

$$Q_1 = Q_2 = Q_3$$

（2）特性二：阻力损失规律。

$$h_{e1-3} = h_{e1} + h_{e2} + h_{e3}$$

（3）特性三：阻抗规律。

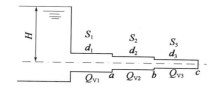

图 14-4-1 串联管路

$$S = S_1 + S_2 + S_3$$

于是得到串联管路的计算原则：无中途分流或合流，则流量相等；阻力叠加；总管路的阻抗等于各管段的阻抗之和。

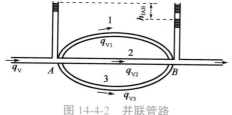

图 14-4-2 并联管路

（1）特性一：流量规律。

（2）特性二：阻力损失规律。

（3）特性三：阻抗规律。

14.4.3 并联管路的计算

并联管路指在两节点之间并列铺设两根以上管道的管路系统，每根管道的管径、管度及过流量并不一定相等。如图 14-4-2 所示，有共同的分支点 A 和汇合点 B，两点之间有三根管道组成并联管路，中间无泄流。

$$Q = Q_1 + Q_2 + Q_3 \tag{14-4-5}$$

$$h_{e1-3} = h_{e1} = h_{e2} = h_{e3} \tag{14-4-6}$$

$$\frac{1}{\sqrt{S}} = \frac{1}{\sqrt{S_1}} + \frac{1}{\sqrt{S_2}} + \frac{1}{\sqrt{S_3}} \tag{14-4-7}$$

于是得到并联管路的计算原则：并联节点上的总流量等于各支管中流量之和；并联各支管上的阻力损失相等；总的阻抗的平方根倒数等于各支管阻抗平方根倒数之和。

【例 14-4-1】 如图所示，若增加一并联管道（如虚线所示，忽略增加三通所造成的局部阻力），则会出现：

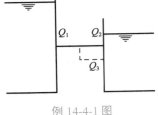

A. Q_1增大，Q_2减小　　　　B. Q_1增大，Q_2增大

C. Q_1减小，Q_2减小　　　　D. Q_1减小，Q_2增大

解　该题考查的是管段阻抗及管段串并联。

例 14-4-1 图

增加并联管段后，变为两管段并联后再与前面管段串联。并联后总阻抗小于任一管路阻抗，阻抗变小，再与前面管段串联后，总阻抗变小，总流量增大；Q_1增大，S_1不变，h_1增大，则h_2变小，S_2不变，则Q_2减小。选 A。

【例 14-4-2】 当某管路系统风量为$400\text{m}^3/\text{h}$时，系统阻力为 200Pa；当使用该系统将空气送入有正压 100Pa 的密封舱时，其阻力为 500Pa，则此时流量为：

A. $534\text{m}^3/\text{h}$　　　B. $566\text{m}^3/\text{h}$　　　C. $583\text{m}^3/\text{h}$　　　D. $601\text{m}^3/\text{h}$

由$\Delta p = SQ^2$，可得管路阻抗：$S = 200/400^2$

又由题意可知：总阻力为 500Pa，消耗在管路上的阻力损失为$500 - 100 = 400\text{Pa}$，则可得：

$$400 = SQ^2 \Rightarrow Q = \sqrt{\frac{400 \times 400^2}{200}} = 566\text{m}^3/\text{h}$$

选 B。

经典练习

14-4-1　某管道通过风量$500\text{m}^3/\text{h}$，系统阻力损失为 300Pa，用此系统送入正压$P = 150\text{Pa}$的密封舱内，风量$Q = 750\text{m}^3/\text{h}$，则系统阻力为（　　　　）。

A. 800Pa　　　　　　B. 825Pa　　　　　　C. 850Pa　　　　　　D. 875Pa

14-4-2　并联管网的各并联管段（　　　　）。

A. 水头损失相等　　　　　　　　　　B. 水力坡度相等

C. 总能量损失相等　　　　　　　　　D. 通过的流量相等

14-4-3　在并联管路中，总的阻抗与各支管阻抗之间的关系为（　　　　）。

A. 总阻抗的平方根倒数等于各支管阻抗平方根倒数之和

B. 总阻抗的倒数等于各支管阻抗立方根倒数之和

C. 总阻抗的倒数等于各支管阻抗倒数之和

D. 总阻抗等于各支管阻抗之和

14.5　特定流动分析

考试大纲☞：势函数和流函数概念　简单流动分析　圆柱形测速管原理　旋转气流性质　紊流射流的一般特性　特殊射流

流场中，若任意流体质点的旋转角速度向量$\omega = 0$，这种流动称为有势流动或无旋流动。流场中各点的流体速度都平行于某一固定的平面，且位于同一垂直线上的各流体质点的运动情况完全相同的流动称为平面流动。若流体质点在相互平行的平面内做有势流动，称该流动为平面有势流动，简称平面势流。

14.5.1 势函数和流函数概念

1）势函数

在无旋流动中

$$\omega_x = \frac{1}{2}\left(\frac{\partial v_z}{\partial y} - \frac{\partial v_y}{\partial z}\right) = 0$$

$$\omega_y = \frac{1}{2}\left(\frac{\partial v_x}{\partial z} - \frac{\partial v_z}{\partial x}\right) = 0$$

$$\omega_z = \frac{1}{2}\left(\frac{\partial v_y}{\partial x} - \frac{\partial v_x}{\partial y}\right) = 0 \tag{14-5-1}$$

如果流体做无旋流动，即 $\omega = \omega_x i + \omega_y j + \omega_z k = 0$，则有

$$\frac{\partial v_z}{\partial y} = \frac{\partial v_y}{\partial z}, \quad \frac{\partial v_x}{\partial z} = \frac{\partial v_z}{\partial x}, \quad \frac{\partial v_y}{\partial x} = \frac{\partial v_x}{\partial y} \tag{14-5-2}$$

由数学分析知，式（14-5-2）是使 $v_x dx + v_y dy + v_z dz$ 成为某函数 $\varphi(x,y,z,t)$ 全微分的充分必要条件，即

$$d\varphi = v_x dx + v_y dy + v_z dz \tag{14-5-3}$$

当 t 为参变量时，函数 $\varphi(x,y,z,t)$ 的全微分为

$$d\varphi = \frac{\partial \varphi}{\partial x}dx + \frac{\partial \varphi}{\partial y}dy + \frac{\partial \varphi}{\partial z}dz \tag{14-5-4}$$

于是，由式（14-5-2）和式（14-5-3）得到

$$\frac{\partial \varphi}{\partial x} = v_x, \quad \frac{\partial \varphi}{\partial y} = v_y, \quad \frac{\partial \varphi}{\partial z} = v_z \tag{14-5-5}$$

称 $\varphi(x,y,z,t)$ 为速度势函数，简称速度势。

由于速度势函数与速度 v_x、v_y、v_z 存在式（14-5-4）的关系，于是，将求速度场的问题简化为求函数 φ，解得 φ 后，速度分布就可得到，反之亦然。

将式（14-5-4）代入不可压缩流体连续性微分方程式，得

$$\frac{\partial^2 \varphi}{\partial x^2} + \frac{\partial^2 \varphi}{\partial y^2} + \frac{\partial^2 \varphi}{\partial z^2} = 0 \quad 或 \quad \nabla^2 \varphi = 0 \tag{14-5-6}$$

式（14-5-5）是拉普拉斯方程，速度势函数 φ 满足拉普拉斯方程，因而是调和函数。

2）流函数

由不可压缩流体平面流动的连续性微分方程 $\frac{\partial v_x}{\partial x} + \frac{\partial v_y}{\partial y} = 0$，可得 $\frac{\partial v_x}{\partial x} = -\frac{\partial v_y}{\partial y}$，由数学分析可知，这是 $-v_y dx + v_x dy = 0$ 成为某一函数 $\psi(x,y,t)$ 全微分的充分必要条件，即

$$d\psi = -v_y dx + v_x dy = 0 \tag{14-5-7}$$

当 t 为参变量时，函数 $\psi(x,y,t)$ 的全微分为

$$d\psi = \frac{\partial \psi}{\partial x}dx + \frac{\partial \psi}{\partial y}dy \tag{14-5-8}$$

于是，由式（14-5-7）和式（14-5-8）得到

$$v_x = \frac{\partial \psi}{\partial y}, v_y = -\frac{\partial \psi}{\partial x} \tag{14-5-9}$$

函数 $\psi(x,y,t)$ 称为流函数。不可压缩流体的平面流动，无论其是无旋流动还是有旋流动，以及流

体有无黏性，均存在流函数。但是，只有无旋流动才存在势函数，可见流函数比速度势更具普遍性。

对于平面势流，由于 $\omega_z = \frac{1}{2}\left(\frac{\partial v_y}{\partial x} - \frac{\partial v_x}{\partial y}\right) = 0$，将式（14-5-6）代入，得

$$\frac{\partial^2 \psi}{\partial x^2} + \frac{\partial^2 \psi}{\partial y^2} = 0 \quad 或 \quad \nabla^2 \psi = 0 \tag{14-5-10}$$

因此，平面势流的流函数 $\psi(x, y, t)$ 满足拉普拉斯方程，也是调和函数。这样，解平面有势流动问题也可变为解满足一定起始边界条件的流函数的拉普拉斯方程。

流函数有下列特性：等流函数线是流线；平面有势流动的等流函数线簇与等势线簇正交。

【例 14-5-1】下列说法错误的是：

A. 当流动为平面势流时，势函数和流函数均满足拉普拉斯方程

B. 当知道势函数或流函数时，就可以求出相应的速度分量

C. 流函数满足可压缩流体平面流动的连续性方程

D. 流函数的等值线垂直于有势函数等值线组成的等势面

解　流函数满足不可压缩流体平面流动的连续性方程。选 C。

【例 14-5-2】下列关于流函数的描述中，错误的是：

A. 平面流场可用流函数描述

B. 只有势流才存在流函数

C. 已知流函数或势函数之一，即可求另一函数

D. 等流函数值线即流线

解　不可压缩流体的平面流动，无论其是无旋流动还是有旋流动，以及流体有无黏性，均存在流函数。选 B。

【例 14-5-3】平面不可压缩流体速度势函数 $\varphi = ax(x^2 - 3y^2)$，$a < 0$，通过连接 $A(0,0)$ 和 $B(1,1)$ 两点的连线的直线段的流体流量为：

A. $2a$　　　　　　　B. $-2a$　　　　　　　C. $4a$　　　　　　　D. $-4a$

解　先由势函数 φ 求流函数 ψ：

$$\mathrm{d}\psi = \frac{\mathrm{d}\psi}{\mathrm{d}x}\mathrm{d}x + \frac{\mathrm{d}\psi}{\mathrm{d}y}\mathrm{d}y = -\frac{\mathrm{d}\varphi}{\mathrm{d}y}\mathrm{d}x + \frac{\mathrm{d}\varphi}{\mathrm{d}x}\mathrm{d}y = 6axy\mathrm{d}x + 3a(x^2 - y^2)\mathrm{d}y$$

$$\psi = 3ax^2y - ay^3$$

流量等于两流线的流函数之差，故：

$$Q = |\psi_A - \psi_B| = -2a$$

选 B。

【例 14-5-4】有一不可压缩流体平面流动的速度分布为 $u_x = 4x$，$u_y = -4y$。则对该平面流动，下列说法正确的是：

A. 存在流函数，不存在势函数　　　　　B. 不存在流函数，存在势函数

C. 流函数和势函数都存在　　　　　　　D. 流函数和势函数都不存在

解　由不可压缩流体平面流动的连续性方程：

$$\frac{\partial u}{\partial x} + \frac{\partial v}{\partial y} = \frac{\partial}{\partial x}(4x) + \frac{\partial}{\partial y}(-4y) = 0$$

知该流动满足连续性方程，流动是存在的，存在流函数。如果求出该流函数，则根据流函数的全微分方程：

$$d\psi = \frac{\partial \psi}{\partial x}dx + \frac{\partial \psi}{\partial y}dy = -vdx + udy = 4ydx + 4xdy$$

积分可得：$\psi = 4xy + C$

再来看势函数，由于是平面流动，$\omega_x = \omega_y = 0$

$$\omega_z = \frac{1}{2}\left(\frac{\partial v}{\partial x} - \frac{\partial u}{\partial y}\right) = \frac{1}{2}\left[\frac{\partial(-4y)}{\partial x} - \frac{\partial(4x)}{\partial y}\right] = 0$$

所以，该流动为无旋流动，存在速度势函数。由速度势函数的全微分方程得：

$$d\varphi = \frac{\partial \varphi}{\partial x}dx + \frac{\partial \varphi}{\partial y}dy = udx + vdy = 4xdx - 4ydy$$

积分可得：$\varphi = 2(x^2 - y^2) + C$

所以，该不可压缩流体的平面流动流函数和势函数都存在，选 C。

14.5.2　几种简单的平面无旋流动

1）均匀直线流动

设均匀流与x轴平行，速度为v_∞，则$v_x = v_\infty$，$v_y = 0$。

则$\varphi = v_\infty x$，$\psi = v_\infty y$。

令$\varphi = C$，$\psi = C$，得到等势线为一簇平行于y轴的直线，流线是一簇平行于x轴的直线，如取$\Delta\varphi = \Delta\psi$，则其流网为正方形网格。

2）源流和汇流

流体从一点径向均匀地呈直线向外流出，这种流动称为点源，这个点称为源点。如果流体径向直线均匀地流向一点，这种流动称为点汇，这个点称为汇点。点源（取正号）和点汇（取负号）的速度势和流函数，在极坐标下为

$$\varphi = \pm\frac{q}{2\pi}\ln r$$
$$\psi = \pm\frac{q}{2\pi}\theta$$

当r为常数时，得到等势线为半径不同的同心圆；θ为常数时，得到流线为通过原点极角不同的射线，等势线与流线正交。当$r = 0$，$v_r = \infty$时，源点或汇点称为流动的奇点。在该点处的流动没有意义，必须排除在所考虑的流场之外。

【例 14-5-5】下列哪种平面流动的等势线为一组平行的直线？

　　　　　A. 汇流或源流　　　B. 均匀直线流　　　C. 环流　　　　D. 转角流

解　均匀直线流等势线为一簇平行于y轴的直线，流线是一簇平行于x轴的直线。选 B。

14.5.3　圆柱形测速管原理

由于拉普拉斯方程是线性方程，故几个满足该方程的速度势或流函数，线性叠加后得到的新的速度势和流函数，仍满足拉普拉斯方程。势流的这种性质称为势流叠加原理，它为用解析法求解某些较复杂的势流问题提供了一个有效的途径。

研究势流叠加原理的意义在于，将复杂的势流分解成一些简单势流，将求得的这些简单流动的解叠加起来，就得到复杂流动的解。

圆柱体无环量绕流是由均匀流和偶极子流叠加而成的平面流动，若均匀流的速度为v_∞，沿x轴正向流动，偶极子流的偶极矩为M，两者叠加后的速度势和流函数为

$$\varphi = \left(v_\infty + \frac{M}{2\pi r^2}\right) r \cos\theta \qquad (14\text{-}5\text{-}11)$$

$$\psi = \left(v_\infty - \frac{M}{2\pi r^2}\right) r \sin\theta \qquad (14\text{-}5\text{-}12)$$

速度分布——将速度势对半径和极角求偏导数，求得流场速度为

$$\left.\begin{aligned} v_r &= \frac{\partial\varphi}{\partial r} = v_\infty\left(1 - \frac{r_0^2}{r^2}\right)\cos\theta \\ v_\theta &= \frac{\partial\varphi}{r\partial\theta} = -v_\infty\left(1 + \frac{r_0^2}{r^2}\right)\sin\theta \end{aligned}\right\} \qquad (14\text{-}5\text{-}13)$$

当 $r = r_0$ 时，即在圆柱面上

$$\left.\begin{aligned} v_r &= 0 \\ v_\theta &= -2v_\infty\sin\theta \end{aligned}\right\} \qquad (14\text{-}5\text{-}14)$$

这说明，沿圆柱体表面流体只有切线方向的速度，没有径向速度，即组合流动紧贴圆柱表面，既没有流体穿入，也没有脱离圆柱面。在圆柱面上速度是按照正弦规律分布的，在 $\theta = 0$ 和 $\theta = 180°$ 处，$v_\theta = 0$，A、B 两点是分流点，称它们为前驻点和后驻点。在 $\theta = \pm 90°$ 圆柱面的上下顶点，$|v_\theta| = 2v_\infty$，达到圆柱面速度的最大值。而当 $\theta = \frac{\pi}{6}$ 时，柱面上流速等于均匀直线流速。

14.5.4　紊流射流的一般特性

工程上经常遇到这种情况：气流经由管嘴喷射到一个足够大的空间中去，不再受固体界面的限制，而在大空间中继续扩散流动，这种流动就称为射流。由于自由射流一般都是紊流，所以，有些教科书又称它为紊流射流。

射流由管口射出，流体沿喷管的轴线方向运动，但由于射流注是紊流，所以，流体不但沿喷管轴线方向运动，而且，还发生剧烈的横向运动，结果造成与周围静止流体进行质量与动量交换，引起或带动周围流体流动。结果沿流程射流流量增加，射流宽度（或直径）不断加大，并且，射流本身速度逐渐减小，最后射流的动量全部消失在空间流体中，这种情况好像射流在空间介质中淹没了，所以又叫作自由淹没射流，如图 14-5-1 所示。

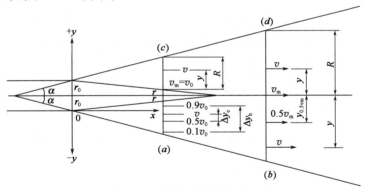

图 14-5-1　自由淹没射流速度分布

下面分别说明自由淹没射流的特性。

（1）过渡截面

假定对流以超临界速度的初速 u_0 从喷管喷出，其速度均匀一致。在流动中，由于周围流体不断加入，射流宽度逐渐加大，而在射流中还保持 u_0 的区域（又称为射流核心区），则逐渐缩小。一段距离以后，保护 u_0 的区域完全消失，只有射流中心一点处还保持初速 u_0。射流的这一截面就称为过渡截面。显然，过渡截面左侧，射流中心线上均保持初速 u_0，而过渡截面之后，射流中心速度开始下降。

（2）射流初始段和基本段

喷口截面和过渡截面之间的射流区段称为射流初始段。过渡截面后的区段称为射流基本段。基本段中，射流中心速度沿流动方向不断降低，并且，射流基本段完全为射流边界层占据。射流边界层是这样规定的，通常把速度等于零的边界线称为射流外边界线（或面），而轴向流速保持u_0的边界面（即射流核心区的边界面）称为内边界，而内外边界之间的区域就称为射流边界层。

（3）射流核心区

即在射流中继续保持初速u_0的区域。

（4）射流极点，射流极角（又叫射流扩散角）

射流外边界线的交点称为射流极点，由图可以看出，射流极点是管嘴内部的一个几何点，且外边界线之间的夹角θ称为射流极角，或称为射流扩散角。

射流的基本特征：

①$2R < S$（即射流边界层的宽度小于射流长度）。

②$v \ll u$（v为横向分速，u为轴向分速）。

③试验证明，整个射流区压力相等，等于周围环境介质压力。

④内外边界均是直线。

⑤基本段内轴向速度u沿x逐步减小。

⑥单位时间内射流各横截面沿x方向动量保持不变，等于喷管出口处的原始动量。射流参数的计算公式见表14-5-1。

射流参数的计算   表 14-5-1

段名	参数名称	符号	圆断面射流	平面射流
主体段	扩散角	α	$\tan\alpha = 3.4a$	$\tan\alpha = 2.44a$
	射流直径或半高度	D b	$\dfrac{D}{d_0} = 6.8\left(\dfrac{as}{d_0} + 0.147\right)$	$\dfrac{b}{b_0} = 2.44\left(\dfrac{as}{b_0} + 0.41\right)$
	轴心速度	v_m	$\dfrac{v_m}{v_0} = \dfrac{0.48}{\dfrac{as}{d_0} + 0.147}$	$\dfrac{v_m}{v_0} = \dfrac{1.2}{\sqrt{\dfrac{as}{b_0} + 0.41}}$
	流量	Q	$\dfrac{Q}{Q_0} = 4.4\left(\dfrac{as}{d_0} + 0.147\right)$	$\dfrac{Q}{Q_0} = 4.4\left(\dfrac{as}{d_0} + 0.147\right)$
	断面平均流速	v_1	$\dfrac{v_1}{v_0} = \dfrac{0.095}{\dfrac{as}{d_0} + 0.147}$	$\dfrac{v_1}{v_0} = \dfrac{0.492}{\sqrt{\dfrac{as}{b_0} + 0.41}}$
	质量平均流速	v_2	$\dfrac{v_2}{v_0} = \dfrac{0.23}{\dfrac{as}{d_0} + 0.147}$	$\dfrac{v_1}{v_0} = \dfrac{0.833}{\sqrt{\dfrac{as}{b_0} + 0.41}}$
起始段	流量	Q	$\dfrac{Q}{Q_0} = 1 + 0.76\dfrac{as}{r_0} + 1.32\left(\dfrac{as}{r_0}\right)^2$	$\dfrac{Q}{Q_0} = 1 + 0.43\dfrac{as}{b_0}$
	断面平均流速	v_1	$\dfrac{v_1}{v_0} = \dfrac{1 + 0.76\dfrac{as}{r_0} + 1.32\left(\dfrac{as}{r_0}\right)^2}{1 + 0.68\dfrac{as}{r_0} + 11.56\left(\dfrac{as}{r_0}\right)^2}$	$\dfrac{v_1}{v_0} = \dfrac{1 + 0.43\dfrac{as}{b_0}}{1 + 2.44\dfrac{as}{b_0}}$
	质量平均流速	v_2	$\dfrac{v_2}{v_0} = \dfrac{1}{1 + 0.76\dfrac{as}{r_0} + 1.32\left(\dfrac{as}{r_0}\right)}$	$\dfrac{v_2}{v_0} = \dfrac{1}{1 + 0.43\dfrac{as}{b_0}}$
	核心长度	s_n	$s_n = 0.672\dfrac{r_0}{a}$	$s_n = 1.03\dfrac{b_0}{a}$
	喷嘴至极点的距离	x_0	$x_0 = 0.294\dfrac{r_0}{a}$	$x_0 = 0.41\dfrac{b_0}{a}$
	收缩角	θ	$\tan\theta = 1.49a$	$\tan\theta = 0.97a$

【例 14-5-6】紊流自由射流的主要特征为：

    A. 射流主体段各断面轴向流速分布不具有明显的相似性

    B. 射流起始段中保持原出口射流的核心区呈长方形

    C. 射流各断面的动量守恒

    D. 上述三项

解 单位时间内射流各横截面沿 x 方向动量保持不变，等于喷管出口处的原始动量。选 C。

【例 14-5-7】气体射流中，圆射流从 $d = 0.2$m 管嘴流出，$Q_0 = 0.8$m^3/s，已知紊流系数 $a = 0.08$，则 0.05m 处射流流量 Q 为：

    A. 1.212m^3/s   B. 1.432m^3/s   C. 0.372m^3/s   D. 0.720m^3/s

解 此题为圆射流问题，可分为起始段和主体段，起始段的核心长度为：

$$S_n = 0.672 \frac{r_0}{a} = 0.672 \times \frac{0.1}{0.08} = 0.84$$

所以 0.05m 处仍处于起始段，对于起始段，则有：

$$\frac{Q}{Q_0} = 1 + 0.76 \frac{as}{r_0} + 1.32 \left(\frac{as}{r_0}\right)^2 = 1 + 0.76 \frac{0.08 \times 0.05}{0.1} + 1.32 \left(\frac{0.08 \times 0.05}{0.1}\right)^2$$

可得 $Q = 0.826$m^3/s，与选项 D 最为接近。

【例 14-5-8】某新建室内体育场由圆形风口送风，风口 $d_0 = 0.5$m，距比赛区为 45m。要求比赛区质量平均风速不超过 0.2m/s，则选取风口时，风口送风量不应超过（紊流系数 $a = 0.08$）：

    A. 0.25m^3/s   B. 0.5m^3/s   C. 0.75m^3/s   D. 1.25m^3/s

解 本题是在大空间中的自由射流，其速度衰减规律为 $\frac{v_2}{v_0} = \frac{0.23}{\frac{as}{d_0} + 0.147}$

则风口平均流速为：

$$u_0 = \frac{0.2 \times \left(\frac{0.08 \times 45}{0.5} + 0.147\right)}{0.23} = 6.39 \text{m/s}$$

从而求得风口送风量：

$$Q = \frac{\pi}{4} d_0^2 u_0 = 0.785 \times 0.5^2 \times 6.39 = 1.25 \text{m}^3/\text{s}$$

选 D。

14.5.5 特殊射流

1）温差射流

在暖通空调工程中，经常会碰到射流的温度与周围介质温度不同的情况。在这种射流中，由于紊流混合会引起热量的转移，同时由于射流速度场的相似性，必然亦会引起温度场的相似性（不论是射流被加热还是被冷却）。所不同的是热量扩散比动量扩散快些，因此温度边界层比速度边界层发展快些。关于温度场的分析方法与速度场相同，结果也类似。温度分布公式为：

对于圆断面轴对称温差射流

$$\frac{T_m - T_e}{T_0 - T_e} = \frac{0.7}{as/R_0 + 0.29} \tag{14-5-15}$$

对于平面温差射流

$$\frac{T_m - T_e}{T_0 - T_e} = \frac{1.04}{\sqrt{as/b_0 + 0.42}} \tag{14.5-16}$$

式中：T_m ——射流轴心温度；

  T_e ——射流周围介质温度；

  T_0 ——射流出口初始段温度。

2）浓差射流

在工业通风过程中，射流所含混合物浓度常与周围介质混合物浓度不同，因此在紊流自由射流与周围空间介质扩散的过程中，也必然会产生紊流的物质转移现象。如带有煤粉的一次风射流离开喷燃器在炉内扩散时，或可燃混合气流向炉内喷射，都会引起射流与周围介质之间的物质交换。由于紊流扩散的类似性，理论和实验分析得出，射流断面上的浓度差与温度差沿射流方向的变化规律完全相同。

3）旋转射流

气流通过具有旋流作用的喷嘴外射运动。气流本身一面旋转，一面向周围介质中扩散前进，称为旋转射流。旋转是旋转射流基本特征，旋转使射流获得向四周扩散的离心力。和一般射流比较，扩散角大，射程短，射流的紊动性强。

4）有限空间射流

在射流运动中，由于受壁面、顶棚以及空间的限制，自由射流规律不再适用，因此必须研究受限后的射流，即有限空间射流运动规律。目前有限空间射流理论尚不完全成熟，多是根据实验结果整理成近似公式或无量纲曲线，供设计使用。

有限空间射流由自由扩张段、有限扩张段、收缩段组成。射流内部压强是变化的，随射程的增大，压强增大，直至端头压强最大，达稳定值后比周围压强要高些。射流中各横截面上动量不相等，沿程减少。

在房间长度大于情况下，实验证明在封闭末端产生涡流区。涡流区的出现是通风空调工程所不希望的，应当清除。

5）贴附射流

当送风口贴近顶棚，由于射流在顶棚处不能卷吸空气，因此上部流速大、静压小，下部流速小、静压大。贴附长度，送冷风时，射流将较早地脱离顶棚下落，贴附长度与阿基米德数 Ar 有关，Ar 数为：

$$Ar = \frac{\delta d_0 A t_s}{v_0^2 T_r}$$

【例 14-5-9】在舒适性空调中，送风通常为贴附射流，贴附射流的贴附长度主要取决于：

  A. 雷诺数   B. 欧拉数

  C. 阿基米德数   D. 佛诺得数

解 理由见上面基础知识。选 C。

【例 14-5-10】下列有关射流的说法，错误的是：

  A. 射流极角的大小与喷口断面的形状和紊流强度有关

  B. 自由射流单位时间内射流各断面上的动量是相等的

  C. 旋转射流和一般射流比较，扩散角大，射程短

  D. 有限空间射流内部的压强随射程的变化保持不变

解 对于自由射流，整个射流区域压力相等，等于周围环境介质压力，但有限空间射流由于受壁面、顶棚以及空间的限制，自由射流规律不再适用，射流内部压强是变化的，且随射程的增大，压强增大，所以选项 D 是错误的。

经典练习

14-5-1 流体是有旋还是无旋，根据（　　　）决定。
　　　A. 流体微团本身是否绕自身轴旋转
　　　B. 流体微团的运动轨迹
　　　C. 流体微团的旋转角速度大小
　　　D. 上述三项

14-5-2 已知某流速场 $u_x = -ax$，$u_y = ay$，$u_z = 0$，则该流速场的流函数为（　　　）。
　　　A. $\psi = 2axy$　　　　　　　　　　　　　B. $\psi = -2axy$
　　　C. $\psi = -\frac{1}{2}a(x^2 + y^2)$　　　　　　　D. $\psi = \frac{1}{2}a(x^2 + y^2)$

14-5-3 在环流中，（　　　）做无旋流动。
　　　A. 原点
　　　B. 除原点外的所有质点
　　　C. 边界点
　　　D. 所有质点

14.6　气体射流压力波传播和音速概念

考试大纲☞： 可压缩流体一元稳定流动的基本方程　渐缩喷管与拉伐尔管的特点　实际喷管的性能

当气体流速较高，压差较大时，气体的密度发生了显著的变化，从而气体的流动现象、运动参数都将发生显著变化。因此必须考虑气体的可压缩性，也就是必须考虑气体密度随压强和温度的变化而变化。这样，研究可压缩流体的动力学不只是流速、压强问题，而且也包含密度和温度等问题。不仅需要流体力学的知识，还要需要热力学的知识。在这种情况下，进行气体动力学计算时，压强、温度只能用绝对压强和开尔文温度。

14.6.1　可压缩流体一元稳定流动的基本方程

1）连续性方程

由于气体的密度在流动中是发生变化的，所以它的连续性方程不能像不可压缩流体那样按体积流量来计算，而需要用质量流量来计算，即气体在流管中流动时，每单位时间内流过流管中任意两个有效断面的质量流量必定相等，即

$$\rho_1 v_1 A_1 = \rho_2 v_2 A_2 \tag{14-6-1}$$
$$\rho v A = c$$

对上式微分，可得连续性微分方程

$$\frac{\mathrm{d}\rho}{\rho} + \frac{\mathrm{d}v}{v} + \frac{\mathrm{d}A}{A} = 0 \tag{14-6-2}$$

2）能量方程

$$\int \frac{\mathrm{d}p}{p} + \frac{v^2}{2} = c \qquad 或 \qquad \left. \begin{array}{c} U + \dfrac{p}{\rho} \\[2mm] \dfrac{k}{k-1}\dfrac{p}{\rho} \\[2mm] \dfrac{k}{k-1}RT \\[2mm] \dfrac{c^2}{k-1} \\[2mm] C_{\mathrm{R}}\overline{h} \end{array} \right\} + \frac{v^2}{2} = c \qquad\qquad (14-6-3)$$

能量方程的意义：单位质量流体所具有的内能、压能与动能之和保持不变。可压缩流体密度不是常数，而是压强和温度的函数。

【例 14-6-1】 在气体等熵流动中，气体焓i随气流速度v减小的变化情况为：

    A. 沿程增大   B. 沿程减小

    C. 沿程不变   D. 变化不定

解 在理想气流绝热（等熵）流动中，沿流任意断面上，单位质量气体所具有的内能、压能及动能三项之和均为一常数，即绝热流动的全能方程为：

$$u + \frac{p}{\rho} + \frac{v^2}{2} = \mathrm{const}$$

其中，热力学焓$i = u + \dfrac{p}{\rho}$，所以绝热流动全能方程也可以写为

$$i + \frac{v^2}{2} = \mathrm{const}$$

所以，气体焓i随气流速度v减小而沿程增大，因此选 A。

14.6.2 声速、滞止参数、马赫数

1）声速

在可压缩流体中，如果某处产生一个微弱的局部压力扰动，这个压力扰动将以波面的形式在流体内传播，其传播速度称为声速，记作c。

对扰动应用连续方程和动量方程，可以得到声速的公式

$$c = \sqrt{\frac{\mathrm{d}p}{\mathrm{d}\rho}} \qquad\qquad (14-6-4)$$

对于气体，由于小扰动波的传播速度很快，与外界来不及进行热交换，且各项参数的变化量微小，小扰动波的传播过程是一个既绝热又没能量损失的等熵过程。应用等熵过程方程$\dfrac{p}{\rho^k} = c$，得到气体中的声速公式

$$c = \sqrt{k\frac{p}{\rho}} = \sqrt{kRT} \qquad\qquad (14-6-5)$$

综合以上分析，可以看出：

（1）密度对压强的变化率$\dfrac{\mathrm{d}\rho}{\mathrm{d}p}$反映流体的压缩性，$\dfrac{\mathrm{d}\rho}{\mathrm{d}p}$越大，其倒数$\dfrac{\mathrm{d}p}{\mathrm{d}\rho}$越小，声速$c = \sqrt{\dfrac{\mathrm{d}p}{\mathrm{d}\rho}}$越小，流体容易压缩；反之，$c = \sqrt{\dfrac{\mathrm{d}p}{\mathrm{d}\rho}}$越大，流体不易压缩，不可压缩流体$c \to \infty$。所以该因素是反映流体压缩性

大小的物理参数。

（2）声速与气体热力学温度T有关（$c = \sqrt{kRT}$）。在气体动力学中，温度是空间坐标的函数，所以，声速也是空间坐标的函数。为强调这一点，常称为当地声速。

（3）声速与气体的绝热指数k和气体常数R有关。所以不同气体声速不同，对于空气，$k = 1.4$，$R = 287\text{J}/(\text{kg} \cdot \text{K})$，代入$c = \sqrt{k\dfrac{p}{\rho}} = \sqrt{kRT}$，得

$$c = 20.1\sqrt{T} \tag{14-6-6}$$

2）马赫数

流体运动的速度与当地声速之比称为马赫数，以 Ma 表示。

$$\text{Ma} = \frac{u}{c} \tag{14-6-7}$$

在可压缩流动中，马赫数是一个重要的无量纲参数，在第 17 章里我们将看到马赫数表征流体的惯性力与压缩的弹性力之比。按马赫数的大小，可压缩流动分成三种形式。

（1）$\text{Ma} < 0.3$，不可压缩流体；$\text{Ma} = 0.3\sim0.8$，亚音速；$\text{Ma} = 0.8\sim1.2$，跨音速；$\text{Ma} = 1.2\sim5.0$，超音速；$\text{Ma} = 1$，音速；$\text{Ma} = 5.0\sim10$，高超音速。

（2）$\text{Ma} > 1$，$u > c$，即气流本身速度大于声速，则气流中参数的变化不能向上游传播。这就是超声速流动。

（3）$\text{Ma} < 1$，$u < c$，即气流本身速度小于声速，则气流中参数的变化既能向上游传播，又能向下游传播。这就是亚声速流动。

3）滞止参数

气流某断面的流速，设想以无摩擦绝热过程降低至零时，断面各参数所达到的值，称为气流在该断面的滞止参数。滞止状态下各相应参数称为滞止参数，分别以p_0、ρ_0、T_0、c_0表示。气体绕过一个物体时，在驻点处气流受到阻滞，速度等于零，这一点的气流状态也是滞止状态。滞止参数在整个流动过程中保持不变。

现将滞止参数与断面参数比表示为马赫数的函数。

$$\frac{T_0}{T} = 1 + \frac{k-1}{2}\frac{v^2}{kRT} = 1 + \frac{k-1}{2}\frac{v^2}{c^2} = 1 + \frac{k-1}{2}\text{Ma}^2$$

根据等熵过程方程式可导出

$$\frac{p_0}{p} = \left(\frac{T_0}{T}\right)^{\frac{k}{k-1}} = \left(1 + \frac{k-1}{2}\text{Ma}^2\right)^{\frac{k}{k-1}} \tag{14-6-8}$$

$$\frac{\rho_0}{\rho} = \left(\frac{T_0}{T}\right)^{\frac{1}{k-1}} = \left(1 + \frac{k-1}{2}\text{Ma}^2\right)^{\frac{1}{k-1}} \tag{14-6-9}$$

$$\frac{c_0}{c} = \left(\frac{T_0}{T}\right)^{2} = \left(1 + \frac{k-1}{2}\text{Ma}^2\right)^{\frac{1}{2}} \tag{14-6-10}$$

根据上面四个参数比和马赫数的关系式，只需已知滞止参数和某一断面的马赫数，便可求得该断面的运动参数。

【例 14-6-2】 音速是弱扰动在介质中的传播速度，也就是以下哪种微小变化以波的形式在介质中的传播速度：

A. 压力　　　　　　B. 速度　　　　　　C. 密度　　　　　　D. 上述三项

解 由音速的定义可知，某处产生一个微弱的局部压力扰动，这个压力扰动将以波面的形式在流体内传播，其传播速度称为音速。选 A。

【例 14-6-3】喷气式发动机尾喷管出口处，燃气流的温度为 873K，流速为560m/s，燃气的等熵指数 $K = 1.33$，气体常数 $R = 287.4J/(kg \cdot K)$，则出口燃气流的马赫数为：

A. 0.97   B. 1.03   C. 0.94   D. 1.06

解

$$c = \sqrt{k\frac{p}{\rho}} = \sqrt{kRT} = \sqrt{1.33 \times 287.4 \times 873} = 577.7 \text{m/s}$$

$$Ma = \frac{u}{c} = \frac{560}{577.7} = 0.97$$

选 A。

【例 14-6-4】某涡轮喷气发动机在设计状态下工作时，已知在尾喷管进口截面处的气流参数为：$p_1 = 2.05 \times 10^5 \text{N/m}^2$，$T_1 = 856\text{K}$，$v_1 = 288\text{m/s}$，$A_1 = 0.19\text{m}^2$。出口截面 2 处的气体参数为：$p_2 = 1.143 \times 10^5 \text{N/m}^2$，$T_2 = 766\text{K}$，$A_2 = 0.153\,8\text{m}^2$。已知 $R = 287.4J/(kg \cdot K)$，则通过尾喷管的燃气质量流量和喷管出口流速分别为：

A. 40.1kg/s，524.1m/s   B. 45.1kg/s，524.1m/s

C. 40.1kg/s，565.1m/s   D. 45.1kg/s，565.1m/s

解 根据连续性方程，有

$$\rho_1 v_1 A_1 = \rho_2 v_2 A_2$$

气体状态方程 $p = \rho RT$

$$Q_m = \rho v A = \frac{p}{RT} v A = 45.1 \text{kg/s} \quad （代入入口截面处参数）$$

由于 $Q_{m1} = Q_{m2}$，得

$$\frac{p_1}{RT_1} v_1 A_1 = \frac{p_2}{RT_2} v_2 A_2$$

得 $v_2 = 565.1\text{m/s}$，选 D。

【例 14-6-5】空气从压气罐口通过一拉伐尔喷管输出，已知喷管出口压强 $p = 14\text{kN/m}^2$，马赫数 $Ma = 2.8$，压气罐中温度 $t_0 = 20℃$，则喷管出口的温度和速度为：

A. 114K，500m/s   B. 114K，600m/s

C. 134K，700m/s   D. 124K，800m/s

解 对于空气，$k = 1.4$，$R = 287J/(kg \cdot K)$；马赫数 $Ma = 2.8$；$t_0 = 20℃$，则 $T_0 = 293\text{K}$

$$\frac{T_0}{T} = 1 + \frac{k-1}{2} Ma^2 = 1 + \frac{1.4-1}{2} Ma^2 = 2.568$$

得 $T = 114\text{K}$

又有 $c = \sqrt{kRT} = \sqrt{1.4 \times 287 \times 114} = 214.6 \text{m/s}$

由 $Ma = \frac{v}{c}$，则 $v = Ma \times c = 2.8 \times 214.6 = 600.9\text{m/s}$

选 B。

【例 14-6-6】喷管中空气的速度为500m/s，温度为300K，密度为2kg/m³，若要进一步加速气流，则喷管面积需：

A. 缩小   B. 扩大   C. 不变   D. 不定

解　音速与气体的绝热指数k和气体常数R有关，对于空气$k = 1.4$，$R = 287\text{J}/(\text{kg}\cdot\text{K})$，由

$$c = \sqrt{kRT} = \sqrt{1.4 \times 287 \times 230} = 347.2\text{m/s}$$

可得此处马赫数$\dfrac{\mathrm{d}v}{v} = \dfrac{1}{\text{Ma}^2 - 1}\dfrac{\mathrm{d}A}{A}$大于 1。又因马赫数大于 1 时，$\mathrm{d}v$与$\mathrm{d}A$符号相同，说明速度随断面的增大而加快，随断面的减小而减慢。因此要想进一步加速，则喷管面积需要扩大。选 B。

14.6.3　渐缩喷管与拉伐尔管的特点

流动参数随断面积的关系，由运动微分方程$\dfrac{\mathrm{d}p}{\rho} + v\mathrm{d}v = 0$及声速公式$a = \sqrt{\dfrac{\mathrm{d}p}{\rho}}$得到关系式

$$\frac{\mathrm{d}v}{v} = \frac{1}{\text{Ma}^2 - 1}\frac{\mathrm{d}A}{A}$$

对上式进行讨论，即可得到断面A与气流速度v的关系。

（1）$\text{Ma} < 1$，$u < c$，为亚声速流动，$\mathrm{d}v$与$\mathrm{d}A$符号相反，说明速度随断面的增大而减慢；随断面的减小而加快。

（2）$\text{Ma} > 1$，$u > c$，为超声速流动，$\mathrm{d}v$与$\mathrm{d}A$符号相同，说明速度随断面的增大而加快；随断面的减小而减慢。

（3）$\text{Ma} = 1$，$u = c$，为气流速度与当地声速相等，此时称气体处于临界状态。气体达到临界状态时的界面，称为临界断面。

由上面可知，要使气流加速，当流速尚未达到当地声速时，喷管断面应逐渐收缩，直至流速达到当地声速时，断面收缩到最小值，这种喷管称为渐缩喷管。渐缩喷管出口处的流速最大只能达到当地声速。此时，对应有一极限出口压力P_2，此后，任由喷管出口外的介质压力P_b下降，喷管出口截面上的气流压力仍维持为P_2。

要使气流从亚声速加速到超声速，必须将喷管做成先逐渐收缩而后逐渐扩大形（在最小断面处流速达到当地声速），这种喷管称为缩放喷管。缩放喷管是瑞典工程师拉伐尔（de. Laval）在研制汽轮机时发明的，所以又称为拉伐尔喷管。这种利用管道断面的变化来加速气流的几何喷管，在汽轮机、燃气轮机、喷气发动机和流量测量中被广泛地应用。此时，喷管喉部处的压力为临近压力，流速为当地音速A。从喷管的收缩段来看，喉部截面上的流量为前述按喉部截面积$A_{\min}$所确定的最大流量。按连续性方程，缩放喷管所有截面上的流量应该都等于其喉部截面上的流量。

对于缩放喷管，尽管当背压P_b继续降低时，其出口截面上的气流速度会增大，但流量却不会增加，将始终等于上述最大流量值。

【例 14-6-7】对于喷管气体流动，在马赫数$\text{Ma} > 1$的情况下，气体速度随断面的增大变化情况为：

　　A. 加快　　　　　　　　　　　　　B. 减慢

　　C. 不变　　　　　　　　　　　　　D. 先加快后减慢

解　$\text{Ma} > 1$，$u > c$，为超声速流动，$\mathrm{d}v$与$\mathrm{d}A$符号相同，说明速度随断面的增大而加快；随断面的减小而减慢。选 A。

【例 14-6-8】在同一流动气流中，当地音速c与滞止音速c_0的关系为：

　　A. c永远大于c_0　　　　　　　　　B. c永远小于c_0

　　C. c永远等于c_0　　　　　　　　　D. c与c_0关系不确定

解　由于当地气流速度v的存在，同一气流中当地音速永远小于滞止音速。选 B。

14.7　泵与风机与网络系统的匹配

考试大纲☞：泵与风机的运行曲线　网络系统中泵与风机的工作点　离心式泵或风机的工况调节　离心式泵或风机的选择　气蚀　安装要求

水泵与风机是输送流体或使流体增压的机械。它将原动机的机械能或其他外部能量传送给流体，使流体能量增加，主要用于流体输送，是一种面大量广的通用型机械设备。根据不同的工作原理可分为容积水泵、叶片泵等类型。叶片泵是利用回转叶片与水的相互作用来传递能量，有离心泵、轴流泵和混流泵等类型。其中，离心泵在暖通空调系统中应用最为广泛。

叶轮随原动机的轴转时，叶片间的流体也随叶轮高速旋转，受到离心力的作用，被甩出叶轮的出口。被甩出的流体挤入机（泵）壳后，机（泵）壳内流体压强增高，最后被导向泵或风机的出口排出。同时，叶轮中心由于流体被甩出而形成真空，外界的流体在大气压的作用下，沿泵或风机的进口吸入叶轮，如此源源不断地输送流体。

按叶片出口角度的不同，叶片可分为前向、径向和后向三种。叶片出口角大于 90°的叫作前向叶片，等于 90°的叫作径向叶片，小于 90°叫作后向叶片。

从结构角度看，前向式叶轮结构小，质量小，投资少。从能量转化和效率角度看，前向式叶轮流道扩散度大且压出室能头转化损失也大；而后向式则反之，故其克服管路阻力的能力相对较好。从防磨损和积垢角度看，径向式叶轮较好，前向式叶轮较差，而后向式居中。

因此，叶片出口安装角的选用原则为：

（1）为了提高泵与风机的效率和降低噪声，工程上对离心式泵均采用后向式叶轮。

（2）为了提高压头、流量，缩小尺寸，减轻质量，工程上对小型通风机也可采用前向式叶轮。

（3）由于径向式叶轮防磨、防积垢性能好，所以，可用做引风机、排尘风机和耐磨高温风机等。

以离心式泵与风机为例，它们的能量损失大致可分为流动损失、泄漏损失、轮阻损失和机械损失等。

（1）流动损失。流动损失的根本原因在于流体具有黏滞性。泵与风机的通流部分从进口到出口由许多不同形状的流道组成。首先，流体流经叶轮时由轴向转变为径向，流体在叶片入口之前，由于叶轮与流体间的旋转效应存在，发生先期预旋现象，改变了叶片传给流体的理论功，并且使进口相对速度的大小和方向改变，使理论扬程下降；其次，因种种原因泵与风机往往不能在设计工况下运转，当工作流量不等于设计流量时，进入叶轮叶片流体的相对速度的方向就不再同叶片进口安装角的切线相一致，从而对叶片发生冲击作用，形成撞击损失；此外，在整个流动过程中一方面存在着从叶轮进口、叶道、叶片扩压器到蜗壳及出口扩压器沿程摩擦损失，另一方面还因边界层分离，产生涡流损失。

（2）泄漏损失。泵与风机静止元件和转动部件间必然存在一定的间隙，流体会从泵与风机转轴与蜗壳之间的间隙处泄漏，称为外泄漏。离心式泵与风机的外泄漏损失很小，一般可略去不计。但当叶轮工作时，机内存在着高压区和低压区，蜗壳靠近前盘的流体，经过叶轮进口与进气口之间的间隙，流回到叶轮进口的低压区而引起的损失，称为内泄漏损失。此外，对离心泵来说为平衡轴向推力常设置平衡孔，同样引起内泄漏损失。由于泄漏的存在，既导致出口流量降低，又无益地耗功。

（3）轮阻损失。因为流体具有黏性，当叶轮旋转时引起了流体与叶轮前、后盘外侧面和轮缘与周围流体的摩擦损失，称为轮阻损失。

（4）机械传动损失。这是由于泵与风机的轴承与轴封之间的摩擦造成的。

【例 14-7-1】 前向叶型风机的特点为：

    A. 总的扬程比较大，损失较大，效率较低

    B. 总的扬程比较小，损失较大，效率较低

    C. 总的扬程比较大，损失较小，效率较高

    D. 总的扬程比较大，损失较大，效率较高

解 前向式叶轮结构小，从能量转化和效率角度看，前向式叶轮流道扩散度大且压出室能头转化损失也大、效率低，但其压头却要高一些。选 A。

14.7.1 泵与风机的运行曲线

泵与风机的性能曲线，只能说明泵与风机自身的性能，但泵与风机在管路中工作时，不仅取决于其本身的性能，而且还取决于管路系统的性能，即管路特性曲线。由这两条曲线的交点来决定泵与风机在管路系统中的运行工况。

泵与风机的理论特性曲线：性能曲线通常是指在一定转速下，以流量为基本变量，其他各参数随流量改变而改变的曲线。

通常的性能曲线为：

（1）$H = f_1(Q)$。

（2）$N = f_2(Q)$。

（3）$\eta = f_3(Q)$。

把相似定律应用到不同转速运行的同一台叶片泵，流量、扬程、功率与转速之间的比例关系为

$$Q_1/Q_2 = n_1/n_2$$
$$H_1/H_2 = (n_1/n_2)^2$$
$$N_1/N_2 = (n_1/n_2)^3$$

Q、H、N 分别表示流量、扬程、功率，下标 1 相对于转速 1 的物理量，下标 2 相对于转速 2 的物理量。

【例 14-7-2】 某单吸离心泵，$Q = 0.073\,5\text{m}^3/\text{s}$，$n = 1\,420\text{r/min}$；后因改为电机直接联动，$n$ 增大为 $1\,450\text{r/min}$，试求这时泵的流量：

    A. $Q = 0.074\,05\text{m}^3/\text{s}$ B. $Q = 0.079\,2\text{m}^3/\text{s}$

    C. $Q = 0.073\,5\text{m}^3/\text{s}$ D. $Q = 0.075\,1\text{m}^3/\text{s}$

解 因为 $Q_1/Q_2 = n_1/n_2$，即流量与转速成正比。选 D。

【例 14-7-3】 在系统阻力经常发生波动的系统中，应选用具有什么型 Q-H 性能曲线的风机？

    A. 平坦型   B. 驼峰型

    C. 陡降型   D. 上述均可

解 这是因为系统阻力波动较大，而对于 Q-H 性能曲线为陡降型的风机，全压变化较大，而风量变化不大，从而保证系统风量的稳定。选 C。

14.7.2　网络系统中泵与风机的工作点

将泵或风机的性能曲线和管路特性曲线同绘在一张坐标图上，泵或风机的性能曲线和管路特性曲线相交于一点，该点即为泵在管路系统中的实际工作点。

工作点的确定，对泵与风机的选用和维修、调节具有指导性的意义。

（1）对泵与风机进行选配时，除了必须满足按工程需要所确定的参数外，其工况必须和工作点接近，即必须在最高效率区，以保证运行的经济性。

（2）实际工作中对泵与风机的运行需求是变化的。这就常常需要改变泵与风机的工作点，即调节工况。

（3）泵或风机在运行中出现故障时，也常常利用工作点（特性曲线）的变化情况指导维修工作。

1）工作点的稳定

泵或风机的性能曲线的上升部分与管路特性曲线相交的点，称为泵或风机的不稳定工作点。

如果泵或风机的性能曲线没有上升区段，就不会出现工作的不稳定性，因此泵或风机应当设计成性能曲线只有下降型的。

若泵或风机的性能曲线是驼峰型的，则工作范围要始终保持在性能曲线的下降区段，这样就可以避免不稳定的工作。

2）工作点调节

从工作点的定义出发，调整工作点，可以改变泵与风机本身的性能曲线，也可以改变管路的特性曲线，当然两条曲线同时改变也是常用的调节方法。其常用的方法有：

（1）多台泵或风机的串并联运行调节。

（2）改变阀门开度进行调节。

（3）改变转速调节。

（4）切削水泵叶轮调节。

【例 14-7-4】 如图所示送风系统采用调速风机，现 $L_A = 1\ 000\text{m}^3/\text{h}$，$L_B = 1\ 500\text{m}^3/\text{h}$，为使 $L_A = L_B = 1\ 000\text{m}^3/\text{h}$，可采用下列哪种方法？

A. 关小 B 阀，调低风机转速

B. 关小 B 阀，调高风机转速

C. 开大 A 阀，调低风机转速

D. A 与 C 方法皆可用

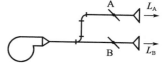

例 14-7-4 图

解　对于 A 方法，关小 B 阀，增大其阻抗，A 与 B 并联的总阻抗变大，总流量变小，风机的压头提高，而 A 管阻不变，所以 A 流量会变大，所以此时应再调低风机转速。同理可分析，也可以开大 A 阀，调低风机转速。选 D。

【例 14-7-5】 某水泵的性能曲线如图所示，则工作点应选在曲线的：

A. 1—2 区域　　　　　　　　　　　B. 1—2—3 区域

C. 3—4 区域　　　　　　　　　　　D. 1—2—3—4 区域

解　工作点应选稳定工作点。泵性能曲线有驼峰时，工作点应取在下降段。因为管网曲线可能与之有两个交点，如解图所示。选 C。

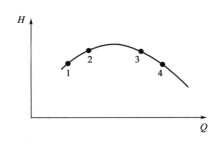
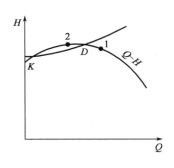

例 14-7-5 图　　　　　　　　　　　　　　　例 14-7-5 解图

两个交点，分别为 D 点和 K 点。当 Q 大于 Q_k 时，随着 Q 增加，H 增加，压头大于需要，流速加大，流量继续增大，直到 D 点；当 Q 小于 Q_k 时，随着 Q 减小，H 减小，压头小于需要，流速减小，流量继续减小，直到 $Q = 0$ 点，甚至发生回流。一旦离开 K 点，便难于再返回，故称 K 点为非稳定工作点。

14.7.3　泵或风机的联合运行

当采用一台泵或风机不能满足流量或能头要求时，往往要用两台或两台以上的泵与风机联合工作。泵与风机联合工作可以分为并联和串联两种。

1）泵与风机的并联工作

并联是指两台或两台以上的泵或风机，向同一压力管路输送流体的工作方式。并联的目的是在压头相同时增加流量。当系统改造，相应地需要流量增大，或者由于外界负荷变化很大，流量变化幅度相应很大，为了发挥泵与风机的经济效果，使其能在高效率范围内工作，往往采用两台或数台并联工作，以增减运行台数来适应外界负荷变化的要求时。并联工作可分为两种情况，即相同性能的泵与风机并联和不同性能的泵与风机并联，通常以相同性能的泵与风机并联为多，故现以相同性能的泵与风机并联泵为例介绍并联工作的特点。

两台泵并联时的流量等于并联时的各台泵流量之和，但与各台泵单独工作时相比，则两台泵并联后的总流量小于两台泵单独工作的流量之和，而大于一台泵单独工作时的流量。并联后每台泵工作的流量较单独时的较小，而并联后的扬程却比一台泵单独工作时要高些。这是因为输送的管道仍是原有的，直径也没增大，而管道摩擦损失随流量的增加而增大了，从而阻力增大，这就需要每台泵都提高它的扬程来克服这增加的阻力水头。

并联工作时，管路特性曲线越平坦，并联后的流量就越接近单独运行时的 2 倍，工作就越有利。如果管路特性曲线越陡，陡到一定程度时仍采取并联是徒劳无益的。若泵的性能曲线越陡时，并联后的总流量反而就越接近单独工作时流量的 2 倍，因此为达到并联后增加流量的目的，泵的性能曲线应当陡一些为好。从并联数量来看，台数越多，并联后所能增加的流量越少，即每台泵输送的流量减少，故并联台数过多并不经济。

2）泵与风机的串联工作

串联是指前一台泵或风机的出口向另一台泵或风机的入口输送流体的工作方式。当设计制造一台新的高压的泵或风机比较困难，而现有的泵或风机的容量已足够，只是压头不够时；或者在改建或扩建的管道阻力加大，要求提高扬程以输出较多流量时，都可以采用串联工作方式。

串联也可分为两种情况，即相同性能的泵与风机串联和不同性能的泵与风机串联，现以相同性能的水泵串联为例，介绍串联工作的特点。

串联工作的特点，是流量彼此相等，总扬程为每台泵扬程之和，两台泵串联工作时所产生的总扬程小于泵单独工作时扬程的 2 倍，而大于串联前单独运行的扬程，且串联后的流量也比一台泵单独工作时大了，这是因为泵串联后一方面扬程的增加大于管路阻力的增加，导致富裕的扬程促使流量增加。另一方面流量的增加又使阻力增大，抑制了总扬程的升高。当两泵串联时，必须注意的是后一台泵是否承受升压，故选择时要注意泵的结构强度。启动时，要注意各串联泵的出口阀都要关闭，待启动第一台泵后，再开第一台泵的出水阀门，然后再启动第二台泵，再打开第二台泵的出水阀向外供水。

风机串联的特性与泵相同，但几台风机串联运行的情况不常见，且因在操作上可靠性差，故不推荐采用。

【例 14-7-6】当采用两台相同型号的水泵并联运行时，下列结论错误的是：

　　A. 并联运行时总流量等于每台水泵单独运行时的流量之和

　　B. 并联运行时总扬程大于每台水泵单独运行时的扬程

　　C. 并联运行时总流量等于每台水泵联合运行时的流量之和

　　D. 并联运行比较适合管路阻力特性曲线平坦的系统

解　并联运行时总流量小于每台水泵单独运行时的流量之和。选 A。

14.7.4　泵的气蚀及安装要求

1）气蚀

大气压下升温到 100℃，或 20℃下降压至 2.4kPa，水就会汽化。汽化发生后，大量的蒸气及溶解在水中的气体逸出，形成大量蒸气、气体混合物的小气泡。气泡随同液体从低压区流向高压区，在高压作用下迅速凝结或破裂，瞬间产生局部空穴，周围的液体以极高的速度冲向原气泡所占据的空间，形成冲击。来不及瞬间全部溶解和凝结的气体和蒸气在冲击力的作用下又分成更小的气泡，反复被高压水压缩、凝结。于是局部地区产生高频率、高冲击力的水击，不断击打泵内部件，特别是工作叶轮，长期这样会使其表面成为蜂窝状或海绵状。此外，在凝结热的助长下，活泼气体还对金属发生化学腐蚀，以致金属表面逐渐脱落而破坏。这种现象就是气蚀。

产生"气蚀"的原因有以下几种：泵的安装位置高出吸液面的高差太大，即泵的几何安装高度H_g太大；泵安装地点的大气压较低，例如安装在高海拔地区；泵所输送的液体温度过高等。

2）泵的安装高度和吸入口的真空高度

水池液面e-e和水泵吸入口s-s断面的能量方程为

$$z_e + \frac{p_e}{\rho g} + \frac{v_e^2}{2g} = z_s + \frac{p_s}{\rho g} + \frac{v_s^2}{2g} + h_1$$

而$z_s - z_e = H_g$，为泵的安装高度（m）；$\frac{p_e - p_s}{\rho g} = H_s$，为泵吸入口处的真空高度（m）。

所以得$H_s = H_g + \frac{v_s^2}{2g} + h_1$。

此时，由上式计算出的H_s必须小于水泵的允许真空高度$[H]$。其中，$[H]$与水泵性能有关，一般由水泵厂家提供。

但应当指出，离心泵的安装地点的大气压力和水温不同于标准工况时，如当地海拔 300m 以上或被抽水的水温超过 20℃，则水泵允许真空高度$[H]$要进行修正。即按照不同海拔高程处的大气压力和高于

20℃水温时的饱和蒸汽压力进行计算。但是，水温为 20℃以下时，饱和蒸汽压力的变化可忽略不计。

所以，当安装工况改变后，允许真空高度[H]可按下式进行修正。

$$[H]' = [H] - (10.33 - h_a) - (h_v - 0.24)$$

其中，h_a 为安装地点（m）；h_v 为实际水温下的饱和蒸汽压力（m）；标准大气压为 10.33mH₂O，水 20℃时汽化压力为 0.24mH₂O。

【例 14-7-7】 以下哪些情况会造成泵的气蚀问题？

①泵的安装位置高出吸液面的高差太大；

②泵安装地点的大气压较低；

③泵输送的液体温度过高。

　　　　A.①② 　　　　　　　　　　　　B.①③

　　　　C.③ 　　　　　　　　　　　　D.①②③

解　泵的安装位置高出吸液面的高差太大；泵安装地点的大气压较低；泵所输送的液体温度过高等都会使液体在泵内汽化。选 D。

【例 14-7-8】 如图所示水泵，允许吸入真空高度 $H_s = 6$m，流量 $Q = 150$m³/h，吸水管管径为 150mm，当量总长度 L_x 为 80m，比摩阻 $R_m = 0.05$mH₂O/m，则最大安装高度 H 等于：

　　　　A. 2.2m 　　　　　　　　　　　B. 1.7m

　　　　C. 1.4m 　　　　　　　　　　　D. 1.2m

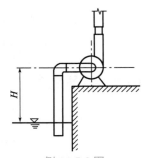

例 14-7-8 图

解　$v_s = \frac{4Q}{\pi d^2} = 2.35$m/s，$H_1 = 0.05 \times 80 = 4$m，$H_s = H_g + \frac{v_s^2}{2g} + h_1$，得 $H_g = 1.7$m。选 B。

【例 14-7-9】 若有一台单级水泵的进口直径 $D = 600$mm，当地大气压力为标准大气压力，输送 20℃清水，其工作流量 $Q = 0.8$m³/s，允许真空高度[H]=3.5m，吸水管水头损失 $\sum h_s = 0.4$m，若水泵的轴线标高比吸水面（自由液面）高出 3m，该水泵是否会出现气蚀？若将该泵安装在海拔 1 000m 的地区（当地大气压 9.2mH₂O），输送 40℃的清水（40℃时汽化压力为 0.75mH₂O，20℃时汽化压力为 0.24mH₂O），工作流量和吸水管水头损失不变，此时该泵的允许安装高度为：

　　　　A.气蚀；1.051m 　　　　　　　　B.不气蚀；1.86m

　　　　C.气蚀；1.86m 　　　　　　　　D.不气蚀；2.071m

解　泵的安装位置高出吸液面的高差太大，即泵的几何安装高度 H_g 太大；泵安装地点的大气压较低，例如安装在高海拔地区；泵所输送的液体温度过高等，都会造成水泵处水发生汽化，形成水击，造成气蚀。

本题中

$$v = \frac{4Q}{\pi D^2} = \frac{4 \times 0.8}{0.36\pi} = 2.83\text{m/s}$$

则水泵吸入口处的真空高度：

$$H_s = H_g + \frac{v_s^2}{2g} + h_1 = 3 + \frac{2.83^2}{2g} + 0.4 = 3.81\text{m}$$

因此时水泵吸入口处的真空高度 3.81m，大于允许真空高度[H]=3.5m，所以此时会发生气蚀。

安装工况改变后，允许真空高度[H]修正计算如下。其中，标准大气压为 10.33mH₂O，水 20℃时汽化压力为 0.24mH₂O。

$$[H]' = [H] - (10.33 - h_a) - (h_v - 0.24) = 3.5 - 10.33 + 9.2 - 0.75 + 0.24 = 1.86\text{m}$$

所以，此时最大泵的允许安装高度为 1.86m，选 C。

经典练习

14-7-1　某水泵，在转速$n = 1\,500\text{r/min}$时，其流量$Q = 0.08\text{m}^3/\text{s}$，扬程$H = 20\text{m}$，功率$N = 25\text{kW}$，采用变速调节，调整后的转速$n' = 2\,000\text{r/min}$，设水的密度不变，则其调整后的流量$Q'$，扬程$H'$，功率$N'$分别是（　　　）。

A. $0.107\text{m}^3/\text{s}$，35.6m，59.3kW　　　　B. $0.107\text{m}^3/\text{s}$，26.7m，44.4kW

C. $0.107\text{m}^3/\text{s}$，26.7m，59.3kW　　　　D. $0.142\text{m}^3/\text{s}$，20m，44.4kW

14-7-2　已知某一型号水泵叶轮外径D_1为 174mm，转速n为2\,900r/min时的扬程特性曲线$Q\text{-}H$与管网特性曲线$Q\text{-}R$的交点$M(Q_M = 27.3\text{L/s}, H_M = 33.8\text{m})$如图所示。现实际需要的流量仅为24.6L/s，决定采用切割叶轮外径的办法来适应这种要求，则叶轮外径应切割掉（　　　）。

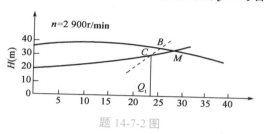

题 14-7-2 图

A. 9mm　　　　　　　　B. 18mm

C. 27mm　　　　　　　 D. 35mm

14-7-3　常用的泵与风机实际能头曲线有三种类型：陡降型、缓降型与驼峰型。陡降型的泵与风机宜用于下列（　　　）的情况。

A. 流量变化小，能头变化大　　　　　B. 流量变化大，能头变化小

C. 流量变化小，能头变化小　　　　　D. 流量变化大，能头变化大

14-7-4　下面（　　　）不属于产生"气蚀"的原因。

A. 泵的安装位置高出吸液面的高程太大

B. 泵所输送的液体具有腐蚀性

C. 泵的安装地点大气压较低

D. 泵所输送的液体温度过高

参考答案及提示

14-1-1　A　从伯努利方程可以看出，不同断面上压强是不同的，但与方向无关。

14-1-2　A　在公式（14-1-9）的推导过程中，其假设的前提就是不可压缩理想流体稳定流动。

14-1-3　A　根据连续性方程，断面流速与断面积成反比，因此与断面直径的平方成反比。A_1、A_2、A_3三个断面直径之比为 $3:2:4$；则断面积之比为 $9:4:16$，因此A_1、A_2、A_3对应的流速比为 $16:36:9$。

14-1-4　A　$p_2 = p_1 - \gamma H = 300 - 10 \times 20 = 100\text{kPa}$。

14-2-1　B　相似是指组成模型的每个要素必须与原型的对应要素相似，包括几何要素和物理要素，而不必是同一种流体介质。

14-2-2　A　该题可以通过带入单位运算得到答案，也可以直接由$p = \xi\dfrac{\rho v^2}{2}$得出，等式两边具有同

样的量纲。

14-2-3　A　此题模拟的为有压管流，因此，应选择雷诺准则来设计模型。则

$$\frac{u_\mathrm{n} d_\mathrm{n}}{\nu} = \frac{u_\mathrm{m} d_\mathrm{m}}{\nu}$$

所以有 $\qquad u_\mathrm{n} d_\mathrm{n} = u_\mathrm{m} d_\mathrm{m}$

因 $\qquad \frac{d_\mathrm{n}}{d_\mathrm{n}} = 10$

所以 $\qquad \frac{u_\mathrm{n}}{u_\mathrm{n}} = \frac{1}{10}$

流动相似，欧拉数相等，因此，$\frac{p_\mathrm{n}}{\rho_\mathrm{n} v_\mathrm{n}^2} = \frac{p_\mathrm{m}}{\rho_\mathrm{m} v_\mathrm{m}^2}$，可以导出 $\frac{p_\mathrm{n}}{p_\mathrm{m}} = \frac{\rho_\mathrm{n}}{\rho_\mathrm{m}} \frac{v_\mathrm{n}^2}{v_\mathrm{m}^2} = 1 \times \left(\frac{1}{10}\right)^2 = \frac{1}{100}$，

所以 $p_\mathrm{n} = \frac{1}{100} p_\mathrm{m} = 1.46\mathrm{Pa}$。

14-2-4　C　此题首先考查的是模型律的选择问题。为了使模型和原型流动完全相似，除需要几何相似外，各独立的相似准则数应同时满足。但实际上要同时满足所有准则数是很困难的，甚至是不可能的，一般只能达到近似相似，就是要保证对流动起重要作用的力相似，这就是模型律的选择问题。如水利工程中的明渠流以及江、河、溪流，都是以水位落差形式表现的重力来支配流动的，对于这些以重力起支配作用的流动，应该以弗劳德相似准数作为决定性相似准数。有不少流动需要求流动中的黏性力，或者求流动中的水力阻力或水头损失，如管道流动、流体机械中的流动、液压技术中的流动等，此时应当以满足雷诺相似准数为主，Re 数就是决定性相似准数。本题选项中，闸流是在重力作用下的流动，应按弗劳德准则设计模型。

14-3-1　B　$\mathrm{Re} = \frac{vd}{\nu} = 2\,000$，$v = 2\,000 \times 1.31 \times 10^{-6}/0.05 = 0.052\,5\mathrm{m/s}$

14-3-2　B

$$14 = \frac{v^2}{2g} + \lambda \frac{l}{d} \frac{v^2}{2g}$$

$$v = \sqrt{\frac{14 \times 2g}{1 + \lambda \frac{l}{d}}} = \sqrt{\frac{14 \times 19.6}{1 + 0.04 \times \frac{350}{0.15}}} = 1.706\mathrm{m/s}$$

$$Q = \frac{\pi d^2}{4} v = \sqrt{\frac{gd}{8\lambda l} h_\mathrm{f}} = \frac{3.14 \times 0.15^2}{4} \times 1.706 = 0.030\,1\mathrm{m^3/s}$$

14-3-3　B　垂直于圆管轴线的截面上，层流流体速度为抛物线分布，而紊流为指数分布。

14-3-4　A

$$v_1 = \frac{4Q}{\pi d_1^2} = \frac{4 \times 10/3\,600}{3.14 \times 0.05^2} = 1.415\mathrm{m/s}$$

$$v_2 = \frac{4Q}{\pi d_2^2} = \frac{4 \times 10/3\,600}{3.14 \times 0.075^2} = 0.629\mathrm{m/s}$$

$$H = \frac{v_2^2}{2g} + \left(\zeta_1 + \lambda_1 \frac{l_1}{d_1}\right) \frac{v_1^2}{2g} + \lambda_2 \frac{l_2}{d_2} \frac{v_2^2}{2g}$$

$$= \left(0.5 + 0.019 \times \frac{15}{0.05}\right) \times \frac{1.415^2}{19.6} + \left(1 + 0.03 \times \frac{20}{0.075}\right) \times \frac{0.629^2}{19.6}$$

$$= 0.814\mathrm{m}$$

14-3-5　C　对于圆管层流，断面平均速度为管道轴心最大速度的一半，即

$$v = \frac{1}{2}u_{\max} = 1.2\text{m/s}$$

则流量$Q = vA = 1.2 \times \pi \times 0.25^2 = 0.236\text{m}^3/\text{s}$

14-4-1　B　前后管道系统阻抗不变，且

$$H = SQ^2, \quad \frac{H_2}{H_1} = \frac{Q_2^2}{Q_1^2}, \quad H_2 = \left(\frac{750}{500}\right)^2 \times 300 = 675\text{Pa}$$

同时还要送到150Pa的密封舱内，所以总阻力还要克服此压力，则总系统阻力为$675 + 150 = 825\text{Pa}$。

14-4-2　A　并联环路水头损失相等。严格来讲，总能量损失还应包括流体传热造成的热量损失。

14-4-3　A　并联各支管上的阻力损失相等。总的阻抗的平方根倒数等于各支管阻抗平方根倒数之和。

14-5-1　A　任意流体质点的旋转角速度向量$\omega = 0$，这种流动称为无旋流动。

14-5-2　B　此类题目可采用排除法。因为其流函数满足：$u_x = \frac{\partial \psi}{\partial y}$，$u_y = \frac{\partial \psi}{\partial x}$。
将各项带入求偏导，即可得出答案。

14-5-3　B　在环流中，除原点外的所有质点的旋转角速度向量$\omega = 0$。

14-7-1　A　流量、扬程、功率分别与转速为1次方、2次方、3次方关系。

14-7-2　B　离心泵的切割定律：

$$(H_1 : H_2)^2 = D_1 : D_2, \quad Q_1 : Q_2 = D_1 : D_2$$

从而可以看出叶轮的直径与扬程的平方成正比，与流量成正比。叶轮直径越大扬程就越大，流量也越大，因为水流出的速度取决于叶轮旋转时产生的离心力和切线上的线速，直径越大，离心力和线速度就越大。

因为$Q_1 : Q_2 = D_1 : D_2$，所以$27.3 : 24.6 = 174 : D_2$。

得$D_2 = 156.8\text{mm}$，$174 - 156.8 = 17.2\text{mm}$。

取切割18mm，再验证管路参数，基本达到要求。

14-7-3　A　从特征曲线图上可以看出，陡降型的泵与风机当流量变化时，能头会剧烈变化，因此适用于选项A的情况。

14-7-4　B　泵的安装位置高出吸液面的高差太大；泵安装地点的大气压较低；泵所输送的液体温度过高等都会使液体在泵内汽化。

15　自动控制理论

> 考题配置　单选，9题
>
> 分数配置　每题 2 分，共 18 分

复习指导

　　自动控制理论作为一门学科，其性质属于技术科学，研究的主要对象是自动控制系统；研究的中心问题是系统的精度，或者说是系统在控制过程中的性能。学科的基本内容分为数学模型、工程分析计算方法和系统一般规律三部分。要求学生能够熟练掌握自动控制的基本理论和方法，掌握系统的分析及设计的基本方法，能进行典型控制系统的分析与设计。

15.1　自动控制与自动控制系统的一般概念

考试大纲☞："控制工程"基本含义　信息的传递　反馈及反馈控制　开环及闭环　控制系统构成
　　　　　　控制系统的分类及基本要求

15.1.1　"控制工程"基本含义

　　控制工程是处理自动控制系统各种工程实现问题的综合性工程技术。控制工程的自动控制理论是研究控制共同规律的技术科学。在自动控制原理中，"控制"是为克服各种扰动的影响，达到预期的目标，对在生产机械或过程中的某一个或某一物理量进行的操作。在对被控量进行控制时，按照系统中是否有人参与，可分为人工控制和自动控制。若由人来完成对被控量的控制，称为人工控制；若由自动控制装置代替人来完成这种操作，称为自动控制。

　　自动控制系统可定义为，由被控对象和控制器按一定方式连接起来，完成某种自动控制任务的有机整体。其中被控对象是指以被控制的设备或过程为对象，如反应器、精馏设备的控制，或传热过程、燃烧过程的控制等。从定量分析和设计角度，控制对象只是被控设备或过程中影响对象输入、输出参数的部分因素，并不是设备的全部。控制器也称控制装置，是指对被控对象进行控制的设备总体。

　　在控制系统中，按规定的任务需要加以控制的物理量称为被控制量，也称为自动控制系统的输出量。而作为被控制量的指控指令而加给系统的输出量称为控制量，也称为给定量或输入量。干扰或破坏系统按照规定规律运行的输入量称为扰动量，也称扰动输入或干扰输入。

15.1.2　信息的传递

　　在自动控制系统中，把输入量和输出量称之为信号，实际的控制系统各环节的输入量和输出量各不相同。当系统中信号通过各环节传递，信息的大小和状态都发生变化，但其输出信息与输入信息有一定的函数关系。传递函数即是用系统参数表示输出量与输入量之间关系的表达式，通常用 $G(s)$ 或

$\Phi(s)$表示。

15.1.3 反馈及反馈控制

反馈：把输出量送回到系统的输入端并与输入信号比较的过程。若反馈信号时输入信号相减而使偏差值越来越小，则称之为负反馈；反之，称为正反馈。

一个利用偏差进行控制并最后消除偏差的过程，又称偏差控制。

反馈控制：把输出量的一部分检测端，反馈到输入端，与给定信号进行比较，产生偏差，此偏差经过控制器产生控制作用，使输出量按照要求的规律变化。反馈控制实质上是一个按偏差进行控制的过程，也称偏差控制，反馈控制原理也就是按偏差控制原理。

反馈控制的特点：输入控制输出、输出参与控制、检测偏差纠正偏差、具有抗干扰能力。

15.1.4 开环及闭环控制系统的构成

1）开环系统

若系统的输出量（即被控量）不返回到系统的输入端，则称之为开环控制系统。开环控制系统结构如图 15-1-1 所示。由于在开环控制系统中，控制器与被控对象之间只有顺向作用而无反向联系，系统的被控变量对控制系统没有任何影响，系统的控制精度完全取决于所用元器件的精度和特性调整的准确度。因此开环系统只有在输出量难于测量且要求控制精度不高，以及扰动的影响较小或扰动的作用可以预先加以补偿的场合，才能得以广泛应用。

图 15-1-1　开环控制系统结构图

开环控制系统的特点：结构简单，稳定性好，容易设计和调整以及成本较低；但是也有着输入控制输出、输出不参与控制、系统没有抗干扰能力的缺点。

2）闭环系统

控制装置和被控对象之间既有顺向作用，又有反向联系的控制过程，称为闭环控制，又称为反馈控制或按偏差控制，相应的控制系统称之为闭环控制系统。就工作原理来说，闭环控制系统是由给定装置、比较元件、校正装置、放大元件、执行机构、检测元件和被控对象组成的。其原理结构图如图 15-1-2 所示。图中的每一个方块，代表一个具有特定功能的装置或元件。

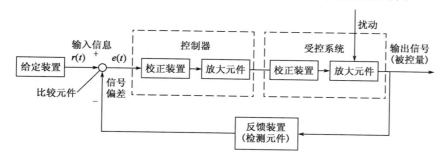

图 15-1-2　闭环控制系统典型方块图

（1）给定装置：其功能是给出与期望的被控量相对应的系统输入量（即参考输入信号或给定值）。

（2）比较元件：其功能是将检测元件测量到的被控量的实际值，与给定装置提供的给定值进行比较，求出它们之间的偏差。

（3）放大元件：比较元件通常位于低功率的输入端，由于提供的偏差信号通常很微弱，因此必须用放大元件将其放大，以便推动执行机构去控制被控对象。

（4）执行机构：其功能是执行控制作用并驱动被控对象，使被控对象按照预定的规律变化。

（5）检测元件：其功能是检测被控制的物理量，并将其反馈到系统输入端。在闭环控制系统中，检测元件及相关的元器件构成系统的反馈装置，如果被测量的物理量为非电量，通常检测元件应将其转换为电量，以便于处理。

（6）校正装置：由于被控对象和执行机构的性能难以满足要求，在构成控制系统时，通常需要引入校正装置对其性能进行校正。校正装置的功能是对偏差信号进行加工处理和运算，以形成合适的控制作用，或形成适当的控制规律，从而使系统的被控量按预定的规律变化。通常在控制系统中，将校正装置和放大器组合在一起构成一个器件，称为控制器。

闭环控制系统的优缺点如下。

优点：

（1）闭环控制系统是利用负反馈的作用来减小系统误差的。

（2）闭环控制系统能够有效地抑制被反馈通道包围的前向通道中，各种扰动对系统输出量的影响。

（3）闭环控制系统可以减小被控对象的参数变化对输出量的影响。

缺点：

（1）由于增加了反馈通道，使闭环控制系统增加了元器件的数目和系统的复杂程度。

（2）闭环控制系统用增益的损失换取了系统对参数变化和干扰灵敏度的降低，亦即换取了对系统响应的控制能力。

（3）闭环控制带来了系统稳定性问题。

【例 15.1-1】 前馈控制系统是对于干扰信号进行补偿的系统，是：

　　　　A. 开环控制系统

　　　　B. 闭环控制系统和开环控制系统的复合

　　　　C. 能消除不可测量的扰动系统

　　　　D. 能抑制不可测量的扰动系统

解　前馈控制系统属于闭环控制，只能抑制不可测量的扰动量而不能消除。选 D。

【例 15-1-2】 从自动控制原理的观点看，家用空调机的温度传感器应为：

　　　　A. 输入元件　　　　B. 反馈元件　　　　C. 比较元件　　　　D. 执行元件

解　家用空调系统属于闭环控制，温度传感器为反馈元件。选 B。

【例 15-1-3】 从自动控制原理的观点看，家用电冰箱工作时，房闭的室温应为：

　　　　A. 给定量（或参考输入量）　　　　　　　B. 输出量（或被控制量）

　　　　C. 反馈量　　　　　　　　　　　　　　　D. 干扰量

解　室温对冰箱的工作有一定干扰作用，属于干扰量。选 D。

【例 15-1-4】 从自动控制原理的观点看，电机组运行时频率控制系统的"标准 50Hz"应为：

　　　　A. 输入量（或参考输入量）　　　　　　　B. 输出量（或被控制量）

C. 反馈量　　　　　　　　　　　　　D. 干扰量

解　选 B。

【例 15-1-5】从自动控制原理的观点看，下列哪一种控制系统为闭环控制系统：

　　A. 普通热水加热式暖气设备的温度调节

　　B. 遥控电视机的定时开机（或关机）控制系统

　　C. 抽水马桶的水箱水位控制系统

　　D. 商店、宾馆自动门的开（闭）门启闭系统

解　马桶的水箱水位控制系统中有反馈环节，为闭式系统。选 C。

【例 15-1-6】由温度控制器、温度传感器、热交换器、流量计等组成的控制系统，其中被控对象是：

　　A. 温度控制器　　　　　　　　　　B. 温度传感器

　　C. 热交换器　　　　　　　　　　　D. 流量计

解　被控对象为被控制的机器、设备或生产过程中的全部或一部分。题中所给控制系统中热交换器为被控对象，温度为被控量，给定量（希望的温度）在温度控制器中设定，水流量是干扰量。选 C。

【例 15-1-7】下列概念中错误的是：

　　A. 闭环控制系统精度通常比开环系统高

　　B. 开环系统不存在稳定性问题

　　C. 反馈可能引起系统振荡

　　D. 闭环系统总是稳定的

解　闭环控制系统的优点是具有自动修正输出量偏差的能力、抗干扰性能好、控制精度高；缺点是结构复杂，如设计不好系统有可能不稳定。选 D。

15.1.5　控制系统的分类及基本要求

1）自动控制系统的分类

（1）按输入信号特征分类

①恒值控制系统：这类系统的特点是输入信号为某个不变的常数。要求系统的被控量尽可能保持在期望值附近；系统面临的主要问题是存在被控量偏离期望值的扰动；控制的任务是要增强系统的抗扰动能力，使扰动作用于系统时，被控量尽快恢复到期望值上。因此恒值控制系统又称为自动调节系统。

②随动控制系统（又称伺服系统）：输入信号是随时间任意变化的函数，要求系统的输出信号紧紧跟随输入信号的变化；系统面临的主要矛盾是，被控对象和执行机构因惯性等因素的影响，使得系统的输出信号不能紧紧跟随输入信号的变化；控制的任务是提高系统的跟随能力，使系统的输出信号能跟随难于预知的输入信号的变化。

③程序控制系统：输入信号按照预先知道的函数变化。如热处理炉温度控制系统的升温、保温、降温过程，都是按照预先设定的规律进行的。

（2）按系统中传递信号的变化特征分类

①连续控制系统：系统中各环节的信号均是时间 t 的连续函数。连续控制系统的运动规律可用微分方程描述。

②离散控制系统：系统中某处或几处的信号是脉冲序列或数字编码的形式。离散控制系统的运动规律可用差分方程描述。

（3）按系统特性分类

①线性控制系统：同时满足叠加性与均匀性（或齐次性）的系统。所谓叠加性是指，当几个输入信号同时作用于系统时，系统的响应等于每个输入信号单独作用系统时所产生的响应之和。所谓均匀性是指，当输入信号按倍数变化时，系统响应也按同一倍数变化。

②非线性控制系统：不同时满足叠加性和均匀性的系统均为非线性系统。典型的非线性特性有饱和特性、死区特性、间隙特性、继电特性、磁滞特性等。

（4）按系统参数是否随时间变化分类

①定常系统：描述系统运动的微分或差分方程的系数均为常数的系统。此类系统又称为时不变系统。这类系统的特点是：系统的响应特性只取决于输入信号的形状和系统的特性，而与输入信号施加的时刻无关。

②时变系统：参数或结构随时间变化的系统。这类系统的特点是：系统的响应特性不仅取决于输入信号的形状和系统的特性，而且还与输入信号施加的时刻有关。

【例 15-1-8】 下列描述系统的微分方程中，$r(t)$ 为输入变量，$c(t)$ 为输出变量，方程中为非线性时变系统的是：

$$A. \; 8\frac{d^2c(t)}{dt^2} + 4\frac{dc(t)}{dt} + 2c(t) = r(t)$$

$$B. \; t\frac{dc(t)}{dt} + 2c(t) = r(t) + 8\frac{dr(t)}{dt}$$

$$C. \; 4\frac{dc(t)}{dt} + b(t)\sqrt{c(t)} = kr(t)$$

$$D. \; 8\frac{d^2c(t)}{dt^2} + 4c(t) = 2r(t)$$

解 只有选项 C 不满足叠加性和均匀性，故选 C。

2）对自动控制系统的基本要求

自动控制系统的基本任务是：根据被控对象和环境的特性，在各种扰动因素作用下，使系统的被控量能够按预定的规律变化。对于恒值控制系统来说，要求系统的被控量维持在期望值附近；对于随动控制系统而言，要求系统的被控量紧紧跟随输入量的变化。无论是哪种控制系统，当系统受到扰动的作用或者输入量发生变化后，系统的响应过程都是相同的。因此，对系统的基本要求也都是相同的，可以归结为稳定性、快速性和准确性，即稳、快、准的要求。

（1）稳定性

稳定性是保证系统正常工作的先决条件。一个稳定的控制系统，其被控量偏离期望值的初始偏差应随时间的增长逐渐减小或趋于零。也就是说，控制器的控制作用应使误差逐渐减小。若控制不当，使误差逐渐变大，就形成了不稳定的控制系统，不稳定的控制系统是不能正常工作的，系统激烈而持久的振荡会导致功率元件过载，甚至使设备损坏而发生故障，这是绝不允许的。

（2）快速性

为更好地完成控制任务，控制系统仅仅满足稳定性要求是不够的，还必须对其瞬态过程的形式和快慢提出要求，一般称为瞬态性能。通常希望系统的瞬态过程既要快（即快速性好），又要平稳（即平稳性高）。

（3）准确性

对于一个稳定的系统而言，当瞬态过程结束后，系统被控量的实际值与期望值之差称为稳态误差，它是衡量系统稳态精度的重要指标。通常希望系统的误差尽可能小，即希望系统具有较高的控制准确度或控制精度。

【例 15-1-9】 自动控制系统的正常工作受到很多条件的影响，保证自动控制系统正常工作的先决条件是：

   A. 反馈性   B. 调节性   C. 稳定性   D. 快速性

解 稳定性是保持控制系统能够正常工作的先决条件。选 C。

【例 15-1-10】 系统稳定性表现为：

   A. 系统时域响应的收敛性，是系统固有的特性

   B. 系统在扰动撤消后，可以依靠外界作用恢复

   C. 系统具有阻止扰动作用的能力

   D. 处于平衡状态的系统，在受到扰动后不偏离原来平衡状态

解 当系统受到外界干扰，被控量会发生变化，但由于具有稳定性，会在一定时间内恢复平衡状态。选 B。

【例 15-1-11】 下列描述中，不属于自动控制系统基本性能要求的是：

   A. 对自动控制系统最基本的要求是必须稳定

   B. 要求控制系统被控量的稳态偏差为零或在允许的范围之内（具体稳态误差可以多大，要满足具体生产过程的要求）

   C. 对于一个好的自动控制系统来说，一定要求稳态误差为零，才能保证自动控制系统稳定

   D. 一般要求稳态误差在被控量额定值的 2%~5% 之内

解 自动控制系统的基本性能要求是稳定性、快速性、准确性，系统稳定不一定要求稳态误差为零。选 C。

经典练习

15-1-1 一个环节的输出量变化取决于（ ）。

   A. 输入量的变化 B. 反馈量   C. 环节特性   D. A+C

15-1-2 在定值控制系统中为确保其精度，常采用（ ）。

   A. 开环控制系统   B. 闭环正反馈控制系统

   C. 闭环负反馈控制系统   D. 手动控制系统

15-1-3 反馈控制系统中，若测量单元发生故障而无信号输出，这时被控量将（ ）。

   A. 保持不变   B. 达到最大值

   C. 达到最小值   D. 不能自动控制

15-1-4 在反馈控制系统中，调节单元根据（ ）的大小和方向，输出一个控制信号。

   A. 给定位   B. 偏差   C. 测量值   D. 扰动量

15-1-5 按偏差控制运行参数的控制系统是（ ）系统。

   A. 正反馈   B. 负反馈   C. 逻辑控制   D. 随动控制

15.2　自动控制系统的数学模型

考试大纲 ☞：控制系统各环节的特性　控制系统稳定方程的拟定及求解　拉普拉斯变换与反变换　传递函数及其方块图

在对控制系统进行分析和设计时，首先要建立系统的数学模型。而控制系统的数学模型是描述系统中各元件的特性以及各种信号（变量）的传递和转换关系的数学表达式。因此，它可使我们避开系统不同的物理特性，在一般意义下研究控制系统的普遍规律。

如果数学模型着重描述的是系统输入量和输出量之间的关系，则称之为输入输出模型；如果数学模型着重描述的是系统输入量与内部状态和输出量之间的关系，则称其为状态空间模型。

15.2.1　控制系统各环节的特性

自动控制系统是由被控对象、测量变送器、调节器和执行器组成，如图 15-2-1 所示。系统的控制品质和系统中各个组成部分的特性都有关系，而其中被控对象的特性对控制品质的影响最大。因此，在控制系统中，首先要非常了解被控对象的特性，研究其内在规律，根据对控制品质的要求，设计合理的控制系统，选择合适的测量变送器、调节器和执行器。

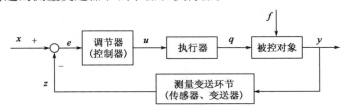

图 15-2-1　控制系统基本组成环节方块图

1）被控对象特性

被控对象特性是指对象输入量与输出量之间的关系，即对象受到输入作用后，被控变量是如何变化的，变化量为多少。输入量为控制变量和各种干扰变量之和。由对象的输入变量至输出变量的信号联系称为通道；控制变量至被控变量的信号联系通道称为控制通道；干扰至被控变量的信号联系通道称为干扰通道。对象输出为控制通道输出与各干扰通道输出之和。

自动控制系统数学模型一般有两种表示方法：参量模型和非参量模型。

参量模型常用的描述形式有微分方程（组）、传递函数、频率特性。参量模型的微分方程的一般表达式为

$$y^{(n)}(t) + a_{n-1}y^{(n-1)}(t) + \cdots + a_1y'(t) + a_0y(t) = b_mx^{(m)}(t) + \cdots + b_1x'(t) + b_0x(t)$$

$y(t)$表示输出量，$x(t)$表示输入量，通常输出量的阶次不低于输入量的阶次（$n \geq m$）。当$n = m$时，称对象是正则的；当$n > m$时，称对象是严格正则的；$n < m$的对象是不可实现的。通常$n = 1$，称该对象为一阶对象模型；$n = 2$，称该对象为二阶对象模型。

非参量模型一般用曲线或表格等形式表示。特点是形象、清晰，但缺乏数学方程的解析性质（必要时须进行数学处理获得参量模型）。

以图 15-2-2 为例，建立液位h的数学模型。该对象的输入量为q_i，被控标量为液位h，根据物料平衡方程：单位时间内水槽体积的改变 = 输入流量 − 输出流量。

$$\frac{dV}{dt} = dh \cdot q_0; \quad V = Ah$$

$$A\frac{dh}{dt} = q_i - q_0$$

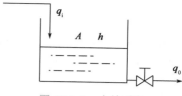

图 15-2-2 水箱对象

出口流量可以近似地表示为

$$q_0 = \frac{h}{R}$$

故 $A\dfrac{dh}{dt} = q_i - \dfrac{h}{R}$;　$T\dfrac{dh}{dt} + h = K \cdot q_i (T = AR,\ K = R)$

记　　　　　　$\begin{cases} h = h_0 + \Delta h \\ q_i = q_{i0} + \Delta q_i \end{cases}$ （h_0、q_{i0} 为平衡状态的值）

由于有　　　　　　　　$h_0 = K \cdot q_{i0}; \quad \dfrac{dh_0}{dt} = 0$

$$T\frac{d\Delta h}{dt} + \Delta h = K \cdot \Delta q_i$$

对上式作拉氏变换，可得

$$TsH(s) + H(s) = K \cdot Q_i(s) \tag{15-2-1}$$

可写成对象的传递函数

$$\frac{H(s)}{Q_i} = \frac{K}{Ts + 1}$$

此函数也是最典型的一阶对象的传递函数。

如果 q_i 为幅值为 A 的阶跃输入，则 $Q_i(s) = \dfrac{a}{s}$。

$$H(s) = \frac{K}{Ts + 1}Q_i(s) = \frac{Ka}{s(Ts + 1)} \tag{15-2-2}$$

$$h(t) = L^{-1}[H(s)] = L^{-1}\left[\frac{Ka}{s(Ts + 1)}\right]$$

$$= L^{-1}\left(\frac{Ka}{s} - \frac{KaT}{Ts + 1}\right) = Ka \cdot L^{-1}\left(\frac{1}{s} - \frac{T}{Ts + 1}\right) \tag{15-2-3}$$

$$= Ka\left(1 - e^{-\frac{1}{T}}\right)$$

此方程为该对象的阶跃响应，K 为放大系数，T 为时间常数。

X 在工业过程中常有一些输送物料的中间过程，如图 15-2-2 所示，q_i 为操纵变量，但需要经过导流槽才送入水箱。如果把水箱入口的进料量记为 q_f，并设：导流槽长度 l，流体平均速度 v，流体流经导流槽所需的时间 τ（滞后时间）。所以当 q_i 发生改变以后，经过 τ 时间以后 q_f 才有变化

$$q_f(t) = q_i(t - \tau)$$

对于 q_f 与 h 来说，根据前面的推导可知：

$$T\frac{d\Delta h}{dt} + h(t) = K \cdot q_f(t)$$

纯滞后对象的微分方程为

$$T\frac{d\Delta h}{dt} + h(t) = K \cdot q_f(t - \tau)$$

传递函数为

$$TsH(s) + H(s) = Ke^{-\tau s}Q_i(s) \tag{15-2-4}$$

$$\frac{H(s)}{Q_i(s)} = \frac{K}{Ts+1} e^{-\tau s} \qquad (15-2-5)$$

对于纯滞后对象，典型的阶跃响应函数为

$$h(t) = \begin{cases} 0 & (t < \tau) \\ Ka\left(1 - e^{\frac{t-\tau}{\tau}}\right) & (t \geqslant \tau) \end{cases} \qquad (15-2-6)$$

典型的阶跃响应曲线如图 15-2-3 所示。

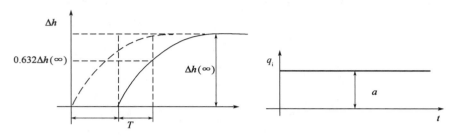

图 15-2-3　典型的阶跃响应曲线

放大系数 K，时间常数 T，滞后时间 τ 通常称为被控对象的三大特征参数。

（1）放大系数 K：在阶跃输入作用下，对象输出达到新的稳定值时，输出变化量与输入变化量之比，也称静态增益。K 值越大，表示输入量对输出量的影响越大，即被控变量对输入量的影响也越大，但是系统的稳定性差；放大系数越小，控制系统的稳定性越好，但是控制不够灵敏。

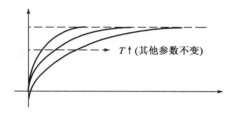

图 15-2-4　时间常数对过渡过程影响

（2）时间常数 T：在阶跃输入作用下，对象输出达到最终稳态变化量的 63.2% 所需要的时间。时间常数 T 是反映响应变化快慢或响应滞后的重要参数。用 T 表示的响应滞后称阻容滞后（容量滞后）。T 越大，系统的反应越慢，越难以控制；T 越小，系统反应越快。时间常数对过渡过程的影响如图 15-2-4 所示。

（3）滞后时间 τ：被控对象被控量的变化落后于控制信号和干扰的现象称为滞后。滞后分为纯滞后和过渡滞后。纯滞后又称为传递滞后，用 τ_0 表示。纯滞后产生的主要原因是物料传送等中间过程产生纯滞后（大时间常数表现出来的等效滞后）。由于纯滞后的出现，控制作用必须经历一定的时间延迟（滞后）才能在被控变量上得到体现，致使当被控变量的反馈反映出控制作用时，可能会输入过多的控制量，导致系统严重超调甚至失稳。

过渡滞后又称为容量滞后，用 τ_n 表示。实际的被控对象中，纯滞后和过渡滞后是同时存在的，而且很难严格区分开来，因此常把两者合起来统称为滞后时间 τ，$\tau = \tau_0 + \tau_n$。滞后的存在会严重影响到整个控制系统的控制品质，因此在设计和测试控制系统时，应尽量将滞后减至最小。

2）测量变送器特性

测量、变送环节一般由测量元件及变送器组成，其特性也可以表示成由 K、T、τ 三个参数组成的一阶滞后环节，它对过渡过程的影响与被控对象相仿。通常要求，K 在整个测量范围内保持恒定，T、τ 越小越好。

事实上，测量、变送环节本身的时间常数和纯滞后时间都很小，可以略去不计。所以实际上它相当于一个放大环节。因此，放大倍数 K 在整个测量范围内保持恒定是最关键的。但是，有些测量元件在安装使用时需要安装保护套管等其他设备，如热电阻、热电偶等，此时，由于保护套管的存在，会影响测量变送环节的时间常数和纯滞后时间。

3）调节器的特性

调节器是将生产过程参数的测量值与给定值进行比较，得出偏差后根据一定的调节规律产生输出信号，推动执行器消除偏差量，使该参数保持在给定值附近或按预定规律变化的控制器。调节器又称为控制器，如温度控制器。调节器的动态特性直接影响着调节系统的调节品质。

调节器的种类很多，基于偏差的调节系统有比例调节器（P）、积分调节器、比例积分调节器（PI）、微分调节器和比例积分微分调节器（PID）。

线性控制规律的微分方程主要有以下几项：

比例规律

$$P = K_C e \tag{15-2-7}$$

比例积分规律

$$P = K_C \left(e + \frac{1}{T_1} \int e \, dt \right) \tag{15-2-8}$$

比例积分微分规律

$$P = K_C \left(e + \frac{1}{T_1} \int e \, dt + T_D \frac{de}{dt} \right) \tag{15-2-9}$$

式中：P ——调节器的输出信号；

　　e ——调节器的输入信号，即被控量的测量值与给定值之差（偏差）；

　　T_1 ——积分时间（min）；

　　T_D ——微分时间（min）；

　　K_C ——调节器的放大系数。

4）执行器的特性

自动控制系统中接受控制信息并对受控对象施加控制作用的装置叫执行器。在过程控制系统中，执行器由执行机构和调节机构两部分组成。调节机构通过执行元件直接改变生产过程的参数，使生产过程满足预定的要求。执行机构则接受来自控制器的控制信息，把它转换为驱动调节机构的输出（如角位移或直线位移输出）。

执行器接受的来自调节仪表的信号，有气信号和电信号两类。气信号为 20~100kPa 的压力信号；电信号则有断续信号和连续信号之分。断续信号通常指二维或三维开关信号。连续信号常为 0~10mA 和 4~20mA 的直流电流信号。在电器复合调节系统中，各种转换器或阀门定位器还可与其他类型的执行器连接。

执行器的主要部件有放大器、发信器和阀门。

执行器按所用驱动能源分为气动、电动和液压执行器三类。其中电动调节阀应用最为普遍。

【例 15-2-1】被控对象的时间常数，反映对象在阶跃信号激励下被控变量变化的快慢速度，即惯性的大小，时间常数大，则：

　　A. 惯性大，被控变量变换速度慢，控制较平稳

　　B. 惯性大，被控变量变换速度快，控制较困难

　　C. 惯性小，被控变量变换速度快，控制较平稳

　　D. 惯性小，被控变量变换速度慢，控制较困难

解 时间常数T是反映响应变化快慢或响应滞后的重要参数。用T表示的响应滞后称阻容滞后（容量滞后）。T越大，系统的反应越慢，越难以控制；T越小，系统反应越快。选 A。

【**例 15-2-2**】 以温度为对象的恒温系统数学模型为$T\dfrac{\mathrm{d}\theta_i}{\mathrm{d}\tau} + \theta_i = k(\theta_c + \theta_f)$，其中$\theta_c$为系统给定，$\theta_f$为干扰，则：

A. T为放大系数，K为调节系数

B. T为时间系数，K为调节系数

C. T为时间系数，K为放大系数

D. T为调节系数，K为放大系数

解 以温度为对象的恒温系统数学模型与上文中水箱系统模型类似，其中T为时间常数，K为放大系数。选 C。

【**例 15-2-3**】 对于室温对象—空调房间，减少空调使用寿命的因素之一是：

A. 对象的滞后时间增大　　　　　　B. 对象的时间常数增大

C. 对象的传递系数增大　　　　　　D. 对象的调节周期增大

解 时间常数是指被控对象在阶跃作用下被控变量以最大速度变化到新稳态值所需的时间，反映了被控对象在阶跃扰动下达到新稳态值的快慢。因此本题中时间常数越大，空调工作时间越长。选 B。

15.2.2　控制系统稳定方程的拟定及求解

1）系统微分方程的拟定

基本步骤：

（1）由系统原理图画出系统方框图，直接确定系统中各个基本部件（元件）。

（2）列写各方框图的输入输出之间的微分方程，要注意前后连接的两个元件中，后级元件对前级元件的负载效应。

（3）消去中间变量，整理、合并得出系统的输出量（被控量）和输入量（参据量 + 扰动）之间的微分方程。

（4）将微分方程标准化。

【**例 15-2-4**】 列出图示速度控制系统的微分方程。

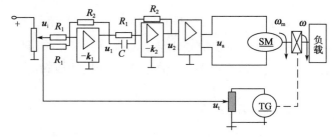

例 15-2-4 图　速度控制系统

解 ①确定系统的输出变量ω，系统输入变量u_i。

②系统主要部件（元件）：给定电位器、运放 1、运放 2、功率放大器、直流电动机、减速器、测速发电机。

运放 1　　　　　　$u_1 = K_1(u_i - u_t) = K_1 u_e$

运放 2　　　　　　$u_2 = K_2\left(\tau\dfrac{\mathrm{d}u_1}{\mathrm{d}t} + u_1\right)$，$\tau = R_1 C$，$K_2 = \dfrac{R_2}{R_1}$

功放 $\qquad u_a = K_3 u_2$

直流电动机 $\qquad T_m V \dfrac{d\omega_m}{dt} + \omega_m = K_m u_a - K_C M_C'$

减速器（齿轮系） $\qquad \omega = \dfrac{1}{i}\omega_m$

测速发电机 $\qquad u_t V = K_t \omega$

③消去中间变量，u_t、u_1、u_2、u_a、ω_m，令以下的参数为

$$T_m' = T_m + \frac{K_1 K_2 K_3 K_m K_t \tau}{K_1 K_2 K_3 K_m K_t \tau}$$

$$K_g' = \frac{K_1 K_2 K_3 K_m K_t \tau}{K_1 K_2 K_3 K_m K_t \tau}$$

$$K_g = \frac{K_1 K_2 K_3 K_m}{i} + K_1 K_2 K_3 K_m K_t$$

$$K_C' = K_C/i + K_1 K_2 K_3 K_m K_t$$

④整理得控制系统模型（微分方程）为

$$T_m' \frac{d\omega_m}{dt} + \omega = K_g' \frac{du_i}{dt} + K_g u_i - K_C' M_C'$$

2）系统微分方程的求解

系统的微分方程确立后，对方程进行求解。

直接求解法：通解与特解相加，求解方法参见《高等数学》中常微分方程部分。变换域求解法：用 Laplace 变换法求解。

15.2.3　拉普拉斯变换与反变换

建立了系统的微分方程之后，进一步分析计算系统的控制过程，最直接的方法是求微分方程的时间解，并点绘出输出变量的相应曲线。

用拉普拉斯变换求解线性常微分方程，可将经典数学中的微积分运算转化为代数运算，又能够单独地表明初始条件的影响，并有变换表可供查找，因而是一种较为简便的工程数学方法。

1）拉普拉斯变换定义

函数$f(t)$为实变量，如果线性积分

$$\int_0^\infty f(t)e^{-st}dt \quad (s = \sigma + j\omega\text{为复变量})$$

则称其为函数$f(t)$的拉普拉斯变换（简称拉氏变换）。变换后的函数是复变量s的函数，记作$F(s)$或$L[f(t)]$，即

$$L[f(t)] = F(s) = \int_0^\infty f(t)e^{-st}dt \qquad (15\text{-}2\text{-}10)$$

常称$F(s)$为$f(t)$的变换函数或象函数，而$f(t)$为$F(s)$的原函数。

2）几种典型函数的拉氏变换

对于控制系统中的外作用（指给定值和干扰），一般事先是不完全知道的，而且常常伴随着时间任意变化。为了便于对系统进行理论分析，工程实践中允许采用以下几种简单的时间函数作为系统的典型输入，即单位阶跃函数、单位斜坡函数、等加速函数、指数函数、正弦函数以及单位脉冲函数等。

下面推导其拉氏变换。

（1）单位阶跃函数1(t)

单位阶跃函数1(t)的时间曲线如图15-2-5所示。

其数学表达式为

$$f(t) = 1(t) = \begin{cases} 1 & (t \geqslant 0) \\ 0 & (t < 0) \end{cases} \tag{15-2-11}$$

其拉氏变换

$$L[1(t)] = F(s) = \int_0^\infty 1e^{-st}dt = -\frac{1}{s}e^{-st}\Big|_0^\infty = \frac{1}{s} \tag{15-2-12}$$

（2）单位斜坡函数

单位斜坡函数的时间曲线如图15-2-6所示。

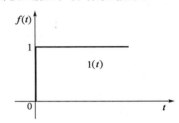
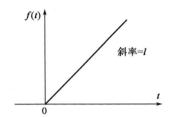

图 15-2-5　单位阶跃函数时间曲线　　　　图 15-2-6　单位斜坡函数时间曲线

其数学表达式为

$$f(t) = tl(t) = \begin{cases} t & (t \geqslant 0) \\ 0 & (t < 0) \end{cases} \tag{15-2-13}$$

则拉式变换

$$F(s) = L[t \cdot l(t)] = \int_0^\infty te^{-st}dt = -\frac{t}{s}e^{-st}\int_0^\infty + \int_0^\infty \frac{1}{s}e^{-st}dt = \frac{1}{s^2} \tag{15-2-14}$$

（3）等加速函数

其数学表达式为

$$f(t) = \begin{cases} \dfrac{1}{2}t^2 & (t \geqslant 0) \\ 0 & (t < 0) \end{cases} \tag{15-2-15}$$

则拉氏变换

$$F(s) = L\left(\frac{1}{2}t^2\right) = \int_0^\infty \frac{1}{2}t^2e^{-st}dt = \frac{1}{s^3} \tag{15-2-16}$$

（4）指数函数

指数函数数学表达式为

$$f(t) = \begin{cases} e^{at} & (t \geqslant 0) \\ 0 & (t < 0) \end{cases} \tag{15-2-17}$$

则拉氏变换

$$F(s) = L(e^{at}) = \int_0^\infty e^{at} \cdot e^{-st}dt = \int_0^\infty e^{-(s-a)t}dt = \frac{1}{s-a} \tag{15-2-18}$$

（5）正弦函数

正弦函数数学表达式为

$$f(t) = \begin{cases} \sin \omega t & (t \geqslant 0) \\ 0 & (t < 0) \end{cases} \tag{15-2-19}$$

则拉氏变换

$$F(s) = L(\sin \omega t) = \int_0^\infty \sin \omega t \cdot e^{-st} \mathrm{d}t$$

$$= \int_0^\infty \frac{1}{2j}(e^{j\omega t} - e^{-j\omega t})e^{-st}\mathrm{d}t - \frac{1}{2j}\left(\frac{1}{s-j\omega} - \frac{1}{s+j\omega}\right) = \frac{\omega}{s^2 + \omega^2} \tag{15-2-20}$$

类似地可求得余弦函数的拉氏变换为

$$L = \sin \omega t = \frac{s}{s^2 + \omega^2} \tag{15-2-21}$$

3）拉氏变换的几个基本法则

（1）线性性质

设 $F_1(s) = L_2[f(t)]$，$F_2(s) = L_2[f(t)]$，a 和 b 为常数，则有

$$L[af_1(t) + bf_2(t)] = aL[f_1(t)] - bL[f_2(t)] = aF_1(s) - bF_2(s) \tag{15-2-22}$$

（2）微分法则

设 $F(s) = L[f(t)]$，则有

$$L\left[\frac{\mathrm{d}f(t)}{\mathrm{d}t}\right] = sF(s) - f(0)$$

$$L\left[\frac{\mathrm{d}^2 f(t)}{\mathrm{d}t^2}\right] = s^2 F(s) - sf(0) - f'(0)$$

$$\cdots$$

$$L\left[\frac{\mathrm{d}^n f(t)}{\mathrm{d}t^n}\right] = s^n F(s) - s^{n-1}f(0) - s^{n-2}f'(0) - \cdots - f^{(n-t)}(0) \tag{15-2-23}$$

其中，$f(0)$、$f'(0)$、$\cdots$、$f^{(n-1)}(0)$ 为函数 $f(t)$ 及其各阶导数在 $t = 0$ 时的值。

当 $f(0) = f'(0) = \cdots = f^{(n-1)}(0) = 0$ 时，则有

$$L\left[\frac{\mathrm{d}f(t)}{\mathrm{d}t}\right] = sF(s)$$

$$\cdots$$

$$L\left[\frac{\mathrm{d}^n f(t)}{\mathrm{d}t^n}\right] = s^n F(s) \tag{15-2-24}$$

（3）积分法则

设 $F(s) = L[f(t)]$，则有

$$L\left[\int f(t)\mathrm{d}t\right] = \frac{1}{s}F(s) + \frac{1}{s}f^{-1}(0)$$

$$L\left[\iint f(t)\mathrm{d}t^2\right] = \frac{1}{s^2}F(s) + \frac{1}{s^2}f^{(-1)}(0) + \frac{1}{s}f^{(-2)}(0)$$

$$\cdots$$

$$L\left[\frac{\int \cdots \int f(t)\mathrm{d}t^n}{n}\right] = \frac{1}{s^n}F(s) + \frac{1}{s^n}f^{(-1)}(0) + \cdots + \frac{1}{s}f^{-n}(0) \tag{15-2-25}$$

其中，$f^{(-1)}(0)$、$f^{(-2)}(0)$、$\cdots$、$f^{(-n)}(0)$ 为 $f(t)$ 的各重积分在 $t = 0$ 时的值，如果

$$f^{(-1)}(0) = f^{(-2)}(0) = \cdots = f^{(-n)}(0) = 0$$

则式（15-2-25）化简为

$$L[\int f(t)\mathrm{d}t] = \frac{1}{s}F(s)$$

$$L[\iint f(t)\mathrm{d}t^2] = \frac{1}{s^2}F(s)$$

$$\cdots$$

$$L\left[\frac{\int \cdots \int f(t)\mathrm{d}t^n}{n}\right] = \frac{1}{s^n}F(s) \tag{15-2-26}$$

（4）终值定理

若函数$f(t)$的拉氏变换为$F(s)$，且$F(s)$在s平面的右半面及除原点外的虚轴上解析，则有终值

$$\lim_{t \to \infty} f(t) = \lim_{s \to \infty} F(s) \tag{15-2-27}$$

（5）位移定理

设$F(s) = L[f(t)]$，则有

$$L[f(t - \tau_0)] = e^{-\tau s} \cdot F(s) \tag{15-2-28}$$

及

$$L[e^{at}f(t)] = F(s - a) \tag{15-2-29}$$

分别称为实位移定理和虚位移定理。

4）拉普拉斯反变换

拉氏变换的定义已由式（15-2-10）给出

$$L^{-1}[F(s)] = f(t) = \frac{1}{2\pi j}\int_{\sigma-j\infty}^{\sigma+j\infty} F(s)e^{st}\mathrm{d}s \tag{15-2-30}$$

这是复变函数的积分，一般很难直接计算。故由$F(s)$求$f(t)$常用部分分式法。该法计算反变换的思路是：将$F(s)$分解成一些简单的有理分式函数之和，然后由拉氏变换表一一查出对应的反变换函数，即得所求的原函数$f(t)$。

$F(s)$通常是复变量s的有理分式函数，即分母多项式的阶次高于分子多项式的阶次。$F(s)$的一般式为

$$F(s) = \frac{B(s)}{A(s)} = \frac{b_0 s^m + b_1 s^{m-1} - \cdots - b_{m-1}s + b_m}{s^n + a_1 s^{n-1} + \cdots + a_{n-1}s + a_n}$$

其中：a_1、$a_2 \cdots$、a_n及b_1、$b_2 \cdots$、b_m均为实数，m，n为正数，且$m < n$。

首先将$F(s)$的分母多项式$A(s)$进行因式分解，即写为

$$A(s) = (s - s_1)(s - s_2) \cdots (s - s_n) \tag{15-2-31}$$

其中：s_1、$s_2 \cdots$、s_n为$A(s) = 0$的根。下面分两种情况讨论。

（1）$A(s) = 0$的无重根

这时可将$F(s)$换写成n个部分分式之和，每个分式的分母都是$A(s)$的一个因式，即

$$F(s) = \frac{C_1}{s - s_1} + \frac{C_2}{s - s_2} + \frac{C_3}{s - s_3} + \cdots + \frac{C_n}{s - s_n}$$

或

$$F(s) = \sum_{i=1}^{n} \frac{C_i}{s - s_i} \tag{15-2-32}$$

如果确定了每个部分分式中的待定常数C_i，则有拉式变化表即可查到$F(s)$的反变换：

$$L^{-1}[F(s)] = f(t) = L^{-1}\left(\sum_{i=1}^{n} \frac{C_i}{s - s_i}\right) = \sum_{i=1}^{n} C_i e^{s_i t} \qquad (15\text{-}2\text{-}33)$$

C_i可按下式求得，即

$$C_i = \lim_{s \to s_i}(s - s_i) \cdot F(s)$$

或

$$C_i = \frac{B(s)}{A'(s)}\bigg|_{s=s_i} \qquad (15\text{-}2\text{-}34)$$

（2）$A(s) = 0$有重根

设$A(s) = 0$有r重根s_1，$F(s)$可写为

$$
\begin{aligned}
F(s) &= \frac{B(s)}{(s - s_1)^r (s - s_{r+1}) \cdots (s - s_n)} \\
&= \frac{c_r}{(s - s_1)^r} + \frac{c_{r-1}}{(s - s_1)^{r-1}} + \cdots + \frac{c_1}{s - s_1} + \frac{c_{r+1}}{s - s_{r+1}} + \cdots + \frac{c_i}{s - s_i} + \cdots + \frac{c_n}{s - s_n}
\end{aligned} \qquad (15\text{-}2\text{-}35)
$$

式中，s_1为$F(s)$的r重根；$s_{r+1}, \cdots, s_n$为$F(s)$的$n - r$个单根；$c_{r+1}, \cdots, c_n$仍按式（15-2-32）或式（15-2-34）计算，$c_r, c_{r-1}, \cdots, c_1$则按下式计算。

$$
\left.
\begin{aligned}
c_r &= \lim_{s \to s_1}(s - s_1)^r F(s) \\
c_{r-1} &= \lim_{s \to s_i}\frac{d}{ds}[(s - s_1)^r F(s)] \\
c_{r-j} &= \frac{1}{j!}\lim_{s \to s_1}\frac{d^{(j)}}{ds^{(j)}}(s - s_1)^r F(s) \\
c_1 &= \frac{1}{(r-1)!}\lim_{s \to s_1}\frac{d^{(r-1)}}{ds^{(r-1)}}(s - s_1)^r F(s)
\end{aligned}
\right\} \qquad (15\text{-}2\text{-}36)
$$

原函数$f(t)$为

$$
\begin{aligned}
f(t) &= L^{-1}[F(s)] \\
&= L^{-1}\left[\frac{c_r}{(s - s_1)^r} + \frac{c_{r-1}}{(s - s_1)^{r-1}} + \cdots + \frac{c_1}{s - s_1} + \frac{c_{r+1}}{s - s_{r+1}} + \cdots + \frac{c_i}{s - s_i} + \cdots + \frac{c_n}{s - s_n}\right] \\
&= \left[\frac{c_r}{(r-1)!}t^{r-1} + \frac{c_{r-1}}{(r-2)!}t^{r-2} + \cdots + c_2 t + c_1\right]e^{s_1 t} + \sum_{i=r+1}^{n} c_i e^{s_i t}
\end{aligned}
$$

5）用拉氏变换求解微分方程

拉氏变换求解微分方程的步骤是：

（1）将系统微分方程进行（积分下限为0^-）拉氏变换，得到以s为变量的代数方程，又称变换方程。方程中的初始值应取系统$t = 0^-$时的对应值。

（2）解变换方程，求出系统输出变量的象函数表达式。

（3）将输出的象函数表达式展成部分分式。

（4）对部分分式进行拉氏反变换，即得微分方程的全解。

6）常用函数的拉氏变换表（见表15-2-1）

常用函数的拉氏变换表

表 15-2-1

序　号	拉氏变换$E(s)$	时间函数$e(t)$
1	1	$\delta(t)$
2	$\dfrac{1}{1 - e^{-Ts}}$	$\delta_{\mathrm{T}}(t) = \sum\limits_{n=0}^{\infty} \delta(t - nT)$

序　号	拉氏变换$E(s)$	时间函数$e(t)$
3	$\dfrac{1}{s}$	$l(t)$
4	$\dfrac{1}{s^2}$	t
5	$\dfrac{1}{s^3}$	$\dfrac{t^2}{2}$
6	$\dfrac{1}{s^{n+1}}$	$\dfrac{t^n}{n!}$
7	$\dfrac{1}{s+a}$	e^{-at}
8	$\dfrac{1}{(s+a)^2}$	te^{-at}
9	$\dfrac{a}{s(s+a)}$	$1-e^{-at}$
10	$\dfrac{b-a}{(s+a)(s+b)}$	$e^{-at}-e^{-bt}$
11	$\dfrac{\omega}{s^2+\omega^2}$	$\sin\omega t$
12	$\dfrac{s}{s^2+\omega^2}$	$\cos\omega t$
13	$\dfrac{\omega}{(s+a)^2+\omega^2}$	$e^{-at}\sin\omega t$
14	$\dfrac{s+a}{(s+a)^2+\omega^2}$	$e^{-at}\cos\omega t$
15	$\dfrac{1}{s-\left(\dfrac{1}{T}\right)\ln a}$	$a^{t/T}$

【例 15-2-5】 惯性环节的微分方程为$Tc'(t)+c(t)=r(t)$，其中T为时间常数，则其传递函数$G(s)$为：

　　　　　　A. $1/(Ts+1)$ 　　　　 B. $Ts+1$ 　　　　　 C. $1/(T+s)$ 　　　 D. $T+s$

解　对方程两边应用微分定理进行拉普拉斯变换可得：

$$TsC(s)+C(s)=R(s)\Rightarrow G(s)=\frac{C(s)}{R(s)}=\frac{1}{Ts+1}$$

选 A。

【例 15-2-6】 自然指数衰减函数e^{-at}的拉氏变换为：

　　　　　　A. $\dfrac{s}{a}$ 　　　　　　　 B. $\dfrac{1}{s-a}$ 　　　　　　 C. $\dfrac{1}{s+a}$ 　　　　 D. as

解　$L=\int_0^\infty e^{-at}e^{-st}\mathrm{d}t=\int_0^\infty e^{-(a+s)t}\mathrm{d}t=\frac{1}{s+a}$。选 C。

15.2.4　传递函数及其方块图

1）传递函数

传递函数定义：零初始条件下，系统输出量的拉氏变换与输入量的拉氏变换之比。

设线性定常系统由下述n阶线性微分方程描述

$$a_n\frac{\mathrm{d}^n y(t)}{\mathrm{d}t^n}+a_{n-1}\frac{\mathrm{d}^{n-1}y(t)}{\mathrm{d}t^{n-1}}+\cdots+a_1\frac{\mathrm{d}y(t)}{\mathrm{d}t}+a_0 y(t)$$

$$=b_m\frac{\mathrm{d}^m r(t)}{\mathrm{d}t^m}+b_{m-1}\frac{\mathrm{d}^{m-1}r(t)}{\mathrm{d}t^{m-1}}+\cdots+b_1\frac{\mathrm{d}r(t)}{\mathrm{d}t}+b_0 r(t) \tag{15-2-37}$$

其中，$y(t)$表示系统输出量，$r(t)$表示系统输出量，$a_i(i = 0,1,2,\cdots,n)$和$b_j(j = 0,1,2,\cdots,m)$是与系统结构和参数有关的常系数。

在零初始条件下，即$y(t)$、$r(t)$及其各阶导数在$t = 0$时的值均为零，对方程（15-2-37）进行拉氏变换，并另$Y(s) = L[y(t)]$，$R(s) = L[r(t)]$，则由定义可得线性定常系统传递函数为

$$G(s) = \frac{Y(s)}{R(s)} = \frac{b_m s^m + b_{m-1}s[y(t) + P(f)b_1 - s^{-1}b(t)]}{a_m s^m + a_{m-1}s^{m-1} + \cdots + a_1 s + a_0} \qquad (15-2-38)$$

对于传递函数有以下几点说明：

（1）传递函数只适用描述线性定常系统。

（2）传递函数是在初始条件为零时定义的。控制系统的初始条件为零有两个含义：一是指输入量在时间$t = 0^-$以后才作用于系统的。因此，系统输入量及其各阶导数在$t = 0^-$时的值均为零；二是指输入量作用于系统之前，系统是相对静止的。因此，系统输出量及其各阶导数在$t = 0^-$的值也为零。实际的控制系统多属于此类情况。

（3）传递函数是复变量$s(s = \sigma + j\omega)$的有理真分式函数，它具有复变函数的所有性质，其分子多项式的系数均为实数，都是由系统的物理参数决定的。分子多项式的阶次m也总是低于或等于分母多项式的阶次n，即$n \geq m$。这是因为系统（或元部件）具有惯性的缘故。

（4）传递函数是描述系统（或元部件）动态特性的一种数学表达式，它只是取决于系统（或元部件）的结构和参数，而与系统（或元部件）的输入量和输出量的形式和大小无关。并且传递函数只反映系统的动态特性，而不反应系统物理性能上的差异。对于物理性质截然不同的系数，只要动态特性相同（如相似系统），它们的传递函数就具有相同的形式。

（5）传递函数的拉氏反变换是系统的脉冲响应$g(t)$。推导如下：

脉冲响应是在零初始条件下，线性系统对理想的单位脉冲输入信号的输出响应。此时，输入量$R(s) = L[\delta(t)] = 1$，所以有：$g(t) = L^{-1}[y(t)] = L^{-1}[G(s)R(s)] = L^{-1}[G(s)]$。式中，$g(t)$为系统的脉冲响应。

对于一般情况，根据拉氏变换的卷积定理，可由系统的脉冲响应得到系统的输出。

$$\begin{aligned} y(t) &= L^{-1}[Y(s)] = L^{-1}[G(s)R(s)] \\ &= \int_0^\tau r(\tau)g(t-\tau)\mathrm{d}\tau = \int_0^\tau r(t-\tau)g(\tau)\mathrm{d}\tau \end{aligned} \qquad (15-2-39)$$

（6）传递函数可以表示为零、极点和时间常数形式。

式（15-2-39）的分子和分母多项式经因分解后可写为如下形式

$$G(s) = \frac{b_m(s+z_1)(s+z_2)\cdots(s+z_m)}{a_n(s+p_1)(s+p_2)\cdots(s+p_n)} = K\frac{\prod\limits_{i=1}^{m}s+z_i}{\prod\limits_{j=1}^{n}s+p_j}$$

其中，$-z_i(i = 1,2,\cdots,m)$是分子多项式的零点，称为传递函数的零点；$-p_j(j = 1,2,\cdots,n)$是分母多项式的零点，称之为传递函数的极点；而$K^* = \frac{b_m}{a_n}$称为系数的根轨迹增益。这种用零点和极点表示传递函数的方法在根轨迹中使用较多。

2）方块图（结构图）

（1）基本概念

控制系统的方块图是描述系统各元部件之间信号传递关系的数学图示模型，它表示系统中各变量

之间的因果关系以及对各变量所进行的运算，是控制理论中描述复杂系统的一种简便方法。它适用于线性和非线性系统。

方块图由信号点、分支点、相加点和方块图单元组成，如图 15-2-7 所示。

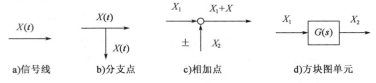

图 15-2-7　方块图的基本组成单元

图 15-2-7d）中的方块图单元表示对信号进行数学变换，其输出量等于方块图单元的输入量与传递函数的乘积。

$$X_2 = G(s)X_1$$

①信号线：带有箭头的直线。箭头表示信号的传递方向，线上标记信号的时间函数或象函数。

②引出点（测量点）：信号引出或测量的位置。从同一位置引出的信号在数值和性质方面完全相同。

③比较点（综合点）：对两个以上的信号进行加减运算。用"＋""－"表示，"＋"有时可省略。

④方框（环节）：表示方框的输出信号与输入信号之间的传递关系。方框中写入元部件或系统的传递函数。

（2）方块图的连接和等效变换

①串联连接串联环节的等效变换。图 15-2-8 表示两个环节串联的结构。

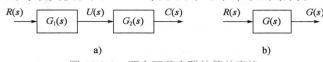

图 15-2-8　两个环节串联的等效变换

由图 15-2-8a）可写出

$$G(s) = G_2(s)U(s) = G_2(s)G_1(s)R(s)$$

所以两个环节串联后的等效传递函数为

$$G(s) = \frac{Q(s)}{U(s)} = G_2(s)G_1(s)$$

其等效结构图如图 15-2-8b）所示。

上述结论可以推广到任意一个环节串联的情况，即：环节串联后的总传递函数等于各串联环节传递函数的乘积。

②并联环节的等效变换。图 15-2-9a）表示两个环节并联的结构。由图可写出

$$G(s) = G_1(s)R(s) \pm G_2(s)R(s) = [G_1(s) \pm G_2(s)]R(s)$$

所以两个环节并联后的等效传递函数为

$$G(s) = G_1(s) \pm G_2(s)$$

其等效结构图如图 15-2-9b）所示。

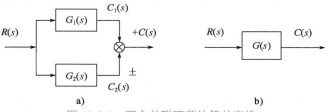

图 15-2-9　两个并联环节的等效变换

上述结论可以推广到任意一个环节并联的情况，即：环节并联后的总传递函数等于各个并联环节传递函数的代数和。

③反馈连接的等效变换。图 15-2-10a）为反馈连接的一般形式。由图可写出

$$C(s) = G(s)E(s) = G(s)[R(s) \pm B(s)] = G(s)[R(s) \pm H(s)C(s)]$$

可得

$$C(s) = \frac{G(s)}{1 \mp G(s)H(s)} R(s)$$

所以反馈连接后的等效（闭环）传递函数为

$$\Phi(s) = \frac{G(s)}{1 \mp G(s)H(s)}$$

其等效结构图如图 15-2-10b）所示。

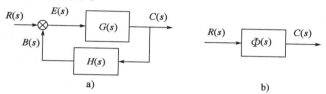

图 15-2-10　反馈连接环节的等效变换

当反馈通道的传递函数$H(s) = 1$时，称响应系统为单位反馈系统，此时闭环传递函数为：

$$\Phi(s) = \frac{G(s)}{1 \mp G(s)}$$

④比较点和分支点（引出点）的移动（见图 15-2-11、图 15-2-12）。

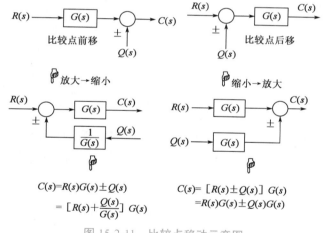

图 15-2-11　比较点移动示意图

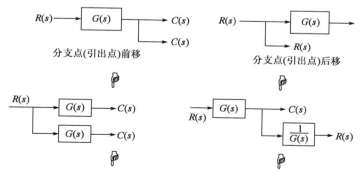

图 15-2-12　分支点移动示意图

有关移动中"前""后"的定义：按信号流向定义，也即信号从"前面"流向"后面"，而不是位置上的前后。

综合点前移指逆着信号线的指向移动，综合点后移指顺着信号线的指向移动。

（3）梅逊公式求传递函数。

应用梅逊公式，可不经过任何结构变换，一步写出系统的总传递函数。

梅逊公式为

$$P = G(s) = \frac{C(s)}{R(s)} = \frac{1}{\Delta} \sum_{k=1}^{n} P_k \Delta_k$$

式中：P ——系统总增益（总传递函数）；

k ——前向通路数；

P_k ——第k条前向通路总增益；

Δ_k ——信号流图特征式，它是信号流图所表示的方程组的系数矩阵的行列式。

在同一个信号流图中不论求图中任何一对节点之间的增益，其分母总是Δ，变化的只是其分子。

$$\Delta = 1 - \sum L_{(1)} + \sum L_{(2)} - \sum L_{(3)} + \cdots + (-1)^m \sum L_{(m)}$$

式中：$\sum L_{(1)}$ ——所有不同回路增益乘积之和；

$\sum L_{(2)}$ ——所有任意两个互不接触回路增益乘积之和；

⋮

$\sum L_{(m)}$ ——所有任意m个不接触回路增益乘积之和。

其中，Δ_k为不与第k条前向通路相接触的那一部分信号流图的Δ值，称为第k条前向通路特征式的余因子。

回路传递函数是指反馈回路的前向通路（道）和反馈通路（道）函数的乘积，并且包含反馈极性的正号。

上述公式中的接触回路是指具有共同节点的回路，反之称之为不接触回路，与第k条前向通路具有共同节点的回路称之为与第k前向通路接触的回路。

根据梅逊公式计算系统的传递函数，首要问题是正确识别所有的回路并区分它们是否相互接触，正确识别所规定的输入与输出节点之间的所有前向通路及与其相接触的回路。

3）典型环节的传递函数及其方块图（框图）

任何一个复杂系统都是由有限个典型环节组合而成的。典型环节通常分为以下6种。

（1）比例环节

$$G(s) = K$$

式中：K ——增益。

特点：输入量、输出量成比例，无失真和时间延迟。

实例：电子放大器，齿轮，电阻（电位器），感应式变送器等。

（2）惯性环节

$$G(s) = \frac{1}{Ts + 1}$$

式中：T ——时间常数。

特点：含一个储能元件，对突变的输入及输出不能立即复现，输出无振荡。

实例：RC 网络，直流伺服电动机的传递函数也包含这一环节。

（3）微分环节

理想微分 $$G(s) = Ks$$

一阶微分 $$G(s) = \tau s + 1$$

二阶微分 $$G(s) = \tau^2 s^2 + 2\xi\tau s + 1$$

特点：输出量正比输入量变化的速度，能预示输入信号的变化趋势。

实例：测速发电机输出电压与输入角度间的传递函数即为微分环节。

（4）积分环节

$$G(s) = \frac{1}{s}$$

特点：输出量与输入量的积分成正比例，当输入消失，输出具有记忆功能。

实例：电动机角速度与角度间的传递函数，模拟计算机中的积分器等。

（5）振荡环节

$$G(s) = \frac{\omega_n^2}{s^2 + 2\xi\omega_n s + \omega_n^2} = \frac{1}{T^2 s^2 + 2\xi T s + 1}$$

式中：ξ ——阻尼比（$0 \leqslant \xi < 1$）；

ω_n ——自然振荡角频率（无阻尼振荡角频率）。

$$T = \frac{1}{\omega_n}$$

特点：环节中有两个独立的储能元件，并可进行能量交换，其输出出现振荡。

实例：RLC 电路的输出与输入电压间的传递函数。

（6）纯滞后环节

$$c(t) = r(t - \tau)$$
$$G(s) = e^{-\tau s}$$

式中：τ ——延迟时间。

特点：输出量能准确复现输入量，但须延迟一固定的时间间隔。

实例：管道压力、流量等物理量的控制，其数学模型就包含有延迟环节。

【例 15-2-7】关于系统的传递函数，正确的描述是：

A. 输入量的形式和系统结构均是复变量 s 的函数

B. 输入量与输出量之间的关系与系统自身结构无关

C. 系统固有的参数，反映非零初始条件下的动态特征

D. 取决于系统的固有参数和系统结构，是单位冲激下的系统输出的拉氏变换

解　传递函数是描述系统（或元部件）动态特性的一种数学表达式，它只是取决于系统（或元部件）的结构和参数，而与系统（或元部件）的输入量和输出量的形式和大小无关。传递函数是复变量 $s(s = \sigma + j\omega)$ 的有理真分式函数，它具有复变函数的所有性质，其分子多项式的系数均为实数，都是由系统的物理参数决定的。并且传递函数只反映系统的动态特性，而不反应系统物理性能上的差异。对于物理性质截然不同的系数，只要动态特性相同（如相似系统），它们的传递函数就具有相同的形式。选 D。

【例 15-2-8】一阶系统传递函数 $G(s) = \frac{K}{1 + Ts}$，单位阶跃输入，要增大输出上升率，应：

A. 同时增大K、T　　　　　　　　　　B. 同时减小K、T

C. 增大T　　　　　　　　　　　　　　D. 增大K

解　同时增大或减小K、T时，输出不一定增大，只增大T时，输出肯定增加。选 D。

【**例 15-2-9**】如图所示，其总的传递函数$G(s) = C(s)/R(s)$应为：

A. $G(s) = \dfrac{G_1(1+G_1G_2)}{1+G_2G_3}$

B. $G(s) = \dfrac{G_1(1+G_2G_3)}{1+G_1G_2}$

C. $G(s) = \dfrac{G_1(1-G_1G_2)}{1+G_2G_3}$

D. $G(s) = \dfrac{G_1(1-G_2G_3)}{1+G_1G_2}$

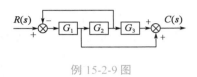

例 15-2-9 图

解　G_3后的分支点前移，移到G_2、G_3之间，故反馈函数变为$1/G_2$，再根据串并联的等效变换，得出$G(s) = \dfrac{G_1(1+G_2G_3)}{(1+G_1G_2)}$。选 B。

【**例 15-2-10**】用梅逊公式（或方块图简化）计算图示总的传递函数$G(s) = \dfrac{C(s)}{R(s)}$，结果应为：

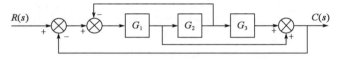

例 15-2-10 图

A. $G(s) = \dfrac{G_1+G_2G_3}{1+G_1+G_1G_2+G_1G_2G_3}$ 　　　　　B. $G(s) = \dfrac{G_1+G_1G_2G_3}{1+G_2+G_1G_2+G_1G_2G_3}$

C. $G(s) = \dfrac{G_1+G_1G_2G_3}{1+G_1+G_1G_2+G_1G_2G_3}$ 　　　　　D. $G(s) = \dfrac{G_1+G_1G_2}{1+G_1+G_1G_2+G_1G_2G_3}$

解　选 C。

【**例 15-2-11**】对于拉氏变换，下列不成立的是：

A. $L\big(f'(t)\big) = s \cdot F(s) - f(0)$

B. 零初始条件下$L(\int f(t)\mathrm{d}t) = \dfrac{1}{s}F(s)$

C. $L\big(e^{at} \cdot f(t)\big) = F(s-a)$

D. $\lim\limits_{s \to \infty} f(t) = \lim\limits_{s \to 0} F(s)$

解　由终值定理$\lim\limits_{s \to \infty} f(t) = \lim\limits_{s \to 0} s \cdot F(s)$可知，选项 D 表达式不正确。

【**例 15-2-12**】由开环传递函数$G(s)$和反馈传递函数$H(s)$组成的基本负反馈系统的传递函数为：

A. $\dfrac{G(s)}{1-G(s)H(s)}$　　　　B. $\dfrac{1}{1-G(s)H(s)}$　　　　C. $\dfrac{G(s)}{1+G(s)H(s)}$　　　　D. $\dfrac{1}{1+G(s)H(s)}$

解　反馈连接后的等效传递传递函数为$\phi(s) = \dfrac{G(s)}{1 \pm G(s)H(s)}$，而对于负反馈有$\phi(s) = \dfrac{G(s)}{1+G(s)H(s)}$。选 C。

经典练习

15-2-1　判断下列物品中，（　　　）为开环控制系统。

A. 家用空调　　　　　　B. 家用冰箱　　　　　　C. 抽水马桶　　　　　　D. 交通指示红绿灯

15-2-2　开环控制系统与闭环控制系统最本质的区别是（　　　）。

A. 开环控制系统的输出对系统无控制作用，闭环控制系统的输出对系统有控制作用

B. 开环控制系统的输入对系统无控制作用，闭环控制系统的输入对系统有控制作用

C. 开环控制系统不一定有反馈回路，闭环控制系统有反馈回路

D. 开环控制系统不一定有反馈回路，闭环控制系统也不一定有反馈回路

15-2-3 $X(s) = \frac{s+1}{s(s^2+2s+2)}$ 的原函数为（　　　）。

A. $\frac{1}{2} + \frac{1}{2}e^{-t}(\sin t + \cos t)$ 　　　B. $\frac{1}{2} + \frac{1}{2}e^{-t}(\sin t - \cos t)$

C. $\frac{1}{2}t + \frac{1}{2}e^{-t}(\sin t - \cos t)$ 　　　D. $\frac{1}{2} + \frac{1}{2}e^{t}(\sin t - \cos t)$

15-2-4 下列不属于对自动控制系统基本要求的是（　　　）。

A. 稳定性　　　　　B. 快速性　　　　　C. 连续性　　　　　D. 准确性

15.3　线性系统的分析与设计

考试大纲☞：基本调节规律及实现方法　控制系统一阶瞬态响应　二阶瞬态响应　频率特性基本概念　频率特性表示方法　调节器的特性对调节质量的影响　二阶系统的设计方法

15.3.1　线性控制系统的基本调节规律及实现方法

1）基本调节规律

（1）比例（P）控制规律

$$m(t) = K_{\mathrm{p}}e(t) \tag{15-3-1}$$

提高系统开环增益，减小系统稳态误差，但会降低系统的相对稳定性。

（2）比例-微分（PD）控制规律

$$m(t) = K_{\mathrm{p}}e(t) + K_{\mathrm{p}}\tau\frac{\mathrm{d}e(t)}{\mathrm{d}t} \tag{15-3-2}$$

PD 控制规律中的微分控制规律能反映输入信号的变化趋势，产生有效的早期修正信号，以增加系统的阻尼程度，从而改善系统的稳定性。在串联校正时，可使系统增加一个 $-\frac{1}{\tau}$ 的开环零点，使系统的相角裕度提高，因此有助于系统动态性能的改善。单独用微分也很少，对噪声敏感。P 控制器和 PD 控制器见图 15-3-1。

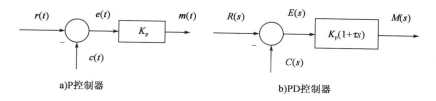

图 15-3-1　P 控制器和 PD 控制器

（3）积分（I）控制规律

具有积分（I）控制规律的控制器，称为I控制器。

$$m(t) = K_{\mathrm{i}}\int_0^t e(t)\mathrm{d}t \tag{15-3-3}$$

输出信号 $m(t)$ 与其输入信号的积分成比例。K_{i} 为可调比例系数。当 $e(t)$ 消失后，输出信号 $m(t)$ 有可能是一个不为零的常量。在串联校正中，采用I控制器可以提高系统的型别（无差度），有利提高系统稳态性能，但积分控制增加了一个位于原点的开环极点，使信号产生90°的相角滞后，对系统的稳定

不利。不宜采用单一的I控制器。

（4）比例-积分（PI）控制规律

具有积分比例-积分控制规律的控制器，称为 PI 控制器。I 控制器和 PI 控制器见图 15-3-2。

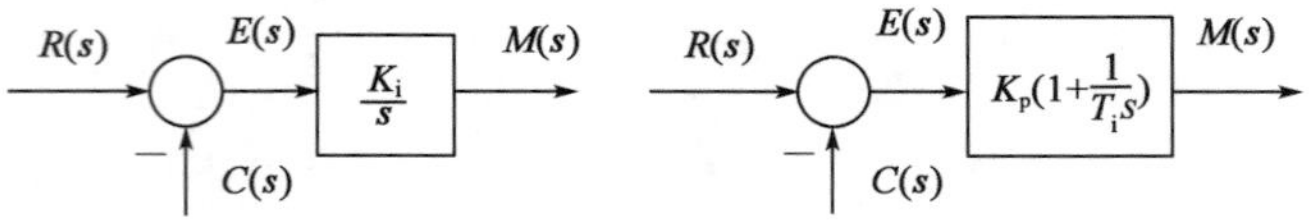

图 15-3-2　积分控制器I和 PI 控制器

$$m(t) = K_\mathrm{p}e(t) + \frac{K_\mathrm{p}}{T_\mathrm{i}}\int_0^t e(t)\mathrm{d}t \tag{15-3-4}$$

输出信号$m(t)$同时与其输入信号及输入信号的积分成比例。K_p为可调比例系数，T_i为可调积分时间系数。

开环极点，提高型别，减小稳态误差。

右半平面的开环零点，提高系统的阻尼程度，缓和 PI 极点对系统产生的不利影响。只要积分时间常数T_i足够大，PI 控制器对系统的不利影响可大为减小。PI 控制器主要用来改善控制系统的稳态性能。

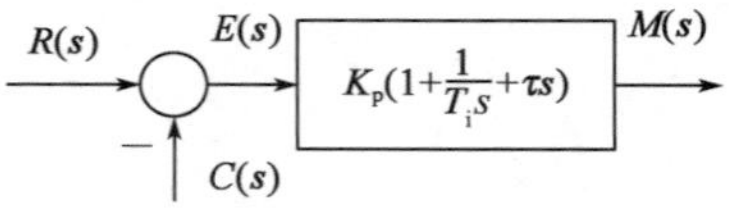

（5）比例（PID）控制规律

具有积分比例-积分控制规律的控制器，称为 PID 控制器（见图 15-3-3）。

图 15-3-3　PID 控制器

$$m(t) = K_\mathrm{p}e(t) + \frac{K_\mathrm{p}}{T_\mathrm{i}}\int_0^t e(t)\mathrm{d}t + K_\mathrm{p}\tau\frac{\mathrm{d}e(t)}{\mathrm{d}t} \tag{15-3-5}$$

$$G_\mathrm{c}(s) = K_\mathrm{p}\left(1 + \frac{1}{T_\mathrm{i}s} + \tau s\right) = \frac{K_\mathrm{p}}{T_\mathrm{i}}\left(\frac{T_\mathrm{i}\tau s^2 + T_\mathrm{i}s + 1}{s}\right) = \frac{K_\mathrm{p}}{T_\mathrm{i}}\frac{(\tau_1 s + 1)(\tau_2 s + 1)}{s} \tag{15-3-6}$$

$$\tau_1 = \frac{1}{2}T_\mathrm{i}\left(1 + \sqrt{1 - \frac{4\tau}{T_\mathrm{i}}}\right)$$

$$\tau_2 = \frac{1}{2}T_\mathrm{i}\left(1 - \sqrt{1 - \frac{4\tau}{T_\mathrm{i}}}\right)$$

如果$4\tau/T_\mathrm{i} < 1$，则：

① 增加一个极点，提高型别，稳态性能；

② 两个负实零点，动态性能比 PI 更具优越性；

③ I 积分发生在低频段，稳态性能（提高）；

④ D 微分发生在高频段，动态性能（改善）。

2）实现方法

实现调节器各种调节规律的主要方法就是在调节器内部采用反馈，即引入内反馈。没反馈回来的采用各种不同的环节，就可以得到各种不同的调节规律。

（1）调节器的内反馈

由图 15-3-4 可得整个调节器的传递函数$W_\mathrm{c}(s)$

$$W_\mathrm{c}(s) = \frac{K}{1 + W_\mathrm{R}(s)K}$$

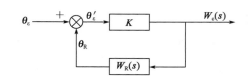

图 15-3-4　调节器的内反馈

$$W_c(s) = \frac{K}{\frac{1}{K} + W_R(s)}$$

放大器的放大倍数越大，则$\frac{1}{K}$越小。

当$K \to \infty$时，$W_c(s) = \frac{1}{w_R(s)}$

这时，整个调节器的传递函数就等于反馈环节的传递函数的倒数。要想得到一个调节器的传递函数为$W_c(s)$，只要在一个放大倍数为无穷大的放大器上加一个反馈环节，其传递函数式$W_c(s)$的倒数。

$$W_R(s) = \frac{1}{W_c(s)}$$

（2）比例积分调节器

以比例积分调节器为例说明反馈原理的应用。PI 调节器的微分方程为

$$y = K_c \left(\theta_z + \frac{1}{T_1} \int \theta_z dt \right)$$

其传递函数为

$$W_c = \frac{Y(s)}{\theta_z(s)} = K_c \left(1 + \frac{1}{T_1 s} \right) = \frac{K_c(1 + T_1 s)}{T_1 s}$$

因此，反馈装置的传递函数为

$$W_R(s) = \frac{1}{W_c(s)} = \frac{\frac{T_1}{K_c} s}{1 + T_1 s}$$

上式为一个实际的微分环节。用一个实际的微分环节作为一个无穷大放大器的反馈环节，可实现理想的比例微分调节器。实际中，放大器的放大倍数不可能为无穷大，任何实际的 PI 调节器都不是理想的，只能近似地按照 PI 规律动作。

15.3.2 控制系统的一阶瞬态响应

用一阶微分方程描述的控制系统称为一阶系统。如图 15-3-5a）所示的 RC 电路，其微分方程为

$$RC \frac{du_c}{dt} + U_c = r(t), \; T\dot{C}(t) + C(t) = r(t) \tag{15-3-7}$$

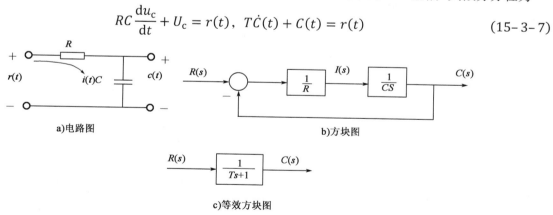

a)电路图 b)方块图

c)等效方块图

图 15-3-5　一阶系统电路图、方块图及等效方块图

其中，$C(t)$为电路输出电压，$r(t)$为电路输入电压，$T = RC$为时间常数。

当初始条件为零时，其传递函数为

$$\Phi(s) = \frac{C(s)}{R(s)} = \frac{1}{Ts + 1} \tag{15-3-8}$$

这种系统实际上是一个非周期性的惯性环节。

下面分别就不同的典型输入信号，分析该系统的时域响应。

1）单位阶跃响应

因为单位阶跃函数的拉氏变换为$R(s) = \frac{1}{s}$，则系统的输出由式（15-3-8）可知为：

$$C(s) = \Phi(s)R(s) = \frac{1}{Ts+1} \cdot \frac{1}{s} = \frac{1}{s} - \frac{1}{Ts+1}$$

对上式取拉氏反变换，得

$$h(t) = 1 - e^{-\frac{t}{T}} \quad (t \geq 0) \tag{15-3-9}$$

注：$R(s)$的极点形成系统响应的稳态分量。

传递函数的极点是产生系统响应的瞬态分量。这个结论不仅适用于一阶线性定常系统，而且也适用于高阶线性定常系统。

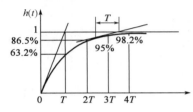

图 15-3-6　指数响应曲线

响应曲线在$t \geq 0$时的斜率为$\frac{1}{T}$，如果系统输出响应的速度恒为$\frac{1}{T}$，则只要$t = T$时，输出$h(t)$就能达到其终值。如图 15-3-6 所示。

由于$h(t)$的终值为 1，因而系统阶跃输入时的稳态误差为零。

动态性能指标

$$t_d = 0.69T$$
$$t_r = 2.20T$$
$$t_s = 3T \quad （5\%误差带）$$

t_p和$\sigma\%$不存在。

2）一阶系统的单位脉冲响应

当输入信号为理想单位脉冲函数时，$R(s) = 1$，输入量的拉氏变换与系统的传递函数相同，即

$$C(s) = \frac{1}{Ts+1}$$

这时相同的输出称为脉冲响应，记作$g(t)$，因为$g(t) = L^{-1}[G(s)]$，其表达式为

$$c(t) = \frac{1}{T} e^{-\frac{t}{T}} \quad (t \geq 0) \tag{15-3-10}$$

3）一阶系统的单位斜坡响应

当$R(s) = \frac{1}{s^2}$

$$C(s) = \Phi(s)R(s) = \frac{1}{Ts+1} \cdot \frac{1}{s^2} = \frac{1}{s^2} - \frac{T}{s} + \frac{T^2}{1+Ts}$$

对上式求拉氏反变换，得

$$c(t) = t - T\left(1 - e^{-\frac{1}{T}t}\right) = t - T + Te^{\left(-\frac{1}{T}t\right)} \tag{15-3-11}$$

因为　　$$e(t) = r(t) - c(t) = T\left(1 - e^{-\frac{1}{T}t}\right) \tag{15-3-12}$$

所以一阶系统跟踪单位斜坡信号的稳态误差为$e_{ss} = \lim\limits_{t \to \infty} e(t) = T$，如图 15-3-7 所示。

上式表明：

（1）一阶系统能跟踪斜坡输入信号。稳态时，输入和输出信号的

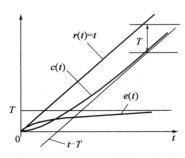

图 15-3-7　一阶系统的斜坡响应

变化率完全相同，即 $\dot{r}(t) = 1$，$\dot{c}(t)\Big|_{t \to \infty} = 1$。

（2）由于系统存在惯性，$\dot{c}(t)$从 0 上升到 1 时，对应的输出信号在数值上要滞后于输入信号一个常量T，这就是稳态误差产生的原因。

（3）减少时间常数T不仅可以加快瞬态响应的速度，还可减少系统跟踪斜坡信号的稳态误差。

4）单位加速度响应

$$r(t) = \frac{1}{2}t^2 \cdot l(t), \ R(s) = \frac{1}{s^3}, \ C(s) = \Phi(s)R(s) = \frac{1}{s^3(Ts+1)} \tag{15-3-13}$$

$$c(t) = L^{-1}[C(s)] = \frac{1}{2}t^2 - Tt + T^2(1 - e^{-t/T}) \tag{15-3-14}$$

$$e(t) = r(t) - c(t) = Tt - T^2(1 - e^{-t/T}), \ e_{ss} = \infty \tag{15-3-15}$$

说明一阶系统无法跟踪加速度输入信号。

15.3.3　控制系统的二阶瞬态响应

凡以二阶系统微分方程作为运动方程的控制系统，称为二阶系统。

1）典型的二阶系统

二阶系统的动态结构图如图 15-3-8 所示，其开环传递函数为

$$G(s) = \frac{\omega_n^2}{s(s + 2\xi\omega_n)} = \frac{K}{s(Ts+1)} \tag{15-3-16}$$

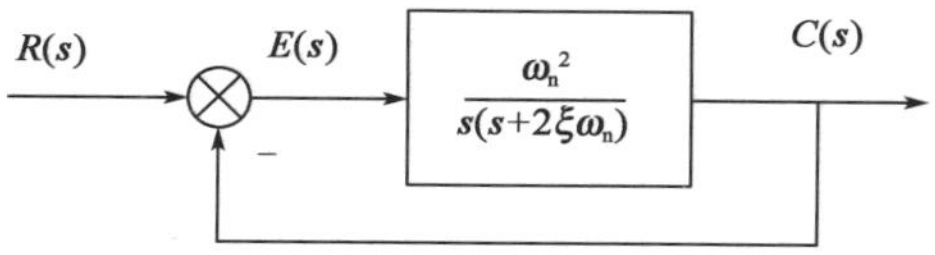

闭环传递函数为

$$\Phi(s) = \frac{\omega_n^2}{s^2 + 2\xi\omega_n s + \omega_n^2} \tag{15-3-17}$$

图 15-3-8　二阶系统结构图

根据阻尼比ξ的取值，可把系统分为欠阻尼、临界阻尼和过阻尼三种情况进行分析，如图 15-3-9 所示。

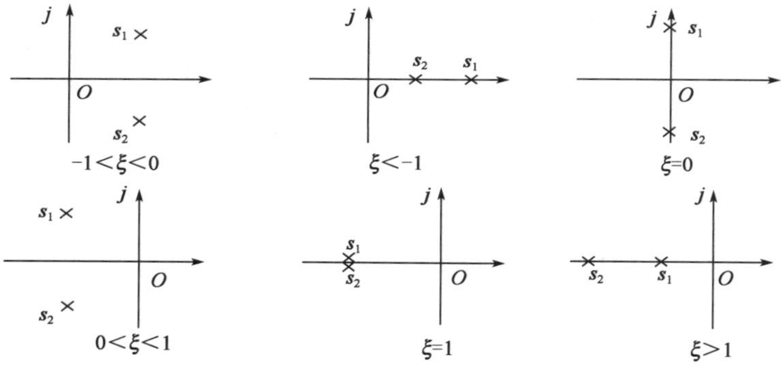

图　15-3-9

特征方程：

$$s^2 + 2\xi\omega_n s + \omega_n^2 = 0 \tag{15-3-18}$$

特征方程式的根为：

$$s_{1,2} = -\xi\omega_n \pm \sqrt{\xi^2 - 1}\,\omega_n \tag{15-3-19}$$

2）二阶系统的单位阶跃响应

阻尼比ξ是实际阻尼系数F与临界阻尼系数F_C的比值

$$\xi = \frac{1}{2\sqrt{T_mK}} = \frac{1}{2\sqrt{J\frac{K}{F}}} = \frac{1}{2\sqrt{J\frac{K_1}{F^2}}} = \frac{F}{2\sqrt{JK_1}} = \frac{F}{F_C}$$

$\xi < 0$，两个正实部的特征根，系统发散；

$0 < \xi < 1$，闭环极点为共轭复根，位于右半S平面，这时的系统叫作欠阻尼系统；

$\xi = 1$，两个相等的根；

$\xi > 1$，两个不相等的根；

$\xi = 0$，虚轴上，瞬态响应变为等幅振荡。

图 15-3-10 为二阶系统极点分布图。图 15-3-11 为二阶系统（$0 < \xi < 1$）的单位阶跃响应。图 15-3-12 为二阶系统的实极点。图 15-3-13 为二阶系统在不同ξ值瞬态响应曲线。

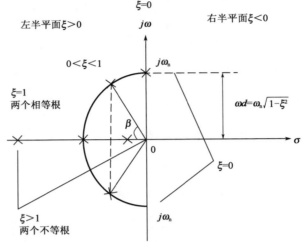

图 15-3-10　二阶系统极点分布

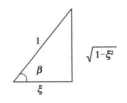

图　15-3-11

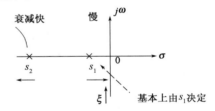

图 15-3-12　二阶系统的实极点

（1）欠阻尼（$0 < \xi < 1$）二阶系统的单位阶跃响应（见图 15-3-11）

$$s_{1,2} = -\xi\omega_n \pm j\omega_n\sqrt{1-\xi^2} = -\sigma \pm j\omega_d$$

令衰减系数$\sigma = \xi\omega_n$，阻尼振荡频率$\omega_d = \omega_n\sqrt{1-\xi^2}$

由$R(s) = \frac{1}{s}$，得

$$C(s) = \Phi(s)R(s) = \frac{\omega_n^2}{s^2 + 2\xi\omega_n s + \omega_n^2} \cdot \frac{1}{s} = \frac{1}{s} - \frac{s + \xi\omega_n^2}{(s+\xi\omega_n)^2 + \omega_d^2} - \frac{\xi\omega_n}{(s+\xi\omega_n)^2 + \omega_d^2}$$

$$\omega_d \frac{\xi\omega_n}{\omega_d} = \omega_d \frac{\xi\omega_n}{\omega_n\sqrt{1-\xi^2}} = \omega_d \frac{\xi}{\sqrt{1-\xi^2}}$$

对上式取拉氏反变换，得单位阶跃响应为：

$$h(t) = 1 - e^{-\xi\omega_n t}\left(\cos\omega_d t + \frac{\xi}{\sqrt{1-\xi^2}}\sin\omega_d t\right)$$

$$= 1 - \frac{1}{\sqrt{1-\xi^2}}e^{-\xi\omega_n t}\sin(\omega_d t + \beta) \qquad (t \geq 0)$$

(15-3-20)

$$\beta = \text{arccot}\frac{\sqrt{1-\xi^2}}{\xi} = \arccos\xi$$

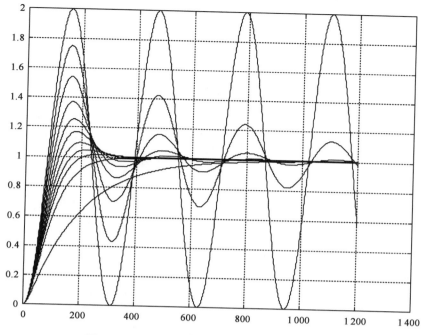

图 15-3-13　二阶系统在不同ξ值瞬态响应曲线

稳态分量为 1，表明系统在单位阶跃函数作用下，不存在稳态位置误差，瞬态分量为阻尼正弦振荡项，其振荡频率为ω_d，即阻尼振荡频率。

包络线$1 \pm e^{-\xi \omega_n t}/\sqrt{1-\xi^2}$决定收敛速度。

$$\xi = 0 \text{ 时，} h(t) = 1 - \sin\omega_n t, \ t \geqslant 0 \tag{15-3-21}$$

这是一条平均值为 1 的正、余弦形式等幅振荡，其振荡频率为ω_n，故称为无阻尼振荡频率。ω_n由系统本身的结构参数K和T_m，或K_1和J确定，ω_n常称自然频率。

实际控制系统通常有一定的阻尼比，因此不可能通过实验方法测得ω_n，而只能测得ω_d，且$\omega_d <$ ω_n，$\xi \geqslant 1$时，ω_d不复存在，系统的响应不再出现振荡。

（2）临界阻尼($\xi = 1$)

$$r(t) = u(t), R(s) = \frac{1}{s}$$

$$C(s) = \frac{\omega_n^2}{(s + \omega_n)^2} \frac{1}{s} = \frac{1}{s} - \frac{\omega_n}{(s + \omega_n)^2} - \frac{1}{s + \omega_n}$$

临界阻尼情况下的二阶系统的单位阶跃响应称为临界阻尼响应。

$$h(t) = 1 - e^{-\omega_n t} - \omega_n t - e^{-\omega_n t} = 1 - e^{-\omega_n t}(1 + \omega_n t) \quad (t \geqslant 0) \tag{15-3-22}$$

当$\xi = 1$时，二阶系统的单位阶跃响应是稳态值为 1 的无超调单调上升过程，$\frac{dh(t)}{dt} = \omega_n^2 + e^{-\omega_n t}$。

（3）过阻尼($\xi > 1$)

$$s_{1,2} = -\xi \omega_n \pm \omega_n \sqrt{\xi^2 - 1}$$

$$C(s) = \frac{\omega_n^2}{(s - s_1)(s - s_2)} \frac{1}{s}$$

$$= \frac{\omega_n^2}{\left[s + \omega_n\left(\xi - \sqrt{\xi^2 - 1}\right)\right]\left[s + \omega_n\left(\xi + \sqrt{\xi^2 - 1}\right)\right] s}$$

$$= \frac{A_1}{s} + \frac{A_2}{s + \omega_n\left(\xi - \sqrt{\xi^2 - 1}\right)} + \frac{A_3}{\xi + \omega_n\left(\xi + \sqrt{\xi^2 - 1}\right)}$$

$$A_1 = 1$$

$$A_2 = \frac{-1}{s + \omega_n\left(\xi - \sqrt{\xi^2 - 1}\right)}$$

$$A_3 = \frac{1}{2\sqrt{\xi^2 - 1}\left(\xi + \sqrt{\xi^2 - 1}\right)}$$

$$h(t) = 1 - \frac{1}{2\sqrt{\xi^2 - 1}\left(\xi - \sqrt{\xi^2 - 1}\right)}e^{-\left(\xi - \sqrt{\xi^2 - 1}\right)\omega_n t} +$$

$$\frac{1}{2\sqrt{\xi^2 - 1}\left(\xi + \sqrt{\xi^2 - 1}\right)}e^{-\left(\xi + \sqrt{\xi^2 - 1}\right)\omega_n t} \quad (t \geqslant 0) \tag{15-3-23}$$

3）二阶系统阶跃响应的性能指标

在控制工程中，除了那些不容许产生振荡响应的系统外，通常都希望控制系统具有适度的阻尼、快速的响应速度和较短的调节时间。

二阶系统一般取 $\xi = 0.4 \sim 0.8$。其他的动态性能指标，有的可用 ξ 和 ω_n 精确表示，如 t_r、t_p、M_p，有的很难用 ξ 和 ω_n 准确表示，如 t_d、t_s，可采用近似算法。

下面推导欠阻尼二阶系统暂态相应的性能指标和计算公式。

（1）t_d

在式（15-3-23）中，即 $h(t) = 1 - \frac{1}{\sqrt{1-\xi^2}}e^{-\xi\omega_n t}\sin(\omega_d t + \beta)$ 　　$(t \geqslant 0)$

令 $h(t_d) = 0.5$，$\beta = \text{arccot}\frac{\sqrt{1-\xi^2}}{\xi} = \arccos\xi$，可得

$$\omega_n t_d = \frac{1}{\xi}\ln\frac{2\sin\left(\sqrt{1-\xi^2}\,\omega_n t_d + \arccos\xi\right)}{\sqrt{1-\xi^2}}$$

在较大的 ξ 值范围内，近似有

$$t_d = \frac{1 + 0.6\xi + 0.2\xi^2}{\omega_n} \tag{15-3-24}$$

$0 < \xi < 1$ 时，亦可用

$$t_d = \frac{1 + 0.7\xi}{\omega_n} \tag{15-3-25}$$

（2）t_r（上升时间）

$h(t_r) = 1$，求得 $\frac{1}{\sqrt{1-\xi^2}}e^{-\xi\omega_n t}\sin(\omega_d t_r + \beta) = 0$

$$\omega_d t_r + \beta = \pi$$

$$t_r = \frac{\pi - \beta}{\omega_d} \tag{15-3-26}$$

ξ 一定，即 β 一定，$\to \omega_n \uparrow \to t_r \downarrow$，响应速度越快。

（3）t_p（峰值时间）

对式（15-3-24）求导，并令其为零，求得

$$\xi\omega_n e^{-\xi\omega_n t}\sin(\omega_d t + \beta) - \omega_d e^{\xi\omega_n t}\cos(\omega_d t + \beta) = 0$$

$$\tan(\omega_d t + \beta) = \frac{\sqrt{1-\xi^2}}{\xi}$$

因为 $\tan\beta = \frac{\sqrt{1-\xi^2}}{\xi}$

所以$\omega_d t_p = 0, \pi, 2\pi, \cdots$，根据峰值时间定义，应取

$$\omega_d t_p = \pi$$

$$t_p = \frac{\pi}{\omega_d} = \frac{\pi}{\omega_n \sqrt{1-\xi^2}} = \frac{1}{2} T_d \qquad (15-3-27)$$

ξ一定时，$\omega_n \uparrow$（闭环极点力负实轴的距离越远）$\to t_p \downarrow$

（4）$\sigma\%$或M_p的计算，超调量

超调量在峰值时间发生，故$h(t_p)$即为最大输出

$$h(t_p) = 1 - \frac{1}{\sqrt{1-\xi^2}} e^{-\upsilon\xi\omega_n t_p} \sin(\omega_d t_p + \beta)$$

$$h(t_p) = 1 + e^{-\pi\xi/\sqrt{1-\xi^2}}$$

因为$\sin(\pi + \beta) = -\sin\beta = -\sqrt{1-\xi^2}$

$$\sigma\% = \frac{h(t_p) - h(\infty)}{h(\infty)} \times 100\% = e^{-\frac{\pi\xi}{\sqrt{1-\xi^2}}} \times 100\% \qquad (15-3-28)$$

$$\frac{C(s)}{R(s)} = \frac{\omega_n^2}{s^2 + 2\xi\omega_n s + \omega_n^2}$$

$\xi = 0$ 时，$\sigma\% = 100\%$

$\xi = 0.4$ 时，$\sigma\% = 25.4\%$

$\xi = 1.0$ 时，$\sigma\% = 0$

当$\xi = 0.4 \sim 0.8$ 时，$\sigma\% = 1.5\% \sim 25.4\%$

（5）t_s（调节时间）

典型二阶系统欠阻尼条件下的单位阶跃响应

$$h(t) = 1 - e^{-\xi\omega_n t} \sin(\omega_d t + \beta), \quad t \geq 0$$

$$\beta = \text{arccot} \frac{\sqrt{1-\xi^2}}{\xi} = \arccos\xi$$

令Δ表示实际响应与稳态输出之间的误差，则有

$$t_s = \frac{1}{\xi\omega_n} \left(\ln\frac{1}{\Delta} + \ln\frac{1}{\sqrt{1-\xi^2}} \right)$$

$$\Delta = \frac{1}{\sqrt{1-\xi^2}} e^{-\xi\omega_n t} \sin(\omega_d t + \beta) \leq \frac{e^{-\xi\omega_n t}}{\sqrt{1-\xi^2}}$$

$\xi \leq 0.8$时，并在上述不等式右端分母中代入$\xi = 0.8$，选取误差带

$$\Delta = 0.05, t_s \leq \frac{3.5}{\xi\omega_n}, \quad t_s - \frac{3.5}{\xi\omega_n}$$

$$\Delta = 0.02, t_s \leq \frac{4.5}{\xi\omega_n}, \quad t_s - \frac{4.5}{\xi\omega_n} \qquad (15-3-29)$$

$$\xi \leq 0.4 \begin{cases} t_s = \dfrac{3}{\xi\omega_n} \quad (\Delta = 0.05) \\ t_s = \dfrac{4}{\xi\omega_n} \quad (\Delta = 0.02) \end{cases} \qquad \text{（当ξ较小时）}$$

通过以上分析可知，t_s近似与$\xi\omega_n$成反比。在设计系统时，ξ通常由要求的最大超调量决定，所以调节时间t_s由无阻尼自然振荡频率ω_n所决定。也就是说，在不改变超调量的条件下，通过改变ω_n值来

改变调节时间t_s。

【例 15-3-1】 设某闭环系统的总传递函数为$G(s) = \frac{1}{s^2+2s+1}$，此系统为：

    A. 欠阻尼二阶系统   B. 过阻尼二阶系统

    C. 临界阻尼二阶系统   D. 等幅振荡二阶系统

解 $\xi = 1$为临界阻尼系统。选 C。

【例 15-3-2】 二阶环节$G(s) = \frac{10}{s^2+3.6s+9}$的阻尼比应为：

    A. $\xi = 0.6$ B. $\xi = 1.2$ C. $\xi = 1.8$ D. $\xi = 3.6$

解 $2\xi\omega_n = 3.6$，$\omega_n = 3$，$\xi = 0.6$。选 A。

【例 15-3-3】 二阶欠阻尼系统质量指标与系统参数之间，正确的表达为：

    A. 衰减系数不变，最大偏差减小，衰减比增大

    B. 衰减系数增大，最大偏差增大，衰减比减小，调节时间增大

    C. 衰减系数减小，最大偏差增大，衰减比减小，调节时间增大

    D. 衰减系数减小，最大偏差减小，衰减比减小，调节时间减小

解 衰减系数即阻尼比。当ξ减小时，超调量$\sigma_p(\%) = e^{-\pi\xi/\sqrt{1-\xi^2}} \times 100\%$增大，即最大偏差增大，衰减比$n = e^{2\pi\xi/\sqrt{1-\xi^2}}$减小，调节时间$t_s \approx \frac{3}{\xi\omega_n}$增大。选 C。

【例 15-3-4】 若二阶系统的阻尼比ξ保持不变，ω_n减少，则可以：

    A. 减少上升时间和峰值时间   B. 减少上升时间和调整时间

    C. 增加峰值时间和超调量   D. 增加峰值时间和调整时间

解 参见二阶系统的时域分析，根据峰值时间公式$t_p = \frac{\pi}{\omega_n\sqrt{1-\xi^2}}$，在$\omega_n$减少时，峰值时间增加，根据调整时间公式$t_s = \frac{3}{\xi\omega_n}$或$t_s = \frac{4}{\xi\omega_n}$，阻尼比$\xi$不变，$\omega_n$减小，所以$t_s$增大。选 D。

15.3.4 频率特性的基本概念

频率特性法是一种图解分析法，通过系统的频率特性来分析系统性能。不仅适用于线性定常系统，还适用于纯滞后环节和部分非线性环节的分析。

（1）频率特性的定义：在正弦输入下，线性定常系统输出的稳态分量与输入的复数比。以$G(j\omega)$或$\phi(j\omega)$表示。$G(j\omega) = |G(j\omega)|e^{j\phi(\omega)}$。

（2）幅频特性：稳态时，线性定常系统输出与输入的幅值比，以$A(\omega)$或$|G(j\omega)|$表示。

（3）相频特性：稳态时，线性定常系统输出信号与输入信号的相位差，以$\phi(\omega)$或$\angle G(j\omega)$表示。

（4）对数频率特性：对数幅频特性$L(\omega)$和对数相频特性$\varphi(\omega)$。

对数幅频特性 $L(\omega) = 20\lg A(\omega)$ (dB)

对数相频特性 $\varphi(\omega) = \angle G(j\omega)$ (°)

（5）典型环节的频率特性：

①比例环节K：

频率特性 $G(j\omega) = K$

幅频特性 $|G(j\omega)| = A(\omega) = K$

相频特性 $\varphi(\omega) = 0°$

对数幅频特性 $L(\omega) = 20\lg A(\omega) = 20\lg K$

对数相频特性 $\varphi(\omega) = 0°$

②积分环节$\frac{1}{s}$:

频率特性 $\qquad G(j\omega) = \frac{1}{\omega}$

幅频特性 $\qquad |G(j\omega)| = A(\omega) = \frac{1}{\omega}$

相频特性 $\qquad \varphi(\omega) = 90°$

对数幅频特性 $\qquad L(\omega) = 20\lg A(\omega) = 20\lg\omega$

对数相频特性 $\qquad \varphi(\omega) = 90°$

③理想微分环节K:

频率特性 $\qquad G(j\omega) = j\omega$

幅频特性 $\qquad |G(j\omega)| = A(\omega) = \omega$

相频特性 $\qquad \varphi(\omega) = 90°$

对数幅频特性 $\qquad L(\omega) = 20\lg A(\omega) = 20\lg\omega$

对数相频特性 $\qquad \varphi(\omega) = 90°$

④惯性环节$\frac{1}{Ts+1}$:

频率特性 $\qquad G(j\omega) = \frac{1}{j\omega T + 1}$

幅频特性 $\qquad |G(j\omega)| = A(\omega) = \frac{1}{\sqrt{1 + T^2\omega^2}}$

相频特性 $\qquad \varphi(\omega) = -\arctan(T\omega)$

对数幅频特性 $\qquad L(\omega) = 20\lg A(\omega) = 20\lg\frac{1}{\sqrt{1 + T^2\omega^2}}$

对数相频特性 $\qquad \varphi(\omega) = -\arctan(T\omega)$

⑤一阶微分环节$Ts + 1$:

频率特性 $\qquad G(j\omega) = j\omega T + 1$

幅频特性 $\qquad |G(j\omega)| = A(\omega) = \sqrt{1 + T^2\omega^2}$

相频特性 $\qquad \varphi(\omega) = \arctan(T\omega)$

对数幅频特性 $\qquad L(\omega) = 20\lg A(\omega) = 20\lg\sqrt{1 + T^2\omega^2}$

对数相频特性 $\qquad \varphi(\omega) = -\arctan(T\omega)$

⑥二阶振荡环节:

$$\frac{1}{T^2 + 2\xi Ts + 1} = \frac{\omega_n^2}{s^2 + 2\xi + \omega_n^2} \quad \left(令\ T = \frac{1}{\omega_n}\right)$$

频率特性 $\qquad G(j\omega) = \dfrac{1}{1 - T^2\omega_n^2 + 2j\xi T\omega} = \dfrac{1}{1 - \dfrac{\omega^2}{\omega_n^2} + 2j\xi\dfrac{\omega}{\omega_n}}$

幅频特性 $\qquad |G(j\omega)| = A(\omega) \dfrac{1}{\sqrt{\left(1 - \dfrac{\omega^2}{\omega_n^2}\right)^2 + \left(2\xi\dfrac{\omega}{\omega_n}\right)^2}}$

相频特性 $\qquad \varphi(\omega) = -\arctan\dfrac{2\xi\dfrac{\omega}{\omega_n}}{1 - \dfrac{\omega^2}{\omega_n^2}}$

对数幅频特性 $\qquad L(\omega) = 20 \lg A(\omega) = -20 \lg \sqrt{\left(1 - \dfrac{\omega^2}{\omega_n^2}\right)^2 + \left(2\xi \dfrac{\omega}{\omega_n}\right)^2}$

对数相频特性 $\qquad \phi(\omega) = \arctan \dfrac{2\xi \dfrac{\omega}{\omega_n}}{1 - \dfrac{\omega^2}{\omega_n^2}}$

⑦纯滞后环节 $e^{-\tau s}$：

频率特性 $\qquad G(j\omega) = e^{-j\omega\tau}$

幅频特性 $\qquad |G(j\omega)| = A(\omega) = 1$

相频特性 $\qquad \varphi(\omega) = -\tau\omega$

对数幅频特性 $\qquad L(\omega) = 20 \lg A(\omega) = 0$

对数相频特性 $\qquad \varphi(\omega) = -\tau\omega$

【例 15-3-5】 二阶系统传递函数 $G(s) = \dfrac{1}{s^2 + 2s + 1}$ 的频率特性函数为：

  A. $\dfrac{1}{\omega^2 + 2\omega + 1}$ B. $\dfrac{1}{-\omega^2 + 2j\omega + 1}$ C. $-\dfrac{1}{\omega^2 + 2\omega + 1}$ D. $\dfrac{1}{\omega^2 - 2\omega + 1}$

解 可参考二阶振荡环节的频率特性函数，$G(j\omega) = \dfrac{1}{-\omega^2 + 2j\omega + 1}$。选 B。

【例 15-3-6】 根据图示开环传递函数的对数坐标图，判断其闭环系统的稳定性。

  A. 系统稳定，增益裕量为 a

  B. 系统稳定，增益裕量为 b

  C. 系统不稳定，负增益裕量为 a

  D. 系统不稳定，负增益裕量为 b

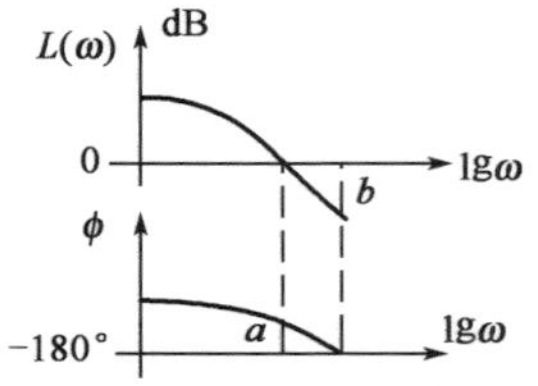

解 选 B。

例 15-3-6 图

15.3.5 频率特性表示方法

频率特性可用图形表示，有极坐标图、对数坐标图和对数幅相图。

1）极坐标图

又称幅相频率特性曲线或幅相曲线。当输入信号的频率变化时，向量的幅值和相位也随之做相应的变化，其端点在复平面移动的轨迹

$$G(j\omega) = \frac{K(\tau_1 j\omega + 1)(\tau_2 j\omega + 1) \cdots (\tau_m j\omega + 1)}{(j\omega)^\nu (T_1 j\omega + 1)(T_2 j\omega + 1) \cdots (T_{n-\nu} j\omega + 1)} \qquad (15-3-30)$$

$\nu = 0$ 即 0 型系统：极坐标图的起点 $\omega = 0$ 是一个位于正实轴的有限值。对应于 $\omega = \infty$ 的极坐标图曲线的终点位于坐标原点，并且这一点上的曲线与一个坐标轴相切。

$\nu = 1$ 即 1 型系统：在总的相角中，$-90°$ 的相角是 $j\omega$ 项产生的。在低频时，极坐标是一条渐近于平行与虚轴的直线线段。当 $\omega = \infty$ 时，幅值为零，曲线收敛于原点，且曲线与一个坐标轴相切。

$\nu = 2$ 即 2 型系统：在总相角中，$-180°$ 的相角是由 $(j\omega)^2$ 项产生的。

0 型、1 型和 2 型系统极坐标图低频部分的一般形状如图 15-3-14 所示，极坐标图曲线的复杂形状都是由分子的动态特性引起的。由分子的时间常数决定。

2）对数坐标图

又称对数频率特性曲线或伯德图（Bode），由对数幅频曲线和对数相频曲线组成。对数频率特性

曲线的横坐标表示频率ω，并按对数分度。所谓对数分度，是指横坐标以$\lg \omega$进行均匀分度，即横坐标对$\lg \omega$来讲是均匀的，对ω而言却是不均匀的，如图 15-3-15 所示。从图中可以看出，频率ω每变化 10 倍（称为一个 10 倍频程），横坐标的间隔距离为一个单位长度。横坐标以ω标出，一般情况下，不应标出$\omega = 0$的点（因为此时$\lg \omega$不存在）。若ω_2位于ω_1和ω_3的几何中点，此时应有$\lg \omega_2 - \lg \omega_1 = \lg \omega_3 - \lg \omega_2$，即$\omega_2^2 = \omega_1 \omega_3$。

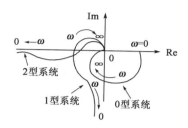

图 15-3-14　0型、1型和2型系统的极坐标图

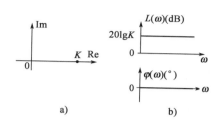

图 15-3-15　对数分度

（1）比例环节。

比例环节的传递函数为常数

$$G(s) = K$$

其频率特性为

$$G(j\omega) = K$$

相应的对数幅频特性和相频特性为

$$\begin{cases} L(\omega) = 20 \lg A(\omega) = 20 \lg K \\ \varphi(\omega) = 0 \end{cases}$$

（2）惯性环节

惯性环节的传递函数为$\frac{1}{1+Ts}$，其频率特性为

$$G(j\omega) = \frac{1}{1 + j\omega T} = \frac{1}{\sqrt{1 + (\omega T)^2}} e^{-j\operatorname{arccot}(\omega T)} \qquad \begin{cases} A(\omega) = 1/\sqrt{1 + (\omega T)^2} \\ \varphi(\omega) = -\arctan(\omega T) \end{cases}$$

在绘制幅相曲线时，注意在ω由$0 \to \infty$变化时，惯性环节$1/(1 + j\omega T)$的幅值由 1 变化到 0，相角由$0°$变化到$-90°$，据此可以画出惯性环节幅相曲线的大致形状。通过逐点计算，可以画出惯性环节幅相曲线的精确曲线。可以证明，惯性环节的幅相曲线为半圆。

惯性环节的对数幅频特性和相频特性为

$$\begin{cases} L(\omega) = -20 \lg \sqrt{1 + (\omega T)^2} \\ \varphi(\omega) = -\operatorname{arccot}(\omega T) \end{cases}$$

可以通过计算若干点的数值来绘制惯性环节的对数幅频特性和相频特性的精确曲线。工程上，此环节的对数幅频特性可以采用渐近线来表示。为方便起见，在$\omega < \omega_1$的区段，惯性环节对数幅频特性曲线的渐近线（或称近似曲线）取为0dB的水平线；在$\omega > \omega_1$的区段，惯性环节对数幅频特性曲线的渐近线取为一条斜率为-20dB/dec的直线，两段渐近线在交接频率ω_1处相交，如图 15-3-16 所示。

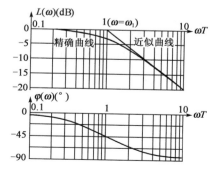

图 15-3-16　惯性环节的对数幅频特性曲线和相频特性曲线

交接频率ω_1也称为惯性环节的特征点，此时$A(\omega_1) = 0.707$，$L(\omega_1) = -3\text{dB}$，$\varphi(\omega_1) = -45°$。

（3）一阶微分环节

一阶微分环节的传递函数为$1 + \tau s$，其频率特性为

$$G(j\omega) = 1 + j\omega\pi = \sqrt{1 + (\omega\tau)^2}e^{j\text{arccot}(\omega\tau)}$$

一阶微分环节的幅频特性和相频特性的表达式为

$$\begin{cases} A(\omega) = \sqrt{1 + (\omega\tau)^2} \\ \varphi(\omega) = \arctan(\omega\tau) \end{cases}$$

一阶微分环节的对数幅频特性和相频特性为

$$\begin{cases} L(\omega) = 20\lg\sqrt{1 + (\omega T)^2} \\ \varphi(\omega) = \arctan(\omega T) \end{cases}$$

工程上，此环节的对数幅频特性可以采用渐近线来表示。定义$\omega_1 = 1/\tau$为交接频率，渐近线表示如下

$$L(\omega) = 0 \qquad (\omega \ll \omega_1\text{时})$$

$$L(\omega) = 20\lg(\omega\tau) = 20\lg\omega - 20\lg\omega_1 \quad (\omega \gg \omega_1\text{时})$$

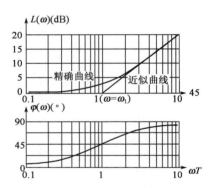

图 15-3-17　一阶微分环节的对数幅频特性曲线和相频特性曲线

类似于惯性环节，可以构造一阶微分环节对数幅频特性近似曲线。

一阶微分环节对数幅频特性的精确曲线与近似曲线之间存在误差，必要时应进行修正，最大的误差发生在交接频率ω_1处，其值为3dB。

交接频率ω_1也称为一阶微分环节的特征点，此时$A(\omega_1) = 1.414$，$L(\omega_1) = 3\text{dB}$，$\varphi(\omega_1) = 45°$。

比较惯性环节和一阶微分环节可以发现，它们的传递函数互为倒数，而它们的对数幅频特性和相频特性则对称于横轴，这是一个普遍规律，即传递函数互为倒数时，对数幅频特性和相频特性对称于横轴。如图 15-3-17 所示。

（4）积分环节

积分环节的传递函数是$1/s$，其频率特性为

$$G(j\omega) = \frac{1}{j\omega} = \frac{1}{\omega}e^{-j\frac{\pi}{2}}$$

其幅相曲线如图 15-3-18 所示，显然ω由$0 \to \infty$变化时，其幅值由∞变化到0，而相角始终为$-90°$。

积分环节的幅频特性和相频特性的表达式为

$$\begin{cases} A(\omega) = \frac{1}{\omega} \\ \varphi(\omega) = -\frac{\pi}{2} \end{cases}$$

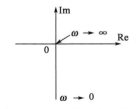

图 15-3-18　积分环节幅相曲线

积分环节的对数幅频特性和相频特性为

$$\begin{cases} L(\omega) = -20\lg\omega \\ \varphi(\omega) = -\dfrac{\pi}{2} \end{cases}$$

由图 15-3-19 可见，其对数幅频特性为一条斜率为−20dB/dec的直线，此线通过$\omega = 1$，$L(\omega) = 0$dB的点。相频特性是一条平行于横轴的直线，其纵坐标为−π/2。

（5）微分环节。

微分环节的传递函数是s，其频率特性为

$$G(j\omega) = j\omega = \omega e^{j\frac{\pi}{2}}$$

微分环节的幅频特性和相频特性的表达式为

$$\begin{cases} A(\omega) = \omega \\ \varphi(\omega) = \dfrac{\pi}{2} \end{cases}$$

微分环节的对数幅频特性和相频特性为

$$\begin{cases} L(\omega) = 20\lg\omega \\ \varphi(\omega) = \dfrac{\pi}{2} \end{cases}$$

由图 15-3-20 可见，其对数幅频特性为一条斜率为+20dB/dec的直线，此线通过$\omega = 1$，$L(\omega) = 0$dB的点。相频特性是一条平行于横轴的直线，其纵坐标为π/2。

积分环节和微分环节的传递函数互为倒数，它们的对数幅频特性和相频特性则对称于横轴。

（6）二阶微分环节

二阶微分环节的传递函数为$s^2/\omega_n^2 + 2\xi s/\omega_n + 1$，式中$\omega_n > 0$，$0 < \xi < 1$。

频率特性为：

$$G(j\omega) = 1 - \omega^2/\omega_n^2 + j_2\xi\omega/\omega_n$$

可知幅相曲线的起点为$G(j_0) = 1\angle 0°$，终点为$G(j\infty) = \infty\angle 180°$，当$\omega$由 $0 \to \infty$变化时，$A(\omega)$由 $1 \to \infty$，$\varphi(\omega)$由$0° \to +180°$变化，据此可以画出二阶微分环节幅相曲线的大致形状，如图 15-3-21 所示。

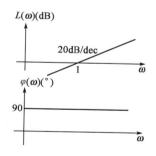

图 15-3-20　微分环节的对数幅频特性和相频特性

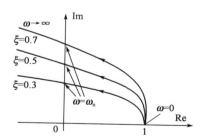

图 15-3-21　微分环节的幅相曲线

二阶微分环节和振荡环节的传递函数互为倒数，它们的对数幅频特性和相频特性对称于横轴，如图 15-3-22 所示。

注意到对数幅频特性曲线的渐近线在$\omega < \omega_n$时是一条 0dB 的水平线，而在$\omega > \omega_n$时是一条斜率为+40dB/dec的直线，它和0dB 线交于横坐标$\omega = \omega_n$的地方。ω_n称为二阶微分环节的交接频率。

右上角图注：

$L(\omega)$(dB)

−20dB/dec

$\varphi(\omega)$(°)

−90

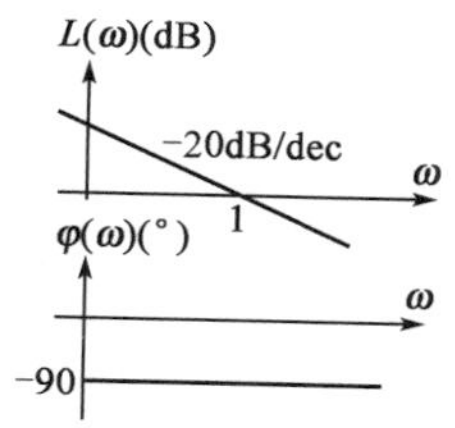

图 15-3-19　积分环节的对数幅频特性和相频特性

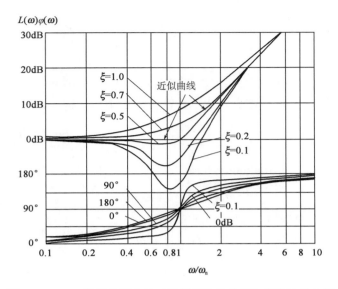

图 15-3-22　二阶微分环节的对数幅频特性曲线和相频特性曲线

（7）延迟环节

对应的频率特性是

$$G(j\omega) = e^{-j\omega\tau}$$

幅频特性和相频特性分别为

$$A(\omega) = 1$$

$$\varphi(\omega) = -57.3\omega\tau \quad (°)$$

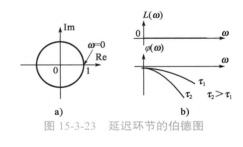

图 15-3-23　延迟环节的伯德图

幅频特性恒等于 1，相频特性是 ω 的线性函数，ω 为零时，相角等于零，ω 趋于无穷大时，相角趋于负无穷。延迟环节的幅相曲线是一个圆，圆心在原点，半径为 1，如图 15-3-23a）所示。

延迟环节的对数幅频特性恒为 0dB，即：$L(\omega) = 0$。

对数频率特性曲线如图 15-3-23b）所示，由图可知，τ 越大，相角滞后就越大。

【例 15-3-7】 传递函数 $G_1(s)$、$G_2(s)$、$G_3(s)$、$G_4(s)$ 的增益分别为 K_1、K_2、K_3、K_4，其余部分相同，且 $K_1 < K_2 < K_3 < K_4$。由传递函数 $G_2(s)$ 代表的单位反馈（反馈传递函数为 1 的负反馈）闭环系统的奈斯特曲线如图所示。图中哪个传递函数代表的单位反馈闭环控制系统为稳定的系统？

　　A. 由 $G_1(s)$ 代表的闭环系统

　　B. 由 $G_2(s)$ 代表的闭环系统

　　C. 由 $G_3(s)$ 代表的闭环系统

　　D. 由 $G_4(s)$ 代表的闭环系统

例 15-3-7 图

解　由图可知 $G_2(s)$ 为临界。系统 $G_3(s)$，$G_4(s)$ 的增益都大于 $G_2(s)$，都不稳定。只有 $G_1(s)$ 增益小于 $G_2(s)$，是稳定的，为闭环系统。选 A。

【例 15-3-8】 比例环节的奈斯特曲线占据复平面中：

　　A. 整个负虚轴

　　B. 整个正虚轴

C. 实轴上的某一段

D. 实轴上的某一点

解 由比例环节的奈斯特曲线可知。选 D。

【例 15-3-9】 若系统的传递函数为 $G(s) = \dfrac{K}{s(Ts+1)}$，则系统的幅频特性 $A(\omega)$ 为：

A. $\dfrac{K}{\sqrt{1-(\omega T)^2}}$ 　　　 B. $\dfrac{K}{\sqrt{1+(\omega T)^2}}$ 　　　 C. $\dfrac{T}{\sqrt{1-(\omega T)^2}}$ 　　　 D. $\dfrac{T}{\sqrt{1+(\omega T)^2}}$

解 令 $s = j\omega$，$A(\omega) = \left| \dfrac{K}{j\omega(Tj\omega+1)} \right| = \dfrac{K}{\sqrt{1+(\omega T)^2}}$，选 B。

15.3.6 调节器的特性对调节质量的影响

调节器种类很多，但常用的调节规律有限，如位式调节规律属继电特性调节规律；线性调节规律有比例（P）、比例积分（PI）、比例积分微分（PID）等。

采用线性控制规律的调节器时，调节器参数指比例度、积分时间和微分时间。当调节对象、传感器和执行器确定够，调节品质主要取决于调节器参数的整定。

1）比例度对调节过程的影响

（1）比例度对余差的影响

比例度越大，放大倍数越小，由于 $\Delta y = Kpe(t)$，要获得同样大小的 Δy 变化量所需的余差就越大，因此在相同的干扰作用下，系统再次平衡时的余差就越大。反之，比例度减小，系统的余差也随之减小。

（2）比例度对最大偏差、振荡周期的影响

在相同大小的干扰下，调节器的比例度越小，则比例作用越强，调节器的输出越大，使被控变量偏离给定值越小，被控变量被拉回到给定值所需的时间越短。所以，比例度越小，最大偏差越小，振荡周期也越短，工作频率提高。

（3）比例度对系统稳定性的影响

比例度越大，则调节器的输出变化越小，被控变量变化越缓慢，过渡过程越平稳。随着比例度的减小，系统的稳定程度降低，其过渡过程逐渐从衰减振荡走向临界振荡直至发散振荡。

2）积分时间对调节过程的影响

积分时间调节得过小，积分作用过强，可能引起系统的等幅振荡。积分时间选择合适时，可以减小至消除偏差。

积分时间 T_i 越小，表示积分速度越大，积分特性曲线的斜率越大，积分作用越强，克服余差的能力增强，但会引起调节过程振荡加剧，稳定性降低。积分时间越短，振荡的可能性就越强烈，甚至会产生发散振荡；积分时间 T_i 越大，积分作用越弱；积分时间无穷大，则没有积分作用，演变成了纯比例调节器。

同样的比例度下，积分时间 T_i 对调节过程的影响如图 15-3-24 所示。积分时间越大，积分作用越弱，静差消除得很慢；积分时间无穷大时，静差得不到消除；积分时间太小，调节过程振荡太剧烈；当积分时间适当时，调节过程响应快速，且能消除静差。

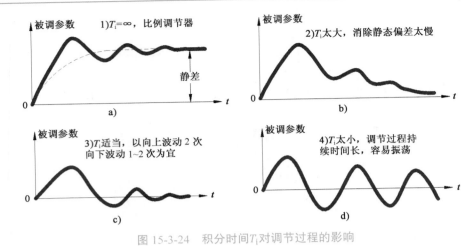

图 15-3-24　积分时间T_i对调节过程的影响

因此调节器的积分时间应按照被控对象的特性来选择（见表 15-3-1）。滞后不大的对象，T_i可小些；滞后较大的对象，T_i可选大。

积分时间对调节过程的影响　　　　　　　　　　　　　　　　　表 15-3-1

积分时间T_i	小↔大	积分时间T_i	小↔大
积分作用	强↔弱	上升时间	小↔大
稳定程度	不稳定↔更稳定	振荡周期	短↔长
最大偏差	小↔大	静差	全部消除

3）微分时间对调节过程的影响

微分时间T_D大，微分输出部分衰减得慢，强微分作用具有抑制振荡的效果。适当的增加微分作用，可以提高系统的稳定性，又可减小被控量的波动幅度，并降低稳态误差；如果微分作用加的过大，调节器输出剧烈变化，不仅不能提高系统的稳定性，反而会引起被控量大幅度的振荡。

微分作用总是力图阻止被控变量的变化，具有抑制振荡的效果。因此适当的增加微分时间，微分作用增强，可以提高系统的稳定性，减小被控变量的波动幅度，降低余差；微分时间过长，微分作用过大，则不仅不能提高系统的稳定性，反而会引起被控变量大幅度的振荡。微分作用为超前控制作用，能改善系统的控制品质，对滞后较大的如温度对象比较适用。

PI 调节动态指标最大偏差和超调量都较大，但静态偏差较小；PD 调节动态指标好，微分作用增加了系统的稳定性，比例度小时，调节时间缩短；PID 动态最大偏差比 PD 稍大。积分作用使静差接近零，但调节时间增长。因此，比例调节输出响应只要合适选择比例度，有利于系统稳定。微分作用可减少超调量和缩短过渡过程时间；积分作用能消除静差，但是超调量和过渡过程时间增大。因此，只有将比例、积分、微分三种作用结合起来，根据对象特性，正确选用调节规律和调节器的参数，将获得较好的调节效果。

【例 15-3-10】在 PID 控制中，若要获得良好的控制质量，应该适当选择的参数为：

A. 比例度，微分时间常数

B. 比例度，积分时间常数

C. 比例度，微分时间常数，积分时间常数

D. 微分时间常数，积分时间常数

解　PID 控制合适选择比例度有利于系统稳定。微分作用可减少超调量和缩短过渡过程时间；积

分作用能消除静差。因此，综合比例、积分、微分三项调节规律，得到的控制质量最好，实践中应用也最为广泛。选 C。

15.3.7 二阶系统的设计方法

控制系统设计的目的是稳、准、快。但各项指标之间是矛盾的。

如果要求系统反应快，显然要求 $\sigma\%$ 小 $\xrightarrow{\text{要求}}$ ξ 大，因为 T_m 一定（对特定的系统）$\xrightarrow{\text{要求}}$ K 小。

同样如果要求系统反应快，ω_n 就要大 $\xrightarrow{\text{要求}}$ K 大。

如果要求稳态误差小 $\xrightarrow{\text{希望}}$ K 大。

所以，必须采取合理折中方案，如果采取方案仍不能使系统满足要求，就必须研究其他控制方式，以改善系统的动态性能和稳态性能。

如二阶系统在斜坡信号作用下，有稳态误差：$e_{ss} = \dfrac{2\xi}{\omega_n}$，$e_{ss}$ 要小 $\xrightarrow{\text{要求}}$ ξ 小。

在改善二阶系统性能的方法中，比例-微分控制和测速反馈控制是两种常用方法。

1）比例-微分控制

用分析法研究 PD 控制，对系统性能的影响，可得开环传递函数。

$$G(s) = \frac{C(s)}{R(s)} = \frac{(T_d s + 1)\omega_n^2}{s(s + 2\xi\omega_n s)} = \frac{\omega_n^2(T_d s + 1)}{2\xi\omega_n s\left(\frac{s}{2\xi\omega_n} + 1\right)} = \frac{\frac{\omega_n}{2\xi}(T_d s + 1)}{s\left(\frac{s}{2\xi\omega_n} + 1\right)} \tag{15-3-31}$$

其中，$K = \dfrac{\omega_n}{2\xi}$ 称为开环增益，与 ξ_n、ξ 有关。 $\tag{15-3-32}$

闭环传递函数为：

$$\phi(s) = \frac{G(s)}{1 + G(s)} = \frac{\omega_n^2(T_d s + 1)}{S^2 + 2\xi\omega_n s + T_d\omega_n^2 s + \omega_n^2} = \frac{T_d\omega_n^2\left(s + \frac{1}{T_d}\right)}{s^2 + (2\xi\omega_n + T_d\omega_n^2)s + \omega_n^2}$$

$$T_d\omega_n^2 = 2\xi'\omega_n, \qquad \xi' = \frac{T_d\omega_n}{2}, \qquad \xi_d = \xi + \xi' = \xi + \frac{T_d\omega_n}{2} \tag{15-3-33}$$

令

$$z = \frac{1}{T_d} = \frac{\omega_n^2(s + z)}{z(s^2 + 2\xi\omega_n s + \omega_n^2)} \tag{15-3-34}$$

结论：

（1）比例—微分控制可以不改变自然频率 ω_n，但可增大系统的阻尼比。

（2）$K = \dfrac{\omega_n}{2\xi}$，可通过适当选择微分时间常数 T_d，改变 ξ_d 阻尼的大小。

（3）$K = \dfrac{\omega_n}{2\xi}$，由于 ξ 与 ω_n 均与 K 有关，所以适当选择开环增益，以使系统在斜坡输入时的稳态误差减小，单位阶跃输入时有满意的动态性能（快速反应，小的超调）。这种控制方法，工业上称为 PD 控制，由于 PD 控制相当于给系统增加了一个闭环零点，$z = \dfrac{1}{T_d}$，故比例-微分控制的二阶系统称为有零点的二阶系统。

（4）适用范围：微分时对噪声有放大作用（高频噪声）。输入噪声放大时，不宜采用。

当输入为单位阶跃函数时：

$$C(s) = \Phi(s)R(s) = \frac{s + z}{s^2 + 2\xi\omega_n s + \omega_n^2} \cdot \frac{\omega_n^2}{z} \cdot \frac{1}{s}$$

$$= \frac{\omega_n^2}{s(s^2 + 2\xi\omega_n s + \omega_n^2)} + \frac{1}{z} \cdot \frac{s\omega_n^2}{s(s^2 + 2\xi\omega_n s + \omega_n^2)}$$

其中：

$$\frac{\omega_{\mathrm{n}}^2}{s(s^2 + 2\xi\omega_{\mathrm{n}}s + \omega_{\mathrm{n}}^2)} \leftrightarrow 1 - \frac{1}{\sqrt{1 - \xi_{\mathrm{d}}^2}} e^{-\xi_{\mathrm{d}}\omega_{\mathrm{n}}t} \sin\left(\omega_{\mathrm{n}}\sqrt{1 - \xi_{\mathrm{d}}^2}t + \beta\right)$$

$$\frac{1}{z} \cdot \frac{\omega_{\mathrm{n}}^2}{s^2 + 2\xi_{\mathrm{d}}\omega_{\mathrm{n}}s + \omega_{\mathrm{n}}^2} \leftrightarrow \frac{1}{z} \cdot \frac{\omega_{\mathrm{n}}}{\sqrt{1 - \xi_{\mathrm{d}}^2}} e^{-\xi_{\mathrm{d}}\omega_{\mathrm{n}}t} \sin\left(\omega_{\mathrm{n}}\sqrt{1 - \xi_{\mathrm{d}}^2}t\right)$$

所以当 $\xi_{\mathrm{d}} < 1$ 时，得单位阶跃响应

$$h(t) = 1 - \frac{1}{\sqrt{1 - \xi_{\mathrm{d}}^2}} e^{-\xi_{\mathrm{d}}\omega_{\mathrm{n}}t} \sin\left(\omega_{\mathrm{n}}\sqrt{1 - \xi_{\mathrm{d}}^2}t + \beta\right) + \frac{\omega_{\mathrm{n}}}{z\sqrt{1 - \xi_{\mathrm{d}}^2}} e^{-\xi_{\mathrm{d}}\omega_{\mathrm{n}}t} \sin\left(\omega_{\mathrm{n}}\sqrt{1 - \xi_{\mathrm{d}}^2}t\right)$$

$$h(t) = 1 + re^{-\xi_{\mathrm{d}}\omega_{\mathrm{n}}t} \sin\left(\omega_{\mathrm{n}}\sqrt{1 - \xi_{\mathrm{d}}^2}t + \varphi\right) \tag{15-3-35}$$

$$r = \sqrt{z^2 - 2\xi_{\mathrm{d}}z\omega_{\mathrm{n}} + \omega_{\mathrm{n}}^2} \tag{15-3-36}$$

$$\varphi = -\pi + \arctan\left[\omega_{\mathrm{n}}\sqrt{1 - \xi_{\mathrm{d}}^2}/(z - \xi_{\mathrm{d}}\omega_{\mathrm{n}})\right] + \arctan\left(\sqrt{1 - \xi_{\mathrm{d}}^2}/\xi_{\mathrm{d}}\right) \tag{15-3-37}$$

2）测速反馈控制

输入量的导数同样可以用来改善系统的性能。

通过将输出的速度信号反馈到系统输入端，并与误差信号比较，其效果与比例-微分控制相似，可以增大系统阻尼，改善系统的动态性能。

实例：角度控制系统。

K_{t} 为与测速发电机输出斜率有关的测速反馈系数（电压/单位转速）。

系统的开环传递函数

$$G(s) = \frac{\dfrac{\omega_{\mathrm{n}}^2}{s(s + 2\xi\omega_{\mathrm{n}}s)}}{1 + \dfrac{\omega_{\mathrm{n}}^2}{s(s + 2\xi\omega_{\mathrm{n}}s)}K_{\mathrm{t}}s} = \frac{\omega_{\mathrm{n}}^2}{s^2 + (2\xi\omega_{\mathrm{n}} + \omega_{\mathrm{n}}^2K_{\mathrm{t}})s} \tag{15-3-38}$$

$$= \frac{1}{s(s/2\xi\omega_{\mathrm{n}} + \omega_{\mathrm{n}}^2K_{\mathrm{t}} + 1)} \cdot \frac{\omega_{\mathrm{n}}^2}{2\xi\omega_{\mathrm{n}} + \omega_{\mathrm{n}}^2K_{\mathrm{t}}}$$

$$K = \frac{\omega_{\mathrm{n}}^2}{2\xi + K_{\mathrm{t}}\omega_{\mathrm{n}}} \qquad \text{开环作用} \tag{15-3-39}$$

K_{t} 会降低 K，即测速反馈会降低系统的开环增益。

相应的闭环传递函数，可用第一种表示方式

$$\varphi(s) = \frac{G(s)}{1 + G(s)} = \frac{\omega_{\mathrm{n}}^2}{s^2 + (2\xi\omega_{\mathrm{n}} + K_{\mathrm{t}}\omega_{\mathrm{n}}^2)s + \omega_{\mathrm{n}}^2}$$

令 $2\xi_{\mathrm{t}}\omega_{\mathrm{n}} = 2\xi\omega_{\mathrm{n}} + K_{\mathrm{t}}\omega_{\mathrm{n}}^2$， $\xi_{\mathrm{t}} = \xi + \frac{1}{2}K_{\mathrm{t}}\omega_{\mathrm{n}}$

与 PD 控制相比，有如下说明：

（1）测速反馈会降低系统的开环增益，从而会加大系统在斜坡输入时的稳态误差，即 $K\downarrow \to e_{\mathrm{ss}}\uparrow$。

（2）测速反馈不影响系统的自然频率，即 ω_{n} 不变。

（3）可增大系统的阻尼比，$\xi_{\mathrm{t}} = \xi + \frac{1}{2}K_{\mathrm{t}}\omega_{\mathrm{n}}$ 与 $\xi_{\mathrm{d}} = \xi + \frac{1}{2}T_{\mathrm{d}}\omega_{\mathrm{n}}$ 形式相同。

（4）测速反馈不形成闭环零点，因此 $K_{\mathrm{t}} = T_{\mathrm{d}}$ 时，测速反馈与比例-微分控制对系统动态性能的改

善程度是不相同的。

（5）设计时，ξ_d 在 0.4~0.8 之间，可适当增加原系统的开环增益，以减小稳态误差。

【例 15-3-11】关于二阶系统的设计，正确的做法是：

　　A. 调整典型二阶系统的两个特征参数阻尼系数 ξ 和无阻尼自然频率 ω_n，就可以完成最佳设计

　　B. 比例-微分控制盒测速反馈控制是最有效的设计方法

　　C. 增大阻尼系数 ξ 和增大无阻尼自然频率 ω_n

　　D. 将阻尼系数 ξ 和无阻尼自然频率 ω_n 分别计算

解　在改善二阶系统性能的方法中，比例-微分控制和测速反馈控制是两种常用方法。选 B。

【例 15-3-12】设系统的传递函数为 $\dfrac{4}{6s^2+10s+8}$，则该系统的：

　　A. 增益 $K=\dfrac{2}{3}$，阻尼比 $\xi=\dfrac{5\sqrt{3}}{12}$，无阻尼自然频率 $\omega_n=\dfrac{2}{\sqrt{3}}$

　　B. 增益 $K=\dfrac{2}{3}$，阻尼比 $\xi=\dfrac{5}{3}$，无阻尼自然频率 $\omega_n=\dfrac{4}{3}$

　　C. 增益 $K=\dfrac{1}{2}$，阻尼比 $\xi=\dfrac{3}{4}$，无阻尼自然频率 $\omega_n=\dfrac{5}{4}$

　　D. 增益 $K=1$，阻尼比 $\xi=\dfrac{3}{2}$，无阻尼自然频率 $\omega_n=\dfrac{5}{2}$

解

$$\frac{4}{6s^2+10s+8}=\frac{\frac{2}{3}}{s^2+\frac{5}{3}s+\frac{4}{3}}$$

故增益为 $K=\dfrac{2}{3}$，与标准二阶系统特征方程相比 $s^2+\dfrac{5}{3}s+\dfrac{4}{3}=s^2+2\xi\omega_n s+\omega_n^2$，得 $\omega_n=\dfrac{2}{\sqrt{3}}$，$\xi=\dfrac{5\sqrt{3}}{12}$。选 B。

经典练习

15-3-1　二阶系统的开环极点分别是 $s_1=-0.5$，$s_2=-4$，系统开环增益为 5，则其开环传递函数为（　　　）。

　　A. $\dfrac{5}{(s-0.5)(s-4)}$　　　B. $\dfrac{2}{(s+0.5)(s+4)}$　　　C. $\dfrac{5}{(s+0.5)(s+4)}$　　　D. $\dfrac{10}{(s+0.5)(s+4)}$

15-3-2　惯性环节的微分方程为（　　　），传递函数为（　　　）。

　　A. $T\dfrac{dy(t)}{dt}+y(t)=r(t)$　　　　　　　　B. $T\dfrac{d^2y(t)}{dt^2}+\dfrac{dy(t)}{dt}+y(t)=r(t)$

　　C. $\dfrac{1}{Ts+1}$　　　　　　　　　　　　　　D. $\dfrac{1}{Ts^2+s+1}$

15-3-3　实现比例积分（PI）调节器采用反馈环节的传递函数为（　　　）。

　　A. $\dfrac{\frac{T_1}{K_C}s}{1+T_1s}$　　　　　　B. $\dfrac{s}{1+T_1s}$　　　　　　C. $\dfrac{1}{1+T_1s}$　　　　　　D. $\dfrac{\frac{T_1}{K_C}s}{T_1s}$

15-3-4　一阶系统的传递函数为 $G(s)=\dfrac{K}{1+Ts}$，则该系统时间相应的快速性（　　　）。

　　A. 与 K 有关　　　　　　　　　　　　　　B. 与 K 和 T 有关

　　C. 与 T 有关　　　　　　　　　　　　　　D. 与输入信号大小有关

15-3-5　某二阶系统阻尼比为 2，则系统阶跃响应（　　　）。

　　A. 单调增加　　　　　　　　　　　　　　　B. 单调衰减

　　C. 振荡衰减　　　　　　　　　　　　　　　D. 等幅振荡

15-3-6 $G(s) = \dfrac{10}{s^2 + 3.6s + 9}$，其阻尼比为（　　　）。

    A. 0.1   B. 0.5   C. 0.6   D. 0.7

15.4 控制系统的稳定性与对象的调节性能

考试大纲☞： 稳定性的基本概念　稳定性与特征方程根的关系　代数稳定判据　对象的调节性能指标

15.4.1 稳定性基本概念

控制系统在实际运行过程中，总会受到外界和内部一些因素的干扰，例如，负载和能源的波动、系统参数的变化、环境条件的改变等。这些因素总是存在的，如果系统设计时不考虑这些因素，设计出来的系统不稳定，那这样的系统是不成功的，需要重新设计，或调整某些参数或结构。

系统的稳定性表现为系统时域响应的收敛性，是系统在扰动撤消后自身的一种恢复能力，是系统的固有特性。

15.4.2 稳定性与特征方程根的关系

系统的特征根全部具有负实部时，系统具有稳定性；当特征根中有一个或一个以上正实部根时，系统不稳定；若特征根中具有一个或一个以上零实部根，而其他的特征根均具有负实部时，系统处于稳定和不稳定的临界状态，为临界稳定。

【例 15-4-1】系统的稳定性与其传递函数的特征方程根的关系为：

    A. 各特征根实部均为负时，系统具有稳定性

    B. 各特征根至少有一个存在正实部时，系统具有稳定性

    C. 各特征根至少有一个存在零实部时，系统具有稳定性

    D. 各特征根全部具有正实部时，系统具有稳定性

解　选 B。

15.4.3 代数稳定判据

1）劳斯稳定判据

令系统的闭环特征方程为

$$a_0 s^n + a_1 s^{n-1} + a_2 s^{n-2} + \cdots + a_{n-1} s + a_n = 0 \qquad (a_0 > 0) \qquad (15\text{-}4\text{-}1)$$

将各项系数按下面的格式排成劳斯表：

$$
\begin{array}{llllll}
s^n & a_0 & a_2 & a_4 & a_6 & \cdots \\
s^{n-1} & a_1 & a_3 & a_5 & a_7 & \cdots \\
s^{n-2} & b_1 & b_2 & b_3 & a_4 & \cdots \\
s^{n-3} & c_1 & c_2 & c_3 & \cdots & \\
\vdots & & & & & \\
s^2 & d_1 & d_2 & d_3 & & \\
s^1 & e_1 & e_2 & & & \\
s^0 & f_1 & & & &
\end{array}
$$

表中：

$$b_1 = \frac{a_1 a_2 - a_0 a_3}{a_1}, b_2 = \frac{a_1 a_4 - a_0 a_5}{a_1}, b_3 = \frac{a_1 a_6 - a_0 a_7}{a_1} \cdots$$

$$c_1 = \frac{b_1 a_3 - a_1 b_2}{b_1}, c_2 = \frac{b_1 a_5 - a_1 b_3}{b_1}, c_3 = \frac{b_1 a_7 - a_1 b_4}{b_1} \cdots$$

$$\vdots$$

$$f_1 = \frac{e_1 d_2 - d_1 e_2}{e_1}$$

这样可求得$n + 1$行系数。

劳斯稳定判据是根据所列劳斯表第一列系数符号的变化，去判别特征方程式根在s平面上的具体分布，过程如下：

（1）如果劳斯表中第一列的系数均为正值，则其特征方程式的根都在s的左半平面，相应的系统是稳定的。

（2）如果劳斯表中第一列系数的符号有变化，其变化的次数等于该特征方程式的根在s右半平面上的个数，相应的系统为不稳定。

2）赫尔维茨（Hurwitz）判据

设线性系统的特征方程为

$$D(s) = a_n s^n + a_{n-1} s^{n-1} + \cdots + a_1 s + a_0 (a_n > 0)$$

线性系统稳定的充分必要条件是：由系统特征方程系数所构成的主行列式Δ_n及其各阶顺序主子式$\Delta_i (i = 1, 2 \cdots, n - 1)$全部为正。其中

$$\Delta_n = \begin{vmatrix} a_{n-1} & a_{n-3} & a_{n-5} & \cdots & 0 \\ a_n & a_{n-2} & a_{n-4} & \cdots & 0 \\ 0 & a_{n-1} & a_{n-3} & \cdots & \cdots \\ 0 & a_n & a_{n-2} & \cdots & \cdots \\ 0 & 0 & a_{n-1} & \cdots & \cdots \end{vmatrix}$$

Hurwitz判据一般用于四阶及以下系统，且只可计算奇数次或偶数次行列式。

3）稳定判据的应用

（1）判别系统的稳定性。

（2）分析系统参数变化对稳定性的影响。

（3）利用稳定判据，也可以判断系统的稳定裕度。

系统稳定时，要求所有闭环极点在s平面的左边，闭环极点离虚轴越远，系统稳定性越好，闭环极点离开虚轴的距离，可以作为衡量系统的稳定裕度。

在系统的特征方程$D(s) = 0$中，令$s = s_1 - a$，得到$D(s_1) = 0$，利用稳定判据，若$D(s_1) = 0$的所有解都在s_1平面左边，则原系统的特征根在$s = -a$左边。

【例 15-4-2】某闭环系统的总传递函数为$G(s) = \frac{1}{2s^3 + 3s^2 + s + K}$，根据劳斯稳定判据判断下列论述哪个是对的：

        A. 不论K为何值，系统不稳定

        B. 当$K = 0$时，系统稳定

        C. 当$K = 1$时，系统稳定

        D. 当$K = 2$时，系统稳定

解 $K < 3/2$时，系统稳定，可取$K = 1$。选 C。

【例 15-4-3】 某闭环系统的总传递函数为 $G(s) = \dfrac{K}{2s^3 + 3s^2 + K}$，根据劳斯稳定判据：

    A. 不论 K 为何值，系统不稳定

    B. 不论 K 为何值，系统均为稳定

    C. $K > 0$ 时，系统稳定

    D. $K < 0$ 时，系统稳定

解 选 A。

【例 15-4-4】 下列方程式系统的特征方程，系统不稳定的是：

    A. $3s^2 + 4s + 5 = 0$ B. $3s^3 + 2s^2 + s + 0.5 = 0$

    C. $9s^3 + 6s^2 + 1 = 0$ D. $2s^2 + s + |a_3| = 0 (a_3 \neq 0)$

解 由劳斯判据判定 $a_0 s^3 + a_1 s^2 + a_2 = 0$ 稳定的条件为 a_0、a_1、a_3 均大于 0，故选项 A、D 均稳定。由劳斯判据判定 $a_0 s^3 + a_1 s^2 + a_2 s + a_3 = 0$ 稳定的条件为 a_0、a_1、a_2、a_3 均大于 0，且 $a_1 a_2 > a_0 a_3$，选项 B 经验证符合上述条件而选项 C 不符合，故选项 C 不稳定。

15.4.4　对象的调节性能指标

（1）衰减比 n：衰减比是衡量过渡过程稳定性的动态指标，第一个波的振幅与同方向第二个波的振幅之比。如图 15-4-1 所示，$n = \dfrac{B_1}{B_2}$，用 n 可以判断振荡是否衰减及衰减程度。

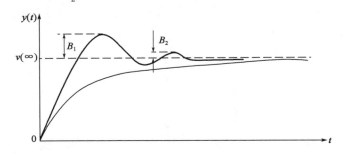

图 15-4-1　调节性能指标示意图

$n > 1$：衰减振荡。n 越大，则控制系统的稳定度也越高，当 n 趋于无穷大时，控制系统的过渡过程接近于非振荡过程。

$n = 1$：等幅振荡。

$n < 1$：发散振荡。n 越小，意味着控制系统的振荡过程越剧烈，稳定度也越低。

（2）静差 C：过渡过程终了时，被调参数稳定在给定值附近，稳定值与给定值之差为静差。$|C| = 0$ 时，为无静差；$|C| = 0$ 时，为有静差。

（3）超调量（动差）M：过渡过程中，被调参数相对于给定值的最大波动量。

（4）最大偏差 $A = M + C$：被调参数相对于给定值的最大偏差。若 A 过大，且偏离时间过长，系统离开指定的工艺状态越远，调节品质越差。

（5）振荡周期 T_v 和振荡频率 f：相邻两个波峰所经历的时间为振荡周期，其倒数为振荡频率。

（6）调节过程时间 t_s：调节系统受干扰后，从被调参数开始波动至达到新稳定状态所经历的时间间隔。t_s 越小越好，一般希望 $t_s = 3T_P$。

以上指标反映了系统的稳定性、准确性和快速性，稳定性是首要的。

【例 15-4-5】 在以下指标中，不能用来评价控制系统时域性能的是：

A. 最大超调量　　　　B. 带宽　　　　　C. 稳态位置误差　　　　D. 调整时间

解　除了选项 B 带宽，其他三个选项都可以评价控制系统的时域性能。选 B。

经典练习

15-4-1　某闭环系统的总传递函数 $G(s) = \frac{K}{2s^3} + 3s^2 + K$，根据劳斯稳定判断（　　）。

A. 不论 K 为何值，系统不稳定　　　　B. 不论 K 为何值，系统稳定

C. $K > 0$ 系统稳定　　　　D. $K < 0$ 系统稳定

15-4-2　系统的稳定性取决于（　　）。

A. 系统的干扰　　　　B. 系统的干扰点位置

C. 系统闭环极点的分布　　　　D. 系统的输入

15-4-3　二阶系统的特征方程为 $a_0 s^2 + a_1 s + a_2 = 0$，系统稳定的充要条件是各项系数的符号必须（　　）。

A. 相同　　　　B. 不同　　　　C. 等于零

15.5　掌握控制系统的误差分析

考试大纲☞：误差及稳态误差　系统类型及误差度　静态（稳态）误差系数

15.5.1　误差及稳态误差

$$E(s) = R(s) - H(s)C(s) \tag{15-5-1}$$

上式在实际系统中是可以量测的。

$$E(s) = C_s(s) - C(s) \tag{15-5-2}$$

输出的希望值（真值很难得到）↑　　↑输出的实际值

如果 $H(s) = 1$，输出量的希望值，即为输入量 $R(s)$。

由图 15-5-1 可得误差传递函数

$$\Phi_e(s) = \frac{E(s)}{R(s)} = \frac{1}{1 + H(s)G(s)} \tag{15-5-3}$$

$$E(s) = \Phi_e(s)R(s) = \frac{R(s)}{1 + H(s)G(s)} \tag{15-5-4}$$

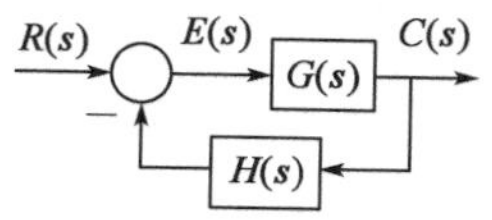

图 15-5-1　控制系统框图

$$e(t) = L^{-1}[\Phi_e(s)R(s)] \tag{15-5-5}$$

插入二阶系统 $\omega_n = 2\xi = 0.4 \Phi(s) = \frac{4}{s^2+1.6s+4}$ 分别在斜坡输入和阶跃输入作用下的响应的误差曲线，说明不同的输入对同一个系统所产生的误差是不同的。

终值定理，求稳态误差。

$$e_{ss}(\infty) = e_{ss} = \lim_{s \to 0} sE(s) = \lim_{s \to 0} \frac{sR(s)}{1 + H(s)G(s)} \tag{15-5-6}$$

公式条件：$sE(s)$ 的极点均位于 s 左半平面（包括坐标原点）。

式（15-5-5）表明，系统的稳态误差，不仅与开环传递函数 $G(s)H(s)$ 的结构有关，还与输入 $R(s)$ 形式密切相关。

式（15-5-6）对于一个给定的稳定系统，当输入信号形式一定时，系统是否存在稳态误差就取决于开环传递函数所描述的系统结构。因此，按照控制系统跟踪不同输入信号的能力来进行系统分类是

必要的。

【例 15-5-1】 关于单位反馈控制系统中的稳态误差，下列表示不正确的是：

　　A. 稳态误差是系统调节过程中其输出信号与输入信号之间的误差

　　B. 稳态误差在实际中可以测量，具有一定物理意义

　　C. 稳态误差由系统开环传递函数和输入信号决定

　　D. 系统的结构和参数不同，输入信号的形式和大小差异，都会引起稳态误差的变化

　　解　当系统从一个稳态过渡到新的稳态，或系统受扰动作用又重新平衡后，系统可能会出现偏差，这种偏差称为稳态误差，而不是输出信号与输入信号之间的误差。选 A。

【例 15-5-2】 由环节 $G(s) = \dfrac{K}{s(s^2+4s+200)}$ 组成的单位反馈系统（即负反馈传递函数为 1 的闭环系统）单位斜坡输入的稳态速度误差系数为：

　　A. $K/200$　　　　　　B. $1/K$　　　　　　C. K　　　　　　D. 0

　　解　选 A。

【例 15-5-3】 $G(s) = \dfrac{2}{s(6s+1)(3s-2)}$ 的单位负反馈系统的单位斜坡输入的稳态误差应为：

　　A. 1　　　　　　　　B. 0.25　　　　　　C. 0　　　　　　D. 2

　　解　代入稳态误差的公式，求极限。选 A。

【例 15-5-4】 设单位反馈（即负反馈传递函数为 1 的闭环系统）的开环传递函数为 $G(s) = \dfrac{10}{s(0.1s+1)(2s+1)}$，在参考输入为 $r(t) = 2t$ 时系统的稳态误差为：

　　A. 10　　　　　　　　B. 0.1　　　　　　C. 0.2　　　　　　D. 2

　　解　选 C。

15.5.2　系统类型及误差度

1）系统类型

令系统开环传递函数为

$$G(s)H(s) = \frac{K \prod\limits_{i=1}^{m} (\tau_i s + 1)}{s^v \prod\limits_{j=1}^{n-v} (T_j s + 1)} \qquad (n \geqslant m) \tag{15-5-7}$$

式中：K ——系统的开环增益；

　　　　v ——系统的积分环节个数。

对于 $v = 0$、1、2 的系统，分别称之为 0 型、I型、II型系统。由于II型以上的系统实际上很难稳定，在控制系统中一般不会遇到。

2）误差度

被控量稳态值的附近 $\pm 5\% c(\infty)$ [或 $\pm 2\% c(\infty)$]称之为系统的误差度（带）。

【例 15-5-5】 若单位负反馈系统的开环传递函数 $G(s) = \dfrac{10(1+5s)}{s(s+5)(2s+1)}$，则该系统为：

　　A. 0 型系统　　　　　　　　　　　　B. I 型系统

　　C. II型系统　　　　　　　　　　　　D. 高阶型系统

　　解　系统的类型由开环传递函数中的积分环节的个数决定，对于 $v = 0$、1、2的系统，分别称之为 0 型、I 型、II 型系统，因此选 B。

15.5.3　静态（稳态）误差系数

1）静态位置误差系数

$$K_p = \lim_{s \to 0} G(s)H(s)$$

2）静态速度误差系数

$$K_v = \lim_{s \to 0} sG(s)H(s)$$

3）静态加速度误差系数

$$K_a = \lim_{s \to 0} s^2 G(s)H(s)$$

表 15-5-1 列出了不同类型的系统在不同参考输入下的稳态误差。

误差系数和稳态误差　　　　　　　　　　　　　　　　表 15-5-1a)

类　　型	静态位置误差系数 K_p	静态速度误差系数 K_v	静态加速度误差系数 K_a
0 型	K	0	0
I 型	∞	K	0
II 型	∞	∞	K

误差系数和稳态误差　　　　　　　　　　　　　　　　表 15-5-1b)

类　　型	$r(t) = R_0$	$r(t) = v_0 t$	$r(t) = \dfrac{1}{2} a_0 t^2$
0 型	$\dfrac{R_0}{1+K}$	∞	∞
I 型	0	$\dfrac{v_0}{K}$	∞
II 型	0	0	$\dfrac{a_0}{K}$

静态误差系数↑→系统稳态误差↓（与 K、开环传递函数有关）。

【例 15-5-6】对于单位阶跃输入，下列表述不正确的是：

　　　　A. 只有 0 型系统具有稳态误差，其大小与系统的开环增益成反比

　　　　B. 只有 0 型系统具有稳态误差，其大小与系统的开环增益成正比

　　　　C. I 型系统位置误差系数为无穷大时，稳态误差为 0

　　　　D. II 型及以上系统与 I 型系统一样

解　由以上表格可看出 0 型系统具有稳态误差，其大小与系统的开环增益成反比。选 A。

【例 15-5-7】某闭环系统的开环传递函数为 $G(s) = \dfrac{5(1+2s)}{s^2(s^2+3s+5)}$，其加速度误差系数为：

　　　　A. 1　　　　　　　B. 5　　　　　　　C. 0　　　　　　　D. ∞

解　由静态加速度误差系数公式可得 $K = 1$。选 A。

【例 15-5-8】单位负反馈系统的开环传递函数为 $G(s) = \dfrac{20}{s^2(s+4)}$，当参考输入为 $u(t) = 4 + 6t + 3t^2$ 时，稳态加速度误差系数为：

　　　　A. $K_a = 0$　　　　　B. $K_a = \infty$　　　　　C. $K_a = 5$　　　　　D. $K_a = 20$

解　设系统开环传递函数为 $G_k(s) = G(s)H(s)$，则稳态加速度误差系数为 $K_a = \lim_{s \to 0} s^2 G(s)H(s)$，故本题中 $K_a = \lim_{s \to 0} s^2 \dfrac{20}{s^2(s+4)} = 5$。选 C。

经典练习

15-5-1　系统的开环传递函数为：$G(s)H(s) = \dfrac{K(T_1 s+1)}{s^2(\tau_1 s+1)(\tau_2 s+1)}$，则该系统为（　　　　）。

A. 0　　　　　　　　B.I　　　　　　　　C.II　　　　　　　　D. 以上均不是

15-5-2　系统的开环传递函数为：$G(s) = \frac{s(1+2s)}{s_2(s_2+3s+5)}$，系统的加速误差系数为（　　　）。

A. 5　　　　　　　　B. 1　　　　　　　　C.0　　　　　　　　D. 2

15.6　控制系统的综合和校正

考试大纲☞：校正的概念　串联校正装置的形式及特性　继电器调节系统（非线性系统）及校正

15.6.1　校正的概念

1）校正

在系统中加入一些其参数可以根据需要而改变的机构或装置，使系统整个特性发生变化，从而满足给定的各项性能指标。

2）校正装置

加入一些其参数可以根据需要而改变的机构或装置，这种附加装置为校正装置，也称为补偿器。

3）性能指标

（1）时域指标：包括稳态指标和动态指标。

稳态指标是衡量系统稳态精度的指标。控制系统稳态精度的表征——稳态误差$e_{\theta s}$，一般用以下一种误差系数来表示：稳态位置误差系数K_P，表示系统跟踪单位阶跃输入时系统稳态误差的大小；稳态速度误差系数K_v，表示系统跟踪单位速度输入时系统稳态误差的大小；稳态加速度误差系数K_s，表示系统跟踪单位加速度输入时系统稳态误差的大小。

动态指标通常为上升时间、峰值时间、调节时间、超调量等。

（2）频域指标：频域动态指标分开环频域指标和闭环频域指标两种。

开环频域指标指相位裕量和剪切（截止）频率ω_c等。闭环频域指标指谐振峰值M_r、谐振频率ω_r和频带宽度等。

【例 15-6-1】系统的时域性指标包括稳态性能指标和动态性能指标，下列说法正确的是：

A. 稳态性能指标为稳态误差，动态性能指标有相位裕度、幅值裕度

B. 稳态性能指标为稳态误差，动态性能指标有上升时间、峰值时间、调节时间和超调量

C. 稳态性能指标为平稳性，动态性能指标为快速性

D. 稳态性能指标为位置误差系数，动态性能指标有速度误差系数、加速误差系数

解　稳态指标是衡量系统稳态精度的指标。动态指标通常为上升时间、峰值时间、调节时间、超调量等。选 B。

15.6.2　串联校正装置的形式及特性

1）超前校正装置

一般而言，当控制系统的开环增益增大到满足其静态性能所要求的数值时，系统有可能不稳定，或者即使能稳定，其动态性能一般也不会理想。在这种情况下，需在系统的前向通路中增加超前校正装置，以实现在开环增益不变的前提下，系统的动态性能亦能满足设计的要求。

图 15-6-1a）为常用的无源超前网络。假设该网络信号源的阻抗很小，可以忽略不计，而输出负载的阻抗为无穷大，则其传递函数为

$$\frac{U_c(s)}{U_r(s)} = G_c(s) = \frac{R_2}{R_2 + \dfrac{1}{\dfrac{1}{R_1} + sC}} = \frac{R_2}{R_2 + \dfrac{R_1}{1 + sR_1C}} = \frac{R_2(1 + R_1Cs)}{R_2 + R_1 + R_1R_2Cs}$$

时间常数 $T = \frac{R_1R_2C}{R_1}$，分度系数 $a = \frac{R_1+R_2}{R_1}$ $(a > 1)$, $aT = R_1C$

$$G_c(s) = \frac{1}{a} \cdot \frac{1 + aTs}{1 + Ts} \tag{15-6-1}$$

超前校正网络串入一个放大倍数 $K_c = a$ 的放大器后，传递函数变成：

$$G_c'(s) = aG_c(s) = \frac{1 + aTs}{1 + Ts} \quad (a > 1)$$

超前网络的零极点分布如图 15-6-1b）所示。由于 $a > 1$ 故超前网络的负实零点总是位于负实极点之右，两者之间的距离由常数 a 决定。可知改变 a 和 T（即电路的参数 R_1，R_2，C）的数值，超前网络的零极点可在 s 平面的负实轴任意移动。

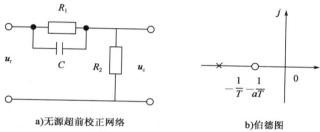

a)无源超前校正网络　　　　b)伯德图

图 15-6-1　无源超前网络

对应式（15-6-1）得

$$20\lg|aG_c(s)| = 20\lg\sqrt{1 + (aT\omega)^2} - 20\lg\sqrt{1 + (T\omega)^2} \tag{15-6-2}$$
$$\varphi_c(\omega) = \text{arccot}(aT\omega) - \text{arccot}(T\omega) \tag{15-6-3}$$

画出对数频率特性如图 15-6-2 所示。显然，超前网络对频率在 $\frac{1}{aT}$ 至 $\frac{1}{T}$ 之间的输入信号有明显的微分作用，在该频率范围内输出信号相角比输入信号相角超前，超前网络的名称由此而得。$a = 10$，$T = 1$。

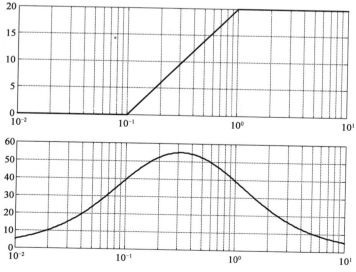

图 15-6-2　频率特性

由（15-6-3）知

$$\varphi_c(\omega) = \text{arccot}(T\omega) - \text{arccot}(T\omega) = \text{arccot}\frac{(a-1)T\omega}{1 + a(T\omega)^2} \tag{15-6-4}$$

将上式求导并令其为零，得最大超前角频率

$$\omega_m = \frac{1}{T\sqrt{a}} \tag{15-6-5}$$

将式（15-6-5）代入式（15-6-4），得最大超前角

$$\varphi_m = \text{arccot}\frac{a-1}{2\sqrt{a}} = \arcsin\frac{a-1}{a+1} \tag{15-6-6}$$

$$a = \frac{1 + \sin\varphi_m}{1 - \sin\varphi_m}$$

故在最大超前角频率ω_m处，具有最大超前角φ_m，φ_m正好处于频率$\frac{1}{aT}$与$\frac{1}{T}$的几何中心。
因为$\frac{1}{aT}$与$\frac{1}{T}$的几何中心为

$$\frac{1}{2}\left(\lg\frac{1}{aT} + \lg\frac{1}{T}\right) = \frac{1}{2}\lg\frac{1}{aT^2} = \frac{1}{2}\lg\omega_m^2 = \lg\omega_m \tag{15-6-7}$$

即几何中心为ω_m。

$$L_c(\omega_m) = 20\lg\sqrt{1 + (aT\omega_m)^2} - 20\lg\sqrt{1 + (T\omega_m)^2} = 20\lg\sqrt{\frac{1 + (aT\omega_m)^2}{1 + (T\omega_m)^2}}, \quad T^2\omega_m^2 = \frac{1}{a}$$

$$L_c(\omega_m) = 20\lg\sqrt{a} = 10\lg a \tag{15-6-8}$$

由式（15-6-6）和式（15-6-8）可画出最大超前相角φ_m与分度系数a及$10\lg a$与a的关系曲线。$a\uparrow$
$\rightarrow \varphi_m\uparrow$。但$a$不能取得太大（为了保证较高的信噪比），$a$一般不超过20，常选0.1。由图可知，这种超前校正网络的最大相位超前角一般不大于65°。如果需要大于65°的相位超前角，则要在两个超前网络相串联来实现，并在所串联的两个网络之间加一隔离放大器，以消除它们之间的负载效应。

2）滞后校正装置

滞后网络如图 15-6-3 所示。

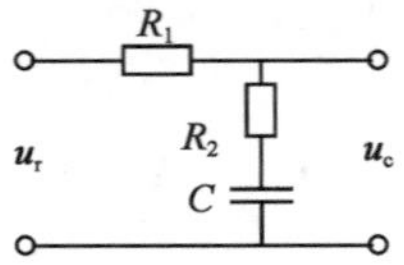

图 15-6-3 滞后网络

条件：如果信号源的内部阻抗为零，负载阻抗为无穷大，则滞后网络的传递函数为

$$\frac{U_c(s)}{U_r(s)} = G_c(s) = \frac{R_2 + \frac{1}{sC}}{R_1 + R_2 + \frac{1}{sC}} = \frac{R_2Cs + 1}{(R_1 + R_2)Cs + 1} = \frac{\frac{R_1 + R_2}{R_1 + R_2}R_2Cs + 1}{(R_1 + R_2)Cs + 1}$$

$T = (R_1 + R_2)C$，时间常数$b = \frac{R_2}{R_1 + R_2} < 1$，$aT = R_1C$

$$G_c(s) = \frac{1 + bTs}{1 + Ts} \tag{15-6-9}$$

同超前网络，最大滞后角发生在$\frac{1}{T}$与$\frac{1}{bT}$几何中心，称为最大滞后角频率，计算公式为

$$\omega_m = \frac{1}{T\sqrt{b}} \tag{15-6-10}$$

$$\varphi_m = \arcsin\frac{1-b}{1+b} \tag{15-6-11}$$

为不使滞后相角影响γ，一般取

$$\frac{1}{T} = \frac{\omega_c}{10} \sim \frac{\omega_c}{4}$$

3）滞后-超前校正装置

传递函数为

$$G_c(s) = \frac{U_c(s)}{U_r(s)} = \frac{R_2 + \dfrac{1}{sC_2}}{\dfrac{1}{\dfrac{1}{R_1} + sC_1} + R_2 + \dfrac{1}{sC_2}}$$

(15-6-12)

$$= \frac{(R_1C_1s + 1)(R_2C_2s + 1)}{R_1C_1R_2C_2s^2 + (R_1C_1 + R_2C_2 + R_1C_2)s^2 + 1} = \frac{(T_as + 1)(T_bs + 1)}{(T_1s + 1)(T_2s + 1)}$$

令 $T_a = R_1C_1$，$T_b = R_2C_2$，设 $T_1 > T_a$，$\left(\dfrac{T_a}{T_1} = \dfrac{T_2}{T_b} = \dfrac{1}{a}\right) a > 1$，则有 $T_1 = aT_a$，$T_2 = \dfrac{T_b}{a}aT_a + \dfrac{T_b}{a} = T_a + T_b + R_1C_2$，$a$ 是该方程的解。

式（15-6-12）表示为

$$G_c(s) = \frac{(T_as + 1)(T_bs + 1)}{(aT_as + 1)\left(\dfrac{T_b}{a}s + 1\right)}$$

(15-6-13)

同时具有滞后环节和超前环节的特点。

【例 15-6-2】关于超前校正装置，下列描述不正确的是：

　　A. 超前校正装置利用装置的相位超前特性来增加系统的相角稳定裕度

　　B. 超前校正装置利用校正装置频率特性曲线来增加系统的穿越频率

　　C. 超前校正装置利用相角超前，幅值增加的特性，使系统的截止频率变窄，相角裕度较小，从而有效改善系统的动态性能

　　D. 在满足系统稳定性条件的情况下，采用串联超前校正可使系统响应快，超调小

解　参考超前校正装置的定义及特性。选 C。

【例 15-6-3】某闭环系统的总传递函数为 $G(s) = 8/(s^2 + K_s + 9)$，为使其阶跃响应无超调，K 值为：

　　A. 3.5　　　　　　　　　　　　　　　B. 4.5

　　C. 5.5　　　　　　　　　　　　　　　D. 6.5

解　阶跃响应无超调，则系统为过阻尼或临界阻尼状态，$2\xi\omega_n = K$，$\xi = \dfrac{K}{6} \geq 1$，$K \geq 6$。选 D。

【例 15-6-4】一个二阶环节采用局部反馈进行系统校正：

　　A. 能增大频率响应的带宽　　　　　　　B. 能增加瞬态响应的阻尼比

　　C. 能提高系统的稳态精度　　　　　　　D. 能增加系统的无阻尼自然频率

解　局部反馈校正能增加瞬态响应的阻尼比。选 D。

【例 15-6-5】对增加控制系统的带宽和增加增益，减小稳态误差宜采用：

　　A. 相位超前的串联校正　　　　　　　　B. 相位滞后的串联校正

　　C. 局部速度反馈校正　　　　　　　　　D. 滞后-超前校正

解　选 D。

【例 15-6-6】某控制系统的稳态精度已充分满足要求，欲增大频率响应的带宽，应采用：

　　A. 相位超前的串联校正　　　　　　　　B. 相位滞后的串联校正

　　C. 局部速度反馈校正　　　　　　　　　D. 前馈校正

解　选 A。

15.6.3 继电器调节系统（非线性系统）及校正

只要系统中包含一个或一个以上具有非线性特性的元件，就称其为非线性系统。所以，严格地说，实际的控制系统都是非线性系统。所谓线性系统仅仅是实际系统忽略了非线性因素后的理想模型。

从非线性环节的输入与输出之间存在的函数关系划分，非线性特性可分为单值函数与多值函数两类。例如死区特性、饱和特性及理想继电特性属于输入与输出间为单值函数关系的非线性特性。间隙特性和一般继电特性则属于输入与输出之间为多值函数关系的非线性特性。

1）继电系统的自振荡

含有继电型非线性元件的系统称为继电型系统。继电型非线性的一般形式如图 15-6-4a）所示，称为具有滞环的三位置继电特性；若 $m = 1$，即为具有死区的三位置继电特性，如图 15-6-4b）所示；若 $m = -1$，即为具有滞环的两位置继电特性，如图 15-6-4c）所示；若 $h = 0$，即为理想继电特性，如图 15-6-4d）所示。

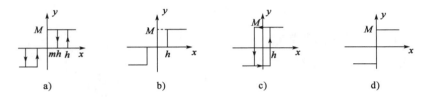

图 15-6-4 继电元件特性

下面具体分析当图中的继电特性分别为四种情况时，系统自由运动的相平面图及其运动特点，在绘制相平面图时，均取 c 和 C 为相坐标。

继电调节系统的方框图如图 15-6-5 所示。继电系统中，除了继电元件以外的各个线性元件的总和为继电调节系统的线性部分。线性部分可用传递函数表示其特性。

图 15-6-5 继电调节系统的方框图

继电系统处于自振荡时，系统线性部分输入端，有一个周期为 $2T$ 的矩形波作用在它上面。继电系统输入量不变的情况下，将呈现自振荡，如果已知振荡周期为 $2T$，那么输出量可按系统线性部分在稳态时对一连串符号交变的、幅值为 M 的矩形脉冲的响应来决定。

2）位式恒速调节系统

位式调节分为双位调节和三位调节两种。气压超压或低于给定值，就表示锅炉的蒸气生产量与负荷蒸气量不平衡。此时需改变燃料量，以改变锅炉的燃烧发热量，从而改变锅炉蒸气量，恢复蒸气于管压力为额定值。使用双位调节时，压力调节器在气压偏离额定值时，能切除或投入送、引风机和加煤机，降低其出力到某一中间值（如采用双速电动机，改变转速）。

在一般精度的空调上，若加热器为热水或蒸气加热时，宜采用恒速调节系统。此系统也可应用在控制二次风门的系统中（如诱导器的二次风门等），它是在位式基础上发展而来的，与位式调节的区别在于它的执行兼调节机构是采用了电动三通阀、电动两通阀及电动风门等。由于这种调节是在位式基础上发展起来的，而开大阀门或关小阀门时的速度又是恒定的，所以，比较确切地讲，恒速调节应称为位式恒速调节。

恒速调节比位式调节效果好。加热或减热的过程是逐步、连续变化的。如配合得好，调节过程不会产生如双位调节那样的等幅振荡。产生的是衰减振荡或非周期的过程。

因为恒速调节不像双位调节那样调节过猛，在加、减热量中是恒速变化的。所以当室温回到上、下限之间时，可能不会超出这个区间，而能稳定下来，这就是所谓非周期的调节过程，但也可能经过2~3个周期即稳定下来，这是衰减振荡，系统的静差是由上、下限间的区域来决定的。

对位式恒速调节系统，如果设计中系统各环节参数没有选好或使用中没有整定好，也可能产生自振荡，使被控参数如室温超出允许的波动范围，自振荡使机械传动部分连续磨损，缩短寿命。影响等速调节品质的因素有以下三点：

（1）与调节器上、下限之间的区域有关。上、下限之间的区域越宽，系统的静态误差越大；但室温不易超出这个区域，因而易于稳定。当上、下限间的区域较窄，静差减小；过窄时系统不易稳定。

（2）与执行机构全程时间有关。是指执行机构的位置从零移至全行程所需时间，即调节阀从全闭到全开的时间。执行机构的全行程时间越小，其调节的补偿速度就越大，抗干扰能力就越强，过渡过程的时间可缩短。但当补偿速度过快时，恒通调节系统可能产生像双位调节那样的不停地振荡，即电动阀一会全开，一会全关，形成振荡。这在恒速调节中是不允许的。

（3）对象的动态特性也是影响调节品质的重要因素。实践证明，当对象特征比、传送系数以及敏感元件时间常数大时，易使系统产生振荡。动态偏差也会增大。

3）带校正装置的双位调节系统

以室温的电动位式调节系统为例。

在工业空调中一般是控制电加热器，因为电加热器起动迅速、时间滞后少，适合用双位或三位调节器通过接触器控制。双位调节也可应用在一般的住宅采暖上，在空调上应用精度可达$(\pm 0.5 \sim \pm 1)℃$之间。如果处理得好，比如电加热器容量设计得合理，对象特性较好，敏感元件精度选得合适，其调节精度也可$< \pm 0.5℃$。如对象的时间常数小或系统滞后时间大时采用双位调节，振荡的幅度较大，不能达到较好的调节品质。这些是双位调节的缺点。

当采用双位调节时，影响室温调节品质的几个因素如下：

（1）室温对象。空调房间的特性参数τ、T、K对调节品质有影响，因存在着对象的滞后时间，所以会使室温调节品质恶化，当τ增大时，调节振幅即动态偏差增大。只有在理想状态下、对象滞后等于零时，室温波动的振幅才等于调节器的不灵敏区，但这在实际上是不可能的。而当τ增大时，调节周期可加大，这样就减少了振动次数，延长了使用寿命。

对象的时间常数T越大时，因室温上升速度小，所以振幅可减小，这对调节有利。且T大时可使调节周期加大，对减少磨损也有利。

当对象的传递系数大时，调节过程的功差和静差均增大，调节周期将缩短，振动次数会增加，寿命也会缩短。

（2）调节器不灵敏对调节品质的影响。调节器不灵敏区增加时动态偏差增大，这是不利的；但不灵敏区增加时，振动周期可加大，对减少磨损有利。

（3）加热器的容量和室内热干扰对室温的影响。在一般设计中，还有所谓调整用电加热器。此种加热器是手动控制的，是用来补偿由于季节不同而引起的建筑物热损失的波动的。为了提高调节精度，把这部分加热量不计算在控制用加热量中，是非常必要的。同时，间歇运行的空调系统，在每次启动初期为了尽快上升到所需温度，也有必要设置这部分加热器。

（4）敏感元件的时间常数及其安装位置对室温调节品质的影响。 敏感元件存在着一定的热惯性，对调节品质也有直接的影响；同时敏感元件的安放位置也直接影响着调节品质。

敏感元件的时间常数越小，对调节品质越有利。由于敏感元件的热惯性，而不能及时地反映外界干扰所引起的室温变化，因此其热惯性将使调节系统的抗干扰性变坏，调节时间加长，动态偏差增加。因此，在选择敏感元件时，应按一般热惯性、微惯性等区别选用。

敏感元件的安放位置，对调节品质也有影响。一方面从调节原理出发，敏感元件的安装位置应放在恒温区，另一方面从减少敏感元件的时间常数来考虑，则应安装在气流速度较大地点，但两者往往不能兼备。

在实际过程中，敏感元件所放位置之一是在工作区中对恒温要求精度较高的工艺设备附近，在这种位置，敏感元件能够反映恒温区温度的波动，也就是反映室内热源的变化。但因恒温区空气流动速度很低，敏感元件热惯性大，对调节不利，因此应选用微惯性的敏感元件。当恒温区热源干扰较大和维护结构隔热性能不够良好（如无套间）时，则应采取这种安放位置。

为了克服双位调节固有的缺点，在实际工作中可以采用加校正装置的双位调节系统。反馈环节的参量k_4和T_4总是应该选能使自振荡的频率提高许多倍的，当线性部分输出量的振荡频率很高时，它的幅值就非常小了。自振荡的半周期T''可以相当精确地求得。

$$T'' \approx T_4 \ln \frac{\frac{k_4}{2} + \varepsilon}{\frac{k_4}{2} - \varepsilon} = T_4 \ln \frac{1 + \xi_4}{1 - \xi_4}$$

其中：$\xi_4 = \frac{2\varepsilon}{k_4}$。

减小ξ_4与T_4，均可使T''减小，使自振荡频率提高，使室温波动范围减小。

4）带校正装置的位式恒速调节系统

为了使等速系统能稳定地工作，根据断续调节的理论，一般可在执行电动机电路中串接一个由通断仪来加以控制的接点，其作用是使执行机构调一调、停一停，等待室温的变化，拉长了执行机构全行程的时间，可防止振荡。在室温调节环节的动态特性较好情况下，加上有二次送风的镇定，因此只要室内热源变化不大时，采用恒速调节是可以得到较好的调节效果的。

当室温的波动范围要求限制在± 0.1℃以内的精度时，或干扰强烈、被调对象特性不利于调节时，需要采用抗干扰性强、调节精度高的PID调节仪表组成自动调节系统。

所有PID调节系统中的PID参数，对调节质量都有很大影响，所以，应根据不同调节对象，整定好各自的参数。

【例15-6-7】 对于非线性控制系统的描述函数分析，请判断下列表述中哪个是错的？

A.是等效线性化的一种

B.只提供稳定性能的信息

C.不适宜于含有高阶次线性环节的系统

D.适宜于非线性元件的输出中高次谐波已被充分衰减，主要为一次谐波分量的系统

解 非线性控制系统可以含有高阶次线性环节。选C。

【例15-6-8】 如图所示，由构件的饱和引起的控制系统的非线性静态特性为：

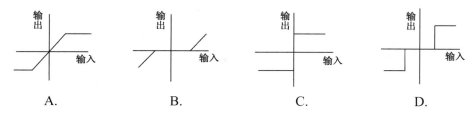

A. B. C. D.

解 由上文分析，饱和性引起的非静态特征图为选项 A。

【例 15-6-9】对于一个位置控制系统，下列对非线性现象的描述错误的是：

A. 死区

B. 和力成比例关系的固体间摩擦（库仑摩擦）

C. 和运动速度成比例的黏性摩擦

D. 和运动速度平方成比例的空气阻力

解 选 D。

15.6.4 根轨迹

1）定义

根轨迹为当系统的某个参数（例如开环增益 K）由零变到无穷时，闭环特征根在 S 平面上移动的根轨迹。

设控制系统如图 15-6-6 所示，绘制 K：$0 \to \infty$ 时闭环极点变化的轨迹，并分析系统性能。

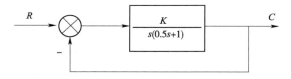

图 15-6-6 控制系统图

$$G(s) = \frac{K}{s(0.5s+1)} = \frac{2K}{s(s+2)}$$

开环极点 $p_1 = 0$，$p_2 = -2$

$$\phi(s) = \frac{C(s)}{R(s)} = \frac{2K}{s^2 + 2s + 2K}$$

闭环特征方程：$s_2 + 2s + 2K$

$$s_1 = -1 + \sqrt{1-2K}, \quad s_2 = -1 - \sqrt{1-2K}$$

当 K：$0 \to \infty$ 时

$K = 0$	$s_1 = 0$	$s_2 = -2$
$K = 0.25$	$s_1 = -0.29$	$s_2 = -1.71$
$K = 0.5$	$s_1 = -1$	$s_2 = -1$
$K = 1$	$s_1 = -1 + j$	$s_2 = -1 - j$
$K = \infty$	$s_1 = -1 + j\infty$	$s_2 = -1 - j\infty$

绘制出闭环特征根的变化轨迹如图 15-6-7 所示。

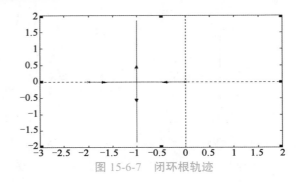

图 15-6-7　闭环根轨迹

性能分析：

（1）稳定性

K：$0 \to \infty$，根轨迹全部分布在s左半平面，系统稳定。

（2）动态性能

$0 < K < 0.5$，特征根为两个不相等的实根，过阻尼状态；

$K = 0.5$，特征根为两个相等的负实根，临界阻尼状态；

$K > 0.5$，特征根为一对共轭复根，欠阻尼状态；

（3）稳态性能

有一个开环极点在原点，系统为Ⅰ型。阶跃输入下，$e_{ss} = 0$；斜坡输入下，$e_{ss} = $ 常数，静态速度误差系数$K_v = K$。

2）根轨迹方程

$$G(s)H(s) = \frac{K^* \prod\limits_{i=1}^{m}(s - z_i)}{\prod\limits_{j=1}^{n}(s - p_j)} \tag{15-6-14}$$

式中：K^*——根轨迹增益；

$\quad$ z_i——开环零点，用"○"表示；

$\quad$ p_j——开环极点，用"×"表示。

当系统闭环特征方程为$1 + G(s)H(s) = 0$时，根轨迹方程为：

$$\frac{K^* \prod\limits_{i=1}^{m}(s - z_i)}{\prod\limits_{j=1}^{n}(s - p_j)} = -1 \tag{15-6-15}$$

满足上式的s即是系统的闭环特征根。

当K^*从0变化到∞时，n个特征跟将随之变化出n条轨迹。这n条轨迹就是系统的闭环根轨迹（简称根轨迹）。

3）绘制根轨迹图的原则

表15-6-1列出了概略绘制根轨迹的基本规则[假定系统的开环传递函数由式（15-6-14）确定]。

绘制根轨迹的基本法则　　　　　　　　　　　　　　　　　　　　　　表 15-6-1

序　号	内　容	法　则
1	根轨迹的起点和终点	根轨迹起始于开环极点，终止于开环零点
2	根轨迹的分支数，对称性和连续性	根轨迹的分支数与开环零点数m和开环极点数n中的大者相等，根轨迹是连续的，并且对称于实轴

序 号	内 容	法 则
3	实轴上的根轨迹	实轴上的某一区域，若其右端开环实数零、极点个数之和为奇数，则该区域必是180°根轨迹 * 实轴上的某一区域，若其右端开环实数零、极点个数之和为偶数，则该区域必是0°根轨迹
4	根轨迹的渐近线	渐近线与实轴的交点 $$\sigma_a = \frac{\sum_{j=1}^{n} p_j - \sum_{i=1}^{m} z_i}{n - m}$$ 渐近线与实轴夹角 $$\varphi_a = \frac{(2k+1)\pi}{n-m}(180°根轨迹)$$ $$* \varphi_a = \frac{2k\pi}{n-m}(0°根轨迹)$$ 其中$k = 0, \pm 1, \pm 2, \cdots$
5	根轨迹的分离点	分离点的坐标d是下列方程的解 $$\sum_{j=1}^{n} \frac{1}{d - p_j} = \sum_{i=1}^{m} \frac{1}{d - z_i}$$
6	根轨迹与虚轴的交点	根轨迹与虚轴交点坐标ω及其对应的K^*值可用劳斯稳定判据确定，也可令闭环特征方程中的$s = j\omega$，然后分别令其实部和虚部为零求得
7	根轨迹的起始角和终止角	$$\sum_{i=1}^{m} \varphi_i - \sum_{j=1}^{n} \theta_j = (2k+1)\pi \quad (k = 0, \pm 1, \pm 2, \cdots)$$ $$* \sum_{i=1}^{m} \varphi_i - \sum_{j=1}^{n} \theta_j = 2k\pi \quad (k = 0, \pm 1, \pm 2, \cdots)$$
8	根之和	$$\sum_{i=1}^{n} \lambda_i = \sum_{i=1}^{n} p_i \quad (n - m \geqslant 2)$$

注：表中以"*"标明的法则是绘制0°根轨迹的法则（与绘制常规根轨迹的法则不同），其余法则不变。

【例 15-6-10】控制系统开环传递函数为

$$G(s)H(s) = \frac{K^*(s + 2)}{s(s+1)(s+4)}$$

试概略绘制系统根轨迹。

解 系统开环零、极点标于s平面，根据法则，系统有 3 条根轨迹分支，且有$n - m = 2$条根轨迹趋于无穷远处。根轨迹绘制如下：

（1）实轴上的根轨迹：根据法则3，实轴上的根轨迹区段为$[-4, -2]$，$[-1, 0]$

（2）渐近线：根据法则4，根轨迹的渐近线与实轴交点和夹角为 $\begin{cases} \sigma_a = \dfrac{-1-4+2}{3-1} = -\dfrac{3}{2} \\ \varphi_a = \dfrac{(2k+1)\pi}{3-1} = \pm\dfrac{\pi}{2} \end{cases}$

（3）分离点：根据法则5，分离点坐标为

$$\frac{1}{d} + \frac{1}{d+1} + \frac{1}{d+4} = \frac{1}{d+2}$$

经整理得：

$$(d + 4)(d^2 + 4d + 2) = 0$$

故$d_1 = -4$，$d_2 = -3.414$，$d_3 = -0.586$，显然分离点位于实轴上$[-1, 0]$，故取$d = -0.586$。

根据上述讨论，可绘制出系统根轨迹图，如解图所示。

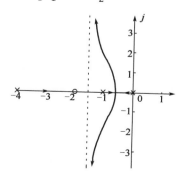

例 15-6-10解图 根轨迹示意图

【例 15-6-11】图所示闭环系统的根轨迹应为：

    A. 整个负实轴

    B. 实轴的二段

    C. 在虚轴左面平行于虚轴的直线

    D. 虚轴的二段共轭虚根线

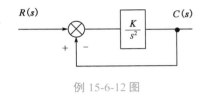

例 15-6-11 图

解 画出系统的根轨迹图。选 D。

【例 15-6-12】图所示闭环系统的根轨迹应为：

    A. 整个负实轴

    B. 整个虚轴

    C. 在虚轴左面平行于虚轴的直线

    D. 实轴的某一段

例 15-6-12 图

解 同上，画出根轨迹图。选 B。

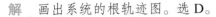

经典练习

15-6-1 超前校正装置是（   ）。

    A. 提供超前相位角   B. 提供滞后相位角

    C. PD 控制器   D. PI 控制器

15-6-2 滞后校正装置可（   ）。

    A. 抑制噪声   B. 改善稳态性能

    C. PD 控制器   D. PI 控制器

15-6-3 许多继电器调节系统，调节过程会出现（   ），是一种滞后校正装置。如果自振荡是正常工作情况，被调量的（   ）要受到调节精度要求的限制。由于继电器调节系统的线性部分具有（   ）特性，所以（   ）自振荡的频率，使振幅较小。

    A. 自振荡   B. 振幅   C. 低通滤波   D. 提高

15-6-4 室温对象——空调房间的特性参数滞后时间 τ 越大，（   ），对象的时间常数 T 越大，（   ），当对象的传递系数大时，调节过程的动差和静差均增大，调节周期将缩短，振动次数会增加，寿命也会缩短。

    A. 调节振幅即动态偏差增大   B. 振幅减小

    C. 调节周期缩短   D. 调节振幅即动态偏差减小

参考答案及提示

15-1-1 A 输出量变化归结于输入量的变化。

15-1-2 C 负反馈能减小误差对系统的影响，为确保精度常采用闭环负反馈系统。

15-1-3 D 无输入量时，输出不能自动控制。

15-1-4 B 调节是按偏差来输入控制信号的。

15-1-5 B 属于负反馈。

15-2-1　D　开环控制系统的定义，开环控制没有引入反馈的概念。

15-2-2　A　闭环控制系统的概念，闭环控制中有反馈的概念。

15-2-3　B　原式 $= \dfrac{1}{2s} - \dfrac{1}{2} \times \dfrac{s+1}{(s+1)^2 + 1} + \dfrac{1}{2} \dfrac{1}{(s+1)^2 + 1}$

所以 $X(t) = \dfrac{1}{2} + \dfrac{1}{2} e^{-t}(\sin t - \cos t)$。

15-2-4　C　自动控制的基本要求有稳定性，快速性和准确性。

15-3-1　D　系统的开环传递函数为 $\dfrac{K}{(s-s_1)(s-s_2)} = \dfrac{K}{(s+0.5)(s+4)} = \dfrac{10}{(s+0.5)(s+4)}$。

15-3-2　A，C　参见典型环节惯性环节的数学模型-微分方程和传递函数的形式。

15-3-3　A　参见调节器实现方法中的比例积分调节器的实现。

15-3-4　C　单位阶跃输入时 $R(s) = \dfrac{1}{s}$

输出 $C(s) = \dfrac{K}{1+Ts} \cdot \dfrac{1}{s}$

$C(t) = L^{-1}[C(s)] = L^{-1}\left(\dfrac{K}{1+Ts} \cdot \dfrac{1}{s}\right) = K\left(1 - e^{-\frac{1}{T}}\right)$

由此可以看出，T 越小，衰减越快，快速性越好。

15-3-5　B　参见二阶过阻尼系统的单位阶跃响应表达式和曲线。

15-3-6　C　可与二阶系统标准式相对比，可得 $\omega_n = 3$，$2\xi\omega_n = 3.6$，求得阻尼比为 0.6。

15-4-1　A　该系统的特征方程为 $2s^3 + 3s^2 + K$。缺 s 项，因此系统不稳定，根据系统稳定的必要条件。

15-4-2　C　参见稳定性与特征方程根的关系。

15-4-3　A　稳定的充要条件为特征方程的各项系数的符号必须相同。

15-5-1　C　系统类型的定义。

15-5-2　B　$K_a = \lim\limits_{s \to 0} s^2 G(s) = 1$。

15-6-1　A，C　超前校正装置的概念。

15-6-2　A，B，C，D　滞后校正装置的概念。

15-6-3　A，B，C，D　继电系统是一种本质非线性自动调节系统，许多继电系统调节过程中会出现自振荡。如果自振荡是正常工作情况，被调量的振幅受到调节精度要求的限制。由于继电系统的线性部分通常具有低通滤波特性，所以提高自振荡的频率，可使被调量的振幅比较小。为了限制自振荡的振幅，可利用校正装置。

15-6-4　A，B　因存在着对象的滞后时间 τ，所以会使室温调节品质变化。当 τ 越大时，调节振幅即动态偏差增大。只有在理想状态下，对象滞后等于零时，室温波动的振幅才等于调节器的不灵敏区，但这在实际上是不可能的，而当 τ 增大时，调节周期可加大，这样就减少了振动次数，延长了使用寿命。对象的时间常数 T 越大时，因室温上升速度减小，所以振幅可减小，这对调节有利。且 T 增大时可使调节周期加大，对减小磨损也有利。当对象的传递系数大时，调节过程的动差和静差均增大，调节周期将缩短，振动次数会增加，寿命也会缩短。

16 热工测试技术

| 考题配置 单选，10题 |
| 分数配置 每题2分，共20分 |

复习指导

热工测试技术主要是指暖通空调及动力工程领域的测试技术，包括温度、湿度、压力、流速、流量、物位、热量等参量的基本测量方法、测试仪表的原理及应用。通过对本章的学习，应掌握热能和动力工程领域主要参数的测量方法、测试系统和仪器的工作原理、测量误差分析和数据处理等。

16.1 测量技术的基本知识

考试大纲☞： 测量　精度　误差　直接测量　间接测量　等精度测量　不等精度测量　测量范围
测量精度　稳定性　静态特性　传感器　传输通道　变换器

16.1.1 测量

测量就是用实验的方法，把被测量与同性质的标准量进行比较，确定被测量与标准量的比值，从而得到被测量的量值。

为了使测量的结果有意义，测量必须满足以下要求：

（1）用来进行比较的标准量应该是国际上或国家公认的。

（2）进行比较所用的方法和仪器必须经过验证。

测量的定义也可以用公式来表示

$$a = \frac{X}{U} \tag{16-1-1}$$

式中：X——被测量；

U——标准量（即选用的测量单位）；

a——比值（又称测量值）。

由式（16-1-1）可见，a的数值随选用的标准量U的大小而定。为了正确反映测量结果，常需在测量值的后面标明标准量的单位。例如长度的被测量为X，标准量U的单位采用国际单位制（m），测量值的读数为am。

被测量的量值可表达为

$$X = aU \tag{16-1-2}$$

式（16-1-2）称为测量的基本方程式。

在测量过程中，通常把需要检测的物理量称为被测参数或被测量。在建筑环境与设备工程中经常用到的被测参数有：温度、相对湿度、焓、压力、流量、热量等。

按照被测量随时间的变化关系，可将被测量分为以下两种类型：

（1）静态参数（常量）。某些被测参数在整个测量过程中量值的大小始终保持不变，即参数值不随时间变化，我们把这类参数统称为静态参数或常量。当然，严格来讲，这些参数的量值也并非绝对不变，只是随时间变化得非常缓慢，而在测量的时间间隔内，由于其数值大小变化甚微，可以忽略不计。例如，环境大气压力、普通集中空调系统的风量等。

（2）动态参数（变量）。随时间不断改变数值的被测量称为动态参数或变量，如室外温度和相对湿度等。这些参数随时间变化的函数可以是周期函数或随机函数。

测量的分类：

（1）按照测量手段不同，通常把测量方法分为直接测量、间接测量和组合测量。

（2）按照测量方式不同，通常把测量方法分为偏差式测量、零位式测量和微差式测量。

（3）按照测量仪表是否与被测对象相接触，测量可分为接触测量和非接触测量。

（4）按照测量在测量过程中的状态不同，测量可分为静态测量和动态测量。

（5）按照测量次数不同，测量可分为一次测量和多次测量。

测量系统由测量设备与被测对象组成。任何一次有意义的测量都必须由测量系统来实现。测量系统都是有若干具有一定基本功能的测量环节组成的。测量系统中的测量设备一般由传感器、变换器或变送器、传输通道和显示装置组成。

16.1.2　测量精度与测量误差

1）测量精度

精度是指测量仪表的读数或测量结果与被测量真值相一致的程度。测量精度可用精密度、准确度和精确度三个指标表示。

（1）精密度。精密度表示同一被测量在相同条件下，使用同一仪表、由同一操作者进行多次重复测量所得测量值彼此之间接近的程度，也就是说，它表示测量重复性的好坏。精密度反映随机误差的影响。随机误差小，测量的重复性就好，精密度也高；反之，重复性差，精密度也低。

（2）准确度。准确度表示测量值与被测量真值之间的符合程度。它反映了系统误差的影响，系统误差越小，测量的准确度越高。

（3）精确度。精确度是准确度和精密度的综合反映，习惯上用精密度这一概念来综合表示测量误差大小。若已修正所有已定系统误差，则精度可用不确定度表示。

在具体的测量实践中，可能会有这样的情况：准确度较高而精密度较低，或者精密度高但欠准确。当然理想的情况是既准确，又精密，即测量结果精确度高。要获得理想的结果，应满足三个方面的条件：性能优良的测量仪表、正确的测量方法和正确细心的测量操作。为了加深对准确度、精密度和精确度三个概念的理解，可以用射击打靶的例子来加以说明。如图 16-1-1 所示，以靶心作为被测量的真值，以靶纸上的弹着点表示测量结果。其中图 16-1-1a）上的弹着点分散而又偏斜，说明该测量所得结果既不精密，也不准确，即精确度很低；图 16-1-1b）上的弹着点仍然比较分散，但总体而言，大致都围绕靶心，说明测量结果准确但欠精；图 16-1-1c）上的弹着点密集在一定的区域内，但明显偏向一方，说明测量结果精密度高但准确度差；图 16-1-1d）弹着点相互接近且都围绕靶心，说明测量结果精密且准确度很高，即精度高。

2）测量误差

测量仪器仪表的测得值与被测量真值之间的差异叫作测量误差。误差按照表示方法分为绝对误差和相对误差。按测量误差的性质分为系统误差、随机误差和粗大误差。

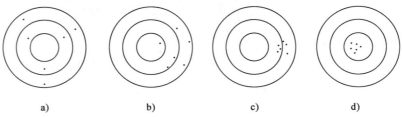

图 16-1-1　精密度、准确度、精确度的关系示意图

（1）系统误差。在测量过程中，如果所产生的误差大小和符号具有恒定不变或遵循某一特定规律而变化的性质，这种误差叫作系统误差。系统误差主要是由于测量仪表本身不准确、测量方法不完善、测量环境的变化以及观测者本人的操作不当等造成的。系统误差的大小直接关系到测量结果的准确度，系统误差越小，测量结果的准确度越高。所以，对系统误差的发现和消除，在测量工作中具有十分重要的意义。

（2）随机误差。在消除了系统误差之后，对同一被测量进行多次等精确度重复测量时，由于某些不可知的原因会引起测量值或大或小的现象。此现象的出现又无一定的规律，完全是随机的，故称为随机误差或偶然误差。

（3）粗大误差。由于测量者的人为过失或偶然的一个外界干扰所造成的误差，称为粗大误差或过失误差，例如读错刻度值、计算出错等。此种误差是一种显然与事实不符、没有任何规律可循的误差，在测量结果中是不允许存在的。含有粗大误差的测量结果是无效的，一旦发现粗大误差，必须将其去除。

3）不确定度

不确定度是指由于测量误差的存在而对测量值不能肯定的程度。国际通用计量学基本名词中将其定义为表征被计量的真值所处的量值范围的评定。

【例 16.1-1】　在以下四种因素中，与系统误差的形成无关的是：

A. 测量工具和环境　　　　　　　　B. 测量的方法

C. 重复测量的次数　　　　　　　　D. 测量人员的情况

解　系统误差主要是由于测量仪表本身不准确、测量方法不完善、测量环境的变化以及观测者本人的操作不当等造成的，与重复测量次数无关。选 C。

【例 16.1-2】　精密度表示在同一条件下对同一被测量进行多次测量时：

A. 测量值重复一致的程度，反映随机误差的大小

B. 测量值重复一致的程度，反映系统误差的大小

C. 测量值偏离真值的程度，反映随机误差的大小

D. 测量值偏离真值的程度，反映系统误差的大小

解　本题主要考查精密度的概念，精密度表示同一被测量在相同条件下，使用同一仪表、由同一操作者进行多次重复测量所得测量值彼此之间接近的程度，也就是说，它表示测量重复性的好坏。精

密度反映的是随机误差对测量值的影响。选 A。

【例 16-1-3】在完全相同的条件下所进行的一系列重复测量称为：

A. 静态测量 　　　　　　　　　　B. 动态测量

C. 等精度测量 　　　　　　　　　D. 非等精度测量

解　等精度测量的定义为在保持测量条件不变的情况下对同一被测量对象进行多次测量的过程。选 C。

16.1.3　常见测量方法

平衡态是指在没有外界影响（重力场除外）的条件下，系统的宏观性质不随时间变化的状态。

实现平衡的充要条件：系统内部及系统与外界之间各种不平衡势差（力差、温差、化学势差）的消失。

在平衡状态时，参数不随时间改变只是现象，不能作为判断是否平衡的条件，只有系统内部及系统与外界之间的一切不平衡势差的消失，才是实现平衡的本质。

平衡状态具有确定的状态参数，这是平衡状态的特点。

1）直接测量

直接从测量仪表的读数获取被测量值的方法叫作直接测量。

凡是将被测参数与其单位量直接进行比较，或者用测量仪表对被测参数进行测量，其测量结果又可直接从仪表上获得（不需要通过方程式计算）的测量方法，称为直接测量法，例如使用温度计测量温度、用压力表测量容器内介质的压力等。直接测量法有直读法和比较法两种。

所谓直读法就是直接从测量仪表上读得被测参数的数值，如用玻璃管式液体温度计测温度。这种方法使用方便，但一般精确度较差。

比较法是利用一个与被测量同类的已知标准量（由标准量具给出）与被测量相比较而测量被测量的方法。因常常要使用标准量具，所以测量过程比较麻烦，但测量仪表本身的误差及其他一些误差在测量过程中能被抵消，因此测量精确度比较高。

2）间接测量

利用直接测量的量与被测量之间的函数关系（公式、曲线或表格）间接得到被测量的量值的测量方法叫作间接测量。例如在测量风道中空气流量L时，若测量出风道中的空气平均流速v(m/s)和风道的横截面面积A(m²)，则空气流量

$$L = 3\ 600vA \tag{16-1-3}$$

式中：L——风道中的空气流量(m³/h)；

v——风道中的空气流速(m/s)；

A——风道的横截面面积(m²)。

3）组合测量

测量中使各个未知量以不同的组合形式出现（或改变条件以获得这种不同的组合），根据直接测量或间接测量所获得的数据，通过解联立方程组求得未知量的数值，这类测量称为组合测量。例如，用铂电阻温度计测量介质温度时，其电阻值R与温度t有如下关系

$$R_t = R_0(1 + at + bt^2) \tag{16-1-4}$$

　　为了确定常数 a、b，首先需要测得铂电阻在不同温度下的电阻值 R_t，然后再联立方程求解，得到 a、b 的数值。

　　4）等精度测量

　　在保持测量条件不变的情况下对同一被测量进行多次测量的过程叫作等精度测量。

　　保持测量条件不变，如观测者细心程度、使用的仪器、测量方法、周围的环境等不变时，对同一被测量或一组被测量进行多次测量，其中每一次都具有相同的可靠性，即每一次测量结果的精确度都是相等的。

　　5）不等精度测量

　　如果在同一被测量的多次重复测量中，不是所有测量条件都维持不变，如改变了测量方法，或更换了测量仪器，或改变了连接方式，或测量环境发生了变化，或前后不是同一个操作者，或同一操作者按不同的过程进行操作，或操作过程中由于疲劳等原因而影响了细心程度等，这样的测量称为不等精度测量。

16.1.4　仪表的测量范围与测量精度

　　1）测量范围

　　一般测量系统能测量的最大输入量称为测量上限，其最小输入量称为测量下限。测量上、下限代数差的模，称为量程，即测量范围。例：某温度计的量程为 $-40 \sim +80℃$。

　　选用仪表时，首先应对被测量的大小有一定的初步估计，务必使测量值都在仪表量程之内，如果被测量在满刻度的2/3左右，则能提高测量精度。

　　2）测量精度

　　测量精度是指测量仪表的读数和测量结果与被测量真值相一致的程度。仪表测量值中的最大示值绝对误差与仪表量程之比叫作仪表的基本误差

$$\sigma_j = \frac{\Delta_m}{L_m} \times 100\% \tag{16-1-5}$$

式中：σ_j ——仪表的基本误差；

　　　　Δ_m ——最大示值绝对误差；

　　　　L_m ——仪表量程。

　　仪表商品根据质量的不同，要求基本误差不超过某一规定值，故又称基本误差为允许误差。

　　仪表工业规定基本误差去掉"%"的数值为仪表的精度等级，简称精度。它是衡量仪表质量的主要指标之一。我国工业仪表等级分为 0.1、0.2、0.5、1.0、1.5、2.5、5.0 七个等级，并标志在仪表刻度标尺或铭牌上。

　　【例 16-1-4】 现有一台测温仪表，其测温范围为50~100℃，在正常情况下进行校验，获得了一组校验结果，其中最大绝对误差为±0.6℃，最小绝对误差为±0.2℃，则：

　　　　　　　　A. 该仪表的基本误差为 1.2%，精度等级为 0.5 级

　　　　　　　　B. 该仪表的基本误差为 1.2%，精度等级为 1.5 级

　　　　　　　　C. 该仪表的基本误差为 0.4%，精度等级为 0.5 级

　　　　　　　　D. 该仪表的基本误差为 1.6%，精度等级为 1.5 级

解 本题主要考查基本误差以及精度等级的定义。仪表的基本误差指仪表测量值中的最大示值绝对误差与仪表量程的比值。本题中最大绝对误差为0.6℃，而仪表的量程为50℃，因此该仪表基本误差为1.2%。精度等级为仪表的基本误差去掉"%"的数值，因此该表的精度等级应为1.5级。选B。

【例16-1-5】仪表的精度等级是指仪表的：

    A. 示值绝对误差平均值

    B. 示值相对误差平均值

    C. 最大误差值

    D. 基本误差的最大允许值

解 本题主要考查精度等级的概念。精度等级为仪表的基本误差去掉"%"的数值，因此是基本误差的最大允许值。选D。

【例16-1-6】某合格测温仪表的精度等级为0.5级，测量中最大示值的绝对误差为1℃，测量范围的下限为负值，且下限的绝对值为测量范围的10%，则该测温仪表的测量下限值是：

    A. −5℃   B. −10℃   C. −15℃   D. −20℃

解 可参考精度等级及绝对误差的概念。选D。

16.1.5 仪表的稳定性

仪表的稳定性由两个指标来表示：稳定度和各环境影响系数。

仪表在稳定的测量状态下，对某一标准量进行测量，间隔一定时间后，再对同一标准量进行测量，所得两次测量的示值差反映了该仪表的稳定度。它是由仪表中元件或环节的性能参数的随机性变动、周期性变动和随时间漂移等因素造成的。一般稳定度由示值差与其时间间隔的数值共同表示。例如，某毫伏表在开始测量时为某示值，8h后在同样状态下测量，示值增大了1.3mV，则此仪表的稳定度可表示为$\delta_w = 1.3\text{mV}/8\text{h}$。示值差越小说明稳定度越高。

室温、大气压、振动以及电源电压与频率等仪表外部状态及工作条件的变化对其示值的影响，统称为环境影响，用各环境影响系数来表示。周围环境温度变化引起仪表的示值变化，可用温度系数β_θ（示值变化值/温度变化值）来表示。电源电压变化引起仪表的示值变化，可用电源电压系数β_U（示值变化值/电压变化值）来表示。例如对毫伏表，当温度变化10℃引起的示值变化为0.1mV时，可写成$\beta_\theta = 0.1\text{mV}/10\text{℃}$。

16.1.6 静态特性和动态特性

1）仪表的静态特性

在稳定状态下，仪表的输出量（如显示值）与输入量之间的函数关系，称为仪表的静态特性。其性能指标有灵敏度、灵敏限、线性度、变差等。

（1）灵敏度。仪表的灵敏度反映的是测量仪表对被测量变化的反应灵敏程度。在温度的情况下仪表输出量的变化量与引起此变化的输入量之比就称为仪表的灵敏度，常用S来表示，即

$$S = \frac{\Delta y}{\Delta x} \tag{16-1-6}$$

式中：Δy ——输出量的变化量；

    Δx ——输入量的变化量。

例如：有一弹簧管式压力表，当输入的压力信号为20Pa时，压力表的指针划过的弧线长为3cm，则此压力表的灵敏度为

$$S = \frac{\Delta y}{\Delta x} = \frac{3\text{cm}}{(50 - 20)\text{Pa}} = 0.1\text{cm/Pa}$$

灵敏度是仪表的静态参数。对于一台仪表而言，它的灵敏度是常数。一般来讲，灵敏度高的仪表，其精度也较高。但是仪表精度取决于仪表本身的基本误差，而不能单纯地依靠提高灵敏度来达到提高精度的目的。一般规定，仪表读数标尺分格值不能小于仪表允许误差的绝对值。

（2）灵敏限。仪表的灵敏限是指能引起仪表输出量变化（如指针发生动作）的被测量的最小（极限）变化量，又称分辨率。一般情况下，灵敏限的数值应不大于仪表测量值中最大示值绝对误差的绝对值的一半。它的单位与测量值的单位相同。

（3）线性度。线性度表示输出量与输入量的实际特性曲线偏离理想特性曲线的程度。线性度是衡量偏离线性程度的指标，用E来表示，它以实际特性曲线偏离理论特性曲线的最大值Δl_m和仪表量程l_m的百分数来表示，即

$$E = \frac{\Delta l_m}{l_m} \times 100\% \tag{16-1-7}$$

（4）变差。变差指的是同一被测量值在正反行程间仪表指示值的最大值Δl_m与仪表量程l_m之比的百分数，用ε表示，即

$$\varepsilon = \frac{\Delta l_m}{l_m} \times 100\% \tag{16-1-8}$$

2）仪表的动态特性

仪表的动态特性是指当被测量发生变化时，仪表的显示值随时间变化的特性曲线。动态特性好的仪表，其输出量随时间变化的曲线与被测量随同一时间变化的曲线一致或相近。仪表的动态输出量（读数）和它在同一瞬间的相应输入量之间的差值称为仪表的动态误差，动态误差越小，其动态特性越好。衡量仪表动态特性时，时间常数T越小，仪表惯性就越小，其动态特性就越好。

16.1.7　传感器

传感器是指对各种非电物理量，如压力、温度、湿度、物质成分等敏感的敏感元件。因为它是与被测对象直接发生联系的部分，故又称作一次仪表。它是实现测量按一定规律转换成便于处理和传输的另一物理量（一般多为电量）的元件。它是实现测量与自动控制的首要环节。对其转换要求是将被测量以单值函数关系，稳定而准确地变成另一物理量，以便提供后续环节变换、比较、运算与显示记录被测量。

理想的敏感元件应满足的要求：

（1）输入与输出之间有稳定的单值函数。

（2）只对被测量的变化敏感。

（3）测量过程中不干扰或尽量少干扰被测介质的状态。

暖通空调专业中常用的被测量有：温度、湿度、压力、液位、流速、流量、热量等。

16.1.8　传输通道

如果测量系统各环节是分离的，那么就需要把信号从一个环节传送到另一个环节，实现这种功能

的环节就称为传输通道。传输通道是测量系统各环节之间输入输出信号的连接部分，它分为电线、光导纤维和管路等。在实际测量系统中，应按规定要求进行选择和布置，否则就会造成信息损失、信号失真或引入干扰。

16.1.9　变换器

在测量系统中变换器是传感器和显示装置中间的部分，它将传感器输出的信号变换成显示装置能够接收的信号。传感器输出的信号一般是某种物理变量，如位移、压差、电阻、电压等。在大多数情况下，它们在性质上、强弱程度上总是与显示装置所能接收的信号有所差异。测量系统必须通过变换器或变送器对传感器输出的信号进行变换，包括信号物理性质的变换（如位移、电阻变电压或电流）和信号数值上的变换（如放大）。

现代的自动指示、记录与调节仪表，除了可直接接收传感器信号外，有的仪表还可接收标准信号（如 $0\sim10mA \cdot DC$、$4\sim20mA \cdot DC$、$0\sim10V \cdot DC$等）。将传感器输出信号变化到标准信号的器件称为变送器，它在自动检测与自动控制中广泛应用。

对于变换器或变送器，不仅要求它们性能稳定、精确度高，而且还应使信息损失最小。

【例 16-1-7】 能够将被测热工信号转换为标准电流信号输出的装置是：

　　　　A. 敏感元件　　　　B. 传感器　　　　C. 变送器　　　　D. 显示与记录仪器

解　传感器就是对各种非电物理量，如压力、温度、湿度、物质成分等敏感的敏感元件。它是实现测量按一定规律转换成便于处理和传输的另一物理量（一般多为电量）的元件。选 B。

【例 16-1-8】 下列不属于测量系统基本环节的是：

　　　　A. 传感器　　　　B. 传输通道　　　　C. 变换器　　　　D. 平衡电桥

解　典型的测试系统，一般由输入装置、中间变换装置、输出装置三部分组成。选 D。

经典练习

16-1-1　测量中测量值的绝对误差是否可以作为衡量所有测量准确度的尺度？（　　　）

　　　A. 可以

　　　C. 不确定

　　　B. 不可以

　　　D. 根据准确度大小确定

16-1-2　有一块精度为 2.5 级、测量范围为0~100kPa的压力表，它的刻度标尺最小应分为（　　　）格。

　　　A. 25　　　　B. 40　　　　C. 50　　　　D. 100

16-1-3　一台精度为 0.5 级的电桥，下限刻度值为负值，为全量程的 25%，该表允许绝对误差是1℃，则该表刻度的上限值为（　　　）。

　　　A. 25℃　　　　B. 50℃　　　　C. 150 ℃　　　　D. 200℃

16-1-4　现要测量500℃的温度，要求其测量值的相对误差不应超过 2.5%，下列几个测温表中最合适的是（　　　）。

　　　A. 测温范围为100~ + 500℃的 2.5 级测温表

　　　B. 测温范围为0~ + 600℃的 2.0 级测温表

　　　C. 测温范围为0~ + 800℃的 2.0 级测温表

　　　D. 测温范围为0~ + 1 000℃的 1.5 级测温表

16.2 温度的测量

考试大纲☞：热力学温标　国际实用温标　摄氏温标　华氏温标　热电材料　热电效应　膨胀效应　测温原理及其应用　热电回路性质及理论　热电偶结构及使用方法　热电阻测温原理及常用材料　常用组件的使用方法　单色辐射温度计　全色辐射温度计　比色辐射温度计　电动温度变送器　气动温度变送器　测温布置技术

16.2.1 温度与温标

1）温度

温度是表示物体或系统冷热程度的物理量。从能量角度看，温度是描述系统不同自由度间能量分布状况的物理量；从热平衡观点来看，温度是描述热平衡系统冷热程度的物理量，它标志着系统内部分子无规则运动的剧烈程度（分子平均动能的大小）。

2）温标

为保证温度量值的统一和准确而建立的用来衡量温度高低的标准尺度简称为温标。通常把温度计、固定点和内插方程叫作温标的三要素。

经验温标：借助某一种物质的物理量随温度变化的关系，用实验方法或经验公式所确定的温标。如摄氏温标、华氏温标、兰氏温标、列氏温标等。

（1）热力学温标。热力学温标又称开氏温标（K）或绝对温标，它规定分子运动停止时的温度为绝对零度。它是与测量物质的任何物理性质无关的一种温标，已由国际权度会议采纳作为国际统一的基本温标。

根据热力学中的卡诺定理，如果热力学温度为T_1的高温热源和热力学温度为T_2的低温热源之间有一可逆热机进行卡诺循环，热机从高温热源吸热为Q_1，向低温热源放热为Q_2，则

$$\frac{T_1}{T_2} = \frac{Q_1}{Q_2} \tag{16-2-1}$$

如果指定了一个定点温度数值，就可以通过热量比求得未知温度值。1954年国际权度会议选定了水的三相点为参考点，且该点的温度为273.16K，则相应的换热量为$Q_参$。这样上式就可以写为

$$T = 273.16 \frac{Q}{Q_参} \tag{16-2-2}$$

于是由热量比值$Q/Q_参$就可以求得未知量T。由于上述方程式与工质本身的种类和性质无关，所以用这种方法建立起来的热力学温标就避免了分度的"任意性"。理想的卡诺循环实际上是不存在的，所以热力学温标是一种理论温标，不能付诸实用。因此，必须建立一种能够用计算公式表示的既紧密接近热力学温标，在使用上又简便的温度，这就是国际实用温标。

（2）国际实用温标。为了解决国际上温度标准的统一问题及实用方便，国际上协商决定，建立一种既能体现热力学温度，又实用方便、容易实现的温标，这就是国际实用温标，又称国际温标，用代号T表示，单位符号为K。国际实用温标规定水的三相点热力学温度为273.16K，定义为水的三相点热力学温度的1/273.16。水的三相点是指纯水在固态、液态及气态三相平衡时的温度。现行国际实用温标是国际计量委员会（ITS）1990年通过的，简称ITS—1990。摄氏温度与国际实用温标的换算关系为

$$T = t + 273.15$$

这里摄氏温度的分度值与开氏温度的分度值相同，即温度间隔 1K 等于1℃。在标准大气压下冰的溶化温度为 273.15K，即水的三相点的温度比冰点高出0.01℃，由于水的三相点温度容易复现，复现精度高，而且保存方便，是冰点不能比拟的，所以国际实用温标规定，建立温标的唯一基准点选用水的三相点。

（3）摄氏温标。摄氏温标是把标准大气压下水的冰点定义为0℃，把水的沸点定为100℃的一种温标。把0~100℃之间分成 100 等分，每一等分为一摄氏度。常用代号t表示，单位符号为℃。

（4）华氏温标。华氏温标规定标准大气压下纯水的冰点温度为32℉，沸点温度为212℉，中间划分 180 等分，每一等分称为华氏一度。常用代号F表示，单位符号为℉。摄氏度与华氏度的换算关系为

$$t = \frac{5}{9}(F - 32) \tag{16-2-3}$$

摄氏温标、华氏温标都是用水银作为温度计的测温介质，是依据液体受热膨胀的原理来建立温标和制造温度计的。

【例 16-2-1】温标是以数值表示的温度标尺，在温标中不依赖于物体物理性质的温标是：

　　A. 华氏温标　　　　　　　　　　　　B. 摄氏温标

　　C. 热力学温标　　　　　　　　　　　D. IPTS—68 国际实用温标

解　本题主要考查温标的概念以及各温标的性质。热力学温标规定分子运动停止时的温度为绝对零度，它是与测量物质的任何物理性质无关的一种温标。选 C。

【例 16-2-2】摄氏温标和热力学温标之间的关系为：

　　A. $t = T - 273.16$　　　　　　　　　B. $t = T + 273.16$

　　C. $t = T - 273.15$　　　　　　　　　D. $t = T + 273.15$

解　本题主要考查摄氏温度与热力学温度之间的关系。摄氏温度的分度值与开氏温度的分度值相同，即温度间隔 1K 等于1℃，在标准大气压下冰的溶化温度为 273.15K。选 C。

16.2.2　热电材料

理论上任意两种导体或半导体都可以组成热电偶，但实际上为了使热电偶稳定性好，具有足够的灵敏度、可互换性以及一定的机械强度等性能，热电材料一般应满足以下条件：

（1）在测温范围内，热电性质稳定，不随时间和被测介质变化。物理化学性能稳定，不易氧化或腐蚀。

（2）电导率要高，电阻温度系数要小。

（3）组成的热电偶的热电势随温度的变化率要大，并且希望该变化率在测温范围内接近常数（即反应曲线呈线性）。

（4）材料的机械强度要高，复制性要好，复制工艺要简单，价格便宜。

按照标准化程度，热电偶分为标准热电偶和非标准热电偶。热电偶分度号是表示热电偶材料的标记符号，工程上常用分度号来区别不同的热电偶。常用的热电偶材料主要包括以下三类：

（1）廉金属热电偶：

①T 型（铜-康铜）热电偶；

②K 型（镍铬-镍铬或镍硅）热电偶；

③E 型（镍铬-康铜）热电偶；

④J 型（铁-康铜）热电偶。

（2）贵金属热电偶：

①S 型（铂铑 10-铂）热电偶；

②R 型（铂铑 13-铂）热电偶；

③B 型（铂铑 30-铂铑 6）热电偶。

（3）非标准化热电偶：

①钨-铼系热电偶；

②钨-铱系热电偶；

③镍硅-金铁热电偶；

④镍钴-镍铝热电偶；

⑤非金属热电偶。

常用热电偶的性能：

（1）K［镍铬-镍硅（镍铝）］：适宜在氧化性及惰性气氛中连续使用，短期使用温度为 1 200℃，长期使用温度为 1 000℃。

（2）N（镍铬硅-镍硅）：在 1 300℃以下，高温抗氧化能力强，热电动势的长期稳定性及短期热循环的复现性好，耐核辐射及耐低温性能也好。

（3）B（铂铑 30-铂铑 6）：在室温下热电动势极小，一般不用补偿导线。长期使用温度为 1 600℃，短期使用温度为 1 800℃。适宜在氧化性或中性气氛中使用，也可以在真空环境下短期使用。

（4）S（铂铑 10-铂铑）：热电性能稳定、抗氧化性强，宜在氧化性、惰性气氛中连续使用。长期使用温度为 1 400℃。它的准确度等级最高，通常用作标准或作为测量高温的热电偶，它的使用温度范围广、均质性及互换性好。

（5）R（铂铑 13-铂铑）：同 S 型热电偶相比，它的热电动势率大 15%左右，其他性能几乎完全相同。

（6）E（镍铬-康铜）：在常用热电偶中其热电动势率最大，即灵敏度最高。使用中的限制条件与 K 型热电偶相同。它适宜在−250~870℃范围内的氧化或惰性气氛中使用，尤其适宜在 0℃以下使用。而且在湿度大的情况下，较其他热电偶耐腐蚀。

（7）J（铁-康铜）：价格便宜。既可用于氧化性气氛（使用温度上限为 750℃），也可用于还原性气氛（使用温度上限为 950℃）。不能在高温（540℃）含硫的气氛中使用。

（8）T（铜-康铜）：在便宜的金属热电偶中它的准确度最高，热电极丝的均匀性好。它的使用温度范围是−200~350℃。因铜热电极易氧化，并且氧化膜易脱落，故在氧化性气氛中使用时，一般不超过 300°。在低于−200℃以下使用时，热电动势随温度迅速下降，而且铜热电极的热导率高，在低温下易引入误差。T 型热电偶在工业上通常用来测量 300℃以下的温度。

【例 16-2-3】 介质的被测温度范围为 0~600℃，还原性工作气氛，可选用的热电偶为：

A. S 型热电偶　　　　　　　　　　　B. B 型热电偶

C. K 型热电偶　　　　　　　　　　　D. J 型热电偶

解　本题主要考查常用热电偶的测温范围。其中 J（铁-康铜）型热电偶具有价格便宜的优点，既可用于氧化性气氛（使用温度上限为 750℃），也可用于还原性气氛（使用温度上限为 950℃）。选 D。

16.2.3　热电效应测温原理

如图 16-2-1 所示将两种不同的导体 A 和 B 连接，构成一个闭合回路，当两个接点 1 与 2 的温度不同时，在回路中就会产生热电动势，这种现象称为热电效应。记为 E_{AB}。导体 A、B 称为热电极。测量时接点 1 在测温场所感受被测温度，故称为测量端。接点 2 要求温度恒定，称为参考端。

热电偶是通过测量热电动势来实现测温的，即热电偶测温是基于热电转化现象——热电现象。实际上热电偶是一种换能器，它将热能转化为电能，用所产生的热电动势测量温度。该电动势由接触电势和温差电势组成。

接触电势是由于两种不同导体的自由电子密度不同而在接触处形成的电动势，又称帕尔贴（Peltier）电势。A、B 两种导体在一定温度 T 下的接触电势 $E_{AB}(T)$、温度 T 及 A、B 导体中的电子 N_A、N_B 有如下关系

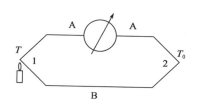

图 16-2-1　热电效应示意图

$$E_{AB}(T) = \frac{kT}{e} \ln \frac{N_A}{N_B} \tag{16-2-4}$$

式中：e ——电荷，$e = 1.6 \times 10^6 C$；

　　　k ——波尔兹曼常数，$k = 1.38 \times 10^{-23} J/K$。

即温度越高，接触电势越大；两种导体电子密度的比值越大，接触电势也越大。

温差电势是在同一导体的两端因温度不同而产生的一种热电势，又称汤姆逊（Thomson）电势。设导体两端的温度分别为 T 和 $T_0(T > T_0)$，由于高温端 T 的电子能量大，因而从高温端扩散到低温端的电子数比低温端扩散到高温端的电子数要多，结果高温端失去电子而带正电荷，低温端得到电子而带负电荷，从而形成了一个从高温端指向低温端的静电场。此时在导体的两端便产生一个相应的电势差，这就是温差电势。其值可以用物理学电磁场理论得到。

$$E_A(T, T_0) = \int_{T_0}^{T} \sigma_A dT \tag{16-2-5}$$

$$E_B(T, T_0) = \int_{T_0}^{T} \sigma_B dT \tag{16-2-6}$$

式中：$E_A(T, T_0)$ ——导体 A 在两端温度分别为 T 和 T_0 时的温差电势；

　　　$E_B(T, T_0)$ ——导体 B 在两端温度分别为 T 和 T_0 时的温差电势；

　　　σ_A、σ_B ——材料 A、B 的汤姆逊系数，与材料性质和两端温度有关。

【例 16-2-4】热电偶是由 A、B 两种导体组成的闭合回路。其中 A 导体为正极，当回路的两个接点温度不相同时，将产生热电势，这个热电势的极性取决于：

　　　　A. A 导体的温差电势　　　　　　　　B. 温度较高的接点处的接触电势

　　　　C. B 导体的温差电势　　　　　　　　D. 温度较低的接点处的接触电势

解　温差电势是指同一导体的两端因温度不同而产生的电势，不同的导体具有不同的电子密度，所以它们产生的电势也不相同，而接触电势是指两种不同的导体相接触时，因为它们的电子密度不同所以产生一定的电子扩散，当它们达到一定的平衡后所形成的电势。接触电势的大小取决于两种不同导体的材料性质以及它们接触点的温度。接触电势的大小与接头处温度的高低和金属的种类有关。温差电势远比接触电势小，可以忽略。这样闭合回路中的总热电势可近似为接触电势。温度越高，两金

属的自由电子密度相差越大，则接触电势越大。选 B。

16.2.4 膨胀效应测温原理及其应用

膨胀效应是指物体受热产生膨胀的特性。利用这种原理制成的温度计叫作膨胀式温度计，主要有液体膨胀式温度计、固体膨胀式温度计和压力式温度计。

液体膨胀式温度计中最常见的是利用液体体积随温度的升高而膨胀的原理制作而成的玻璃管液体温度计。它的优点是直观、测量准确、结构简单、造价低廉，被广泛应用于工业、实验室和医院等各个领域及日常生活中。但其缺点是不能自动记录、不能远传、易碎、测温有一定延迟。

固体式温度计是利用两种线性膨胀系数不同的材料制成，有杆式和双金属片式两种，常用作自动控制装置中的温度测量元件。它结构简单、可靠，但精度不高。

压力式温度计是利用密闭容积内工作介质随温度升高而压力升高的性质，通过对工作介质的压力测量来判断温度值的一种机械式仪表。其工作介质可以是气体、液体或蒸汽。仪表主要包括温包、金属毛细管、基座和具有扁圆或椭圆截面的弹簧管等。

16.2.5 热电回路性质及理论

接触电动势是由于两种不同材质的导体接触而产生的电动势，而温差电动势则是同一导体当其两端温度不同时产生的电动势。在图 16-2-2 所示的闭合回路中，两个节点处有两个接触电动势 $E_{AB}(T)$ 和 $E_{AB}(T_0)$，又因为 $T > T_0$，在导体 A 和 B 中还各有一个温差电动势。所以闭合回路总电动势 $E_{AB}(T,T_0)$ 应为接触电动势与温差电动势的代数和，即

$$E_{AB}(T,T_0) = E_{AB}(T) - E_{AB}(T_0) + E_B(T,T_0) - E_A(T,T_0) \qquad (16\text{-}2\text{-}7)$$

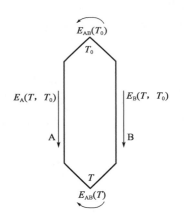

经整理推导可得

$$E_{AB}(T,T_0) = f(T) - f(T_0) \qquad (16\text{-}2\text{-}8)$$

即当热电偶材料一定时，热电偶总电动势 $E_{AB}(T,T_0)$ 成为温度 T 和 T_0 的函数差。

如果能使冷端温度 T_0 固定，即 $f(T_0) = C$（常数），则对确定的热电偶材料，其总电势就只与温度 T 成单值函数关系，由式（16-2-9）表示为

$$E_{AB}(T,T_0) = f(T) - C \qquad (16\text{-}2\text{-}9)$$

这种特性称为热电偶的热电特性，$f(T)$ 关系可通过实验方法求得。

热电偶基本性质：

（1）均质导体定律。由同一种均质导体组成的密闭回路中，不论导体的截面、长度以及各处的温度分布如何，均不产生热电势，即热电偶必须采用两种不同材料作为电极。

（2）中间导体定律。在热电回路中接入第三种导体，只要与第三种导体相连接的两端温度相同，接入第三种导体后，对热电偶回路中的总电势没有影响。

（3）中间温度定律。热电偶在两接点温度为 T、T_0 时的热电势等于该热电偶在两接点温度分别为 T、T_N 和 T_N、T_0 时相应热电势的代数和，即

图 16-2-2 热电回路的总热电势

$$E_{AB}(T,T_0) = E_{AB}(T,T_N) + E_{AB}(T_N,T_0) \qquad (16\text{-}2\text{-}10)$$

【例 16-2-5】 如图所示，被测对象温度为600℃，用分度号为 E 的热电偶及补偿导线、铜导线连至显示仪表，未预置机械零位。显示仪表型号及接线均正确，显示仪表上显示温度约为：

A. 600℃ B. 560℃

C. 580℃ D. 620℃

解 根据中间导体定律，任意两种匀质导体A、B，分别与匀质材料 C 组成热电偶，若热电势分别为$E_{AC}(T, T_0)$和$E_{CB}(T, T_0)$，则导体 A、B 组成热电偶的热电势为$E_{AB}(T, T_0) = E_{AC}(T, T_0) + E_{CB}(T, T_0)$，因为测温回路中有 E 型热电偶、补偿导线以及铜导线，而且接到显示仪表的铜导线与补偿导线间有20℃温差。选 C。

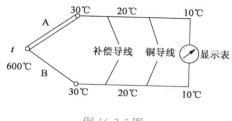

例 16-2-5 图

【例 16-2-6】 某分度号为 K 的热电偶测温回路，其热电势$E(t, t_0) = 17.513\text{mV}$，参考端温度$t_0 = 25℃$，则测量端温度$t$为：

[已知：$E(25,0) = 1.000$，$E(403,0) = 16.513$，$E(426,0) = 17.513$，$E(450,0) = 18.513$]

A. 426℃ B. 450℃ C. 403℃ D. 420℃

解 两个节点处有两个接触电动势E_{AB}和$E_{AB}(T_0)$，又因为$T > T_0$，在导体A和B中还各有一个温差电动势。所以闭合回路总电动势$E_{AB}(T, T_0)$应为接触电动势与温差电动势的代数和。选 B。

16.2.6 热电偶结构及使用方法

一支完整的热电偶由热电极、绝缘套管、保护套管、接线盒等部分组成。使用时要注意：

（1）为减少测量误差，热电偶应与被测对象充分接触，使两者处于相同温度。

（2）保护管应有足够的机械强度，并可承受被测介质腐蚀。保护管的外径越粗，耐热、耐腐蚀性越好，但热惯性也越大。

（3）当保护管表面附着灰尘等物质时，将因热阻增加，使指示温度低于真实温度而产生误差。

（4）如在最高使用温度下长期工作，将因热电偶材质发生变化而引起误差。

（5）测量线路绝缘电阻下降也会引起误差。应设法提高绝缘电阻，或将热电偶的外壳做接地处理。

（6）注意冷端温度的补偿与修正。热电偶冷端最好保持 0℃，而在现场条件下使用的仪表则难以实现，必须采用补偿方法准确修正。

（7）避免电磁感应的影响。热电偶的信号传输线，在布线时应尽量避开强电磁区（如大功率的电机、变压器），更不能与电力线近距离平行敷设。如果实在避不开，也要采取屏蔽措施。

【例 16-2-7】 若要监测两个测点的温度差（见图），需将两支热电偶：

A. 正向串联 B. 反向串联

C. 正向并联 D. 反向并联

解 将两支同型号热电偶反向连接，可测量两点之间的温差，它也是要考虑参考端温度一致，则输入仪表电势：

$$\Delta E = E_{AB}(t_1, t_0) - E_{AB}(t_2, t_0)$$
$$= E_{AB}(t_1, t_2) + E_{AB}(t_2, t_0) - E_{AB}(t_2, t_0)$$
$$= E_{AB}(t_1, t_2)$$

选 B。

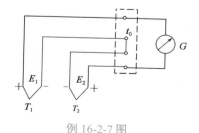

例 16-2-7 图

16.2.7 热电阻测温原理及常用材料、常用组件的使用方法

热电阻是用金属导体或半导体材料制成的感温元件。物体的电阻一般随温度而变化，通常用电阻温度系数α（单位为℃$^{-1}$）来描述这一特性。它的定义是在某一温度间隔内，温度变化 1℃时电阻的相对变化量。

$$\alpha = \frac{R_t - R_{t_0}}{t - t_0} = \frac{\Delta R}{\Delta t} \tag{16-2-11}$$

热电阻的电阻值与温度的关系特性有三种表示方法：作图法、函数表示法和列表法（分度表表示法）。

常用的热电阻材料有铂热电阻、铜热电阻、镍热电阻和半导体热敏电阻。

铂热电阻：铂热电阻的阻值与温度之间的关系近似线性。其特性方程如下。

当温度t为$-200\sim0$℃时

$$R_t = R_0[1 + At + Bt^2 + C(t - 100)T^3] \tag{16-2-12}$$

当温度t为$0\sim850$℃时

$$R_t = R_0(1 + At + Bt^2) \tag{16-2-13}$$

式中：R_t ——铂热电阻在t℃时的电阻值(Ω)；

$\quad\quad R_0$ ——铂热电阻在0℃时的电阻值(Ω)。

$A = 3.908 \times 10^{-3}$℃$^{-1}$，$B = 5.802 \times 10^{-7}$℃$^{-2}$，$C = 4.274 \times 10^{-12}$℃$^{-4}$。

对满足上述关系的热电阻，其温度系数为$\alpha = 0.003\,85$℃$^{-1}$。使用铂热电阻的特性方程式，每隔1℃求取一个相应的R，便可得到铂热电阻的分度表。这样在实际测量中，只要测得铂热电阻的阻值R_t，便可从分度表中查出对应的温度值。

铜热电阻：在使用温度范围（$-50\sim150$℃）内，铜热电阻的特性方程为

$$R_t = R_0(1 + \alpha t) \tag{16-2-14}$$

式中：α ——铜电阻温度系数，$\alpha = (4.25\sim4.28) \times 10^{-3}$℃$^{-1}$。

镍热电阻的阻值温度系数α较大，约为铂的 1.5 倍，使用温度范围为$-50\sim300$℃，但是在200℃左右具有特异点，故多用于150℃以下。它的电阻和温度的关系式为

$$R_t = 100 + 0.548t + 6.65 \times 10^{-4}t^2 + 2.805 \times 10^{-9}t^4 \tag{16-2-15}$$

热电阻分度号是表明热电阻材料和0℃时阻值的标记符号。如铂热电阻分度号有Pt100和Pt10两种，其R_0分别为100Ω和10Ω，铜热电阻分别为Cu50（其$R_0 = 50$Ω）和Cu100（其$R_0 = 100$Ω）。

常用组件的使用方法：

（1）热电阻的类型，包括普通型、铠装型、端面型和隔爆型。

（2）信号线的连接，包括二线、三线、四线。

（3）热电阻测温系统一般由热电阻、连接导线和显示仪表等组成。

使用时应注意：

（1）热电阻的显示仪表的分度号必须一致。

（2）为了消除连接导线电阻变化的影响，必须采用三线制接法。

（3）应合理选择测点位置，尽量避免在阀门、弯头及管道和设备的死角附近装设热电阻。

（4）带有保护套管的热电阻为了减少测量误差，热电偶和热电阻应该有足够的插入深度。

（5）对于测量管道中心流体温度的热电阻，一般都应将其测量端插入到管道中心处（垂直安装或倾斜安装）。

（6）对于高温高压和高速流体的温度测量（如主蒸汽温度），为了减少保护套对流体的阻力和防止保护套在流体作用下发生断裂，可采取保护管浅插方式或采用热套式热电阻。

【例 16-2-8】 下列关于电阻温度计的叙述，不恰当的是：

　　A. 与电阻温度计相比，热电偶温度计能测更高的温度

　　B. 与电阻温度计相比，热电偶温度计在温度检测时的时间延迟大些

　　C. 因为电阻体的电阻丝是用较粗的线做成的，所以有较强的耐震性能

　　D. 电阻温度计的工作原理是利用金属或半导体的电阻随温度变化的特性

解　为了提高热电阻的耐振性能需要进行铠装，并不因为电阻丝的粗细而有较强的耐振性能。选 C。

【例 16-2-9】 某铜电阻在 20℃时的阻值 $R_{20} = 16.28\Omega$，其电阻温度系数 $a_0 = 4.25 \times 10^{-3}℃^{-1}$，则该电阻在 80℃时的阻值为：

　　A. 21.38Ω　　　　　B. 20.38Ω　　　　　C. 21.11Ω　　　　　D. 20.11Ω

解　热电阻是用金属导体或半导体材料制成的感温元件，物体的电阻一般随温度而变化，通常用电阻温度系数 α 来描述这一特征，它的定义是在某一温度间隔内，温度变化 1℃时的电阻相对变化量。

铜热电阻的特征方程是：

$$R_t = R_0(1 + \alpha t)$$

式中，R_0 表示 0℃时的电阻值，R_{80} 表示 80℃时的电阻值。所以有：

$$R_{20} = R_0(1 + 20\alpha)，\quad R_{80} = R_0(1 + 80\alpha)$$

$$\frac{R_{80}}{R_{20}} = \frac{1 + 80\alpha}{1 + 20\alpha} = \frac{1.34}{1.085} = 1.235$$

已知 $R_{20} = 16.28\Omega$，解得 $R_{80} = 20.11\Omega$，选 D。

【例 16-2-10】 制作热电阻的材料必须满足一定的技术要求，以下叙述错误的是：

　　A. 电阻值与温度之间有接近线性的关系　　B. 较大的电阻温度

　　C. 较小的电阻率　　　　　　　　　　　　D. 稳定的物理、化学性质

解　几乎所有金属与半导体均有随温度变化而其阻值变化的性质，作为测温元件必须满足下列条件：

（1）电阻温度系数 α 应大。多数金属热电阻随温度升高一度（K）其阻值增加 0.35%~6%，而负温度系数的热敏电阻却减少 2%~8%。应指出 α 值并非常数，α 值越大，热电阻灵敏度越高。α 值与材料含杂质成分有关，与制造工艺（如拉伸时内应力大小）有关。

（2）复现性要好，复制性强，互换性好。

（3）电阻率大。这样同样的电阻值，体积可制得较小，因而热惯性也较小。

（4）价格便宜，工艺性好。

选 C。

16.2.8　辐射温度计

1）单色辐射高温计

由普朗克定律可知，物体在某一波长下的单色辐射强度与温度有单值函数关系，而且单色辐射强

度的增长速度比温度的增长速度快得多。根据这一原理制作的高温计叫作单色辐射高温计。

当物体温度高于 700℃时，单色辐射高温计会明显地发出可见光，具有一定的亮度。物体在波长λ的亮度B_λ和它的辐射强度E_λ成正比，即

$$B_\lambda = cE_\lambda \tag{16-2-16}$$

式中：c ——比例常数。

根据维恩公式，绝对黑体在波长λ的亮度$B_{0\lambda}$与温度T_s的关系为

$$B_{0\lambda} = cc_1\lambda^{-5}e^{-c_2/(\lambda T_s)} \tag{16-2-17}$$

实际物体在波长λ的亮度B_λ与温度T的关系为

$$B_\lambda = c\varepsilon_\lambda c_1\lambda^{-5}e^{-c_2/(\lambda T)} \tag{16-2-18}$$

由式（16-2-16）可知，用同一种测量亮度的单色辐射高温计来测量单色黑度系数ε_λ不同的物体温度，即使它们的亮度B_λ相同，其实际温度也会因为ε_λ的不同而不同。这就造成按某一物体的温度刻度的单色辐射高温计，不能用来测量黑度系数不同的另一个物体的温度。为了使光学高温计具有通用性，一般将单色辐射高温计按绝对黑体（$\varepsilon_\lambda = 1$）的温度进行刻度。用这种刻度的高温计去测量实际物体（$\varepsilon_\lambda \neq 1$）的温度时，所得到的温度示值叫作被测物体的"亮度温度"。亮度温度的定义是：在波长为λ的单色辐射中，若物体的温度为T时的亮度B_λ和绝对黑体在温度为T_s时的亮度$B_{0\lambda}$相等，则把绝对黑体温度T_s叫作被测物体在波长为λ时的亮度温度。在此定义，根据式（16-2-17）和式（16-2-18）可推导出被测物体的实际温度T和亮度温度T_s之间的关系为

$$\frac{1}{T_s} - \frac{1}{T} = \frac{\lambda}{c_2}\ln\frac{1}{\varepsilon_\lambda} \tag{16-2-19}$$

使用已知波长λ的单色辐射高温计测得物体的亮度温度后，必须同时知道物体在该波长下的黑度系数ε_λ，才能用式（16-2-19）算出实际温度。因为ε_λ总是小于 1 的，所以测得的亮度温度总是低于物体实际温度的，且ε_λ越小，亮度温度与实际温度之间的差别就越大。

2）全辐射高温计

全辐射温度计是根据全辐射定律制作的温度计。图 16-2-3 为全辐射高温计的示意图。

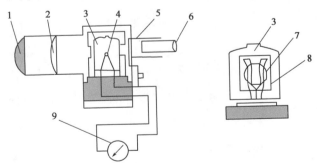

图 16-2-3　全辐射高温计示意图

1-物镜；2-光栏；3-玻璃泡；4-热电堆；5-灰色滤光片；6-目镜；7-铂铑；8-云母片；9-二次仪表

物体的全辐射能由物镜聚焦后，经光栏，焦点落在装有热电堆的铂箔上。热电堆是由4~8支微型热电偶串联而成，以得到较大的热电动势。热电偶的测量端被夹在十字形的铂箔内，铂箔涂成黑色以增加其吸收系数。当辐射能被聚焦到铂箔上，热电偶测量端感受热量，热电堆输出热电动势传送到显示仪表，由此表显示或记录被测物体的温度。热电偶的参比端夹在云母片中，这里的温度比测量端低很多。在瞄准被测物体的过程中，观测者可以通过目镜进行观察，目镜前加有灰色滤光片，用来削弱

光的强度，保护观测者的眼睛。整个外壳内壁面涂成黑色，以减少杂光的干扰和造成黑体条件。

全辐射高温计按绝对黑体对象进行分度。用它测量辐射率为ε的实际物体温度时，其示值并非真实温度，而是被测物体的"辐射温度"。辐射温度的定义为：温度为T的物体，当全辐射能量E等于温度为T_P的绝对黑体全辐射能量E_0时，温度T_P叫作被测物体的辐射温度。

按定义$E = \varepsilon\sigma T^4$，$E_0 = \sigma T_P^4$，当$E = E_0$时，有

$$T = T_P \sqrt[4]{\frac{1}{\varepsilon}}　　　　　　　　　　　　(16-2-20)$$

由于ε总是小于 1 的数，因此T_P总是低于T。因为全辐射高温计是按黑体刻度的，在测量非黑体温度时，其读数是被测物体的辐射温度T_P，要用式（16-2-20）计算出被测物体的真实温度T。

【例 16-2-11】光学高温计是利用被测物体辐射的单色亮度与仪表内部灯丝的单色亮度相比较以检测被测物体的湿度。为了保证光学高温计较窄的工作波段，光路系统中所设置的器件是：

　　　A. 物镜光栏　　　　　　　　　　　　B. 中性灰色吸收滤光片

　　　C. 红色滤光片　　　　　　　　　　　D. 聚焦物镜

　解　目镜前放着红色滤光片只让一定波长的光线通过，以便于比较单色光的亮度。选 C。

【例 16-2-12】以下关于单色辐射温度计的叙述，错误的是：

　　　A. 不宜测量反射光很强的物体

　　　B. 温度计与被测物体之间的距离不宜太远

　　　C. 不能测量不发光的透明火焰

　　　D. 测到的亮度温度总是高于物体的实际温度

　解　同一波长下，若实际物体与黑体（用于热辐射研究的，不依赖具体物性的假想标准物体）的光谱辐射强度相等，则此时黑体的温度被称为实际物体在该波长下的亮度温度。在相同的温度与波长下，实际物体的热辐射总比黑体辐射小，因此测到的亮度温度总是低于物体的实际温度。选 D。

16.2.9　温度变送器

1）电动温度变送器

利用热电偶或热电阻温度传感器把被测温度值转换为电压或电流信号，再经过放大和转换处理为可远距离传输的标准电压或电流信号。这样的温度测量变送器称为电动温度变送器。

2）气动温度变送器

利用膨胀式温度传感器把被测温度值转换为气压信号，再经过放大和转换处理为可远距离传输的标准气压信号。这样的温度测量变送器称为气动温度变送器。

【例 16-2-13】温度变送器常与各种热电偶或热电阻配合使用，将被测温度线性地转换为标准电信号，电动单元组合仪表 DDZIII 的输出信号格式为：

　　　A. 0～10mA.DC　　　　　　　　　　B. 4～20mA.DC

　　　C. 0～10V.DC　　　　　　　　　　　D. −5～＋5V.DC

　解　变送器将传感器的输出信号转换成显示装置易于接收的信号，包括机械放大、电信号放大、电信号转换。电动单元组合仪表标准电压电流信号：

　　　DDZII　　电流：0～10mA；电压0～10V

　　　DDZIII　　电流：4～20mA；电压1～5V

DDZZS　电流：4~20mA；电压1~5V

选 B。

16.2.10　测温布置技术

在测温元件安装和布置时应注意以下几方面的问题：

（1）测温元件的安装应确保测量的准确性。

①必须正确选择测温点。

②应避免热辐射引起的测温误差。

③用热电偶测量炉温时，应避免测温元件与火焰直接接触，也不宜距离太近或装在炉门旁边。接线盒不应碰到炉壁，以免热电偶自由端温度过高。

④测温元件安装在负压管道（或设备）时，必须保证安装孔的密封，以免外界空气被吸入而引起测量误差。

⑤使用热电偶、热电阻测量时，应防止干扰信号的引入。

（2）测温元件的安装应确保安全可靠。

①安装承受压力的测温元件时，必须保证密封。

②高温工作的热电偶应尽可能垂直安装，防止保护管在高温下产生变形。

③在介质具有较大流速的管道中安装测温元件时，测温元件应倾斜安装，以免受到过大的冲蚀。

（3）测温元件的安装应便于维修、校验和拆装。

（4）在加装保护外套时，为减少测温的滞后，可在套管之间加装传热良好的填充物。

【例 16-2-14】 为减少接触式电动测温传感器的动态误差，下列所采取的措施中正确的是：

A. 增设保护套管　　　　　　　　　　　　B. 减小传感器体积，减少热容量

C. 减小传感器与被测介质的接触面积　　　D. 选用比热大的保护套管

解　为了减少温度传感器的动态误差，需要提高温度传感器的灵敏性，这就要求温度传感器要有较小的热容量和较小的体积。选 B。

经典练习

16-2-1　用 K 分度号的热电偶和与其匹配的补偿导线测量温度，但在接线中把补偿导线的极性接反了，这时仪表的指示（　　　）。

A. 不变　　　　　　　　　　　　　　　　B. 偏大

C. 偏小　　　　　　　　　　　　　　　　D. 视具体情况而定

16-2-2　已知 K 型热电偶的热端温度为 300℃，冷端温度为 20℃。查热电偶分度表得电势：300℃ 时为 12.209mV，20℃时为 0.798mV，280℃时为 11.382mV。这样，该热电偶回路内所发出的电势为（　　　）mV。

A. 11.382　　　　　　　B. 11.411　　　　　　　C. 13.007　　　　　　　D. 12.18

16-2-3　T 分度号热电偶的测温范围为（　　　）。

A. 0~1 300℃　　　　　　　　　　　　　　B. 200~1 200℃

C. 200~750℃　　　　　　　　　　　　　　D. 200~350℃

16-2-4　下述与电阻温度计配用的金属丝有关的说法，不正确的是（　　　）。

A. 经常采用的是铂丝　　　　　　　　　　B. 也有利用铜丝的

C. 通常不采用金丝   D. 有时采用锰铜丝

16-2-5 下列有关电阻温度计的叙述，不恰当的是（   ）。

A. 电阻温度计在温度检测时，有时间延迟的缺点

B. 与热电偶温度计相比，电阻温度计所能测的温度较低

C. 因为电阻体的电阻丝是用较粗的线做成的，所以有较强的耐震性能

D. 测温电阻体和热电偶都是插入保护管使用的，故保护管的构造、材质等必须十分慎重地选定

16-2-6 有关玻璃水银温度计，下述（   ）条的内容是错误的?

A. 测温下限可达−150℃   B. 在200℃以下为线性刻度

C. 水银与玻璃无黏附现象   D. 水银的膨胀系数比有机液体的小

16-2-7 热电偶与补偿导线连接、热电偶和铜导线连接进行测温时，要求接点处的温度应该是（   ）。

A. 热电偶与补偿导线连接点处的温度必须相等

B. 不必相等

C. 热电偶和铜导线连接点处的温度必须相等

D. 必须相等

16-2-8 在检定、测温电子电位差计时，通常要测冷端温度，这时水银温度计应放在（   ）。

A. 仪表壳内   B. 测量桥路处

C. 温度补偿电阻处   D. 标准电位差计处

16.3 湿度的测量

考试大纲 ☞ ：干湿球温度计测量原理   干湿球电学测量和信号传送传感   光电式露点仪   露点湿度计   氯化锂电阻湿度计   氯化锂露点湿度计   陶瓷电阻电容湿度计   毛发湿度计   测湿布置技术

16.3.1 干湿球温度计测量原理

干湿球温度计是根据干湿球温度差效应原理进行相对湿度测量。所谓干湿球温度差效应，是指在潮湿物体表面因水分蒸发而冷却的效应。冷却的程度取决于周围空气的相对湿度φ、大气压力B以及风速v。如果大气压力B以及风速v保持不变，相对湿度φ越高，潮湿物体表面的水分蒸发强度越小，潮湿物体表面温度（即湿球温度t_s）与周围环境温度（即空气干球温度t_g）差就越小；反之相对湿度φ低，水分的蒸发强度越大，干、湿球温差就越大。因此，只要测量空气的干、湿球温度t_g、t_s，就可以在I-D图中查出相对湿度φ，或者根据干球温度t_g和干、湿球温差$t_g - t_s$从"通风干湿表相对湿度表"中查出相对湿度φ。此表的制表条件为：$B = 1.012 \times 10^5 Pa$，$v = 2.5 m/s$。

【例16-3-1】 有关干湿球湿度计的叙述中，下列不正确的是：

A. 如果大气压力和风速保持不变，相对湿度越高，则干湿球温差越小

B. 干湿球湿度计在低于冰点以下的温度使用时，其误差很大，约为18%

C. 只要测出空气的干、湿球温度，就可以在I-D图中查出相对湿度

D. 湿球温度计在测定相对湿度时，受周围空气流动速度的影响，当空气流速低于2.5m/s时，流速对测量的数值影响较小

解　焓湿图表只适用于风速为2.5m/s、压力为标准大气压时才比较准确，其他状态下的湿度需要加以修正。选 D。

【例 16-3-2】 湿度是指在一定温度及压力条件下混合气体中水蒸气的含量，对某混合气体，以下说法错误的是：

      A. 百分比含量高则湿度大

      B. 露点温度高则湿度大

      C. 水蒸气分压高则湿度大

      D. 水蒸气饱和度高则湿度大

解　本题主要考查湿度的表示方法。空气有吸收水分的特征，湿度的概念是空气中含有水蒸气的多少。它有三种表示方法：①绝对湿度，它表示每立方米空气中所含的水蒸气的量，单位是千克/立方米；②含湿量，它表示每千克干空气所含有的水蒸气的量，单位是千克/千克（干空气）；③相对湿度，表示空气中的绝对湿度与同温度下的饱和绝对湿度的比值，得数是一个百分比。本题中的百分比含量是水蒸气在混合空气中的质量百分比，并不是相对湿度。选 A。

【例 16-3-3】 影响干湿球温度计测量精度的主要因素不包括：

      A. 环境气体成分的影响

      B. 大气压力和风速的影响

      C. 温度计本身精度的影响

      D. 湿球温度计湿球润湿用水及湿球元件处的热交换方式

解　干湿温度计的干球探头直接露在空气中，湿球温度探头用湿纱布包裹着，其测湿原理是，在一定风速下，湿球外边的湿纱布的水分蒸发带走湿球温度计探头上的热量，使其温度低于环境空气的温度；而干球温度计测量出来的就是环境空气的实际温度，此时，湿球与干球之间的温度差与环境的相对湿度有一个相应的关系，但该关系是非线性的。用公式表达起来相当复杂。这两者之间的关系会受好多因素的影响，如风速、温度计本身的精度、大气压力、干湿球温度计的球泡表面积大小、纱布材质等。其精度与环境气体成分并没有关系。选 A。

【例 16-3-4】 下列关于干湿球温度的叙述，错误的是：

      A. 干湿球温差越大，相对湿度越大

      B. 干湿球温差越大，相对湿度越小

      C. 在冰点以上使用时，误差较小；在低于冰点使用时，误差增大

      D. 电动干湿球温度计可远距离传送信号

解　干湿球温度计的测量原理是：如果空气中水蒸气量没饱和，湿球的表面便不断地蒸发水汽，并吸取汽化热，因此湿球所表示的温度都比干球所示要低。空气越干燥（即湿度越低），蒸发越快，不断地吸取汽化热，使湿球所示的温度降低，而与干球间的差增大。相反，当空气中的水蒸气量呈饱和状态时，水便不再蒸发，也不吸取汽化热，湿球和干球所示的温度即会相等。因此干湿球温差越大说明空气越未达到饱和状态，即相对湿度越小。选 A。

16.3.2　干湿球温度电学测量和信号传送传感

    干湿球温度电信号传感器是一种将湿度参数转换成电信号的仪表。它和干湿球温度计的作用原理相同，主要差别是干球和湿球用两支微型套管式镍电阻（或其他电阻温度计）所代替，并增加一个微

型轴流通风机，以便在镍电阻周围造成一定恒定风速的气流，此恒定气流一般为2.5m/s以上。

干湿球电信号传感器的测量桥路原理如图 16-3-1 所示。它是由两个不平衡电桥接在一起组成的一个复合电桥。图中左面电桥为干球温度测量桥路，电阻R_g为干球热电阻；右面电桥为湿球温度测量桥路，电阻R_s为湿球热电阻。

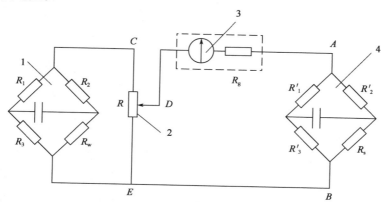

图 16-3-1　电动干湿球湿度计原理图

1-干球温度测量桥路；2-补偿可变电阻；3-检流计；4-湿球温度测量桥路

左电桥输出的不平衡电压是干球温度的函数，右电桥输出的不平衡电压是湿球温度的函数。两路输出信号通过补偿可变电阻R连接。在双桥平衡时，D点位置反映了左、右电桥的电压差，也间接地反映了干湿球温度差。故可变电阻R上划动点D的位置反映了相对湿度值。

16.3.3　露点仪

1）光电式露点温度计

光电式露点温度计是应用光电原理直接测量气体露点温度的一种电测法湿度计。其核心是一个能反射光的可以自动调节温度的金属露点镜和光学系统。

2）露点温度计

露点温度计的主要构成是一个镀镍的黄铜盒，盒中插着一支温度计和一个鼓气橡皮球。测量时在黄铜盒中注入乙醚溶液，然后用鼓气橡皮球将空气打入黄铜盒中，并由另一管口排出，使乙醚得到较快速度的蒸发，当乙醚蒸发时即吸收了乙醚自身热量使温度降低，当空气中的水蒸气开始在镀镍黄铜盒外表面凝结时，插入盒中的温度计读数就是空气的露点。测出露点以后，再从水蒸气表中查出露点温度的水蒸气饱和压力p_1和干球温度下饱和水蒸气的压力p_b，就能算出空气的相对湿度。

3）氯化锂电阻湿度计

氯化锂是一种在大气中不分解、不挥发，也不变质的稳定的离子型无机盐类。氯化锂吸湿量与空气的相对湿度成一定函数关系，随着空气相对湿度的变化，其吸湿量也随之变化。只有当它的蒸气压力等于周围空气的水蒸气分压力时才处于平衡状态。因此，随着空气相对湿度的增加，氯化锂吸湿量也随之增加，从而使氯化锂中导电的离子数也随之增加，最后导致它的电阻减小。当氯化锂的水蒸气压高于空气中的水蒸气分压力时，氯化锂放出水分，导致电阻增大。氯化锂电阻湿度传感器就是根据这个原理制成的。

4）氯化锂露点温度计

氯化锂露点温度计是利用氯化锂溶液吸湿后电阻减小的基本特性来测量空气湿度的仪表，如图16-

3-2 所示。

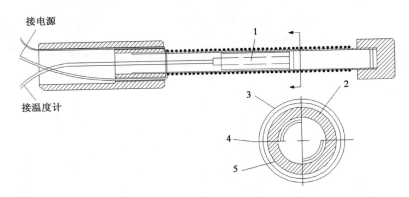

图 16-3-2 氯化锂露点传感器结构示意图

1-热电阻；2-金属管；3-金线；4-玻璃丝套管；5-绝缘涂层

测量空气相对湿度时，将氯化锂露点测量传感器和空气温度传感器放置在被测空气中，如被测空气的水蒸气分压力高于氯化锂溶液的饱和蒸气压力，则氯化锂溶液吸收空气中的水分而潮解，电阻减小，电流增大，产生的焦耳热使氯化锂溶液温度上升，直到氯化锂饱和蒸气压力与被测空气中的水蒸气分压力相等，氯化锂从空气中吸收的水分和放出的水分相平衡，氯化锂溶液的电阻才不再变化，加热电流也稳定下来。反之亦然，达到蒸汽压力平衡时氯化锂溶液的稳定温度成为平衡温度，与露点温度一一对应，就可以通过测量平衡温度计算出空气的露点温度。同时测出的空气温度，将被空气的温度信号和露点温度信号输入双桥测量电路，用适当的记录仪表就可以指示并记录空气的相对湿度。

5）陶瓷电阻、电容湿度计

陶瓷电阻、电容湿度计由金属氧化物多孔性陶瓷烧结而成。烧结体上有微细孔，可使湿敏层吸附或释放水分子，造成其电阻值或介电常数的改变。利用多孔陶瓷构成的这种湿度传感器，具有工作范围宽、稳定性好、寿命长、耐环境能力强等特点。

高分子电容式湿度传感器结构如图 16-3-3 所示，在高分子薄膜上的电极是很薄的金属微孔蒸发膜，水分子可通过两端的电极被高分子薄膜吸附或释放。随着这种水分子吸附和释放，高分子薄膜的介电系数将发生相应的变化。因为介电系数随空气中的相对湿度变化而变化，所以只要测定电容就可测得相对湿度。

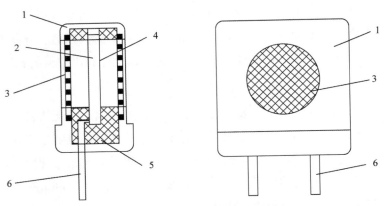

图 16-3-3 高分子电容式湿度传感器结构图

1-底板；2-高分子薄膜；3-过滤网；4-电极；5-支架；6-引线

6）毛发湿度计

某些纤维，例如毛发，存在着微孔结构，当去掉毛发表面的油脂后，可使微孔与外界空气相通，恢复孔壁。当空气相对湿度变化时，置于空气中的毛发将发生微孔弹性壁的形变。由此，可引起毛发长度的变化。

实用的毛发湿度计就是将一束毛发在相对湿度的变化下产生的形变力，通过机械放大装置放大，进而带动指针偏转，指示相对湿度值。

毛发湿度计结构简单、价格低廉，但精度不高（一般为 5%RH），还存在着滞后现象。一般在使用前需要进行校正。

【例 16-3-5】不能在线连续地检测某种气流湿度变化的湿度测量仪表是：

A. 干湿球湿度计　　　　　　　　　　　B. 光电露点湿度计

C. 氯化锂电阻湿度计　　　　　　　　　D. 电解式湿度计

解　电解法是目前广泛应用的微量水分测量方法之一。电解湿度计的工作特点是气体连续通过电解池，其中的水汽被五氧化二磷全部吸收并电解。在一定的水分浓度和流速范围内，可以认为水分吸收的速度和电解的速度是相同的，也就是说，水分被连续地吸收的同时连续地被电解，于是瞬时的电解电流可以看作是气体含水量瞬时值的体现。由于方法所要求的条件是通过电解池的气体中的水分必须全部被吸收，测量值要受气体流速的影响，因此，对于某一个电解池不但有一个额定的流速，而且在测量时还必须保持流速恒定，并对流速进行准确的测量。知道了气体的流速和电解电流，便可以计算水分的浓度。选 D。

【例 16-3-6】有关氯化锂电阻湿度变送器的说法中，哪一条是不正确的？

A. 随着空气相对湿度的增加，氯化锂的吸湿量也随之增加，导致它的电阻减小

B. 测量范围为 5%~95%RH

C. 受环境气体的影响较大

D. 使用时间长了会老化，但变送器的互换性好

解　氯化锂电阻湿度计利用氯化锂吸湿量随着空气相对湿度变化，从而引起电阻变化的原理制成。氯化锂是一种在大气中不分解、不挥发，也不变质的稳定的离子型无机盐类，其变送器受环境气体影响较小。选 C。

【例 16-3-7】下列不属于光电式露点湿度计测量范围的气体是：

A. 高压气体　　　　　　　　　　　　　B. 低温气体

C. 低湿气体　　　　　　　　　　　　　D. 含烟尘、油脂的气体

解　光电式露点湿度计是使用光电原理直接测量气体露点温度的一种电测法湿度计。其测量准确度高，可靠性强，使用范围广，尤其适用于低温状态。高测量精度需要高度光洁的露点镜、高精度的光学与热电制冷调节系统、洁净的采样气体。选 D。

【例 16-3-8】下列不属于毛发式温度计特性的是：

A. 可作为电动湿度传感器　　　　　　　B. 结构简单

C. 灵敏度低　　　　　　　　　　　　　D. 价格便宜

解　毛发湿度计的特点是结构简单、价格低廉，但精度不高（一般为 0.05RH），还存在着滞后现象。选 A。

【例 16-3-9】下列关于氯化锂电阻湿度计的叙述，错误的是：

A. 测量时受环境温度的影响

B. 传感器使用直流电桥测量阻值

  C. 为扩大测量范围，采用多片组合传感器

  D. 传感器分梳状和柱状

解 氯化锂电阻湿度计是将被测空气的温度信号和露点温度信号输入双桥测量电路，使用交流电桥测量其电阻值，而非直流电桥，以防止氯化锂溶液发生电解。选 B。

16.3.4　露点仪测湿布置技术

用干湿球温度计或露点仪测量空气湿度时应注意以下问题：

（1）湿度测量点应尽量设于工作区或需要进行湿度测控的区域。

（2）测湿装置应置于通风处，避开水滴飞溅和水蒸气的干扰。

（3）干湿球温度计一般只能在冰点以上的温度下使用，测湿须保证湿球附近稳定的风速（一般取 2.5m/s），否则可能产生较大的测量误差。

经典练习

16-3-1 不能用作电动湿度传感器的是（ ）。

  A. 干湿球温度计   B. 氯化锂电阻式湿度计

  C. 电容湿度计   D. 毛发湿度计

16-3-2 当大气压力和风速一定时，被测空气的干湿球温度差值直接反映了（ ）。

  A. 空气湿度的大小

  B. 空气中水蒸气分压力的大小

  C. 同温度下空气的饱和水蒸气压力的大小

  D. 湿球温度下饱和水蒸气压力和干球温度下水蒸气分压力之差的大小

16-3-3 湿球温度计的球部应（ ）。

  A. 高于水面 20mm 以上

  B. 高于水面 20mm 以上但低于水杯上沿超过 20mm

  C. 高于水面 20mm 以上但与水杯上沿平齐

  D. 高于水杯上沿 20mm 以上

16-3-4 毛发式湿度计的精度一般为（ ）。

  A. ±2%   B. ±5%   C. ±10%   D. ±12%

16-3-5 氯化锂露点湿度传感器在实际测量时（ ）。

  A. 氯化锂溶液的温度与空气温度相等

  B. 氯化锂饱和溶液的温度与空气露点温度相等

  C. 氯化锂溶液的饱和水蒸气压力与湿空气水蒸气分压力相等

  D. 氯化锂饱和溶液的饱和水蒸气压力与湿空气水蒸气分压力相等

16-3-6 下列电阻式湿度传感器中，其电阻值与相对湿度的关系线性度最差的是（ ）。

  A. 氯化锂电阻式湿度传感器

  B. 金属氧化物陶瓷电阻式湿度传感器

  C. 高分子电阻式湿度传感器

  D. 金属氧化物膜电阻式湿度传感器

16.4 压力的测量

考试大纲☞： 液柱式压力计　活塞式压力计　弹簧管式压力计　膜式压力计　波纹管式压力计　压电式压力计　电阻应变传感器　电容传感器　电感传感器　霍尔应变传感器　压力仪表的选用和安装

这里的压力即物理学中的压强，即垂直作用在单位面积上的力。国际单位制（SI）中压强的单位是帕斯卡（Pa）。

$$1Pa = 1N/m^2$$

工程上常用的压强单位有工程大气压（kgf/cm^2）、标准大气压（atm）、毫米汞柱（mmHg）和毫米水柱（mmH_2O）等。常用几种压力单位之间的换算关系为

$$1kgf/cm^2 = 9.087 \times 10^4 Pa$$
$$1atm = 1.013 \times 10^4 Pa$$
$$1mmHg = 1.332 \times 10^2 Pa$$
$$1mmH_2O = 9.807 Pa$$

以绝对真空为计值零点的压强称为绝对压强，以环境大气压为计值零点的压强称为相对压强，也叫表压。如果被测压强低于环境大气压，表压为负值，这种情况下表压称为真空度。

【例 16-4-1】 若用图示的压力测量系统测量水管中的压力，则系统中表 A 的指示值应为：

A. 50kPa　　　B. 0kPa　　　C. 0.965kPa　　　D. 50.965kPa

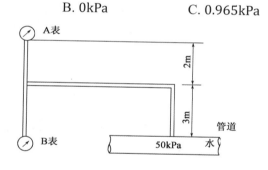

例 16-4-1 图

解 本题主要考查管道压力组成。从图中可以看出 B 表的压力即为主干管中的水压，为50kPa，而 B 表的压力为 A 点的压力与 A、B 间水柱形成的水压之和。故 A 表的指示值为0.965kPa。选 C。

16.4.1 压力计

压力计是测量压力的仪表，根据测量原理不同，大致可以分为四类：液柱式压力计、活塞式压力计、弹性压力计和电气式压力计。

1）液柱式压力计

液柱式压力计根据流体静力学原理，把被测压力转换成液柱高度。利用这种方法测量压力的仪表有 U 形管压力计、单管压力计和倾斜管压力计等。

2）活塞式压力计

活塞式压力计根据水压机液体传送压力的原理，将被测压力转换成活塞面积上所加平衡砝码的质量。它普遍地被作为标准仪器用来对弹性压力计进行校验和刻度。

3）弹簧管式压力计

弹簧管式压力计是一种指示型仪表。被测压力由接头输入，使弹簧管的自由端产生位移，通过拉杆使扇形齿轮做逆时针偏转，于是指针由于同轴的中心齿轮的带动而做顺时针偏转，在面板的刻度标尺上显示出被测压力的数值。

4）膜式压力计

膜式压力计是用膜片作为压力敏感元件的弹性压力计。

膜片是一种沿外缘固定的片状测压弹性元件，按剖面形状分为平膜片和波纹膜片。膜片的特性一般用中心的位移和被测压力的关系来表征。当膜片的位移很小时，它们之间有良好的线性关系。

5）波纹管式压力计

波纹管是一种具有等同间距同轴环状波纹并能沿轴向伸缩的测压弹性元件。

由于波纹管的位移相对较大，故一般可在其顶端安装传动机构，带动指针直接读数。波纹管的特点是灵敏度高（特别是在低压区），常用于检测较低的压力（$1.0 \sim 10^6 Pa$），但波纹管迟滞误差较大，精度一般只能达到 1.5 级。

6）压电式压力计

利用压电材料检测压力是基于压电效应原理，即压电材料受压时会在其表面产生电荷，其电荷量与所受的压力成正比。

压电元件被夹在两块弹性膜片之间，当压力作用于膜片时，压电元件由于受力而产生电荷，电荷经放大可转换成电压或电流输出，输出值的大小与输入压力成正比关系。

16.4.2 压力传感器

1）电阻应变传感器

电阻应变材料的电阻变化基于应变效应。应变片是基于应变效应工作的一种压力敏感元件，当应变片受外力作用产生形变（伸长或缩短）时，应变片的电阻值也随之发生相应变化。应变式压力传感器是由弹性元件、应变片以及相应的桥路组成。

2）电容式传感器

在膜片的旁边，固定一个与该膜片平行的极板，使膜片与极板构成一个平行板电容器。当膜片受压产生位移时，极板与膜片间的距离发生改变，从而改变电容器的电容值，通过测量电容的变化即可间接获得被测压力的大小。

3）电感传感器

将处于电感线圈中的衔铁与弹簧管自由端相连，把衔铁的位移转换成线圈的电感量。

4）霍尔应变传感器

霍尔片与弹簧管的自由端相连，使霍尔片处于两对磁极所形成的非均匀磁场之中。霍尔片的四个端面引出 4 根导线，其中与磁钢平行的 2 根导线和直流稳压电源相连接，另外 2 根导线用来输出信号。当被测压力引入后，在被测压力作用下，弹簧管的自由端产生位移，改变了霍尔片在非均匀磁场中的位置，由此将机械位移量转换成霍尔电势 V_n。

【例 16-4-2】力平衡式压力变送器中，电磁反馈机构的作用是：

A. 克服环境温度变化对测量的影响　　B. 进行零点迁移
C. 使位移敏感元件工作在小位移状态　D. 调整测量的量程

解　力平衡式压力变送器的反馈动圈是固定于副杠杆上，并处于一个永久磁钢的磁场之中，因此在放大器输出电流的作用下，反馈动圈就对副杠杆产生一个电磁反馈力 F_t。当测量力 F_d 与反馈力 F_t 对杠杆系统所形成的力矩达到平衡时，杠杆系统就停止偏转而回到接近于原来的位置上。这时，通过位移检测放大器输出一个稳定的电流值，此电流值即可反映被测差压的大小。整个力平衡测量系统，实质上是一个有差调节系统。在该变送器中，由于位移检测放大器的灵敏度很高，所以在测量过程中，弹性测量元件的位移变化量极小。选 C。

16.4.3　压力仪表的选用和安装

压力检测仪表的选择和安装是一项很重要的工作，如果选择或安装不当，不仅不能正确、及时地反映被测对象的压力变化，还可能引起安全事故。

1）仪表量程的选择

为了保证敏感元件能在安全的范围内可靠地工作，也考虑到被测对象可能发生的异常超压情况，对仪表的量程选择必须留有足够的余地。一般在被测压力较稳定的情况下，最大工作压力不超过仪表满量程的2/3；在被测压力波动较大（例如测脉动压力）时，最大工作压力不应超过仪表满量程的1/2。为了保证测量准确度，最小工作压力不低于满量程的1/3。当被测压力变化范围大，最大和最小工作压力不能同时满足上述要求时，选择仪表量程应首先满足最大工作压力条件。

2）仪表精度的选择

仪表精度的选择主要根据生产允许的最大误差来确定，即要求实际被测压力允许的最大绝对误差不小于仪表的基本误差。另外，在选择时坚持节约的原则，只要测量精度能满足生产的要求，就不必追求用过高精度的仪表。

3）仪表类型的选择

仪表类型的选择主要应考虑的因素包括：

（1）被测介质压力大小。

（2）被测介质的性质。

（3）对仪表输出信号的要求。

（4）使用环境等因素。

4）压力表的安装

（1）取压口的选择。取压口的选择应能代表被测压力的真实情况。操作时应注意以下几项：

①在管道或烟道上取压时，取压点要选在被测介质流动的直线管道上。不要选在管道的拐弯、分叉、死角或其他能够形成漩涡的地方。

②测量流动介质的压力时，取压管与流动方向应该垂直，避免动压头的影响。同时还要注意消除钻孔毛刺。

③在测量液体介质的水平管道上取压时，宜在水平及以下45°间取压，可使导压管内不积存气体；在测量气体介质的水平管道上取压时，宜在水平及以上45°间取压，可使导压管内不积存液体。

④测高温流体或蒸汽压力时，应加装压力表弯，也叫压力缓冲管或冷凝圈。其作用是平缓压力波

动、冷却被测介质、保护表内部免受介质温度的损害。通常，当检测介质的温度大于 60℃时，必须加装表弯，以保护压力表及降低压力表温度影响误差。如压力表安装在洁净的生活饮用水系统中，则无须加装表弯。

（2）导压管的敷设。导压管是传递压力、压差信号的，为了能迅速、正确地传递压力和压差，必须做到：

①导压管粗细长短合适，一般内径为 6~8mm，长度不大于 50mm。

②导压管敷设时，应保持 1：10~1：20 的坡度，以利于导压管内少量积存的液体或气体排出。测量液体介质时下坡，测量气体介质时上坡。

③如果被测量介质易冷凝或冻结，必须加装伴热管后再进行保温。

④当测量液体压力时，在导压管系统的最高处应安装集气瓶；当测量气体压力时，在导压管系统的最低处应设水分离器；当被测介质有可能产生沉淀物析出时，在仪表前应安装沉降器，以便排出沉淀物。

（3）压力、压差计的安装。压力、压差计安装时应注意以下几项：

①安装位置应易于检修、观察。

②尽量避开振动源和热源的影响，必要时应加装隔热板，减少热辐射；测高温流体或蒸汽压力时加装回转冷凝管。

③测量波动频繁的压力时，可增加阻尼装置。

④选择适当的密封垫片，特别要注意有些垫片不能与某些介质接触。

⑤测量腐蚀介质时，必须采取保护措施，安装隔离罐。

⑥在测量液体的较小压力时，若取压管与仪表（测压口）不在同一水平高度，则应考虑液柱静压校正。

【例 16-4-3】 图示为系统中的一台压力表，指示值正确的为：

A. A 压力表

B. B 压力表

C. C 压力表

D. 所有表的指示皆不正确

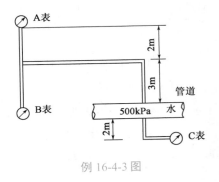

例 16-4-3 图

解　本题主要考查压力表的安装和示值问题。A 表和 C 表与主管间均存在高度差，因此 A 表和 C 表均不能指示主管中的压力。B 表与主管高度相同，不存在由于液柱高度而存在的压力差，能正确指示主管压力。选 B。

【例 16-4-4】 如图所示，取压口正确的是：

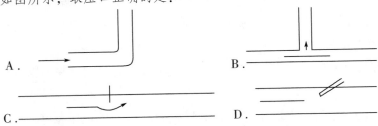

解　本题主要考查取压口的选择问题。A 中取压口位于弯管处，形成的漩涡对测量结果造成较大影响；C 中取压口位于节流处，节流前后压力突变，对测量结果有较大影响；D 中取压口倾斜，压力

测量时受流体动压的影响。选 B。

【例 16-4-5】 为了便于信号的远距离传输，差压变送器采用标准电流信号输出，以下接线图中正确的是：

解 本题主要考查两线制接线方式。两线制变送器如解图示，其供电为 24V.DC，输出信号为 4~20mA.DC，负载电阻为 250Ω。24V 电源的负线电位最低，它就是信号公共线，对于智能变送器还可在 4~20mA.DC 信号上加载 HART 协议的 FSK 键控信号。选 A。

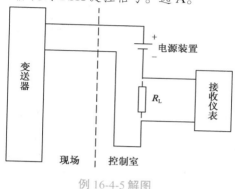

例 16-4-5 解图

【例 16-4-6】 测量某管道内蒸汽压力，压力计位于取压点下方 6m 处，信号管路凝结水的平均温度为 60℃，水密度为 985.4kg/m³，当压力表的指示值为 3.20MPa 时，管道内的实际表压最接近：

    A. 3.14MPa   B. 3.26MPa   C. 3.2MPa   D. 无法确定

解 管道中的实际表压 $p = p_1 - \rho g h = 3.2 - 985.4 \times 9.8 \times 6 \times 10^{-6} = 3.14$MPa。选 A。

【例 16-4-7】 当压力变送器的安装位置高于取样点的位置时，压力变送器的零点应进行：

    A. 正迁移   B. 负迁移   C. 不迁移   D. 不确定

解 差压变送器测量液位时，如果差压变送器的正、负压室与容器的取压点处在同一水平面上，就不需要迁移。而在实际应用中，出于对设备安装位置和便于维护等方面的考虑，变送器不一定都能与取压点在同一水平面上；又如被测介质是强腐蚀性或重黏度的液体，不能直接把介质引入变送器，必须安装隔离液罐，用隔离液来传递压力信号，以防变送器被腐蚀。这时就要考虑介质和隔离液的液柱对变送器测量值的影响。当变送器的安装位置往往与最低液位不在同一水平面上时，为了能够正确指示液位的高度，差压变送器必须做一些技术处理，即迁移。迁移分为无迁移、负迁移和正迁移。所谓变送器的"迁移"，是将变送器在量程不变的情况下，将测量范围移动。通常将测量起点移到参考点"0"以下的，称为负迁移；将测量起点移到参考点"0"以上的，称为正迁移。以一台30kPa量程的差压变送器为例，无迁移量时测量范围为0~30kPa，正迁移100%时测量范围为30~60kPa，负迁移100%时测量范围为−30~0kPa，负迁移 50%时测量范围为−15~ + 15kPa。选 A。

经典练习

16-4-1 斜管式微压计为了改变量程，斜管部分可以任意改变倾斜角 α，但 α 角不能小于（   ）度。

    A. 5   B. 100   C. 150   D. 200

16-4-2 霍尔压力传感器的主要缺点是（　　　）。

  A. 灵敏度低   B. 不能配用通用的动圈仪表

  C. 必须采用稳压电源供电   D. 受温度影响较大

16-4-3 为了保证压力表的连接处严密不漏，安装时应根据被测压力的特点和介质性质加装适当的密封垫片。测量乙炔压力时，不得使用（　　　）垫片。

  A. 浸油   B. 有机化合物

  C. 铜   D. 不锈钢

16-4-4 有关活塞式压力表，下列叙述错误的是（　　　）。

  A. 活塞式压力计的精确等级可达 0.02

  B. 活塞式压力计在校验氧用压力表时应用隔油装置

  C. 活塞式压力计不适合于校正真空表

  D. 活塞式压力表不适合于校准精密压力表

16-4-5 力平衡式压力、压差变送器的测量误差主要来源于（　　　）。

  A. 弹性元件的弹性滞后   B. 弹性元件的温漂

  C. 杠杆系统的摩擦   D. 位移检测放大器的灵敏度

16-4-6 压力测量探针中静压孔开孔位置应首先考虑在圆柱体表面上压力系数（　　　）之处。

  A. 为 0   B. 为 1   C. 稳定   D. 最小

16-4-7 压力表安装的工程需要有几条经验，下列中不对的是（　　　）。

  A. 关于取压口的位置，从安装角度来看，当介质为液体时，为防止堵塞，取压口应开在设备下部，但不要在最低点

  B. 当介质为气体时，取压口要开在设备上方，以免凝结液体进入，而形成水塞。在压力波动频繁和对动态性能要求高时，取压口的直径可适当加大，以减小误差

  C. 测量仪表远离测点时，应采用导压管。导压管的长度和内径，直接影响测量系统的动态性能

  D. 在敷设导压管时，应保持 10% 的倾斜度。在测量低压时，倾斜度应增大到 10%~20%

16-4-8 膜式压力表所用压力传感器测压的基本原理是基于（　　　）。

  A. 虎克定律   B. 霍尔效应   C. 杠杆原理   D. 压阻效应

16-4-9 对于偏斜角不大的三元流动来讲，应尽量选用（　　　）静压探针或总压探针进行相应的静压或总压测量。

  A. L 形   B. 圆柱形   C. 碟形   D. 导管式

16.5　流速的测量

考试大纲☞：流速测量原理　机械风速仪的测量及结构　热线风速仪的测量原理及结构 L 形动压管　圆柱形三孔测速仪 三管型测速仪　流速测量布置技术

16.5.1　流速测量原理

流速的测量方法很多，常用的几种方法如下：

（1）机械测速，置于流体中的叶轮的旋转速度与流体的流速成正比。

（2）散热测速的原理是将发热的测速传感器置于被测流体中，利用发热的测速传感器的散热率与流体流速成正比例的特点，通过测定传感器的散热率来获得流体的流速。

（3）动压测压法，对于不可压缩流体有

$$u = \sqrt{\frac{2}{\rho} \times (p_0 - p)}$$ (16-5-1)

式中：u ——流体速度；

ρ ——流体密度；

p_0、p ——流体的总压和静压。

只要测得总压p_0（滞止压力）和静压p（流体压力）之差以及流体的密度，就可以确定流体速度的大小。对于可压缩的气体有

$$u = \sqrt{\frac{2}{\rho} \times \frac{p_0 - p}{1 - \varepsilon}}$$ (16-5-2)

式中：ε ——气体压缩性修正系数。

（4）激光测速法是利用激光多普勒效应测量流体速度。

16.5.2 机械风速仪的测量及结构

机械风速仪的测量的敏感元件是一个轻型叶轮，一般采用金属铝制成。带有径向装置的叶轮按形状可分为翼型和杯型，翼型叶轮的叶片由几片扭成一定角度的铝薄片所组成，杯型叶轮的叶片为铝制的半球形叶片。因气流流动的动压力作用在叶片上，使叶轮产生回转运动，其转速与气流速度成正比，早期的风速仪是将叶轮的转速通过机械传动装置连接到指示或指数设备，以显示其所测流速。现代的风速仪是将叶轮的转速转变成电信号，自动进行显示或记录。

16.5.3 热线风速仪的测量原理及结构

热线风速仪是利用加热的金属丝（热线）的热量损失速率和气流流速之间的关系来求得气流速度的一种仪器，分恒电流式和恒温度式两种。把一个通有电流的带热体置入被测气流中，其散热量与气流速度有关，流速越大，表面传热系数越大，带热体单位时间内的散热量就越多。若通过带热体的电流恒定，则带热体所带的热量不变。带热体温度随其周围气流速度的提高而降低，根据带热体的温度测量气流速度，这就是目前普遍使用的恒电流式热线风速仪的工作原理。维持带电体温度恒定，通过带热体的电流势必随其周围气流速度的增大而增大，根据通过带热体的电流测量风速，这就是恒温度式热线风速仪的工作原理。

图 16-5-1a）示恒电流式热线风速仪测量电路中，当热线感受的流速为零时，测量电桥处于平衡状态，即检流计指向零点，此时，电流表的读数为I_0。当热线被放置到流场中后，由于热线与流体之间的热交换，热线的温度下降，相应的阻值R_w也随之减小，致使电桥失去平衡，检流计偏离零点。当检流计达到稳定状态后，调节与热线串联于同一桥臂上的可变电阻R_a，直至其增大量等于R_w减少量时，电桥重新恢复平衡，检流计回到零点，电流表也回到原来的读数I_0（即电流保持不变）。这样，通过测量可变电阻R_a的改变量即可得到R_w的数值，进而确定被测流速。

图 16-5-1b）示恒温度式热线风速仪测量电路中，其工作方式与前述恒流式的不同之处在于，当热线因感应到的流速而出现温度下降时，电阻减小，电桥失去平衡；调节可变电阻R，使R减小以增加电

桥的供电电压和工作电流，加大热线的加热功率，促使热线温度回升，阻值R_w增大，直至电桥重新恢复平衡，从而通过热线电流的变化来确定风速。

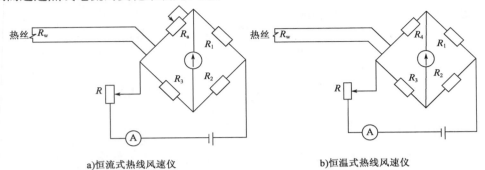

a)恒流式热线风速仪　　　　　　　b)恒温式热线风速仪

图 16-5-1　热线风速仪工作原理

在上述两种热线风速仪中，恒电流式热线风速仪是在变温状态下工作的，测头容易老化，稳定性稍差且测量灵敏度受热惯性的影响，易产生相位滞后。因此，现在的热线风速仪大多采用恒温度式。

【例 16-5-1】 在恒温式热线风速仪中，对探头上的敏感热线有：

A. 敏感元件的内阻和流过敏感元件的电流均不变

B. 敏感元件的内阻变化，流过敏感元件的电流不变

C. 敏感元件的内阻不变，流过敏感元件的电流变化

D. 敏感元件的内阻和流过敏感元件的电流均发生变化

解　本题主要考查恒温式热线风速仪的工作原理。恒温式热线风速仪的敏感热线的温度保持不变，给风速敏感元件电流可调，在不同风速下使处于不同热平衡状态的风速敏感元件的工作温度基本维持不变，即阻值基本恒定，该敏感元件所消耗的功率为风速的函数。选 C。

【例 16-5-2】 在以下四种测量气流速度的装置中，动态响应速度最高的是：

A. 恒温式热线风速仪　　　　　　　B. 恒流式热线风速仪

C. 皮托管　　　　　　　　　　　　D. 机械式风速计

解　皮托管是利用安装在流体运动方向上的两根直管产生的压差来测量液体或气体的流速和流量的检出元件，它是流量测量仪表中最简单的一种。最简单的皮托管有一根端部带有小孔的金属细管为导压管，正对流束方向测出流体的总压力（即静压力和动压力之和）；另在金属细管前面附近的主管道壁上再引出一根导压管，测得静压力。差压计与两导压管相连，测出的压差即为动压力。根据伯努利定理，动压力与流速的平方成正比。因此用皮托管可测出流体的流速。在结构上进行改进后即成为组合式皮托管，即皮托-静压管。它是一根弯成直角的双层管。外套管与内套管之间封口，在外套管的周围有若干小孔。测量时，将此套管插入被测管道中间。内套管的管口正对流束方向，外套管周围小孔的孔口恰与流束方向垂直，这时测出内外套管的压差即可计算出流体在该点的流速。选 C。

【例 16-5-3】 热线风速仪的测量原理是：

A. 动压法　　　　B. 霍尔效应　　　　C. 热效率法　　　　D. 激光多普勒效应

解　热线风速仪是利用加热的金属丝（热线）的热量损失速率和气流流速之间的关系来求得气流速度的一种仪器，因此其测量原理基于热效率法。选 C。

16.5.4　L 形动压管（毕托管）

毕托管是传统的测量流速的传感器，与差压仪表配合使用可以通过测量被测流体的压力和差压，

间接测量被测流体的流速。用毕托管测量流体的流速分布以及流体的平均流速是十分方便的。另外，如果被测流体及其截面是确定的，还可以利用毕托管测量流体的体积流量或质量流量。毕托管是至今仍被广泛应用的流速测量仪表。毕托管有多种形式，其结构各不相同。图 16-5-2 是一种 L 形毕托管的结构图。

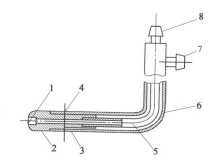

图 16-5-2　L 形毕托管结构图

1-全压测孔；2-测头；3-外管；4-静压测孔；
5-内管；6-管柱；7-静压接口；8-全压接口

它是一个弯成 90°的同心管，主要由感测头、管身及总压和动压引出管组成。感测头端部呈椭圆形。总压孔位于感测头端部，与内管连通，用来测量总压。在外管表面靠近感测头端部的位置上有一圈小孔，称为静压孔，是用来测量静压的。标准毕托管一般为这种结构形式。标准毕托管测量精度较高，使用时不需要再校正，但是由于这种结构形式的静压孔很小，在测量含尘浓度较高的空气流速时容易堵塞，因此，标准毕托管主要用于测量清洁空气的流速，或对其他结构形式的毕托管及其他流速仪表进行标定。

16.5.5　测速仪

1）圆柱形三孔测速仪

一种二元复合测压管，如图 16-5-3 所示，圆柱形的杆子上，在距端部一定距离（一般大于 $2d$）并垂直于杆子轴线的平面上，有三个孔。中间一个孔用来测定流体的总压，两侧孔与中间孔对称，并相隔一定的角度，用来测定流动方向。方向孔上感受的压力为流体总压与静压间的某一压力值，因此只要事先经过标定，开三个孔的测压管可以同时测出平面流场中的总压、静压、速度的大小和方向。

2）三管形测速仪

三管形复合测压管是由三根弯成一定形状的小管焊接在一起组成的，如图 16-5-4 所示。两侧方向管的斜角要尽可能相等；斜角可以向外斜，也可以向内斜；总压管可以在两方向管之间，也可以在它们上方或下方。

三管形复合测压管的特性和校准曲线与圆柱形三孔复合测压管类似。

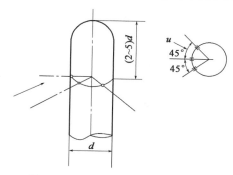

图 16-5-3　圆柱形三孔复合测压管

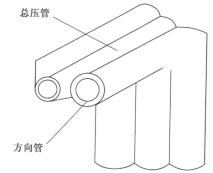

图 16-5-4　三管形复合测压管

16.5.6　流速测量布置技术

测量管道内流体流速时，如果在测量位置上的流体流动已达到典型的紊流速分布，则测出管道中心流速，按照一定公式或图表，便可求得流体平均速度。或者直接测出距离管道内壁 $(0.242 \pm 0.08)R$（R 为管道内截面半径）处的流速作为流体平均流速。

当管道内流体流动没有达到充分发展的紊流时，则应在截面上多测几点的流速，求得平均流速。中间矩形法是应用最广的一种测点选择方法：将管道截面分成若干个面积相等的小截面，测点选在小截面的某一点上，以该点的流速作为小截面的平均流速，再以各小截面的平均流速的平均值作为管道内流体的平均流速。

【例 16-5-4】 三管型测速仪上的两侧方向管的斜角，可以外斜也可以内斜，在相同条件下，外斜的测压管比内斜的灵敏度：

    A. 高　　　　　　　B. 低　　　　　　　C. 相等　　　　　　　D. 无法确定

解　两侧方向管的斜角要尽可能相等，斜角可以外斜或内斜。相同条件下外斜的测压管比内斜的测压管灵敏度高。选 A。

【例 16-5-5】 圆柱形三孔测速仪的两方向孔，相互之间的夹角为：

    A. 45°　　　　　　　B. 90°　　　　　　　C. 120°　　　　　　　D. 180°

解　在探头的三个感压孔中，居中的一个为总压孔，两侧的孔用于探测气流方向，故也称方向孔。当两侧的方向孔感受到的压力相等时，则认为气流方向与总压孔的轴线重合。实际使用时，两个方向孔在同一平面内按 90° 夹角布置，总压孔则布置在两个方向孔的角平分线上。测速管探头插入气流中，通过转动干管使得两个方向孔的压力相等，此时气流方向与总压孔的轴线平行。选 B。

经典练习

16-5-1　今用 S 形毕托管测烟道内烟气流速。毕托管的速度校正系数 $K_p = 0.85$，烟气密度为 0.693kg/m^3，烟道断面上 2 个测点处毕托管两端输出压力差分别为 111.36Pa 和 198.41Pa，则该烟道烟气平均流速为（　　　）m/s。

    A. 19.3　　　　　　　B. 18.0　　　　　　　C. 17.8　　　　　　　D. 13.4

16-5-2　下述有关三管形复合测压管特点的叙述中，（　　　）的内容是不确切的。

    A. 焊接小管的感测头部较小，可以用于气流 Ma 数较高、横向速度梯度较大的气流测量

    B. 刚性差，方向管斜角较大，测量气流时较易产生脱流，所以在偏流角较大时，测量数值不太稳定

    C. 两侧方向管的斜角要保持相等，斜角可以向内斜，也可以向外斜，可以在两方向管中间也可以在方向管的上下布置

    D. 为了克服对测速流场的干扰，一般采用管外加屏蔽处理

16-5-3　不需要借助压力计测量流速的仪表是（　　　）。

    A. 热电风速仪　　　　　　　　　　　　　B. 毕托管

    C. 圆柱形三孔测速仪　　　　　　　　　　D. 三管形测速仪

16-5-4　需要借助压力计测量流速的仪表是（　　　）。

    A. 涡街流量计　　　　　　　　　　　　　B. 涡轮流量计

    C. 椭圆齿轮流量计　　　　　　　　　　　D. 标准节流装置

16-5-5　热线风速仪常使用在某些场合，但下列的（　　　）是不正确的场合。

    A. 可测对象为几何形状较复杂流体，如不透明介质（如油）的流速

    B. 测量紊流参数、测量微风速、脉动速度

    C. 可以使流速的量程扩大到500m/s，脉动频率上限提高到 80kHz

    D. 热惯性大、功耗大、测量误差较大

16.6 流量的测量

考试大纲☞： 节流法测流量原理　测量范围　节流装置类型及其使用方法　容积法测流量　其他流量计　流量测量的布置技术

16.6.1 节流法和容积法测流量

1）节流法测流量原理

根据伯努利方程提供的基本原理，可以通过测量流体经过节流装置前后的压差来测量流体流量。

连续流动的流体，当遇到安插在管道中的节流装置时，将在节流元件处形成局部收缩。流速受到节流元件的阻挡，在节流元件前后形成涡流，有一部分动能转化为压力能，使节流元件入口侧管壁静压升高到p_1、孔板下游出口侧管壁静压减小到p_2。

由伯努利方程整理得

$$q_m = \alpha A_0 \sqrt{2\rho \times (p_1 - p_2)}$$

(16-6-1)

即可以通过测量压力差计算得到质量流量q_m。其中α为流量系数，A_0为流通面积。

2）测量范围

一般认为，用节流装置测量流量时，其可测最小流量为计算满刻度流量的1/3。

3）节流装置类型及其使用方法

工业上常用的节流装置是已经标准化了的"标准节流装置"，如标准孔板、喷嘴、文丘里喷嘴和文丘里管等。采用标准节流装置进行设计计算时，都有统一标准的规定和要求以及计算所需的通用化实验数据资料。标准节流装置可以根据计算结果直接制造和使用，不必用实验方法进行标定。

为保证节流装置取压稳定，节流件前后要求一段足够长的直管段，这段足够长的直管段和节流件前的局部阻力件形式与直径比β有关，该直管段的长度取值见表16-6-1。

有时也采用一些非标准节流装置，如双重孔板、圆缺孔板、双斜孔板、1/4圆喷嘴、矩形节流装置等，虽有一些设计计算资料可供使用，但尚未达到标准化，故仍需对每台流量计进行单独的实验标定。

4）容积法测流量

充满一定容积空间里的液体，随流量计内部运动元件的移动而被送出出口，测量这种送出流体的次数就可以求出通过流量计的流体体积。

【**例 16-6-1**】在标准状态下，用某节流装置测量湿气体中干气部分的体积流量，如果工作状态下的相对湿度比设计值增加了，这时仪表的指示值将：

　　　　A. 大于真实值　　　　　　　　　　B. 等于真实值

　　　　C. 小于真实值　　　　　　　　　　D. 无法确定

解　由于测量干气部分的体积流量，湿度增加了，则干气减少，同样的体积流量，仪表的指示将大于真实值。选 A。

表 16-6-1

| β | 节流件上游侧局部阻力件形式和最小长度L_1 | | | | | | 节流件下游侧最小直管段长度L_2（左面所有的局部阻力件形式） |
	一个 90°弯头或只有一个支管流动的三通	在同一平面内有多个90°弯头	空间弯头（在不同平面内有多个90°弯头）	异径管（大变小，$2D \to D$，长度$\geq 3D$；小变大，$0.5D \to D$，长度$\geq 1.5D$）	全开截止阀	全开闸阀	
1	2	3	4	5	6	7	8
0.20	10（6）	14（7）	34（17）	16（8）	18（9）	12（6）	4（2）
0.25	10（6）	14（7）	34（17）	16（8）	18（9）	12（6）	4（2）
0.30	10（6）	16（8）	34（17）	16（8）	18（9）	12（6）	5（2.5）
0.35	12（6）	16（8）	36（18）	16（8）	18（9）	12（6）	5（2.5）
0.40	14（7）	18（9）	36（18）	16（8）	20（10）	12（6）	6（3）
0.45	14（7）	18（9）	38（19）	18（9）	20（10）	12（6）	6（3）
0.50	14（7）	20（10）	40（20）	20（10）	22（11）	12（6）	6（3）
0.55	16（8）	22（11）	44（22）	20（10）	24（12）	14（7）	6（3）
0.60	18（9）	26（13）	48（24）	22（11）	26（13）	14（7）	7（3.5）
0.65	22（11）	32（16）	54（27）	24（12）	28（14）	16（8）	7（3.5）
0.70	28（14）	36（18）	62（31）	26（13）	32（16）	20（10）	7（3.5）
0.75	36（18）	42（21）	70（35）	28（14）	36（18）	24（12）	8（4）
0.80	46（23）	50（25）	80（40）	30（15）	44（22）	30（15）	8（4）

【例 16-6-2】 在节流式流量计的使用中，管流方面无须满足的条件是：

A. 流体应是连续流动并充满管道与节流件

B. 流体是牛顿流体，单相流且流经节流件时不发生相变

C. 流动是平稳的或随时间缓慢变化

D. 流体应低于最小雷诺数要求，即为层流状态

解　使用标准节流装置时，流体的性质和状态必须满足下列条件：

①流体必须充满管道和节流装置，并连续地流经管道。

②流体必须是牛顿流体，即在物理上和热力学上是均匀的、单相的，或者可以认为是单相的，包括混合气体、溶液和分散性粒子小于 0.1m 的胶体。在气体中有不大于 2%（质量成分）均匀分散的固体微粒，或液体中有不大于 5%（体积成分）均匀分散的气泡，也可认为是单相流体。但其密度应取平均密度。

③流体流经节流件时不发生相交。

④流体流量不随时间变化或变化非常缓慢。

⑤流体在流经节流件以前，流束是平行于管道轴线的无旋流。

选 D。

【例 16-6-3】 流体流过节流孔板时，流束在孔板的哪个区域收缩到最小？

    A. 进口处   B. 进口前一定距离

    C. 出口处   D. 出口后一定距离

解 当水经过节流孔板缩口时，流束会变细或收缩。流束的最小横断面出现在实际缩口的下游，称为缩流断面，在缩流断面处，流速是最大的。选 D。

16.6.2 流量计

1）涡轮式流量计

涡轮式流量计的结构如图 16-6-1 所示，管形壳体 1 的内壁上装有导流器 2、3，一方面促使流体沿轴线方向平行流动，另一方面支撑了涡轮的前后轴承。涡轮 4 上装有螺旋桨形的叶片，在流体冲击下旋转。为了测出涡轮的转速，管壁外装有由线圈、永久磁铁、放大器等组成的变送器 5。由于涡轮具有一定的铁磁性，当叶片在永久磁铁前扫过时，会引起磁通的变化，因而在线圈两端产生感应电动势，此感应交流电信号的频率与被测流体的体积流量成正比。如将该频率信号送入脉冲计数器即可得到累积总流量，通过涡轮流量计的体积流量 q_V 与变送器输出信号频率 f 的关系为

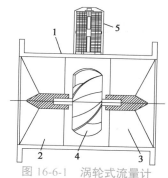

图 16-6-1 涡轮式流量计

1-壳体；2-入口导流器；3-出口导流器；
4-涡轮；5-变送器

$$q_V = \frac{f}{K}$$

$$(16-6-2)$$

式中：K——仪表常数，由涡轮流量计结构参数决定。

理想情况下，如仪表常数 K 恒定不变，则 q_V 与 f 呈线性关系。但实际情况是涡轮往往有轴承摩擦力矩、电磁阻力矩、流体对涡轮的黏性摩擦阻力等因素的影响，所以 K 并不严格保持常数。特别是在流量很小的情况下，由于阻力矩的影响相对较大，K 更不稳定。所以最好应用在量程上限的 5% 以上，这时有比较好的线性关系。涡轮流量计具有测量精度高（可以达到 0.5 级以上）、反应迅速、可测脉动流量、耐高压等特点，适用于清洁液体、气体的测量。

2）电磁流量计

电磁流量计是基于电磁感应原理工作的流量测量仪表，用于测量具有一定导电性液体的体积流量。测量精度不受被测液体的黏度、密度及温度等因素变化的影响，且测量管道中没有任何阻碍液体流动的部件，所以几乎没有压力损失。适当选用测量管中绝缘内衬和测量电极的材料，就可以测量各种腐蚀性（酸、碱、盐）液体流量，尤其在测量含有固体颗粒的液体如泥浆、矿浆等的流量时，更显示出其优越性。

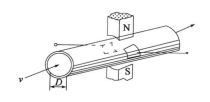

图 16-6-2 电磁流量计工作原理

图 16-6-2 为电磁流量计工作原理图。在磁铁 N－S 极形成的均匀磁场中，垂直于磁场方向有一直径为 D 的管道。管道由不导磁材料制成，管道内表面衬挂绝缘衬里。当导电的液体在导管中流动时，导电液体切割磁力线，于是在和磁场及其流动方向垂直的方向上产生感应电动势，如安装一对电极，则电极间产生和流速成正比例的感应电势 E

$$E = BDv \tag{16-6-3}$$

式中：D ——管道内径（m）；

　　　B ——磁场磁感应强度（T）；

　　　v ——液体在管道中的平均流速（m/s）。

由式（16-6-3）可得：$v = E/BD$，则体积流量为

$$q_V = \frac{\pi D^2}{4}v = \frac{\pi DE}{4B} \tag{16-6-4}$$

从式（16-6-4）可见流体在导管中流过的体积流量和感应电势成正比。把感应电势放大接入显示仪表，便可指示相应的流量。

3）涡街流量计

涡街流量计是利用卡门涡街的原理制作的一种仪表，它是把一个称作漩涡发生体的对称形状的物体（见图 16-6-3）垂直插在管道中，流体绕过漩涡发生体时，在漩涡发生体的两侧后方会交替产生漩涡，如图 16-6-3 所示，两侧漩涡的旋转方向相反。由于漩涡之间的相互影响，漩涡列一般是不稳定的，只有当两漩涡列之间的距离和同列的两个漩涡之间的距离满足 $h/l = 0.281$ 时，非对称的漩涡列才能保持稳定。这种漩涡列被称为卡门涡街。此时漩涡的频率 f 与流体的流速 v 及漩涡发生体的宽度 d 有下述关系

$$f = S_t \frac{v}{d} \tag{16-6-5}$$

式中：S_t ——斯特劳哈尔数。

试验证明，当流体的雷诺数 Re 在一定范围内，管道内径 D 和漩涡发生体的宽度 d 确定时，斯特劳哈尔数 S_t 为常数，流量计的仪表结构常数 K 值也随之确定。此时被测流量 q_V 与涡街频率 f 的关系为

$$q_V = \frac{f}{K} \tag{16-6-6}$$

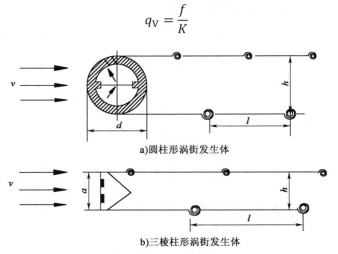

a)圆柱形涡街发生体

b)三棱柱形涡街发生体

图 16-6-3　涡街发生原理示意图

由式（16-6-6）可知，只要测出涡街频率 f 就能求得流过流量计流体的体积流量 q_V。

涡街流量计有如下特点：涡街频率只与流速有关，在一定雷诺数范围内几乎不受流体压力、温度、黏度、密度变化影响；无零点漂移，测量精度高，误差±1%，重复精度±5%；压力损失小，量程范围为100∶1，特别适宜大口径管道的流量测量。

4）转子流量计

（1）转子流量计的结构形式与工作原理。转子流量计又名浮子流量计，可用于测量液体和气体的流量，一般分为玻璃管转子流量计和金属管转子流量计两类。其工作原理如图 16-6-4 所示。这种流量计的本体由一个锥形管和一个位于锥形管内的可动转子（或称浮子）组成，垂直装在测量管道上。当流体在压力作用下自下而上流过锥形管时，转子在流体作用力和自身重力作用下将悬浮在一个平衡位置。

根据不同平衡位置可算得被测流体的流量。其体积流量计算式为

$$q_V = CA\sqrt{\frac{2V_f g(\rho_f - \rho)}{\rho A_f}} \qquad (16-6-7)$$

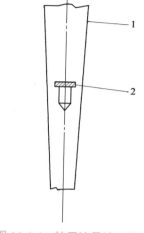

图 16-6-4　转子流量计工作原理

1-锥管；2-转子

式中：C ——流量系数，与转子形状、尺寸有关；

　　　A ——转子与锥形管壁之间环形通道面积；

　　　A_f ——转子最大横截面积；

　　　V_f ——转子体积；

　　　ρ_f ——转子密度；

　　　ρ ——流体密度；

　　　g ——重力加速度。

由于锥形管的锥角较小，所以 A 与 h 近似比例关系，即 $A = kh$，其中 k 为与锥形管锥度有关的比例系数，h 为转子在锥形管中的高度。

由此而得到体积流量与转子高度的关系

$$q_V = Ckh\sqrt{\frac{2V_f g(\rho_f - \rho)}{\rho A_f}} \qquad (16-6-8)$$

实验证明，可以用这个关系式作为按转子高度来刻度流体流量的基本公式。但需说明的是，流量系数 C 与浮子形状的管道的雷诺数有关。当然，对于一定的转子形状来说，只要流体雷诺数大于某一个低限雷诺数时，流量系数就趋于一个常数。这时，体积流量 q_V 就与转子高度 h 上的线性刻度成一一对应关系。

从上述分析中可以看出，它与节流装置的差异在于：①任意稳定情况下，作用在转子上的压差是恒定不变的；②转子与锥形管之间的环形缝隙的面积 A 是随平衡位置的高低而变化，故是变截面。

（2）刻度校正。转子流量计在出厂刻度时所用介质是水或空气，在实际使用时，被测介质可能不同，即使被测介质相同，但由于温度和压力不同，这时介质的密度和黏度就会发生变化，就需对刻度校正。如果原刻度是以水为介质刻度的，当介质温度压力改变时，如果黏度相差不大，则只要对密度 ρ 做校正就可以了，其校正系数 K_1 为

$$K_1 = \sqrt{\frac{(\rho_f - \rho)\rho_0}{(\rho_f - \rho_0)\rho}} \qquad (16-6-9)$$

式中：ρ_0 ——仪表原刻度时介质密度。

$$q_V = K_1 q_{V0} \qquad (16-6-10)$$

式中：q_V ——校正后被测介质流量；

　　　q_{V0} ——仪表原刻度时的流量值。

如果原标定时所用介质为空气，而当介质温度、压力改变时，根据上述道理，也只用密度校正。由于 $\rho_f \gg \rho_0$，$\rho_f \gg \rho$，所以修正系数简化为

$$K_2 = \sqrt{\frac{\rho_0}{\rho}} \tag{16-6-11}$$

$$q_V = K_2 q_{V0} \tag{16-6-12}$$

5）超声波流量计

（1）超声波流量计的测量原理，如图 16-6-5 所示，它利用超声波在流体中的传播特性来测量流体的流速和流量，最常用的方法是测量超声波在顺流与逆流中的传播速度差。两个超声换能器 P_1 和 P_2 分别安装在管道外壁两侧，以一定的倾角对称布置。超声波换能器通常采用锆钛酸铅陶瓷制成。在电路的激励下，换能器产生超声波以一定的入射角射入管壁，在管壁内以横波形式传播，然后折射入流体，并以纵波的形式在流体内传播，最后透过介质，穿过管壁为另一换能器所接收。两个换能器是相同的，通过电子开关控制，可交替作为发射器和接收器。

设流体的流速为 v，管道内径为 D，超声波束与管道轴线的夹角为 θ，超声波在静止等的流体中传播速度为 v_0，则超声波在顺流方向传播频率 f_1 为

$$f_1 = \frac{v_0 + v\cos\theta}{D/\sin\theta} = \frac{(v_0 + v\cos\theta)\sin\theta}{D} \tag{16-6-13}$$

超声波在逆流方向传播频率 f_2 为

$$f_2 = \frac{v_0 - v\cos\theta}{D/\sin\theta} = \frac{(v_0 - v\cos\theta)\sin\theta}{D} \tag{16-6-14}$$

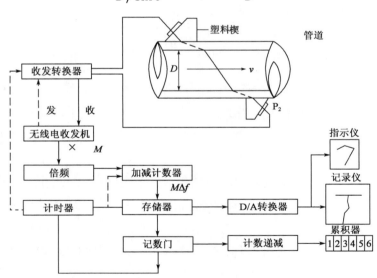

图 16-6-5 超声波流量计示意图

故顺流与逆流传播频率差为

$$\Delta f = f_1 - f_2 = \frac{v\sin 2\theta}{D} \tag{16-6-15}$$

由此得流体的体积流量 q_V 为

$$q_V = \frac{\pi D^2}{4}v = \frac{\pi D^2}{4} \times \frac{D\Delta f}{\sin 2\theta} = \frac{\pi D^3 \Delta f}{4\sin 2\theta} \tag{16-6-16}$$

对于一个具体的流量计，式（16-6-16）中 θ、D 是常数，而 q_V 与 Δf 成正比，故测量频率差 Δf 可算

出流体流量。

（2）超声波流量计的使用。超声波流量计可用来测量液体和气体的流量，比较广泛地用于测量大管道液体的流量或流速。它没有插入被测流体管道的部件，故没有压头损失，可以节约能源。

超声波流量计的换能器与流体不接触，对腐蚀很强的流体也同样可准确测量。而且换能器在管外壁安装，故安装和检修时对流体流动和管道都毫无影响。超声波流量计的测量准确度一般为 1%~2%，测量管道液体流速范围一般为0.5~5m/s。

【例 16-6-4】 在以下四种常用的流量计中测量精度较高的是：

　　A. 节流式流量计　　　　　　　　　　B. 转子流量计

　　C. 容积式流量计　　　　　　　　　　D. 靶式流量计

解　容积式流量计，又称定排量流量计，简称 PD 流量计，在流量仪表中是精度最高的一类。它利用机械测量元件把流体连续不断地分割成单个已知的体积部分，根据测量室逐次重复地充满和排放该体积部分流体的次数来测量流体体积总量。选 C。

【例 16-6-5】 基于被测参数的变化引起敏感元件的电阻变化，从而检测出被测参数值是一种常用的检测手段，以下测量仪器中不属于此种方法的是：

　　A. 应变式压力传感器　　　　　　　　B. 点接点水位计

　　C. 恒流式热线风速仪　　　　　　　　D. 涡街流量传感器

解　涡街流量计是由设计在流场中的旋涡发生体、检测探头及相关的电子线路等组成。当液体流经三角柱形旋涡发生体时，它的两侧就成了交替变化的两排旋涡，这种旋涡被称为卡门涡街，这些交替变化的旋涡就形成了一系列替变化的负压力，该压力作用在检测深头上，便产生一系列交变电信号，经过前置放大器转换、整形、放大处理后，输出与旋涡同步成正比的脉冲频率信号。选 D。

【例 16-6-6】 不能用来测量蒸汽流量的流量计是：

　　A. 容积式流量计　　　　　　　　　　B. 涡轮流量计

　　C. 电磁流量计　　　　　　　　　　　D. 转子流量计

解　电磁流量计只能测量导电液体，因此对于气体、蒸气以及含大量气泡的液体，或者电导率很低的液体不能测量。由于测量管内衬材料一般不宜在高温下工作，所以目前一般的电磁流量计还不能用于测量高温介质。选 C。

【例 16-6-7】 下列关于电磁流量计的叙述，错误的是：

　　A. 是一种测量导电性液体流量的表

　　B. 不能测量含有固体颗粒的液体

　　C. 应用法拉第电磁感应原理

　　D. 可以测量腐蚀性的液体

解　电磁流量计利用法拉第感应定律来检测流量。在电磁流量计内部有一个产生磁场的电磁线圈，以及用于捕获电动势（电压）的电极。正是由于这一点，电磁流量计才可以在管道内似乎什么也没有的情况下仍然可以测量流量。其优点包括不受液体的温度、压力、密度或黏度的影响，能够检测包含污染物（固体、气泡）的液体，没有压力损失，没有可动部件（提高可靠性）。选 B。

【例 16-6-8】 用标准节流装置测量某蒸汽管道内的蒸汽流量。若介质的实际温度由 420℃下降到400℃，实际压力由设计值35kgf/cm²下降到30kgf/cm²，当流量计显示值为100T/h时，实际流量为：（420℃，35kgf/cm²时水蒸气密度为11.20kg/m³；400℃，30kgf/cm²时水蒸气密度为9.867kg/m³）

A. 113.59T/h   B. 88.1T/h   C. 106.54T/h   D. 93.86T/h

解　对于节流式流量计实际流量与计算流量间计算公式为 $q_{ms} = \sqrt{\rho_s/(\rho_k q_{mk})}$，代入数据计算可得。选 D。

【例 16-6-9】某节流装置在设计时，介质的密度为500kg/m³，而在实际使用时，介质密度为460kg/m³。如果设计时，差压变送器输出100kPa时对应的流量为50T/h，则在实际使用时，对应的流量为：

A. 47.96T/h   B. 52.04T/h   C. 46.15T/h   D. 54.16T/h

解　选 A。

【例 16-6-10】某涡轮流量计和涡街流量计均用常温下的水进行过标定，当用它们来测量液氨的体积流量时：

A. 均需进行黏度和密度修正

B. 涡轮流量计需进行黏度和密度修正，涡街流量计不需要

C. 涡街流量计需进行黏度和密度修正，涡轮流量计不需要

D. 均不需进行黏度和密度的修正

解　涡轮流量计原理是流体流经传感器壳体，由于叶轮的叶片与流向有一定的角度，流体的冲力使叶片具有转动力矩，克服摩擦力矩和流体阻力之后叶片旋转，在力矩平衡后转速稳定，在一定的条件下，转速与流速成正比，由于叶片有导磁性，它处于信号检测器（由永久磁钢和线圈组成）的磁场中，旋转的叶片切割磁力线，周期性地改变着线圈的磁通量，从而使线圈两端感应出电脉冲信号，此信号经过放大器的放大整形，形成有一定幅度的连续的矩形脉冲波，可远传至显示仪表，显示出流体的瞬时流量和累计量，因此流体的黏度和密度对测量值影响很大，黏度和密度改变是需要进行修正。涡街流量计原理是应用流体振荡原理来测量流量的，流体在管道中经过涡街流量变送器时，在三角柱的旋涡发生体后上下交替产生正比于流速的两列旋涡，旋涡的释放频率与流过旋涡发生体的流体平均速度及旋涡发生体特征宽度有关，流体黏度和密度改变时不需要修正。选 B。

【例 16-6-11】某饱和蒸汽管道的内径为250mm，蒸汽密度为4.8kg/m³，节流孔板孔径为150mm，流量系数为0.67，则孔板前后压差为40kPa时的流量为：

A. 7.3kg/h   B. 20.4kg/h   C. 26 400kg/h   D. 73 332kg/h

解　$q_m = 0.67 \times 3.14 \times \left(\frac{0.15}{2}\right)^2 \times \sqrt{2 \times 4.8 \times 40\,000} \times 3\,600 = 26\,399.5\text{kg/h}$。选 C。

16.6.3　流量测量的布置技术

1）节流装置的安装

（1）节流装置中心应与管道中心重合，断面应与管道中心线垂直，并不得装反。

（2）节流装置取压口方位的确定应按下列规定进行。

①测量气体时：在管道上部。

②测量液体时：在管道的下半部（最好在水平中心线上）。

③测量蒸汽时：在管道的上半部（最好在水平中心线上）。

2）引压管的安装

（1）引压管应按最短距离垂直或倾斜（倾斜度不得小于1:10）安装。

（2）引压管路中应加装气体、凝液、颗粒收集器和沉降器。

（3）引压管应不受外界热源的影响，并应防止可能发生的冻结。

（4）对于有黏性和有腐蚀性的介质，为了防堵、防腐，应加装隔离罐。

（5）引压管路应保证密封，无渗漏现象。

（6）引压管路上应装有必要的切断、冲洗、灌封液、排污等所需的阀门。

3）差压计的安装

保证安装地点的环境条件（如温度、湿度、腐蚀性、振动等）。

【例 16-6-12】使用节流式流量计，国家标准规定采用的取压方式是：

    A. 角接取压和法兰取压　　　　　　　　B. 环室取压和直接钻空取压

    C. 角接取压和直接钻孔取压　　　　　　D.法兰取压和环壁取压

解　根据国家标准节流式流量计的取压方式有两种即角接取压和法拉取压，其中角接取压又分为环室取压和直接钻孔取压两种方式。选 A。

【例 16-6-13】已知如图所示的两容器，中间用阀门连接，若关小阀门，那么管道流量变化是：

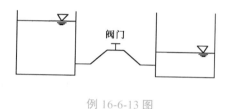

例 16-6-13 图

    A. 不变　　　　　　B. 增大　　　　　　C. 减小　　　　　　D. 不确定

解　由于阀门开度变小，两容器间压力差减小，流体流动驱动力减小，故流量变小。选 C。

经典练习

16-6-1　用皮托管测量管道内水的流量。已知水温 $t = 50℃$，水密度 $0.988kg/m^3$，运动黏度 $\nu = 0.552 \times 10m^2/s$，管道直径 $D = 200mm$，皮托管全压口距管壁 $\lambda = 23.8mm$，测得压差 $\Delta p = 0.7kPa$，由此可求得此时的容积流量为（　　　　）m^3/h。

    A. 180.28　　　　　　B. 160.18　　　　　　C. 168.08　　　　　　D. 180.20

16-6-2　用电磁流量计测量液体的流量，判断下列叙述正确的是（　　　　）。

    A. 在测量流速不大的液体流量时，不能建立仪表工作所必需的电磁场

    B. 这种流量计的工作原理是，在流动的液体中应能产生电动势

    C. 只有导电的液体才能在测量仪表的电磁绕组中产生电动势

    D. 电磁流量计可适应任何流体

16-6-3　某节流装置在设计时，介质的密度为 $520kg/m^3$，而在实际使用时，介质的密度为 $480kg/m^3$。如果设计时，差压变送器输出 $100kPa$，对应的流量为 $50t/h$，由此可知在实际使用时对应的流量为（　　　　）t/h。

    A. 42.6　　　　　　B. 46.2　　　　　　C. 48.0　　　　　　D. 50.0

16-6-4　用超声波流量计测某介质流量，超声波发射与接收装置之间距离 $L = 300mm$，介质流速 $v = 12m/s$。如果介质温度从 $10℃$ 升温到 $30℃$，烟气超声波的速度从 $1\,450m/s$ 变化到 $1\,485m/s$，则温度变化对时间差的影响是（　　　　）。

    A. $\delta_r = -5.7\%$　　　　B. $\delta_r = 4.7\%$　　　　C. $\delta_r = -4.7\%$　　　　D. $\delta_r = -8.7\%$

16-6-5 涡轮流量计是速度式流量计，下述有关其特点的叙述中，（　　）不确切。

    A. 测量基本误差为±(0.2~1.0)%

    B. 可测量瞬时流量

    C. 仪表常数应根据被测介质的黏度加以修正

    D. 上下游必须有足够的直管段长度

16-6-6 已知直径为50mm的涡轮流量变送器，其涡轮上有六片叶片，流量测量范围为5~50 m³/h，校验单上的仪表常数是37.1 次/L。那么在最大流量时，该仪表内的转数是（　　）r/s。

    A. 85.9   B. 515.3   C. 1545.9   D. 3091.8

16.7 液位的测量

考试大纲☞： 直读式测液位　压力法测液位　浮力法测液位　电容法测液位　超声波法测液位　液位测量的布置及误差消除方法

16.7.1 常见测液位的方法

1）直读式侧液位

在容器上开一些窗口以便进行观测，或利用连通器原理设置的玻璃管液位计。

2）压力法测液位

根据流体静力学原理，静止介质内某一点的静压力与介质上方自由空间压力之差与该点上方的介质高度成正比，因此可以利用差压来检测液位。

3）浮力法测液位

利用漂浮于液面上的浮子随液面变化，或者部分浸没于液体中的物质的浮力随液位变化来检测液位，前者称为恒浮力法，后者称为变浮力法，两者均可用于液位的检测。

4）电容法测液位

把敏感元件做成一定形状的电极置于被测介质中，则电极之间的电气系数（电容），随物位的变化而改变。

5）超声波法测液位

利用超声波在介质中的传播速度及在不同相界面之间的反射特性来检测液位。

【例16-7-1】 以下关于浮筒式液位计的叙述，错误的是：

    A. 结构简单，使用方便

    B. 电动浮筒式液位计可将信号远传

    C. 液位越高，扭力管的扭角越大

    D. 液位越高，扭力管的扭角越小

解 当液位在零位时，扭力管受到浮筒质量所产生的扭力矩（这时扭力矩最大）作用，当液位上升时，浮筒受到液体的浮力增大，通过杠杆对扭力管产生的力矩减小，扭力管变形减小，在液位最高时，扭角最小。扭力管扭角的变化量与液位成正比关系，即液位越高，扭角越小。

选 C。

16.7.2 液位测量的布置及误差消除方法

液位检测的特点是从敏感元件所接收到的信号一般与被测介质的某一特性参数有关，如介质的密度、介电常数、介质声波传递速度等。当被测介质的温度、组分等改变时，这些参数可能也要变化，从而影响测量精度。另外，大型容器会出现各处温度、密度和组分等的不均匀，引起特性参数在容器内的不均匀，同样也会影响测量精度。因此当工况变化比较大时，必须对有关的参数进行补偿或修正。

【例 16-7-2】 水位测量系统如图所示，为了提高测量精度，需对差压变送器实施零点迁移。以下说法正确的是：

    A. 对变送器实施正迁移且迁移量为 $gh_1\rho_2 - gh_0\rho_1$

    B. 对变送器实施负迁移且迁移量为 $gh_1\rho_2 - gh_0\rho_2$

    C. 对变送器实施正迁移且迁移量为 $gh_1\rho_2 - gh\rho_1$

    D. 对变送器实施负迁移且迁移量为 $gh_1\rho_2 - gh\rho_2$

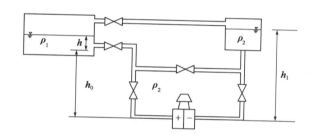

例 16-7-2 图

解 用差压变送器测量液位时，由于差压变送器安装的位置不同，正压和负压导压管内充满了液体，这些液体会使差压变送器有一个固定的差压。在液位为零时，造成差压计指示不在零点，而是指示正或负的一个指示偏差。为了指示正确，消除这个固定偏差，就把零点进行向下或向上移动，也就是进行"零点迁移"。这个差压值就称为迁移量。如果这个值为正，即称系统为正迁移；如果为负，即系统为负迁移；如果这个值为零时，即为无迁移。选 A。

【例 16-7-3】 超声波水位测量系统有液介式单探头、液介式双探头、气介式单探头和气介式双探头四种方案，从声速校正和提高测量灵敏度的角度考虑，测量精度最高的为：

    A. 气介式单探头   B. 液介式单探头   C. 气介式双探头   D. 液介式双探头

解 超声波式水位计应用声波反射的原理来测量水位。分为水介式和气介式两类。声波在介质中以一定速度传播，当遇到不同密度的介质分界面时，声波立即发生反射。水介式是将换能器安装在河底，垂直向水面发射超声波；气介式是将换能器固定在空气中某一高处，向水面发射超声波。两种形式均不需建测井。水介式声速受水温、水压及水中浮悬粒子浓度影响，在测量过程中要对声波校正，才能达到测量精度。气介式要对气温影响进行校正，其优点是不受水中水草、泥沙等影响。选 D。

【例 16-7-4】 利用浮力法测量液位的液位计是：

    A. 压差式液位计   B. 浮筒液位计

    C. 电容式液位计   D. 压力表式液位计

解 浮筒液位计的原理是，浸在液体中的浮筒受到向下的重力、向上的浮力和弹簧弹力的复合作用。当这三个力达到平衡时，浮筒就静止在某一位置。当液位发生变化时，浮筒所受浮力相应改变，平衡状态被打破，从而引起弹力变化即弹簧的伸缩，以达到新的平衡。弹簧的伸缩使其与刚性连接的磁钢产生位移。这样，通过指示器内磁感应元件和传动装置使其指示出液位。选 B。

【例 16-7-5】 以下液位测量仪表中，不受被测液体密度影响的是：

A. 浮筒式液位计　　　　　　　　　　B. 压差式液位计
C. 电容式液位计　　　　　　　　　　D. 超声波液位计

解　空气的介电常数接近 1，而液体的介电常数一般与空气的介电常数相差较大。电容式液位测量原理是基于介电常数的差别来进行测量的。电容式测量主要通过检测由于液面或者散料高度变化而导致的电容值变化来测量料位高度，不受液体密度影响。选 C。

16.8　热流量的测量

考试大纲☞：热流计的分类及使用　热流计的布置及使用。

16.8.1　热流计的分类

热流计可分为测量传导热流的热阻式热流计和测量辐射热流的非接触式辐射热流计。

16.8.2　热流计的布置及使用

在使用热流传感器时，除了合理选用仪表的量程范围，允许使用温度、传感器的类型、尺寸内阻等有关参数外，还要注意正确的使用方法，否则会引起较大的误差。

热流传感器的安装有三种方法：埋入式、表面粘贴式和空间辐射式。埋入式和表面粘贴式是热阻式热流传感器常用的两种安装方法。被测物体表面的放热状况与许多因素有关，被测物体的散热热流密度与热流测点的几何位置有关。对于水平安装的有均匀保温层圆形管道，测点应选在能反映管道截面上平均热流密度的位置，一般选在截面上与管道水平中心线夹角约为 45°和 135°处。最好在同截面上选几个有代表性的位置进行测量，与所得到的平均值进行比较，从而得到合适的测试位置。对于垂直平壁面和立管也可做类似的考虑。

16.8.3　热流计的热流密度

通过热流传感器的热流密度由热流传感器的材料和几何尺寸决定。若用热电偶测量传感器两侧平行壁面的温度，并且所用热电偶在被测温度变化范围内，其热电势与温度呈线性关系时，其输出热电势与温差成正比，这样通过热流传感器的热流为：

$$q = \frac{\lambda E}{C\delta}$$

式中：λ ——热流传感器材料的导热系数[W/(m·℃)]；

C ——热电偶系；

E ——热电势（mV）；

δ ——热流传感器的厚度（m）。

热流传感器有高热阻型和低热阻型之分，δ/λ 值大的是高热阻型，δ/λ 值小的是低热阻型。在所测传热工况非常稳定的情况下，高热阻型热流传感器易于提高测量精度及用于小热流测量。但是由于高热阻型热流传感器比低热阻型热流传感器热惰性大，这会使得热流传感器的反应时间增加。如果在传热工况波动比较大的场合测定，就会造成较大的测量误差。

【例 16-8-1】 用来测量传导热流的热流计是：

A. 电阻式   B. 辐射式   C. 蒸气式   D. 热水式

解   热流计分为测量传导热流的热阻式热流计和测量辐射热流的非接触式辐射热流计。选 A。

【例 16-8-2】 以下关于热阻式热流计的叙述，错误的是：

A. 热流侧头尽量薄

B. 热阻尽量小

C. 被测物体热阻应比测头热阻小得多

D. 被测物体热阻应比测头热阻大得多

解   由于热流传感器是热流计最为关键的一个敏感器件，因此其测量精度将直接关系到热流计的测量精度。其中热流传感器与被测物粘贴的紧密程度，对热流的稳定时间有着非常大的影响。粘贴越紧密，稳定越快，测量偏差越小；反之，测量偏差越大。其次，热流传感器厚度越薄越好；另外，热流传感器边长越长越好，最优值 20~30mm。选 D。

【例 16-8-3】 以下关于热水热量计的叙述，错误的是：

A. 用来测量热水输送的热量

B. 由流量传感器、温度传感器、积分仪组成

C. 使用光学辐射温度计测量热水温度

D. 使用超声流量计测量热水流量

解   热量计是测量热能生产和热能消耗系统中热流量用的仪表。热量计分为热水热量计、蒸汽热量计、过热蒸汽热量计和饱和蒸汽热量计。热水热量计是测量热水锅炉产热或热网供热用的热流量。根据热力学原理，热流量等于水流量与供水、回水焓差的乘积，而焓差又可用平均比热与其温度差的乘积代替，所以在管道上装一个流量变送器和两个热电阻，将所测得的流量和温度信号送到热量计中，经电子线路放大和运算即可直接显示热水的瞬时热流量，如经计时运算则可同时显示一段时间内的累计热流量。选 C。

16.9 误差与数据处理

考试大纲☞： 误差函数的分布规律   直接测量的平均值、方差、标准误差、有效数字和测量结果表达   间接测量最优值、标准误差   误差传播理论   微小误差原则   误差分配   组合测量原理   最小二乘法原理   组合测量的误差   经验公式法   相关系数   回归分析   显著性检验及分析   过失误差处理   系统误差处理方法及消除方法   误差的合成定律

1）真值与误差

观测对象的量是客观存在的，称为真值。每次观测所得数值称为观测值。设观测对象的真值为 x，观测值为 $x_i(i = 1,2,\cdots,n)$，则差数

$$a_i = x_i - x \quad (i = 1,2,\cdots,n)$$

称为观测误差，简称为误差。

2）观测的准确度与精密度

如果观测的系统误差小，则称观测的准确度高，可以使用更精确的仪器来提高观测的准确度。如果观测的随机误差小，则称观测的精密度高，可以增大观测次数，取其平均值来提高观测的精密度。

3）可疑数据的处理

对于可疑数据的取舍要慎重。若在试验进行中，发现异常数据，则应立即停止试验，分析原因并及时纠正错误；若试验结束后发现异常数据，则应先查找原因，再对数据进行取舍。如发现生产（施工）、试验过程中，有可疑的变异时，则该测量值应予舍弃。

当对这类异常数据不能清楚地判定其产生原因时，可以借助一些统计方法进行验证处理，方法很多，如常用的拉依达准则和格拉布斯准则，还有狄克逊准则、肖维勒准则、t 检验法、F 检验法等。这些方法，都有各自的特点。其中，拉依达准则不能检验样本量较小（显著性水平为 0.1 时，n 必须大于 10）的情况，格拉布斯准则则可以检验较少的数据。

但对于异常数据一定要慎重，不能任意抛弃和修改。往往通过对异常数据的观察，可以发现引起系统误差的原因，进而改进过程和试验。

【例 16-9-1】误差产生的原因多种多样，但按误差的基本特性的特点，误差可分为：

    A. 随机误差、系统误差和疏忽误差　　　　B. 绝对误差、相对误差和引用误差

    C. 动态误差和静态误差　　　　　　　　　D. 基本误差和附加误差

解　根据误差的基本特性，误差可分为系统误差、随机误差及疏忽误差。其中，系统误差指在相同条件下，对某个量进行多次测量时，误差的绝对值和符号或均保持恒定，或按照一定规律变化；过失误差指在测量过程中，完全由于人为过失而明显造成了歪曲测量结果的误差；随机误差指在对同一个量进行多次测量时，由于受到某些不可知随机因素的影响，测量误差时小时大，时正时负地变化，没有一定的规律，并且无法估计。选 A。

【例 16-9-2】在测量过程中，多次测量同一个量时，测量误差的绝对值和符号按某一确定规律变化的误差称为：

    A. 偶然误差　　　　B. 系统误差　　　　C. 疏忽误差　　　　D. 允许误差

解　系统误差的定义是在相同条件下，对某个量进行多次测量时，误差的绝对值和符号或均保持恒定，或按照一定规律变化。选 B。

【例 16-9-3】测量次数很多时，比较合适的处理过失误差的方法是：

    A. 拉依达准则　　　　B. 示值修正法　　　　C. 格拉布斯准则　　　D. 参数校正法

解　在整理试验数据时，往往会遇到这样的情况，即在一组试验数据里，发现少数几个偏差特别大的可疑数据，这类数据称为 Outlier 或 Exceptional Data（坏值），它们往往是由于过失误差引起的。拉依达准则不能检验样本量较小（显著性水平为 0.1 时，n 必须大于 10）的情况，格拉布斯准则则可以检验较少的数据。选 A。

【例 16-9-4】测量某房间空气温度得到下列测定值数据（℃）：22.42、22.39、22.32、22.43、22.40、22.41、22.38、22.35，采用格拉布斯准则判断其中是否含有过失误差的坏值？[危险率 $\alpha = 5\%$。格拉布斯临界值 $g_0(n, a)$：当 $n = 7$ 时，$g_0 = 1.938$；当 $n = 8$ 时，$g_0 = 2.032$；当 $n = 9$ 时，$g_0 = 2.110$。]

    A. 含有，坏值为 22.32　　　　　　　　　B. 不含有

    C. 含有，坏值为 22.43　　　　　　　　　D. 无法判断

解 已知最大值为 22.43，最小值为 22.32，计算出平均值 = 22.387 5，标准差 = 0.036 94。与平均值相差最大的是最小值，相差绝对值为 0.067 5，故最小值 22.32 为可疑值。

|22.32 − 22.387 5| ÷ 0.036 94 = 1.827，又当 $n = 8$ 时，$g_0 = 2.032$，1.827 < 2.032，因此没有异常值，不需要剔除。选 B。

16.9.1　误差函数的分布规律

随机误差的大小、符号虽然显得杂乱无章，但当进行大量等精度测量时，随机误差服从统计规律。理论和测量实践都证明，测得值 X_i 与随机误差 δ_i 都按一定的概率出现。在大多数情况下，测得值在期望值上出现的概率很大，随着对期望值偏离的增大，出现的概率急剧减小。表现在随机误差上，等于零的随机误差出现的概率最大，随着随机误差绝对值得加大，出现的概率急剧减小。测得值和随机误差的这种统计分布规律，称为正态分布，如图 16-9-1 所示。

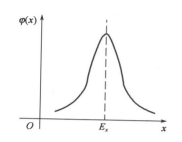

图 16-9-1　测量值正态分布曲线

对于正态分布的测得值 X_i 其概率密度函数

$$\varphi(x) = \frac{1}{\sigma\sqrt{2\pi}} e^{-\frac{(x-E_x)^2}{2\sigma^2}} \tag{16-9-1}$$

同样，对于正态分布的随机误差 δ_i，其概率密度函数

$$\varphi(\delta) = \frac{1}{\sigma\sqrt{2\pi}} e^{-\frac{\delta^2}{2\sigma^2}} \tag{16-9-2}$$

随机误差分析的性质如下。

（1）有界性：在一定的测量条件下，测量的随机误差总是在一定的、相当窄的范围内变动，绝对值很大的误差出现的概率接近于零。

（2）单峰性：绝对值小的误差出现的概率大，绝对值大的误差出现的概率小，绝对值为零的误差出现的概率比任何其他数值的误差出现的概率都大。

（3）对称性：绝对值相等而符号相反的随机误差出现的概率相同，其分布呈对称性。

（4）抵偿性：在等精度测量条件下，当测量次数不断增加而趋于无穷时，全部随机误差的算术平均值趋于零。

16.9.2　直接测量的平均值、方差、标准误差、有效数字和测量结果表达

1）直接测量的平均值（最优概值）

观测对象的真值 x 可以用 n 次观测值 $x_1, x_2, \cdots, x_n$ 的算术平均值

$$\overline{x} = \frac{1}{n}\sum_{x=1}^{n} x_i \tag{16-9-3}$$

近似代替，并用离差

$$\nu_i = x_i - \overline{x}$$

代替误差 $a_i = x_i - x$，离差与误差有如下关系

$$\nu_i = a_i - \frac{1}{n}\sum_{i=1}^{n} a_i$$

$$\sum_{i=1}^{n} v_i^2 = \frac{n-1}{n} \sum_{i=1}^{n} a_i^2 \quad （当n相当大）$$

2）方差

方差为测量值x_i与真值x之差的平方的统计平均值，则

$$\sigma^2 = \frac{1}{n} \sum_{i=1}^{n} (x_i - x)^2 = \frac{1}{n} \sum_{i=1}^{n} a_i^2 \tag{16-9-4}$$

当观测次数n较大时，x可以用$\bar{x}$近似代替，即

$$\sigma^2 = \frac{1}{n-1} \sum_{i=1}^{n} (x_i - \bar{x})^2 = \frac{1}{n} \sum_{i=1}^{n} v_i^2$$

3）标准差

标准差是各个测量值误差平方和的平均值的平方根，即

$$\sigma = \sqrt{\frac{\sum\limits_{i=1}^{n} (x_i - x)^2}{n}} \tag{16-9-5}$$

当观测次数较大时

$$\sigma = \sqrt{\frac{\sum\limits_{i=1}^{n} (x_i - \bar{x})^2}{n-1}}$$

4）有效数字

由于含有误差，所以测量数据及由测量数据计算出来的算术平均值等是近似值。若末位数字是个位，则包含的绝对误差值不大于 0.5，若末位是十位，则包含的绝对误差不大于 5，对于其绝对误差不大于末位数字一半的数，从它左边第一个不为零的数字起，到右面最后一个数字（包括零）止，都叫作有效数字。

多余数字的舍入规则："四舍六入五单双，奇进偶不进"，即四舍六入，若为五则看左边一位数是单数还是双数，奇数则进一，偶数则舍去。

已知有效数字求误差：

例如，0.108 0V表示有四位有效数字，其测量误差不超过±0.000 05V，即实际电压可能是0.107 95~0.108 05V之间的任一值。可见，如果知道一个量的有效数字，便可确定它的误差大小。

有效数字运算规则规定：

加减法运算中只保留各数共有的小数位数。计算时，先将小数位数多的数进行修约处理，使其比小数位数最少的只多一位小数，然后进行计算，计算结果的小数位只取到各数中小数位最少的位数。如$28.5 + 3.74 + 0.135 = 28.5 + 3.74 + 0.14 = 32.38 = 32.4$。

对于乘除法的运算规则，是将各数中有效位数多的数进行修约到比有效位数最少的多一位，然后进行计算，计算结果修约到各数中有效位数最少的位数。

【例 16-9-5】 在等精度测量条件下，对某管道压力进行了 10 次测量，获得如下数据（单位kPa）：475.3，475.7，475.2，475.1，474.8，475.2，475.0，475.1。则该测量列平均值的标准误差等于：

        A. 0.09kPa   B. 0.11kPa   C. 0.25kPa   D. 0.30kPa

解 由标准误差计算公式（16-9-5）可以求得该测量的标准误差。选 A。

16.9.3　测量结果表达

1）列出测量数据（见表 16-9-1）

测量数据　　　　　　　　　　　　　　　　　　　　表 16-9-1

i	1	2	$\cdots$	$n-1$	n
x_i	x_1	x_2	$\cdots$	x_{n-1}	x_n

2）计算算术平均值

$$\overline{x} = \frac{1}{n}\sum_{i=1}^{n} x_i \tag{16-9-6}$$

离差

$$v_i = x_i - \overline{x} \tag{16-9-7}$$

3）计算标准差

$$\sigma = \sqrt{\frac{1}{n-1}\sum_{i=1}^{n} v_i^2} \tag{16-9-8}$$

算术平均标准差

$$\sigma_{\overline{x}} = \frac{\sigma}{\sqrt{n}} \tag{16-9-9}$$

4）给出最终测量结果表达式

$$x = \overline{x} \pm \sigma_{\overline{x}} \quad （置信度 68.3\%）$$
$$x = \overline{x} \pm 2\sigma_{\overline{x}} \quad （置信度 95.3\%）$$
$$x = \overline{x} \pm 3\sigma_{\overline{x}} \quad （置信度 99.7\%）$$

【例 16-9-6】 工程测量中，常以最大剩余误差σ_i的绝对值是否小于3σ（σ为标准方差）作为判定存在疏忽误差的依据。按此估计方法，所取的置信概率为：

A. 0.683　　　　　B. 0.954　　　　　C. 0.997　　　　　D. 0.999

解　测量结果表达式$x = \overline{x} + 3\sigma_{\overline{x}}$的置信度为 99.7%。选 C。

16.9.4　间接测量最优值、标准误差、误差传播理论、微小误差原则、误差分配

由于某些被测量不能进行直接测量，如散热器的传热系数、热物理中的准则数、空气的焓值等，因而必须进行间接测量。即通过直接测量与被测量有一定函数关系的其他量，并根据函数关系计算出被测量。因此，间接测量的量就是直接测量得到的各个测量量的函数，假定间接被测量Y与直接测量的有关量$X_1, X_2, \cdots, X_m$为有以下的函数关系

$$Y = f(X_1, X_2, \cdots, X_m) \tag{16-9-10}$$

其中，$X_1, X_2, \cdots, X_m$为m个可直接测量的独立自变量。如果得到了$X_1, X_2, \cdots, X_m$的最优概值$X_{1_0}, X_{2_0}, \cdots, X_{m_0}$和标准误差$\sigma_1, \sigma_2, \cdots, \sigma_m$，就可以得到间接测量值的最优概值及其标准误差。

1）间接测量的最优概值

间接测量值的最优概值Y_0可以把各直接测量量的最优概值代到式（16-9-10）中求得。即

$$Y_0 = f(X_{1_0}, X_{2_0}, \cdots, X_{m_0}) \tag{16-9-11}$$

其中，$X_{1_0}, X_{2_0}, \cdots, X_{m_0}$ 为 m 个可直接测量的独立自变量 $X_1, X_2, \cdots, X_m$ 的最优概值，即算术平均值。

2）间接测量的标准误差

在直接测量中，测量误差就是被测量的误差；而在间接测量中，测量误差是各个测量值的函数。因此，研究间接测量的误差也就是分析各直接测量的误差量是怎样通过已知的函数关系传递到间接被测量的。测量 $\{Y_i\}$ 同直接测量一样，定义它的测量列标准误差为

$$\sigma_Y = \sqrt{\frac{1}{n-1} \sum_{i=1}^{n} u_i^2} \qquad (16\text{-}9\text{-}12)$$

其中，$u_i = Y_i - Y_0$ 为间接测量值 Y_i 的剩余误差，则利用式（16-9-11）的泰勒级数展开式可以推得

$$\sigma_Y = \sqrt{\sum_{i=1}^{m} \left(\frac{\partial f}{\partial X_i}\right) \sigma_i^2} \qquad (16\text{-}9\text{-}13)$$

其中，$\frac{\partial f}{\partial x_i}\sigma_i$ 称为自变量 X_i 的部分误差，记作 D_i，这样，式（16-9-13）就变为

$$\sigma_Y = \sqrt{D_1^2 + D_2^2 + \cdots D_m^2} = \sqrt{\sum_{i=1}^{m} D_i^2} \qquad (16\text{-}9\text{-}14)$$

如果用相对误差来表示，则为

$$\sigma_{0Y} = \frac{\sigma_Y}{Y_0} = \sqrt{\sum_{i=1}^{m} \left(\frac{D_i}{Y_0}\right)} = \sqrt{\sum_{i=1}^{m} D_{0i}^2} \qquad (16\text{-}9\text{-}15)$$

式中：σ_{0Y}——Y 的相对标准误差；

D_{0i}——X_i 的相对部分误差。

式（16-9-13）~式（16-9-15）一起被称为误差累积定律或误差传播定律。

3）间接测量的误差传播理论

设直接测量量为 x_1、x_2、$\cdots$、x_n，间接测量量为 y。它们满足函数关系 $y = f(x_1, x_2, \cdots, x_n)$，并设 x_i 之间彼此独立，x_i 的绝对误差为 Δx_i，y 的绝对误差为 Δy，则

绝对误差传递

$$\Delta y = \sum_{i=1}^{n} \frac{\partial y}{\partial x_i} \Delta x_i \qquad (16\text{-}9\text{-}16)$$

相对误差传递

$$y_y = \frac{\Delta y}{y} = \sum_{i=1}^{n} \frac{\partial y}{\partial x_i} \frac{\Delta x_i}{y} \qquad (16\text{-}9\text{-}17)$$

4）间接测量的误差分配

设直接测量量为 x_1、x_2、$\cdots$、x_n 间接测量量为 y。它们满足函数关系 $y = f(x_1, x_2, \cdots, x_n)$，则间接测量的标准误差为

$$\sigma_y = \sqrt{\left(\frac{\partial f}{\partial x_1}\right)^2 \left(\frac{\hat{\sigma}_{x_1}}{y}\right)^2 + \left(\frac{\partial f}{\partial x_2}\right) \left(\frac{\hat{\sigma}_{x_2}}{y}\right) + \cdots \cdots \left(\frac{\partial f}{\partial x_n}\right) \hat{\sigma}_{x_n}^2} \qquad (16\text{-}9\text{-}18)$$

现 $\hat{\sigma}_y$ 已给定 $\hat{\sigma}_{x_1}, \hat{\sigma}_{x_2}, \cdots, \hat{\sigma}_{x_n}$。按等作用原则分配误差

$$\frac{\partial f}{\partial x_1}\hat{\sigma}_{x_1} = \frac{\partial f}{\partial x_2}\hat{\sigma}_{x_2} = \cdots = \frac{\partial f}{\partial x_n}\hat{\sigma}_{x_n} \qquad (16\text{-}9\text{-}19)$$

从而

$$\hat{\sigma}_y = \sqrt{n}\frac{\partial f}{\partial x_i}\hat{\sigma}_{x_i} \quad (i = 1,2,\cdots,n) \tag{16-9-20}$$

得

$$\hat{\sigma}_{x_i} = \hat{\sigma}_y \Big/ \left(\sqrt{n}\frac{\partial f}{\partial x_i}\right) \tag{16-9-21}$$

如果各个直接测量值误差满足式（16-9-21），则所得的函数间接误差不会超过允许误差的给定值。

5）按微小误差准则处理误差

在误差传播公式（16-9-14）中，若有一部分误差D_k可以忽略不计，则令

$$\hat{\sigma}_y \approx \hat{\sigma}_y' = \sqrt{\sum_{i=1}^m D_i^2 - D_k^2} \tag{16-9-22}$$

这里的$\hat{\sigma}_y$与σ_y的第一位有效数字一样（因为误差一般只取两位有效数字，而第一位是可靠数字），只是第二位有效数字有差别，则称D_k为微小误差，据此可得

$$\sigma_y - \sigma_y' \leqslant 0.005\sigma_y$$

从而得

$$0.95\sigma_y \leqslant \sigma_y'$$

将上述不等式两边平方有

$$0.902\sigma_y^2 \leqslant \sigma_y'$$

而

$$\sigma_y'^2 = \sum_{i=1}^m D_i^2 - D_k^2 = \sigma_y^2 - D_k^2$$

因此有

$$0.9025\sigma_y'^2 \leqslant \sigma_y^2 - D_k^2$$

$$D_k^2 \leqslant 0.097\,5\sigma_y^2$$

开方得

$$D_k \leqslant 0.312\sigma_y$$

或

$$D_k < \sigma_y/3$$

这就是微小误差的条件。所以"微小误差准则"就是：当某个自变量的部分误差小于函数（间接测量值）标准误差的三分之一时，这个部分误差即可忽略不计。

显然对于所有的数学、物理常数总可以取得它的近似值到足够精度而使微小误差的条件得以满足，即由此引起的部分误差小于1/3的函数的标准误差，从而把它忽略掉。

16.9.5　组合测量原理

当某项测量结果需要用多个未知参数表达时，可通过改变测量条件进行多次测量，根据测量量与未知参数间的函数关系列出方程组并求解，进而得到未知量。

16.9.6　最小二乘法原理

实际测量所得到的一系列数据中的每一个随机误差X_i都相互独立，服从正态分布。如果测量列为$\{X_i\}$等精度测量，为了求得最优概值X_0，则必须有

$$\sum_{i=1}^n v_i^2 = 最小$$

即在等精度测量中，为了求未知量的最优概值，就要使各测量值的残差平方和为最小，这就是最小二乘法原理。

16.9.7 经验公式法

实验中，设测量出自变量和因变量多组对应值为x_i、y_i，其中$i = 1, 2, \cdots, n$，它们反映着两个物理量x，y的内在关系。把由这些测量值寻找出的函数关系叫经验公式。把由二维数组寻找经验公式的过程叫拟合。拟合的任务是建立经验公式的函数形式并确定其中的常数。

16.9.8 相关系数

相关系数是描述两个变量(x, y)之间线性相关密切程度的指标，用R表示。

$$R = \frac{\sum\limits_{i=1}^{n} (x_i - \overline{x})(y_i - \overline{y})}{\sqrt{\sum (x_i - \overline{x})^2 \sum (y_i - \overline{y})^2}} \qquad (16\text{-}9\text{-}23)$$

物理意义：

（1）当所有Y_i的值都落在回归线上，$R = \pm 1$。

（2）当Y与x完全不存在线性关系时，$R = 0$。

（3）当R的值在 0 与± 1之间时，如果其值与指定置信度下相关系数临界值$R_{p \cdot f}$比较，满足$|R| > R_{p \cdot f}$，就可以认为这一回归线是有意义的。

16.9.9 回归分析

回归分析是一种处理变量间相关关系的数量统计方法。它主要解决以下几方面的问题。

（1）确定几个特定的变量之间是否存在相关关系，如果存在的话，找出它们之间合适的相关关系式。

（2）根据一个或几个变量的值，预测或控制另一个变量的值，并要知道这种预测或控制可达到的精密度。

（3）进行因素分析。例如在对于共同影响一个变量的许多变量因素中，找出哪些是主要因素，哪些是次要因素，这些因素间又是什么联系。

16.9.10 显著性检验及分析

显著性检验是指对存在着差异的两个样本平均值之间，或样本平均值与总体真值之间是否存在"显著性差异"的检验。

在实际工作中，往往会遇到对被测标准量进行测定时，所得到的平均值与标准值不完全一致；或者采用两种不同的测量法或不同的测量仪表或不同的测量人员对同一被测量进行测量时，所得的测量平均值有一定的差异。显著性检验就是检验这种差异是由随机误差引起还是由系统误差引起。如果存在"显著性差异"，就认为这种差异是由系统误差引起；否则这种误差就是由随机误差引起，认为是正常的。

16.9.11 过失误差处理

可采取物理判断法和统计判断法。

对于人为因素或仪器失准而造成的，随时发现随时剔除，这是物理判断法。

统计判断法有很多种，最简单的是拉伊达准则：因大于 3 倍标准偏差的随机误差出现的可能性很小，当出现大于 3 倍标准偏差的测量值时，可以认为是坏值而剔除，但测量次数必须大于 10 次。

16.9.12 系统误差处理方法及消除方法

消除已定系统误差的方法：引入修正值。

消除产生误差的因素，如控制环境条件、提高灵敏度等。

替代法：测量未知量后，记下读数，再测可调的已知量，使仪表指示与上次相同，此时未知量就等于已知量。

正负误差补偿法：适当安排测量方法，对同一量做两次测量，使恒定系差在两次测量中方向相反，取两次读数的算术平均值。

消除线性变化的系统误差可采用对称观测法。

【例 16-9-7】 可用于消除线性变化的累进系统误差的方法是：

    A. 对称观测法   B. 半周期偶数观测法

    C. 对置法   D. 交换法

解 消除线性变化的系统误差可采用对称观测法。选 A。

16.9.13 误差的合成定律

1）随机误差的合成

若测量结果中有 k 个彼此独立的随机误差，各个误差互不相关，各单次测量误差的标准方差分别为 $\sigma_1, \sigma_2, \cdots, \sigma_n$，则 k 个独立随机误差的综合效应是它们的方和根，即综合后误差的标准差 σ 为

$$\sigma = \sqrt{\sum_{i=1}^{n} \sigma_i^2} \tag{16-9-24}$$

在计算综合误差时，经常用极限误差合成。只要测量次数足够多，可按正态分布来处理，极限误差 l_i 为

$$l_i = 3\sigma_i \tag{16-9-25}$$

合成的极限误差 l 为

$$l = \sqrt{\sum_{i=1}^{n} l_i^2} \tag{16-9-26}$$

2）确定的系统误差的合成

（1）代数合成法。已知各系统误差的分量 $\varepsilon_1, \varepsilon_2, \cdots, \varepsilon_m$ 大小及符号，可采用各分量的代数和求得总系统误差 ε，即

$$\varepsilon = \varepsilon_1 + \varepsilon_2 + \cdots + \varepsilon_m = \sum_{i=1}^{m} \varepsilon_i \tag{16-9-27}$$

（2）绝对值合成法。在测量中只能估计出各系统误差分量 $\varepsilon_1, \varepsilon_2, \cdots, \varepsilon_m$ 的数值大小，但不能确定其符号时，可采用最保守的合成方法，绝对值合成法

$$\varepsilon = \pm(|\varepsilon_1| + |\varepsilon_2| + \cdots + |\varepsilon_m|) = \sum_{i=1}^{m} \varepsilon_i \tag{16-9-28}$$

对于 $m > 10$ 情况下，绝对值合成法对误差的估计往往偏大。

（3）方和根合成法。在测量中只能估计出各系统误差分量 $\varepsilon_1, \varepsilon_2, \cdots, \varepsilon_m$ 的数值大小，但不能确定其

符号时，且测量中系统误差的分量比较多（m 较大，$m > 10$）时，各分量最大值同时出现的概率是不大的，它们之间可以抵消一部分。因此，如果仍按绝对值合成法计算总的系统误差 ε，显然对误差的估计偏大。此种情况可采用方和根合成法，即

$$\varepsilon = \pm\sqrt{\varepsilon_1^2 + \varepsilon_2^2 + \cdots + \varepsilon_m^2} = \pm\sqrt{\sum_{i=1}^{m}\varepsilon_i^2} \qquad (16-9-29)$$

3）不确定的系统误差的合成

（1）各系统不确定度 e_p 线性相加，得总的不确定度，即

$$e = \pm\sum_{p=1}^{q}e_p \qquad (16-9-30)$$

此方法比较安全，但误差估计偏大，特别是 q 比较大时，更为突出。所以在 $q < 10$ 时，才能应用此法。当 $q > 10$ 时可用下面的方法。

（2）方和根合成法，即

$$e = \pm\sqrt{\sum_{p=1}^{q}e_p^2} \qquad (16-9-31)$$

（3）由系统部确定度 e_p 算出标准差 σ_p，再取方和根合成，即

$$\sigma = \pm\sqrt{\sum_{p=1}^{q}\sigma_p^2} = \sqrt{\sum_{p=1}^{q}\left(e_p/k_p\right)^2} \qquad (16-9-32)$$

4）随机误差与系统误差的合成

设在测量结果中，有 k 个独立的随机误差，用极限误差表示为：$L_1, L_2, \cdots, L_m$，合成的极限误差为

$$l = \sqrt{\sum_{i=1}^{k}l_i^2} \qquad (16-9-33)$$

设在测量结果中，有 m 个确定的系统误差，其值分别为 $\varepsilon_1, \varepsilon_2, \cdots, \varepsilon_m$，合成误差为

$$\varepsilon = \sqrt{\sum_{j=1}^{m}\varepsilon_j} \qquad (16-9-34)$$

设在测量结果中，还有 q 个不确定的系统误差，其不确定度为

$$e = \pm\sum_{p=1}^{q}e_p \qquad (16-9-35)$$

则测量结果的综合误差为

$$\Delta = \varepsilon \pm (e + l) \qquad (16-9-36)$$

【例 16-9-8】 有一测温系统，传感器基本误差为 $\sigma_1 = \pm0.4℃$，变温器基本误差为 $\sigma_2 = \pm0.4℃$，显示记录基本误差为 $\sigma_3 = \pm0.6℃$，系统工作环境与磁干扰等引起的附加误差为 $\sigma_4 = \pm0.6℃$，这一测温系统的误差是：

    A. $\sigma = \pm1.02℃$ B. $\sigma = \pm0.5℃$ C. $\sigma = \pm0.6℃$ D. $\sigma = \pm1.41℃$

解 根据公式（16-9-34），可以求得这一测温系统的误差为 $\pm1.41℃$。选 D。

【例 16-9-9】 在测量结果中，有 1 项独立随机误差 Δ_1，2 个已定系统误差 E_1 和 E_2，2 个未定系统误差 e_1 和 e_2，则测量结果的综合误差为：

    A. $(E_1 + E_2) \pm \left[(e_1 + e_2) + \sqrt{\Delta_1^2}\right]$ B. $(e_1 + e_2) \pm \left[(E_1 + E_2) + \sqrt{\Delta_1^2}\right]$

C. $(e_1 + e_2) \pm \left[(E_1 + E_2) + \sqrt{\Delta_1}\right]$ 　　　　　D. $(E_1 + E_2) \pm \left[(e_1 + e_2) + \sqrt{\Delta_1}\right]$

解　设在测量结果中，有个独立的随机误差，用极限误差表示为：$l_1, l_2, \cdots, l_m$，合成的极限误差

为 $l = \sqrt{\sum\limits_{i=1}^{k} l_i^2}$

设在测量结果中，有 m 个确定的系统误差，其值分别为 $\varepsilon_1, \varepsilon_2, \cdots, \varepsilon_m$，合成误差为 $\varepsilon = \sqrt{\sum\limits_{j=1}^{m} \varepsilon_j}$

设在测量结果中，还有 q 个不确定的系统误差，其不确定度为 $e = \pm \sum\limits_{p=1}^{q} e_p$

则测量结果的综合误差为 $\Delta = \varepsilon \pm (e + l)$

选 A。

经典练习

16-9-1　下列关于回归分析的描述中，错误的是（　　　）。

　　A. 确定几个特定的变量之间是否存在相关关系，如果存在的话，找出他们之间合适的相关关系式

　　B. 根据一个或几个变量的值，预测或控制另一个变量的值

　　C. 从一组测量值中寻求最可信赖值

　　D. 进行因素分析

16-9-2　应用最小二乘法从一组测量值中确定最可信赖值的前提条件不包括（　　　）。

　　A. 这些测量值不存在系统误差和粗大误差

　　B. 这些测量值相互独立

　　C. 测量值线性相关

　　D. 测量值服从正态分布

16-9-3　下列关于过失误差的叙述中，错误的是（　　　）。

　　A. 过失误差就是"粗大误差"

　　B. 大多数由于测量者粗心大意造成的

　　C. 其数值往往大大的超过同样测量条件下的系统误差和随机误差

　　D. 可以用最小二乘法消除过失误差的影响

16-9-4　下列措施中与消除系统误差无关的是（　　　）。

　　A. 采用正确的测量方法和原理依据

　　B. 测量仪器应定期检定、校准

　　C. 尽可能采用数字显示仪器代替指针式仪器

　　D. 剔除严重偏离的坏值。

参考答案及提示

16-1-1　A

16-1-2　B　由精度的定义可知，该仪表的最大绝对误差为：

$$\Delta_{\max} = 2.5\% \times (100 - 0) = 2.5\text{kPa}$$

因仪表的刻度标尺的分格值不应小于其允许误差所对应的绝对误差值，故其刻度标尺最少可分为 $\frac{100-0}{2.5} = 40$ 格。

16-1-3　C

16-1-4　C

16-2-1　D

16-2-2　B

16-2-3　D

16-2-4　D

16-2-5　C

16-2-6　A

16-2-7　A

16-2-8　B

16-3-1　D

16-3-2　D

16-3-3　D

16-3-4　B

16-3-5　D

16-3-6　B

16-4-1　C

16-4-2　D　霍尔压力传感器的灵敏度 k_H 值与温度有关。

16-4-3　A

16-4-4　D

16-4-5　C

16-4-6　C

16-4-7　D

16-4-8　A

16-4-9　A

16-5-1　C　根据是利用流体的全压和静压之差——动压 Δp 来测量流速。对于稳定流动可根据伯努利方程与静压之差 Δp 与流速 v 之间的关系：$v = \sqrt{\dfrac{2\Delta p}{\rho}}$。

16-5-2　D

16-5-3　A

16-5-4　D

16-5-5　D

16-6-1　B　皮托管测得动压$\Delta p = pv^2/2$，确定取压口处的流速$v = (2\Delta p/\rho)^{1/2}$，根据雷诺数$\text{Re}_D = vD/v$确定流动状态，依测压管所处半径位置和管内速度分布规律确定测点速度和平均速度的关系，从而计算出流量。

16-6-2　C

16-6-3　C　$q_m = a\dfrac{\pi}{4}d^2\sqrt{2\rho\Delta p}$。

16-6-4　C　超声波流量计在传播时间差$\Delta\tau = \dfrac{L}{C-v} - \dfrac{L}{C+v} = \dfrac{2Lv}{C^2-v^2}$

当$K_p = \sqrt{\dfrac{\rho_1}{\rho_2}}C \gg v$时，$\Delta\tau \approx \dfrac{2Lv}{C^2}$

根据温度的变化，烟气超声波的速度也在变化，则可求出不同温度下的时间差之后，再求出温度变化对时间差的影响是多少。

16-6-5　C

16-6-6　B　由涡轮流量计的计算公式$Q = f/\xi$，可得：

$$f = \xi Q = 37.1\ 次/\text{L} \times 50\text{m}^3/\text{h}$$

16-9-1　C

16-9-2　C

16-9-3　D

16-9-4　D

17　机械基础

| 考题配置 | 单选，9 题 |
| 分数配置 | 每题 2 分，共 18 分 |

复习指导

机械基础主要介绍各种常用机构（包括连杆机构、凸轮机构、齿轮机构、间歇运动机构等）和通用零件（包括连接件、传动件、轴系零部件等）的工作原理和设计计算方法。要求学生能够熟练掌握机械设计的基本准则，平面自由度计算方法，以及各种常用机构和通用零件的形式、分类、主要参数、工作原理和设计计算方法。

17.1　概述

考试大纲☞：机械设计的一般原则和程序　机械零件的设计准则　许用应力和安全系数

17.1.1　机械基本概念

通常，机械相关的几个基本概念涉及机器、机构、机械、装置等。

机器：指由各种金属和非金属部件组装成的装置。消耗能源，可以运转、做功。可用来代替人的劳动，进行能量变换、信息处理，以及产生有用功。有三个主要特征：

①人为实物的组合体实体；

②组成它们的各部分具有确定的相对运动；

③能实现能量转换或物料输送。

机器的主体部分通常是由很多机构组成的。

机构：指由两个或两个以上构件通过活动连接形成的构件系统，机构应当具有确定的相对运动。

机械：是机器与机构的总称。机械是能帮人们降低工作难度或省力的工具装置。

装置：是实现一定具体功能的构件系统，可以理解为"简化版"的机械。

17.1.2　机械设计的一般原则和程序

1）机械设计的一般原则

虽然不同的机械其功能和外形都不相同，但它们设计的基本原则大体是相同的。

（1）功能性原则。满足机器预定的工作要求，如机器工作部分的运动形式、速度、运动精度和平稳性、需要传递的功率，以及某些使用上的特殊要求（如高温、防潮等）。

（2）安全可靠性原则。

①使整个技术系统和零件在规定的外载荷和规定的工作时间内，能正常工作而不发生断裂、过度

变形、过度磨损，不丧失稳定性。

②能实现对操作人员的防护，保证人身安全和身体健康。

③对于技术系统的周围环境和人不造成危害和污染，同时保证机器对环境的适应性。

（3）经济性原则。设计制造的经济性表现在产品的成本低，使用经济性表现为高效率、低能耗，以及较低的管理和维护费用等。

（4）其他原则。机械系统外形美观，便于操作和维修。此外还必须考虑有些机械由于工作环境和要求不同，而对设计提出某些特殊要求，如食品卫生条件、耐腐蚀、高精度要求等。

2）机械设计的一般程序

机械设计就是建立满足功能要求的技术系统的创造过程。机械设计一般过程为：

（1）计划阶段。对所设计的机器的需求情况做充分的调查研究和分析，在此基础上，明确设计任务，最后形成设计任务书。

（2）方案设计阶段。对设计任务书提出的机器功能进行综合分析，提出可供比较评价的多种设计方案，从中选取最佳方案。最后确定出功能参数，作为进一步设计的依据。

（3）技术设计阶段。技术设计阶段包括以下内容：①机构运动学设计；②机器动力学的分析与计算；③零件工作能力的初步设计与计算；④总装配草图和部件装配草图的设计。

（4）试制、试用与改进阶段。通过样机的试制、试用，可以发现设计、加工、安装、调试及使用过程中出现的问题，对设计进行修改和完善，直至达到设计要求，最后产品才能定型。

【例 17-1-1】 设计一台机器包含以下几个阶段，它们进行的合理顺序大体为：

    a. 技术设计阶段   b. 方案设计阶段   c. 计划阶段

    A. a-c-b   B. b-a-c   C. b-c-a   D. c-b-a

解 机械设计的一般程序是：①计划阶段；②方案设计阶段；③技术设计阶段；④试制、试用与改进阶段。选 D。

【例 17-1-2】 具有"人为实物的组合体实体、组成它们的各部分具有确定的相对运动、能实现能量转换或物料输送"这三个特征的系统称为：

    A. 机器   B. 机械   C. 机构   D. 装置

解 机器是由各种金属和非金属部件组装成的装置，具有题干所示的三个特征。选 A。

17.1.3 机械零件的失效形式及设计准则

1）机械零件的失效形式

机械零件在预定的时间内和规定的条件下，不能完成正常的功能，称为失效。失效形式主要有断裂、过大的残余应变、表面磨损、腐蚀、零件表面的接触疲劳和共振等。机械零件的失效形式与许多因素有关，具体取决于该零件的工作条件、材质、受载状态及其所产生的应力性质等多种因素。即使是同一种零件，由于材质及工作情况不同，也可能出现各种不同的失效形式。如轴工作时，由于受载情况不同，可能出现断裂、过大塑性变形、磨损等失效形式。

2）机械零件的设计准则

为了使设计零件能在预定时间内和规定工作条件下正常工作，应满足下面的基本准则：

（1）强度准则

强度准则就是指零件的应力不得超过允许的限度，即

$$\sigma \leqslant [\sigma]$$

式中：$[\sigma]$ ——许用应力。

（2）刚度准则

刚度是指零件在荷载的作用下，抵抗弹性变形的能力。刚度准则要求零件在荷载作用下的弹性变形 y 在许用值 $[y]$ 之内，其表达式为 $y \leqslant [y]$。

（3）寿命准则

一些零件在工作初期时能满足各种要求，但在工作一定时间以后，会由于种种原因而失效，该零件能够正常工作所延续的时间称为零件的工作寿命。影响零件寿命的主要因素有腐蚀、磨损和疲劳等。

（4）振动稳定性准则

对于高速运动或刚度较小的机械，在工作时应避免发生共振。振动稳定性准则要求所设计零件的固有频率 f_P 应与其工作时所受激振源的频率 f 错开，即：当 $f_P > f$ 时，要求 $f_P > 1.15f$；当 $f_P < f$ 时，要求 $f_P < 0.85f$。

（5）可靠性准则

机械系统的可靠性是由零件的可靠性来保证的。对于重要的机械零件要求计算其可靠度 R，并作为可靠性的指标。

如有 N_0 件某种零件，在一定的工作条件下进行试验，经 t 时间后，失效 N_f 件，而有 N_s 件仍能正常地工作，则此零件在该工作环境条件下，工作 t 时间的可靠度 R 可表示为

$$R = \frac{N_s}{N_0} = 1 - \frac{N_f}{N_0}$$

17.1.4 许用应力和安全系数

1）许用应力

机械零件按强度条件判定的方法：比较危险截面处的计算应力是否小于零件材料的许用应力，即

$$\sigma \leqslant [\sigma]，而 [\sigma] = \frac{\sigma_{lim}}{S} \qquad (17-1-1)$$

$$\tau \leqslant [\tau]，而 [\tau] = \frac{\tau_{lim}}{S} \qquad (17-1-2)$$

式中：σ_{lim}、τ_{lim} ——极限正应力和极限切应力；

$\quad\quad S$ ——安全系数。

许用应力取决于应力的种类、零件材料的极限应力和安全系数等。按照随应力时间变化的情况，可分为静应力和变应力。不随时间变化的应力，称为静应力，纯粹的静应力是没有的，但如变化缓慢，就可看作是静应力。随时间变化的应力，称为变应力；具有周期性的变应力称为循环变应力。静应力下，零件材料有两种损坏形式：断裂或塑性变形。变应力下，零件的主要损坏形式是疲劳断裂。

2）安全系数

安全系数的数值对零件尺寸有很大影响。如果安全系数定得过大将使结构笨重；如果定得过小，有可能不够安全。

可参考下述原则来确定安全系数：

（1）静应力下，塑性材料以屈服点为极限应力。由于塑性材料可以缓和过大的局部应力，故可称 $S = 1.2 \sim 1.5$。对于塑性较差的材料 $\left(\frac{\sigma_S}{\sigma_B} > 0.6\right)$ 或铸钢件，可取 $S = 1.2 \sim 2.5$。

（2）静应力下，脆性材料以强度极限为极限应力。这时取较大的安全系数。例如，对于高强度钢或铸铁件可取 $S = 3\sim4$。

（3）变应力下，以疲劳极限作为极限应力，可取 $S = 1.3\sim1.7$；若材料不够均匀，计算不够精确时可取 $S = 1.7\sim2.5$。

【例 17-1-3】 机械零件的工作安全系数是：

A. 零件材料的极限应力比许用应力

B. 零件材料的极限应力比零件的工作应力

C. 零件的工作应力比许用应力

D. 零件的工作应力比零件的极限应力

解　由许用应力 $\sigma \leqslant [\sigma] = \dfrac{\sigma_{\text{lim}}}{S} = \dfrac{\sigma_{\text{s}}}{S}$，可知工作安全系数是零件材料的极限应力比许用应力。选 A。

【例 17-1-4】 在进行疲劳强度计算时，其极限应力应是材料的：

A. 屈服极限　　　　　B. 强度极限　　　　　C. 疲劳极限　　　　　D. 弹性极限

解　进行疲劳强度计算时，其极限应力应是材料的疲劳极限。选 C。

【例 17-1-5】 对于塑性材料制成的机械零件，进行静强度计算时，其极限应力为：

A. σ_{b}　　　　　B. σ_{s}　　　　　C. σ_0　　　　　D. σ_{-1}

解　对于塑性材料，按不发生塑性变形的条件进行计算，应取材料的屈服极限 σ_{s} 作为极限应力。选 B。

经典练习

17-1-1　零件中的应力 σ 和许用应力 $[\sigma]$ 之间应满足的关系是（　　　　）。

A. $\sigma \geqslant [\sigma]$　　　　　B. $\sigma = [\sigma]$　　　　　C. $\sigma \leqslant [\sigma]$　　　　　D. $\sigma \neq [\sigma]$

17-1-2　有 50 件某种零件，经 t 时间后，失效 5 件，而有 45 件仍能正常地工作，则此零件的可靠度 R 为（　　　　）。

A. 0.85　　　　　B. 0.75　　　　　C. 0.9　　　　　D. 0.25

17.2　平面机构的自由度

考试大纲☞：运动副及其分类　平面机构运动简图　平面机构的自由度及其具有确定运动的条件

17.2.1　运动副及其分类

机构中两构件之间直接接触并能做相对运动的可动连接，称为运动副。例如轴与轴承之间的连接，活塞与汽缸之间的连接，凸轮与推杆之间的连接等。

尽管运动副的形式很多，但都是通过点、线或面的接触来实现的。按照不同的接触特性，通常把运动副分为低副和高副两大类。

1）低副

两构件通过面接触组成的运动副称为低副。根据两构件间的相对运动形式，低副又分为移动副和转动副。两构件间的相对运动为直线运动的，称为移动副，如图 17-2-1 所示；两构件间的相对运动为转动的，称为转动副或称为铰链副，如图 17-2-2 所示。

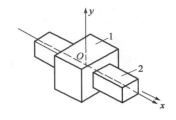

图 17-2-1　移动副

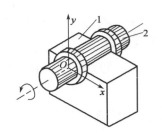

图 17-2-2　转动副

2）高副

两构件通过点或线接触组成的运动副称为高副，如图 17-2-3 所示的凸轮 1 与从动件 2、齿轮 1 与齿轮 2 分别在其接触处 A 组成高副。组成平面高副两构件间的相对运动是沿接触处切线 t t 方向的相对移动和在平面内的相对转动。

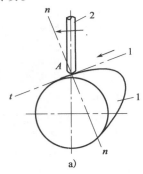
a)

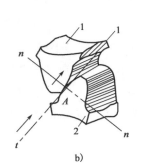
b)

图 17-2-3　高副

【例 17-2-1】平面运动副可分为：

  A. 移动副和转动副   B. 螺旋副和齿轮副

  C. 高副和低副   D. 螺旋副和球面副

解　平面运动副按其接触情况分类，可分为高副和低副。选 C。

【例 17-2-2】下面属于高副的运动副是：

  A. 螺旋副   B. 移动副   C. 转动副   D. 齿轮副

解　在所列出的运动副中只有齿轮副属于高副。选 D。

17.2.2　平面机构运动简图

机构中的构件按其运动性质可以分为三类：

（1）固定件。它是用来支撑活动构件的构件，在分析机构中活动构件的运动时，常以固定构件作为参考系。

（2）原动件。是运动规律已知的活动构件。它的运动是由外界输入的，故又称输入构件。

（3）从动件。是机构中随着原动件的运动而运动的其他活动构件。

实际机构的外形结构比较复杂，而构件之间的相对运动又与其外形等因素无关，只与机构中所有构件的数目和构件所组成的运动副的数目、类型、相对位置有关，因此，在研究机构的运动时，可以不考虑那些与运动无关的因素，而用简单的线条和符号来代表构件和运动副，如表 17-2-1 所示。这种用简单的线条和符号表示机构各构件间相对运动关系，并按一定比例确定各运动副的相对位置的图形，称为机构运动简图。

17.2.3　平面机构的自由度及其具有确定运动的条件

1）机构确定运动的条件

机构自由度必须大于零，且原动件数与其自由度必须相等。

2）平面机构自由度

平面机构中每个独立运动的构件具有三个自由度，设该机构中有 n 个可动构件（不含机架），则有 $3n$ 个自由度。当两个构件组成运动副以后，它们的相对运动就受到约束，自由度即相应减少。每个低副使构件失去两个自由度，而每个高副使构件失去一个自由度。若构件中低副的数目为 P_L 个，高副的数目为 P_H 个，根据上面的分析，机构因引入运动副而失去的自由度总数应为 $2P_L + P_H$。显然，该机构的自由度 F 应为

$$F = 3n - (2P_L + P_H)$$

(17-2-1)

机构运动简图符号

表 17-2-1

名　称		符　号
低副	转动副	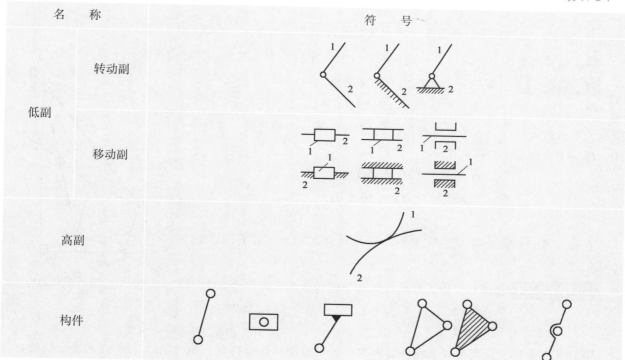
	移动副	
高副		
构件		

这就是计算平面机构自由度的公式。由公式可知，机构自由度 F 取决于活动构件的件数以及运动副的类型（低副或高副）和个数。

机构的自由度就是机构相对于机架所具有的独立运动的数目。

3）计算机构自由度时应注意的问题

应用式（17-2-1）计算平面机构自由度时，必须注意下述几种情况：

（1）复合铰链。两个以上构件在同一轴线上用转动副连接便形成复合铰链。如图 17-2-4a）所示是由三个构件组成的复合铰链，图 17-2-4b）是其侧视图。由图 17-2-4b）可以看出，这三个构件共组成两个转动副。同理，M 个构件在同一处带传动连接构成而成的复合铰链具有 $M-1$ 个转动副。

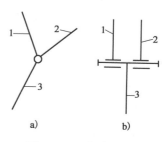

图 17-2-4　复合铰链

（2）局部自由度。机构中有时会出现这样一类自由度，它的存在与否都不影响整个机构的运动规律。这类自由度称局部自由度，在计算机构自由度时应予以消除。

（3）虚约束。在运动副中，有些约束对机构自由度的影响是重复的。这些重复的约束称为虚约束，在计算机构自由度时应除去不计。

平面机构中的虚约束常出现在下列场合：

①两个构件之间组成多个移动副，且方向平行时，则只有一个移动副起作用，其余都是虚约束。

②两个构件之间组成多个轴线重合的转动副时，只有一个转动副起作用，其余都是虚约束。例如两个轴承支持一根轴只能看作一个转动副。

③机构中传递运动不起独立作用的对称成分。

【例 17-2-3】 平面机构具有确定运动的充分必要条件为：

    A. 自由度数大于零

    B. 原动件数大于零

    C. 原动件数大于自由度数

    D. 原动件数等于自由度数且大于零

解 机构确定运动的条件是：机构原动件数等于机构自由度数，且自由度数大于零。选 D。

【例 17-2-4】 计算图示直线机构的自由度数。

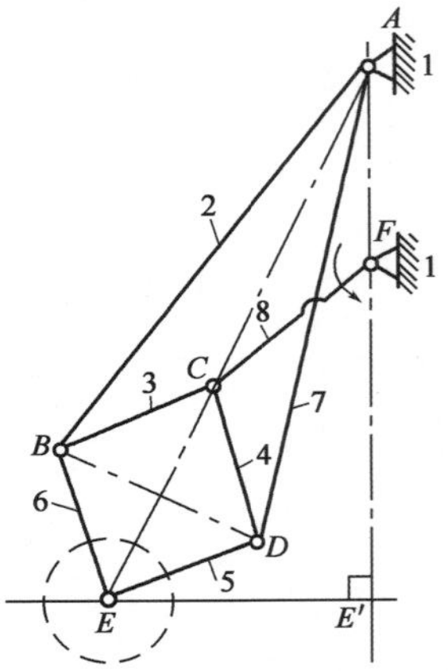

解 机构中有 7 个活动构件，$n = 7$；A、B、C、D 四处都是三个构件汇交的复合铰链，各有两个转动副，E、F 处各有一个转动副，故 $P_L = 10$，$P_H = 0$。由式（17-3）可得

$$F = 3n - (2P_L + P_H)$$
$$= 3 \times 7 - (2 \times 10 + 0)$$
$$= 1$$

自由度数 F 与机构原动件数相等。当原动件运动时，点 E 将沿 EE' 移动。

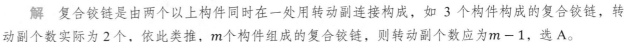

例 17-2-4 图　直线机构

【例 17-2-5】 由 m 个构件所组成的复合铰链包含的转动副个数为：

    A. $m - 1$　　　　　　　　　　B. m

    C. $m + 1$　　　　　　　　　　D. 1

解 复合铰链是由两个以上构件同时在一处用转动副连接构成，如 3 个构件构成的复合铰链，转动副个数实际为 2 个，依此类推，m 个构件组成的复合铰链，则转动副个数应为 $m - 1$，选 A。

【例 17-2-6】 计算图示滚子从动件凸轮机构的自由度数。

解 如图 a）所示，当原动件凸轮 1 转动时，通过滚子 3 驱动从动件 2 以一定运动规律在机架 4 中往复移动。不难看出，无论滚子 3 存在与否都不影响从动件 2 的运动。因此，滚子绕其中心的转动是一个局部自由度。在计算机构自由度数时，可设想将滚子与从动件焊成一体，如图 b）所示，这样转动副 C 便不存在。这时，机构具有 2 个活动构件，1 个转动副，1 个移动副和 1 个高副。由式（17-2-1）

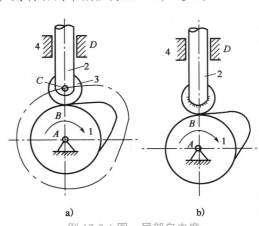

a)　　　　　　　　b)

例 17-2-6 图　局部自由度

可得机构自由度数为

$$F = 3n - (2P_L - P_H) = 3 \times 2 - （2 \times 2 + 1） = 1$$

局部自由度虽然与整个机构的运动无关，但滚子可使高副接触处变滑动摩擦为滚动摩擦，从而减少磨损和延长凸轮的工作寿命。

经典练习

17-2-1　两构件通过（　　）接触组成的运动副称为低副。

  A. 点   B. 线   C. 面   D. 体

17-2-2　6个构件交汇而成的复合铰链，可构成（　　）个转动副。

  A. 5   B. 4   C. 3   D. 2

17-2-3　如图所示机构中，机构的自由度数是（　　）。

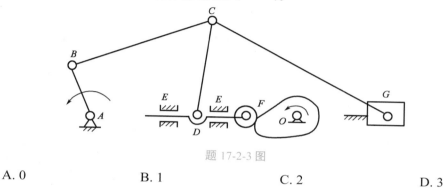

题 17-2-3 图

  A. 0   B. 1   C. 2   D. 3

17.3　平面连杆机构

考试大纲☞：铰链四杆机构的基本形式和存在曲柄的条件　铰链四杆机构的演化

17.3.1　铰链四杆机构的基本形式

  平面连杆机构是将各构件用转动副或移动副连接而成的平面机构。最简单的平面连杆机构是由四个构件组成的，简称平面四杆机构。它应用非常广泛，而且是组成多杆机构的基础。

  全部用转动副相连的平面四杆机构称为铰链四杆机构。如图 17-3-1 所示，机构的固定构件 4 称为机架，与机架用转动副相连的杆 1 和杆 3 称为连架杆，不与机架直接连接的杆 2 称为连杆。能做整周转动的连架杆，称为曲柄。仅能在某一角度摆动的连架杆，称为摇杆。对于铰链四杆机构来说，机架和连杆总是存在的，因此可按照连架杆是曲柄还是摇杆，将铰链四杆机构分为三种基本形式：曲柄摇杆机构、双曲柄机构和双摇杆机构。

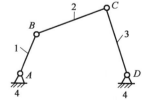

图 17-3-1　铰链四杆机构

17.3.2　曲柄存在的条件

  铰链四杆机构中是否存在曲柄，取决于机构各杆的相对长度和机架的选择。首先，分析存在一个曲柄的铰链四杆机构。如图 17-3-2 所示曲柄摇杆机构，杆 1 为曲柄，杆 2 为连杆，杆 3 为摇杆，杆 4 为机架，各杆长度以l_1、l_2、l_3、l_4表示，为保证曲柄 1 整周回转，曲柄 1 必须能顺利通过与连杆共线的两个位置AB'和AB''。

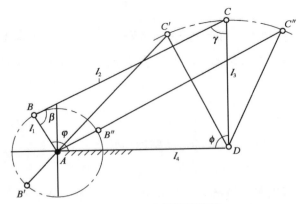

图 17-3-2　曲柄摇杆机构

当杆 1 处于AB'位置时，形成三角形$AC'D$。根据三角形任意两边之和必大于（极限情况下等于）第三边的定理可得

$$l_4 \leqslant (l_2 - l_1) + l_3$$

及

$$l_3 \leqslant (l_2 - l_1) + l_4$$

即

$$l_1 + l_4 \leqslant l_2 + l_3 \tag{17-3-1}$$
$$l_1 + l_3 \leqslant l_2 + l_4 \tag{17-3-2}$$

当杆 1 处于AB''位置时，形成三角形$AC''D$，可写出以下关系式

$$l_1 + l_2 \leqslant l_3 + l_4 \tag{17-3-3}$$

将式（17-3-2）、式（17-3-3）两两相加可得

$$l_1 \leqslant l_2，l_1 \leqslant l_3，l_1 \leqslant l_4$$

它说明杆 1 为最短，而杆 2、杆 3、杆 4 中必有一杆为最长杆。

上述关系说明：

（1）在曲柄摇杆机构中，曲柄是最短杆。

（2）最短杆与最长杆长度之和小于或等于其余两杆长度之和。

以上两条是曲柄存在的必要条件。

当各杆长度不变而取不同杆为机架时，可以得到不同类型的铰链四杆机构：

（1）以最短杆为机架时，可获得双曲柄机构。

（2）以最短杆的邻边为机架时，可获得曲柄摇杆机构。

（3）以最短杆的对边为机架时，可获得双摇杆机构。

由上述分析可知，最短杆和最长杆长度之和小于或等于其余两杆长度之和，是铰链四杆机构存在曲柄的必要条件。满足这个条件的机构究竟有一个曲柄、两个曲柄或没有曲柄，还需根据取何杆为机架来判断。

如果铰链四杆机构中的最短杆与最长杆长度之和大于其余两杆长度之和，则该机构中不可能存在曲柄，无论取哪个构件作为机架，都只能得到双摇杆机构。

【例 17-3-1】已知某平面铰链四杆机构各杆长度分别为100、68、56、200。则通过转换机架，可能构成的机构形式为：

　　　　　　A. 曲柄摇杆机构　　　　　　　　　　B. 双摇杆机构

C. 双曲柄机构   D. 以上选项均可

解 铰链四杆机构有曲柄的条件是：最短杆与最长杆长度之和小于或等于其余两杆长度之和（杆长条件）。如果铰链四杆机构不满足杆长条件，该机构不存在曲柄，则无论取哪个构件作机架都只能得到双摇杆机构。题中最短杆与最长杆长度之和 $56 + 200 = 256$，大于其余两杆长度之和 $100 + 68 = 168$，不满足杆长条件。选 B。

【**例 17-3-2**】 在铰链四杆机构中，若最短杆与最长杆长度之和小于其他两杆长度之和，为了得到双摇杆机构，应：

         A. 以最短杆为机架   B. 以最短杆的相邻杆为机架

         C. 以最短杆的对面杆为机架   D. 以最长杆为机架

解 最短杆与最长杆长度之和小于其他两杆长度之和，满足了铰链四杆机构有曲柄的条件，此时，若以最短杆的对面杆为机架，则机架上没有整转副，故可获得双摇杆机构。选 C。

17.3.3 曲柄摇杆机构的急回特性和死点位置

对于曲柄摇杆机构和其他某些平面四杆机构，有两个特性是值得注意的，即急回特性和死点位置。

1）曲柄摇杆机构的急回特性

如图 17-3-2 所示的曲柄摇杆机构中，当曲柄由 AB' 位置转动到 AB'' 位置时，摇杆从左端极限位置 $C'D$ 摆到右端极限位置 $C''D$（通常称正行程），这时曲柄转过的角度设为 α_1（$\alpha_1 = 180° + \angle C'AC''$）。又当曲柄由 AB'' 位置转动到位置 AB' 时，摇杆从左端极限位置 $C''D$ 摆到右端极限位置 $C'D$（通常称反行程），这时曲柄转过的角度设为 α_2（$\alpha_2 = 180° - \angle C'AC''$）。由于 $\alpha_1 > \alpha_2$，而正反行程的摆角相等，因此摇杆反行程时的平均摆动速度必然大于正行程时的平均摆动速度，这就是所谓的急回特性。在机械设计（例如牛头刨床设计）中，常利用机构的这一特性来缩短非生产时间，以提高劳动生产率。

2）曲柄摇杆机构的死点位置

如图 17-3-2 所示的曲柄摇杆机构中，如果曲柄是原动件，是不会出现卡死现象的。但如果相反，摇杆 CD 是原动件而曲柄 AB 是从动件（缝纫机踏板机构就是这种情况），那么，当摇杆 CD 摆到两个极限位置 $C'D$ 和 $C''D$ 时，曲柄与连杆共线，摇杆 CD 通过连杆加于曲柄的驱动力 F 正好通过曲柄的转动中心 A，则不能产生使曲柄转动的力矩。机构的这种位置称为死点位置。死点位置将使机构的从动件出现卡死或运动不确定的现象。对传动机构来说，死点是应设法加以克服的。例如可利用构件的惯性来保证机构顺利通过死点。缝纫机在工作中就是依靠带轮的惯性来通过死点的。

【**例 17-3-3**】 当不考虑摩擦力，下列何种情况时可能出现机构因死点存在而不能运动的情况？

         A. 曲柄摇杆机构，曲柄主动   B. 曲柄摇杆机构，摇杆主动

         C. 双曲柄机构   D. 选项 B 和 C

解 曲柄摇杆机构中，如果曲柄是原动件，是不会出现卡死现象的。但如果相反，摇杆是主动件而曲柄是从动件，那么，当摇杆摆到使曲柄与连杆共线的极限位置时，摇杆通过连杆加于曲柄的驱动力正好通过曲柄的转动中心，则不能产生使曲柄转动的力矩。机构的这种位置称为死点位置。选 B。

【**例 17-3-4**】 下列铰链四杆机构中能实现急回运动的是：

         A. 双摇杆机构   B. 曲柄摇杆机构

         C. 双曲柄机构   D. 对心曲柄滑块机构

解　曲柄摇杆机构中，摇杆反行程时的平均摆动速度大于正行程时的平均摆动速度，这就是所谓的急回特性。选 B。

【例 17-3-5】下列铰链四杆机构中，能实现急回运动的是：

　　　　A. 双摇杆机构　　　　　　　　　　B. 曲柄摇杆机构

　　　　C. 双曲柄机构　　　　　　　　　　D. 对心曲柄滑块机构

解　机构的急回特性用极位夹角 θ 来表征，只要机构的 θ 角度不为 0，就存在急回运动，可以知道对于双摇杆机构、双曲柄机构、对心曲柄滑块机构的极位夹角 θ 均为 0。选 B。

17.3.4　铰链四杆机构的演化

在实际机械中，平面连杆机构的形式是多种多样的，但其中绝大多数是在铰链四杆机构的基础上发展和演化而成。

1）曲柄滑块机构

如图 17-3-3a）所示的曲柄摇杆机构，铰链中心 C 的轨迹是以 D 为圆心、l_3 为半径的圆弧。如图 17-3-3b）所示，将摇杆 3 做成滑块形式，使其沿圆弧轨道往复滑动，则曲柄摇杆机构演化成为具有曲线轨道的曲柄滑块机构。若 l_3 增至无穷大，如图 17-3-3c）所示，则 C 点轨迹变成直线，曲线轨道演化成为直线轨道，原机构演化成为具有直线轨道的曲柄滑块机构。图 17-3-3c）为偏距为 e 的偏置曲柄滑块机构，当曲柄等速转动时，滑块 C 可实现急回运动。图 17-3-3d）中 C 点运动轨迹正好通过曲柄中心 A，称为对心曲柄滑块机构。曲柄滑块机构广泛应用于内燃机、空压机及冲床设备中。

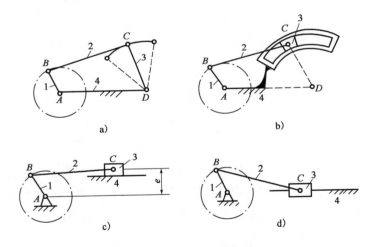

图 17-3-3　曲柄滑块机构

2）导杆机构

导杆机构可以看作是在曲柄滑块机构中选取不同构件为机架演化而成。如图 17-3-4a）所示的曲柄滑块机构，若改取杆 1 为固定构件，即得图 17-3-4b）所示导杆机构。杆 4 称为导杆，滑块 3 相对导杆滑动并一起绕 A 点转动。通常取杆 2 为原动件。当 $l_1 < l_2$ 时，杆 2 和杆 4 均可整周回转，称为转动导杆机构；当 $l_1 > l_2$ 时，杆 4 只能往复摆动，称为摆动导杆机构。

如图 17-3-4a）所示的曲柄滑块机构，若改取杆 2 为固定构件，即得图 17-3-4c）所示的滑动滑块机构，或称摇块机构；若改取杆 3 为固定构件，即得图 17-3-4d）所示的固定滑块机构，或称定块机构。

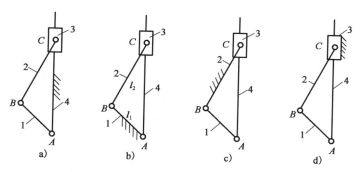

图 17-3-4 曲柄滑块机构演化

3）偏心轮机构

如图 17-3-5a）所示曲柄摇杆机构中，当曲柄AB的尺寸较小时，根据结构的需要，常将曲柄改为如图 17-3-5b）所示的偏心轮，其回转中心A至几何中心B的偏心距等于曲柄的长度，故称偏心轮机构。由图可知，偏心轮是回转副B扩大到包括回转副A而形成的。

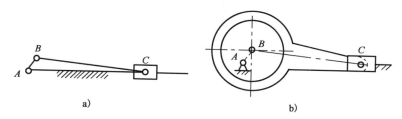

图 17-3-5 偏心轮机构

经典练习

17-3-1 根据尺寸判断图示四个平面连杆机构，分别是（　　　　）。

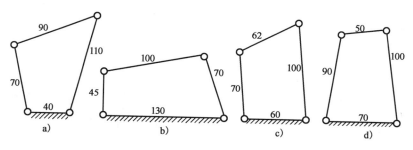

题 17-3-1 图

A. 双曲柄机构，双摇杆机构，双摇杆机构，曲柄摇杆机构

B. 双摇杆机构，双曲柄机构，双摇杆机构，曲柄摇杆机构

C. 双曲柄机构，曲柄摇杆机构，双摇杆机构，双摇杆机构

D. 曲柄摇杆机构，双曲柄机构，双摇杆机构，双摇杆机构

17-3-2 若不考虑摩擦力，当压力角为下列哪一项时，平面四轮机构将出现死点？（　　　　）

A. < 90°　　　　　　　B. > 90°　　　　　　　C. = 90°　　　　　　　D. = 0°

17.4 凸轮机构

考试大纲☞：凸轮机构的基本类型和应用　直动从动件盘形凸轮轮廓曲线的绘制

17.4.1 凸轮机构的应用和分类

1）凸轮机构的应用

如果对从动件的运动规律（位移、速度、加速度）有严格要求，尤其当原动件做连续运动而从动件必须做间歇运动时，采用凸轮机构最为简便。凸轮是一种具有曲线轮廓或凹槽的构件，当它运动时，通过点或线接触推动从动件，可以使从动件得到任意预期的运动规律。凸轮机构包括凸轮、机架和从动件三个部分。

凸轮机构的优点为：只需设计适当的凸轮轮廓，便可使从动件得到所需的运动规律，并且结构简单、紧凑、设计方便。它的缺点是凸轮轮廓与从动件之间为点接触或线接触，易于磨损，所以，通常多用于传力不大的控制机构。

2）凸轮机构的分类

（1）按凸轮的形状分类。

①盘形凸轮。它是凸轮的最基本形式。这种凸轮是一绕固定轴转动且具有变化半径的盘状零件，其从动件在垂直于凸轮旋转的平面内运动，如图 17-4-1a）所示。

②移动凸轮。当盘形凸轮的回转中心趋于无穷远时，则凸轮做直线运动，这种凸轮称为移动凸轮，如图 17-4-1b）所示。

③圆柱凸轮。将移动凸轮卷成圆柱体即成为圆柱凸轮，如图 17-4-1c）所示。

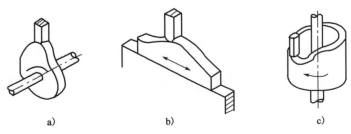

a)　　　　　　　　b)　　　　　　　　c)

图 17-4-1　按凸轮的形状分类

（2）按从动件的形式分类。

①尖底从动件。如图 17-4-2a）、b）所示，其结构最简单，尖顶能与任意复杂的凸轮轮廓保持接触，以实现从动件的任意运动规律。但因尖顶易磨损，仅适用于作用力很小的低速凸轮机构。

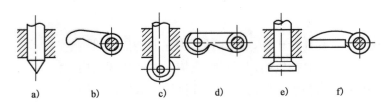

a)　　　　b)　　　　c)　　　　d)　　　　e)　　　　f)

图 17-4-2　按从动件分类

②滚子从动件。如图 17-4-2c）、d）所示，从动件的一端装有可自由转动的滚子，滚子与凸轮之间为滚动摩擦，磨损小，可以承受较大的荷载，应用最普遍。

③平底从动件。如图 17-4-2e）、f）所示，从动件的一端为一平面，直接与凸轮轮廓相接触。若不考虑摩擦，凸轮对从动件的作用力始终垂直于端平面，传动效率高，且接触面间容易形成油膜，利于润滑，故常用于高速凸轮机构。其缺点是不能用于凸轮轮廓有凹曲线的凸轮机构中。

（3）按从动件的运动分类。

①直动从动件。如图 17-4-2a）、c）、e）所示，从动件相对机架做往复直线运动。

②摆动从动件。如图 17-4-2b）、d）、f）所示，从动件绕机架上某点做往复摆动。

【例 17-4-1】 凸轮机构不适合在以下哪种场合下工作？

    A. 需实现特殊的运动轨迹   B. 传力较大

    C. 多轴承联动控制   D. 需实现预定的运动规律

解 凸轮轮廓与从动件之间为点接触或线接触，易于磨损，所以不适合用于传力较大的机构。选 B。

【例 17-4-2】 尖底、滚子和平底从动件凸轮受力情况从优至劣排列正确次序为：

    A. 滚子，平底，尖底   B. 尖底，滚子，平底

    C. 平底，尖底，滚子   D. 平底，滚子，尖底

解 尖底与凸轮是点接触，磨损快；滚子和凸轮轮廓之间为滚动摩擦，耐磨损；平底从动件的平底与凸轮轮廓表面接触，受力情况最优。选 D。

【例 17-4-3】 在滚子从动件凸轮机构中，对于外凸的凸轮理论轮廓曲线，为使凸轮的实际轮廓曲线完整作出，不会出现变尖或交叉现象，必须满足：

    A. 滚子半径小于理论轮廓曲线最小曲率半径

    B. 滚子半径等于理论轮廓曲线最小曲率半径

    C. 滚子半径大于或等于理论轮廓曲线最小曲率半径

    D. 滚子半径不等于理论轮廓曲线最小曲率半径

解 滚子半径的大小对凸轮实际轮廓有很大影响。设理论轮廓外凸部分的最小曲率半径用 ρ_{min} 表示，滚子半径用 r 表示，则相应位置实际轮廓的曲率半径 $\rho' = \rho_{min} - r$，为保证实际轮廓不产生尖点或者自相交，应使 $\rho' > 0$。因此，要求滚子半径必须小于理论轮廓外凸部分的最小曲率半径。选 A。

17.4.2 直动从动件盘形凸轮机构的轮廓曲线绘制

根据机器的工作要求，在确定了凸轮机构的类型及从动件的运动规律、凸轮的基圆半径和凸轮的转动方向后，便可开始凸轮轮廓曲线的设计了。凸轮轮廓曲线的设计有图解法和解析法。图解法简便易行、直观，但精确度低。不过，只要细心作图，其图解的准确度是能够满足一般工程要求的。解析法精确度较高，但设计工作量大，可利用计算机进行计算。下面介绍图解法。

1）图解法设计凸轮的基本原理

凸轮机构工作时，通常凸轮是运动的。用图解法绘制凸轮轮廓曲线时，却需要凸轮与图面相对静止。为此，可以应用"反转法"，其原理如下：

如图 17-4-3 所示为一对心移动尖顶从动件盘形凸轮机构。设凸轮的轮廓曲线已按预定的从动件运动规律设计。当凸轮以角速度 ω_1 绕轴 O 转动时，从动件的尖顶沿凸轮轮廓曲线相对其导路按预定的运动规律移动。现设想给整个凸轮机构加上一个公共角速度 $-\omega_1$，此时凸轮将不动。根据相对运动原理，凸轮和从动件之间的相对运动并未改变。这样从动件一方面随机架和导路以角速度 $-\omega_1$ 绕轴 O 转动，另一方面又在导路中按预定

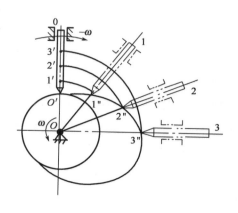

图 17-4-3　反转法原理

的规律做往复移动。由于从动件尖顶始终与凸轮轮廓相接触，显然，从动件在这种复合运动中，其尖顶的运动轨迹即是凸轮轮廓曲线。这种以凸轮作动参考系，按相对运动原理设计凸轮轮廓曲线的方法称为反转法。

2）对心尖底直动从动件盘形凸轮轮廓的绘制

已知从动件的位移运动规律，凸轮的基圆半径 r_{min}，以及凸轮以等角速度 ω_1 顺时针回转，要求绘出此凸轮的轮廓。

根据"反转法"的原理，可以作图如下：

（1）根据已知从动件的运动规律做出从动件的位移线图，见图 17-4-4b），并将横坐标用若干点等分分段。

（2）以 r_{min} 为半径做基圆。此基圆与导路的交点 A 便是从动件尖顶的起始位置。

（3）自 OA 沿 ω_1 的相反方向取角度 δ_t、δ_h、δ_s，并将它们各分成与图 17-4-4b）中对应的若干等分，在基圆上得点 1、2、3、…。连接 $O1$、$O2$、$O3$、…，它们便是反转后从动件导路的各个位置。

（4）量取各个位移量，即使图 17-4-4a）、b）的 $11'$、$22'$、$33'$、…分别相等，得反转后尖顶的一系列位置 $1'$、$2'$、$3'$、…。

（5）将 A、$1'$、$2'$、$3'$、…连成光滑的曲线，便得到所要求的凸轮轮廓，如图 17-4-4a）所示。

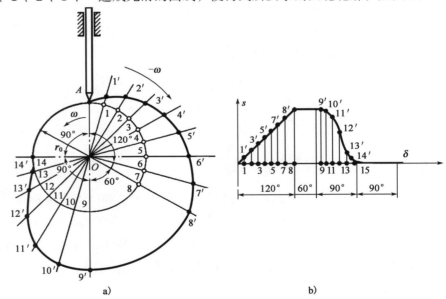

图 17-4-4　对心尖底直动从动件盘形凸轮机构

3）偏置尖底直动从动件盘形凸轮轮廓的绘制

该类型凸轮机构的从动件在反转运动中，其导路始终与凸轮中心 O 保持偏距 e。首先以 O 为圆心及偏距 e 为半径做偏距圆相切于从动件导路，其次以 r_{min} 为半径做基圆，基圆与导路的交点 B_0 便是从动件尖顶的起始位置。自 OB_0 沿 ω_1 的相反方向取角度 δ_t、δ_h、δ_s，并将它们各分成若干等分，在基圆上得 B_1'、B_2'、B_3'、…，过这些点做偏距圆的切线。它们便是反转后从动件导路的各个位置。从动件的相应位移在切线上量取，取 $B_1B_1' = 11'$、$B_2B_2' = 22'$、$B_3B_3' = 33'$、…，最后将 B_0、B_1、B_2、B_3、…连成光滑的曲线，便得到所要求的凸轮轮廓，如图 17-4-5 所示。

4）滚子从动件盘形凸轮轮廓曲线的绘制

把尖顶从动件改为滚子从动件时，其凸轮轮廓设计方法如图 17-4-6 所示。首先，把滚子中心看作尖顶从动件的尖顶，按照上面的方法画出一条轮廓曲线。再以该轮廓曲线上各点为中心，以滚子半径为半径，画一系列圆，最后做这些圆的包络线，它便是使用滚子从动件时凸轮的实际轮廓线。滚子从动件凸轮轮廓的基圆半径r_{min}应当在理论轮廓上度量。

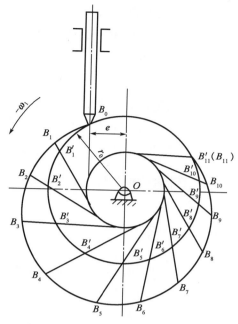

图 17-4-5　偏置直动从动件盘形凸轮机构

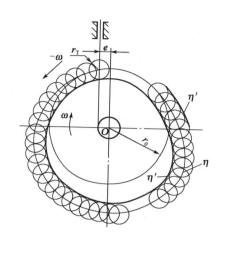

图 17-4-6　滚子直动从动件盘形凸轮机构

5）平底直动从动件盘形凸轮轮廓曲线的绘制

如图 17-4-7 所示，在设计这种凸轮轮廓线时，可将从动件导路中心线与平底的交点A_0视为平底从动件的尖底，按照绘制尖顶从动件凸轮轮廓的方法，求出理论轮廓上一系列点A_1、A_2、A_3、…；其次，过这些点画出各个位置的平底A_1B_1、A_2B_2、A_3B_3、…，然后做这些平底的包络线，便得到凸轮的实际轮廓曲线。图中位置 1、6是平底分别与凸轮轮廓相切于平底的最左位置和最右位置。为了保证平底始终与轮廓接触，平底左侧的长度应大于m，右侧长度应大于l。

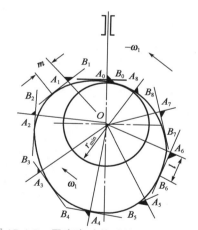

图 17-4-7　平底直动从动件盘形凸轮机构

【例 17-4-4】　有一对心直动滚子从动件的偏心圆凸轮，偏心圆直径为 100mm，偏心距为 20mm，滚子半径为 10mm，则基圆直径为：
　　　　　　A. 60mm　　　　B. 80mm　　　　C. 100mm　　　　D. 140mm

解　对心直动滚子从动件的偏心圆凸轮的基圆直径 = 2 ×（偏心圆半径 − 偏心距 + 滚子半径）= 2 ×（100/2 − 20 + 10）= 80mm。选 B。

【例 17-4-5】　在滚子从动件凸轮机构中，对于外凸的凸轮理论轮廓曲线，为保证做出凸轮的实际轮廓曲线不会出现变尖或交叉现象，必须满足：
　　　　　　A. 滚子半径不等于理论轮廓曲线最小曲率半径
　　　　　　B. 滚子半径小于理论轮廓曲线最小曲率半径

C. 滚子半径等于理论轮廓曲线最小曲率半径

D. 滚子半径大于理论轮廓曲线最小曲率半径

解 滚子半径的大小对凸轮实际轮廓有很大影响。设理论轮廓外凸部分的最小曲率半径为$\rho_{\min}$，滚子半径为r，则相应位置实际轮廓曲率半径$\rho' = \rho_{\min} - r$，为保证实际轮廓曲线不产生尖点或者自相交，应使$\rho' > 0$。因此，要求滚子半径必须小于理论轮廓外凸部分的最小曲率半径$\rho_{\min}$。选 B

17.4.3 凸轮机构设计中应注意的问题

设计凸轮机构时，不仅要保证从动件实现预定的运动规律，还要求传动时受力良好、结构紧凑，因此，在设计凸轮机构时应注意下述问题：

1）滚子半径的选择

如图 17-4-8 所示，设理论轮廓上最小曲率半径为$\rho_{\min}$，滚子半径为r_T及对应的实际轮廓曲线半径为ρ_a，它们之间有如下关系：

（1）凸轮理论轮廓的内凹部分。

由图 17-4-8a）可得
$$\rho_a = \rho_{\min} + r_T$$

由上式可知：实际轮廓曲率半径总大于理论轮廓曲率半径。因而，不论选择多大的滚子，都能做出实际轮廓。

（2）凸轮理论轮廓的外凸部分

由图 17-4-8b）可得
$$\rho_a = \rho_{\min} - r_T$$

①当$\rho_{\min} > r_T$时，$\rho_a > 0$，如图 17-4-8b）所示，实际轮廓为一平滑曲线。

②当$\rho_{\min} = r_T$时，$\rho_a = 0$，如图 17-4-8c）所示，在凸轮实际轮廓曲线上产生了尖点，这种尖点极易磨损，磨损后就会改变从动件预定的运动规律。

③当$\rho_{\min} < r_T$时，$\rho_a < 0$，如图 17-4-8d）所示，这时实际轮廓曲线发生相交，图中阴影部分的轮廓曲线在实际加工时被切去，使这一部分运动规律无法实现。

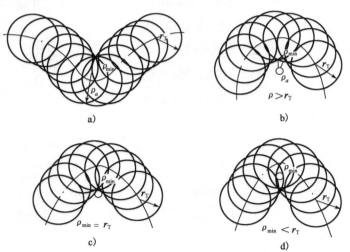

图 17-4-8 滚子半径对轮廓的影响

为了使凸轮轮廓在任何位置既不变尖也不相交，滚子半径r_T必须小于理论轮廓外凸部分的最小曲率半径$\rho_{\min}$。如果$\rho_{\min}$过小，按上述条件选择的滚子半径太小而不能满足安装和强度要求时，就应当把凸轮基圆尺寸加大，重新设计凸轮轮廓曲线。

2）压力角的校核

凸轮机构也和连杆机构一样，从动件运动方向和接触轮廓法线方向之间所夹的锐角称为压力角。在一般情况下，既要求凸轮有较高效率、受力情况良好，又要求其机构尺寸紧凑，因此，压力角不能过大，也不能过小，应有一许用值，这个许用值用[α]表示。推荐的许用压力角为，推程（工作行程）：移动从动件[α] = 30°；摆动从动件[α] = 45°。回程：因受力较小且无自锁问题，故许用压力角可取得大些，通常[α] = 80°。

3）基圆半径对凸轮机构的影响

在设计凸轮机构时，凸轮的基圆半径取得越小，所设计的机构越紧凑。但是，基圆半径r_{min}越小，压力角α越大。基圆半径过小，压力角会超过许用值而使机构效率太低甚至发生自锁。因此实际设计中，只能在保证凸轮轮廓的最大压力角不超过许用值的前提下，考虑缩小凸轮的尺寸。

【例 17-4-6】 在滚子从动件凸轮机构中，对于外凸的凸轮理论轮廓曲线，为保证做出凸轮的实际轮廓曲线不会出现变尖或交叉现象，必须满足：

        A. 滚子半径大于理论轮廓曲线最小曲率半径

        B. 滚子半径等于理论轮廓曲线最小曲率半径

        C. 滚子半径小于理论轮廓曲线最小曲率半径

        D. 无论滚子半径为多大

解 为了使凸轮轮廓在任何位置既不变尖也不相交，滚子半径必须小于理论轮廓外凸部分的最小曲率半径。选 C。

经典练习

17-4-1 凸轮机构中，极易磨损的从动件是（   ）。

    A. 尖顶从动件   B. 滚子从动件   C. 平底从动件   D. 球面底从动件

17-4-2 滚子从动件盘形凸轮机构的基圆半径，是在（   ）轮廓线上度量的。

    A. 理论   B. 实际

17-4-3 滚子从动件盘形凸轮机构的实际轮廓线是理论轮廓线的（   ）曲线。

    A. 不等距   B. 等距

17-4-4 平底从动件盘形凸轮机构的实际轮廓线是理论轮廓线的（   ）曲线。

    A. 不等距   B. 等距

17-4-5 设计凸轮机构时，当凸轮角速度ω_1、从动件运动规律已知时，则有（   ）。

    A. 基圆半径r_0越大，凸轮机构压力角α就越大

    B. 基圆半径r_0越小，凸轮机构压力角α就越大

    C. 基圆半径r_0越大，凸轮机构压力角α不变

    D. 基圆半径r_0越小，凸轮机构压力角α就越小

17.5 螺纹连接

考试大纲☞：螺纹的主要参数和常用类型   螺旋副的受力分析、效率和自锁   螺纹连接的基本类型   螺纹连接的强度计算   提高螺栓强度的措施

17.5.1　螺纹连接的常用类型和主要参数

如图 17-5-1 所示，将一与水平面倾斜角为λ的直线绕在圆柱体上，即可形成一条螺旋线。如果用一个平面图形（梯形、三角形或矩形）沿着螺旋线运动，并保持此平面图形始终在通过圆柱轴线的平面内，则此平面图形的轮廓在空间的轨迹便形成螺纹。

根据平面图形的形状，螺纹牙形有矩形（见图 17-5-2a）、三角形（见图 17-5-2b）、梯形（见图 17-5-2c）和锯齿形（见图 17-5-2d）等。

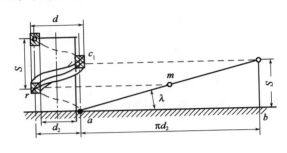

图 17-5-1　螺纹的形成

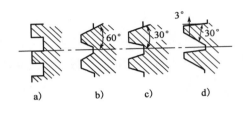

图 17-5-2　螺纹的牙形

根据螺旋线的绕行方向，可分为右旋螺纹（见图 17-5-3a）和左旋螺纹（见图 17-5-3b）；根据螺旋线的数目，又可分为单线螺纹（见图 17-5-3a）和双线或以上的多线螺纹〔见图 17-5-3b）、c)〕。

在圆柱体外表面上形成的螺纹称为外螺纹，在圆柱体孔壁上形成的螺纹称为内螺纹（见图 17-5-4）。

现以圆柱螺纹为例，说明螺纹的主要几何参数：

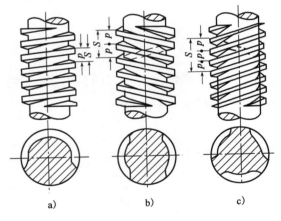

图 17-5-3　螺纹的旋向

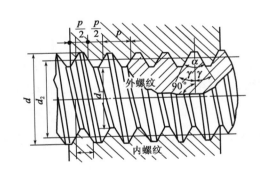

图 17-5-4　内、外螺纹

（1）大径d、D分别表示外、内螺纹的最大直径，为螺纹的公称直径。

（2）小径d_1、D_1分别表示外、内螺纹的最小直径。

（3）中径d_2、D_2分别表示螺纹牙宽度和牙槽宽度相等处的圆柱直径。

（4）螺距p表示相邻两螺纹牙同侧齿廓之间的轴向距离。

（5）线数n表示螺纹的螺旋线数目。

（6）导程S表示在同一条螺旋线上相邻两螺纹牙之间的轴向距离，$S = np$。

（7）螺纹升角λ表示在中径d_2圆柱上螺旋线的切线与螺纹轴线的垂直平面间的夹角，如图 17-5-1 所示，$S = \pi d_2 \tan \lambda$

（8）牙形角α表示在螺纹轴向剖面内螺纹牙形两侧边的夹角。牙侧角β表示牙形侧边与螺纹轴线的垂线间的夹角，对于对称牙形 $\beta = \alpha/2$。

【例 17-5-1】 有一螺母转动——螺杆移动的螺纹传动，已知螺纹头数为 3 且当螺母旋转一圈时，螺杆移动了 12mm，则有：

        A. 螺距为 12mm   B. 导程为 36mm

        C. 螺距为 4mm   D. 导程为 4mm

  解 导程表示在同一条螺旋线上相邻两螺纹牙之间的轴向距离。螺母旋转一圈时，导程 = 螺杆移动距离/螺纹头数 = 12/3 = 4mm。选 C。

17.5.2 螺旋副的受力分析、效率和自锁

如图 17-5-5a）所示，在外力（或外力矩）作用下，螺旋副的相对运动可看作推动滑块沿螺纹表面运动。如图 17-5-5b）所示，将矩形螺纹沿中径处展开，得一倾斜角为 λ 的斜面，斜面上的滑块代表螺母，螺母与螺杆的相对运动可看成滑块在斜面上的运动。

如图 17-5-5b）所示，当滑块沿斜面向上等速运动时，所受作用力包括轴向荷载 F_Q、作用于中径处的水平推力 F、斜面对滑块的法向反力 F_N、摩擦力 $F_f = fF_N$。F_N 与 F_f 的合力为 F_R，f 为摩擦系数，F_R 与 F_N 的夹角为摩擦角 ρ。由力 F_R、F 和 F_Q 组成的力多边形（见图 17-5-5b）可得

$$F = F_Q \tan(\lambda + \rho) \tag{17-5-1}$$

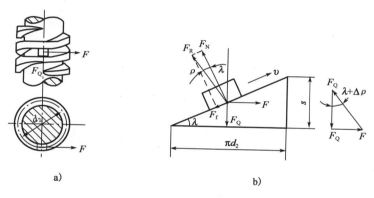

          a)   b)

图 17-5-5 矩形螺纹的受力分析

作用在螺旋副上的相应驱动力矩为

$$T = F\frac{d_2}{2} = F_Q\frac{d_2}{2}\tan(\lambda + \rho) \tag{17-5-2}$$

当滑块沿斜面等速下滑时，轴向荷载 F_Q 变为驱动滑块等速下滑的驱动力，F 为阻碍滑块下滑的支持力，摩擦力 F_f 的方向与滑块运动方向相反。由力 F_R、F 和 F_Q 组成的力多边形可得

$$F = F_Q \tan(\lambda - \rho) \tag{17-5-3}$$

作用在螺旋副上的相应力矩为

$$T = F\frac{d_2}{2} = F_Q\frac{d_2}{2}\tan(\lambda - \rho) \tag{17-5-4}$$

当 $\lambda \leqslant \rho$ 时，$F \leqslant 0$，即不加支持力，滑块在 F_Q 作用下也不会自动下滑，这种现象称为螺旋副的自锁。因此矩形螺纹的自锁条件是：$\lambda \leqslant \rho$。设计螺旋副时，对要求正反转自由运动的螺旋副，应避免自锁现象，工程中也可以应用螺旋副的自锁特性，如起重螺旋做成自锁螺旋，可以省去制动装置。

螺旋副的效率 η 是指有用功与输入功之比。螺母旋转一周所需的输入功为 $2\pi T$，有用功为 $F_Q S$。其

中，$S = \pi d_2 \tan\lambda$。因此，螺旋副的效率为

$$\eta = \frac{F_Q S}{2\pi T} = \frac{\tan\lambda}{\tan(\lambda + \rho')} \tag{17-5-5}$$

非矩形螺纹是指牙形角α不等于零的螺纹，包括三角形螺纹、梯形螺纹和锯齿形螺纹。与矩形螺纹分析相同，非矩形螺纹的自锁条件可表示为$\lambda \leqslant \rho'$。其中，ρ'为当量摩擦角，其值为

$$\tan\rho' = f' = \frac{f}{\cos\beta}$$

其中，f'为当量摩擦系数，β为牙侧角。非矩形螺纹的牙形角α越大，螺纹的效率越低。由于三角螺纹的自锁性能比矩形螺纹好，静连接螺纹要求自锁，故多采用牙形角大的三角螺纹。传动螺纹要求螺旋副的效率η要高，因此，一般采用牙形角较小的梯形螺纹。

【例 17-5-2】直接影响螺纹传动自锁性能的螺纹参数是：

　　A. 螺距　　　　　　　　　　　　B. 导程

　　C. 螺纹外径　　　　　　　　　　D. 螺纹升角

解　矩形螺纹的自锁条件是$\lambda \leqslant \rho$，即螺纹升角$\leqslant$摩擦角。选 C。

【例 17-5-3】在以下几种螺纹中，哪种是为承受单向荷载而专门设计的？

　　A. 梯形螺纹　　　　　　　　　　B. 锯齿形螺纹

　　C. 矩形螺纹　　　　　　　　　　D. 三角形螺纹

解　锯齿形螺纹的牙形为不等腰梯形，工作面的牙形角为 3°，非工作面的牙形角为 30°。外螺纹的牙根有较大的圆角，以减少应力集中。内、外螺纹旋合后大径处无间隙，便于对中，传动效率高，而且牙根强度高。适用于承受单向荷载的螺旋传动。选 B。

【例 17-5-4】若要提高螺纹连接的自锁性能，可以：

　　A. 采用牙形角小的螺纹　　　　　B. 增大螺纹升角

　　C. 采用细牙螺纹　　　　　　　　D. 增大螺纹螺距

解　单线螺纹常用于连接，双线螺纹常用于传动。

自锁性能与螺纹升角有关，对于公称直径相同的普通螺纹来讲，细牙螺纹的螺纹升角更小一些，因而自锁性能更好。选 C。

17.5.3　螺纹连接的基本类型

螺纹连接的基本类型有螺栓连接、螺钉连接、双头螺柱连接和紧定螺钉连接，见表 17-5-1。

螺纹连接的基本类型、特点与应用　　　　表 17-5-1

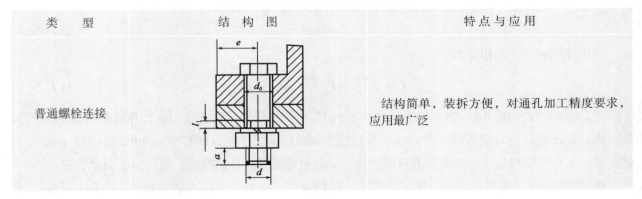

类　型	结　构　图	特点与应用
普通螺栓连接		结构简单，装拆方便，对通孔加工精度要求，应用最广泛

类 型	结 构 图	特 点 与 应 用
铰制孔螺栓连接	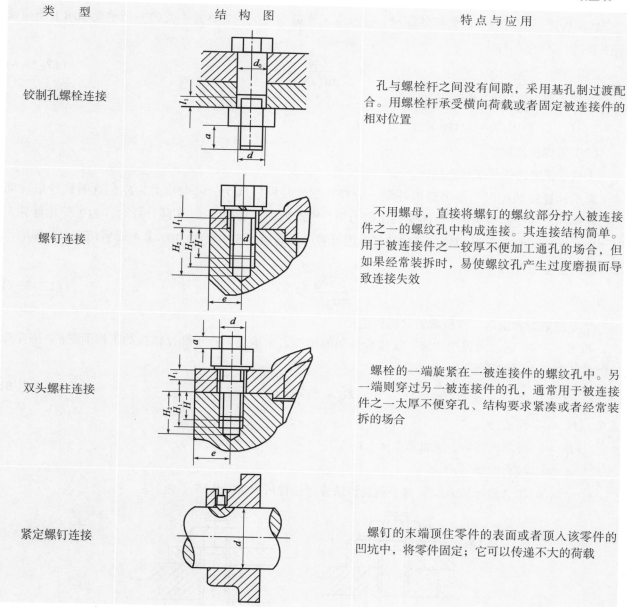	孔与螺栓杆之间没有间隙，采用基孔制过渡配合。用螺栓杆承受横向荷载或者固定被连接件的相对位置
螺钉连接		不用螺母，直接将螺钉的螺纹部分拧入被连接件之一的螺纹孔中构成连接。其连接结构简单。用于被连接件之一较厚不便加工通孔的场合，但如果经常装拆时，易使螺纹孔产生过度磨损而导致连接失效
双头螺柱连接		螺栓的一端旋紧在一被连接件的螺纹孔中。另一端则穿过另一被连接件的孔，通常用于被连接件之一太厚不便穿孔、结构要求紧凑或者经常装拆的场合
紧定螺钉连接		螺钉的末端顶住零件的表面或者顶入该零件的凹坑中，将零件固定；它可以传递不大的荷载

17.5.4 螺纹连接的强度计算

1）螺栓连接的失效形式和设计准则

螺栓连接中的单个螺栓受力分为轴向荷载（受拉螺栓）和横向荷载（受剪螺栓）两种。受拉力作用的普通螺栓连接，其主要失效形式是螺纹部分的塑性变形或断裂，经常装拆时也会因磨损而发生滑扣，其设计准则是保证螺栓的静力或者疲劳拉伸强度；受剪切作用的铰制孔用螺栓连接，因其主要失效形式是螺杆被剪断，螺杆或者被连接件的孔壁被压溃，故其设计准则为保证螺栓和被连接件具有足够的剪切强度和挤压强度。

2）螺栓连接的强度计算

螺栓连接的强度计算主要是确定螺纹小径d_1，然后按照标准选定螺纹公称直径（大径）d及螺距p等。

（1）松螺栓连接

松螺栓连接装配时不需要拧紧螺母，在承受工作荷载之前，螺栓并不受力。当承受轴向工作荷载 $F_Q(N)$ 时，其强度条件为

$$\sigma = \frac{F_Q}{\pi d_1^2/4} \leqslant [\sigma] \tag{17-5-6}$$

式中：d_1 ——螺纹小径（mm）；

    $[\sigma]$ ——许用应力（MPa）。

（2）紧螺栓连接

①只受预紧力的紧螺栓连接。

紧螺栓连接装配时需要将螺母拧紧。设拧紧螺栓时螺杆承受的轴向拉力为 F_Q，这时螺栓危险面（螺纹小径）除受拉应力 σ 外，还受到螺纹力矩 T_1 所产生的剪切应力 τ。实际计算时，为了简化计算，对 M10~M68 的钢制普通螺栓，只按拉伸强度计算，并将所受拉力增大 30% 来考虑剪切应力的影响，即螺栓的强度条件为

$$\frac{1.3F_Q}{\pi d_1^2/4} \leqslant [\sigma] \tag{17-5-7}$$

②受预紧力和横向工作荷载的紧螺栓连接。

如图 17-5-6 所示的螺栓连接，靠接合面间的摩擦力来承受垂直于螺栓轴线的工作荷载 F，因此螺栓所需的轴向力（即预紧力）F_Q 应为

$$F_Q = F_0 \geqslant \frac{CF}{mf} \tag{17-5-8}$$

式中：F_0 ——预紧力；

    C ——可靠性系数，通常取 $C = 1.1{\sim}1.3$；

    m ——接合面数目；

    f ——接合面摩擦系数，对于钢或铸铁被连接件可取 $0.1{\sim}0.15$。

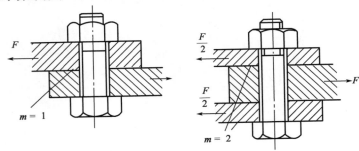

图 17-5-6 受横向载荷的螺栓连接

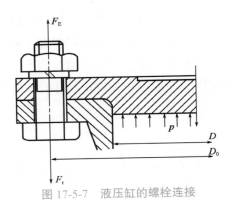

图 17-5-7 液压缸的螺栓连接

求出 F_Q 值后，可按式（17-5-7）计算螺栓强度。

（3）受预紧力和轴向工作荷载的紧螺栓连接

在受轴向工作荷载作用的螺栓连接中（见图 17-5-7），螺栓实际的总拉伸荷载 F_Q 并不等于工作荷载 F_E 与预紧力 F_0 之和，而是等于工作荷载 F_E 与残余预紧力 F_r 之和，即

$$F_Q = F_E + F_r \tag{17-5-9}$$

为了保证连接的紧密性，防止连接受工作荷载后接合面间出现缝隙，应使 $F_r > 0$。对于有密封性要求的连接，取 $F_r =$

$(1.5\sim1.8)F_E$。对于一般连接，工作荷载稳定时，取$F_r = (0.2\sim0.6)F_E$；工作荷载有变化时，取$F_r = (0.6\sim1.0)F_E$。

在一般计算中，可先根据连接的工作要求确定残余预紧力F_r，再由式（17-5-9）计算出总拉伸荷载F_Q，然后由式（17-5-7）计算螺栓强度。

【例 17-5-5】 已知：某松螺栓连接，所受最大荷载$F_Q = 15\ 000$N，荷载很少变动，螺栓材料的需用应力$[\sigma] = 140$MPa，则该螺栓的最小直径d_1为：

    A. 13.32mm   B. 10mm   C. 11.68mm   D. 16mm

解 松螺栓连接的强度条件为$\sigma = \frac{F_Q}{\pi d_1^2/4} \leqslant [\sigma]$，代入数据计算得$d_1 = 11.68$mm。选 C。

【例 17-5-6】 用普通螺栓来承受横向工作荷载F时（见图 17-5-7），当摩擦系数$f = 0.15$、可靠性系数$C = 1.2$、接合面数目$m = 1$时，预紧力F_0应为：

    A. $F_0 \leqslant 8F$ B. $F_0 \leqslant 10F$ C. $F_0 \geqslant 8F$ D. $F_0 \geqslant 6F$

解 普通螺栓是靠接合面间的摩擦力来承受横向工作荷载，所以螺栓的轴向力F_Q等于螺栓的预紧力F_0，为$F_Q = F_0 \geqslant \frac{CF}{mf} = \frac{1.2F}{1\times0.15} = 8F$。选 C。

【例 17-5-7】 在受轴向工作荷载的螺栓连接中，F_{Q0}为预紧力，F_Q为工作荷载，$F_{Q'}$为残余预紧力，$F_{Q\Sigma}$为螺栓实际承受的总拉伸荷载。则$F_{Q\Sigma}$等于：

    A. $F_{Q\Sigma} = F_Q$ B. $F_{Q\Sigma} = F_Q + F_{Q'}$ C. $F_{Q\Sigma} = F_Q + F_{Q0}$ D. $F_{Q\Sigma} = F_{Q0}$

解 与受轴向工作荷载作用的紧螺栓连接，螺栓所受的总拉伸荷载应等于工作荷载与残余预紧力之和，即$F_{Q\Sigma} = F_Q + F_{Q'}$。选 B。

17.5.5 提高螺栓强度的措施

1）降低螺栓总拉伸荷载F_Q的变化范围

如螺栓所受轴向工作荷载是变化的，则螺栓总拉伸荷载F_Q也是变化的。减小螺栓刚度或增大被连接件刚度都可以减小F_Q的变化范围，对防止螺栓的疲劳损坏十分有利的。

为了减小螺栓刚度，可减小螺栓光杆部分直径或采用空心螺杆，有时也可增加螺栓的长度。为保持被连接件本身的刚度，被连接件的接合面不宜采用软垫片。

2）改变螺纹牙间的荷载分布

采用普通螺母时，轴向载荷在旋合螺纹各圈间的分布是不均匀的，从螺母支承面算起，第一圈受荷载最大，以后各圈递减，因此采用圈数过多的厚螺母并不能提高螺栓连接强度。为改善旋合螺纹上的荷载分布不均匀程度，可采用悬置螺母或环槽螺母。

3）减小应力集中

增大过渡处圆角、切制卸载槽，都是使螺栓截面变化均匀，减小应力集中的有效方法。

4）避免或减小附加应力

为避免在铸件或锻件等未加工表面上安装螺栓所产生的弯曲应力，可采用凸台或沉孔等结构，经加工以后可获得平整的支撑面。

【例 17-5-8】 下列不可能改善螺轩受力情况的是：

    A. 采用悬置螺母   B. 加厚螺帽

    C. 采用钢丝螺套   D. 减小支撑面的不平度

解 采用普通螺母时，轴向荷载在旋合螺纹各圈间的分布是不均匀的，从螺母支承面算起，第一圈受荷载最大，以后各圈递减，因此采用圈数过多的厚螺母并不能提高螺栓连接强度。选 B。

【例 17-5-9】 在螺杆连接设计中，被连接件为铸铁时，往往在螺栓孔处制作沉头座或凸台，其目的是：

    A. 便于装配　　　　　　　　　　　　　B. 便于安装防松装置

    C. 避免螺栓受拉力过大　　　　　　　　D. 避免螺栓附加受弯曲应力作用

解 为避免在铸件或锻件等未加工表面上安装螺栓所产生的弯曲应力，可采用凸台或沉孔等结构，经加工以后可获得平整的支撑面。选 D。

<h2 style="text-align:center">经典练习</h2>

17-5-1　λ 为螺纹升角，ρ 为摩擦角，ρ' 为当量摩擦角，三角形螺纹的自锁条件可表示为（　　　）。
  A. $\lambda < \rho$　　　　　B. $\lambda > \rho$　　　　　C. $\lambda < \rho'$　　　　　D. $\lambda > \rho'$

17-5-2　为降低螺栓总拉伸荷载 F_Q 的变化范围，可以（　　　）。
  A. 增大螺栓刚度或增大被连接件刚度　　　　B. 减小螺栓刚度或增大被连接件刚度
  C. 减小螺栓刚度或减小被连接件刚度　　　　D. 增大螺栓刚度或减小被连接件刚度

17-5-3　适用于连接用的螺纹是（　　　）。
  A. 锯齿形螺纹　　　　B. 梯形螺纹　　　　C. 三角形螺纹　　　　D. 矩形螺纹

17-5-4　若要提高螺纹连接的自锁性能，可以（　　　）。
  A. 采用多头螺纹　　　　　　　　　　　B. 增大螺纹升角
  C. 采用牙形角大的螺纹　　　　　　　　D. 增大螺纹螺距

17.6　带传动

考试大纲☞：带传动工作情况分析　普通 V 带传动的主要参数和选择计算　带轮的材料和结构　带传动的张紧和维护

17.6.1　带传动的工作情况分析

如图 17-6-1 所示，带传动是由主动轮 1、从动轮 2 以及环形带 3 组成，安装时，带被张紧在带轮上，产生的初拉力使得带与带轮之间产生压力。主动轮转动时，依靠摩擦力拖动从动轮一起转动，并传动一定的转矩。带传动主要用于两轴平行而且回转方向相同的场合。

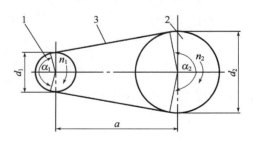

图 17-6-1　带传动简图

1）带传动的特点

带传动的主要优点为：

（1）适用于中心距较大的传动。

（2）带具有弹性，可缓冲和吸振。

（3）传动平稳，噪声小。

（4）过载时带与带轮间会出现打滑，可防止其他零件损坏，起安全保护作用。

（5）结构简单，制造容易，维护方便，成本低。

带传动的主要缺点为：

（1）传动的外廓尺寸较大。

（2）由于带的滑动，因此瞬时传动比不准确，不能用于要求传动比精确的场合。

（3）传动效率较低。

（4）带的寿命较短。

2）带传动的主要几何参数

（1）中心距a：当带处于规定张紧力时，两带轮轴线间的距离。

（2）带轮直径d：在V带传动中，指带轮的基准直径，用d_d表示带轮的基准直径。

（3）包角α：带与带轮接触弧所对的中心角。设d_1、d_2分别为小轮、大轮的直径，则

$$\alpha = 180° \pm \frac{d_2 - d_1}{a} \times 57.3°$$

(17-6-1)

其中，"+"适用于大轮包角α_2，"−"适用于小轮包角α_1。

（4）带长L：对V带传动，指带的基准长度，用L_d表示带的基准长度。

$$L \approx 2\alpha + \frac{\pi}{2}(d_1 + d_2) + \frac{(d_2 - d_1)^2}{4a}$$

(17-6-2)

3）带传动的受力分析

如图 17-6-2a）所示，带必须以一定的初拉力张紧在带轮上，使带与带轮的接触面上产生正压力。带传动未工作时，带的两边具有相等的初拉力F_0。

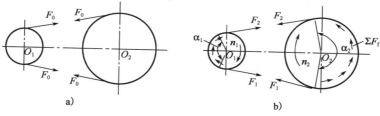

图 17-6-2　带传动的受力分析

当主动轮1在转矩作用下以转速n_1转动时，由图 17-6-2b）可知，由于摩擦力的作用，主动轮1拖动带，带又驱动从动轮2以转速n_2转动，从而把主动轮上的运动和动力传到从动轮上。在传动中，两轮与带的摩擦力方向如图所示，这就使进入主动轮一边的带拉得更紧，拉力由F_0增加到F_1，称为紧边。设环形带的总长不变，则在紧边拉力的增加量$F_1 - F_0$应等于在松边拉力的减少量$F_0 - F_2$，则

$$F_0 = \frac{1}{2}(F_1 + F_2)$$

(17-6-3)

带紧边和松边的拉力差应等于带与带轮接触面上产生的摩擦力的总和，称为带传动的有效拉力，也就是带所传递的圆周力F，即

$$F = F_1 - F_2$$

(17-6-4)

圆周力F(N)、带速v(m/s)和传递功率P(kW)之间的关系为

$$P = \frac{Fv}{1\,000}$$

(17-6-5)

在一定的条件下，摩擦力的大小有一个极限值，即最大摩擦力，若带所需传递的圆周力超过这个极限值时，带与带轮将发生显著的相对滑动，这种现象称为打滑。出现打滑时，虽然主动轮还在转动，但带和从动轮都不能正常运动，甚至完全不动，这就使传动失效。经常出现打滑将使带的磨损加

剧，传动效率降低，故在带传动中应防止出现打滑。带的紧边拉力F_1与松边拉力F_2之间的关系可用柔韧体摩擦的欧拉方式来表示

$$F_1 = F_2 e^{f\alpha}$$

式中：f ——带与轮面间的摩擦系数；

　　　α ——带轮的包角（rad）；

　　　e ——自然对数的底，$e \approx 2.718$。

圆周力F与F_1、F_2的关系为

$$F_1 = F \frac{e^{f\alpha}}{e^{f\alpha} - 1}; \quad F_2 = F \frac{1}{e^{f\alpha} - 1}; \quad F = F_1 - F_2 = F_1\left(1 - \frac{1}{e^{f\alpha}}\right) \tag{17-6-6}$$

由此可知，增大包角和增大摩擦系数，都可提高带传动所能传递的圆周力。对于带传动，在一定的条件下f为一定值，而且$\alpha_2 > \alpha_1$，所以摩擦力的最大值取决于α_1。

引用当量摩擦系数的概念，以f'代替f即可将上式应用于V带传动。

4）带的应力分析

带传动时，带中产生的应力有由紧边和松边拉力产生的拉应力σ_1、σ_2，离心力产生的应力σ_c，带绕过带轮时因弯曲而产生弯曲应力σ_b。其值分别为：

$$\sigma_1 = \frac{F_1}{A}; \quad \sigma_2 = \frac{F_2}{A}; \quad \sigma_c = \frac{qv^2}{A}; \quad \sigma_b = \frac{2yE}{d}$$

式中：A ——带的横截面积(mm^2)；

　　　q ——每米带长的质量（kg/m）；

　　　v ——带速(m/s)；

　　　y ——带的中性层到最外层的距离(mm)；

　　　E ——带的弹性模量(MPa)；

　　　d ——带轮直径(mm)。

应注意：虽然离心力只发生在带轮做圆周运动的部分，但其引起的拉力却作用于带的全长；弯曲应力与带轮的直径成反比，故小带轮上的弯曲应力较大。弯曲应力越大，带的寿命越短。

如图 17-6-3 所示为带的应力分布情况，从图中可见，带上的应力是变化的。最大应力发生在紧边与小轮的接触处，其值为

$$\sigma_{\max} = \sigma_1 + \sigma_{b1} + \sigma_c \tag{17-6-7}$$

5）带传动的运动分析

由于紧边拉力和松边拉力不相等，带会产生的弹性变形，这种弹性变形会使带在带轮上产生滑动，由于材料的弹性变形而产生的滑动称为弹性滑动。弹性滑动和打滑是两个不同的概念。打滑是指由过载引起的全面滑动，应当避免。弹性滑动是由拉力差引起的，只要传递圆周力，出现紧边和松边，就一定会发生弹性滑动，所以弹性滑动是不可避免的。

设d_1、d_2为主、从动轮的直径，n_1、n_2为主、从动轮的转速，则两轮的圆周速度分别为v_1、v_2。由于弹性滑动是不可避免的，所以v_2总是低于v_1。传动中由于带

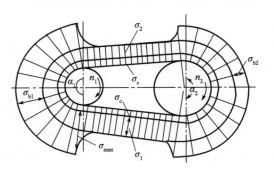

图 17-6-3　带的应力分析

的滑动引起的从动轮圆周速度的降低率称为滑动率ε，即

$$\varepsilon = \frac{v_1 - v_2}{v_1} = \frac{d_1 n_1 - d_2 n_2}{d_1 n_1} \qquad (17-6-8)$$

由此得带传动的传动比

$$i = \frac{n_1}{n_2} = \frac{d_2}{d_1(1-\varepsilon)} \qquad (17-6-9)$$

V 带的滑动率$\varepsilon = 0.01 \sim 0.02$，其值较小，在一般计算中可不予考虑。

【例 17-6-1】皮带传动常用在高速级，主要是为了：

    A. 减小带传动结构尺寸   B. 更好地发挥缓冲、吸振作用

    C. 更好地提供保护作用   D. 以上都是

解 带传动的优点有：①适用于中心距较大的传动；②带具有弹性，可缓冲和吸振；③传动平稳，噪声小；④过载时带与带轮间会出现打滑，可防止其他零件损坏，起安全保护作用；⑤减小带传动结构尺寸，结构简单，制造容易，维护方便，成本低。因此，皮带传动常用在高速级。选 D。

【例 17-6-2】以下各种皮带传动类型中，传动能力最小的为：

    A. 圆形带   B. 同步带   C. 平带   D. V 型带

解 带紧套在两个带轮上，借助带与带轮接触面间的压力所产生的摩擦力来传递运动和动力。同样条件下，圆形带与带轮接触面上的摩擦力最小，因此传动能力最小。选 A。

【例 17-6-3】V 带传动工作时产生弹性滑动的原因是：

    A. 带与带轮之间的摩擦系数太小

    B. 带轮的包角太小

    C. 紧边拉力与松边拉力不相等及带的弹性变形

    D. 带轮的转速有波动

解 由于紧边拉力和松边拉力不相等，带会产生的弹性变形，这种弹性变形会使带在带轮上产生滑动，由于材料的弹性变形而产生的滑动称为弹性滑动。选 C。

【例 17-6-4】V 带传动中，最大有效拉力与下列什么因素无关？

    A. V 带的初拉力   B. 小带轮的包角

    C. 小带轮的直径   D. 带与带轮之间的摩擦因数

解 传动时，带紧边和松边的拉力差称为带传动的有效拉力，也就是带所传递的圆周力F。$F = F_1 - F_2 = F_1\left(1 - \frac{1}{e^{fa}}\right)$。选 C。

【例 17-6-5】V 带传动中，小带轮的直径不能取得过小，其主要目的是：

    A. 增大 V 带传动的包角   B. 减小 V 带的运动速度

    C. 增大 V 带的有效拉力   D. 减小 V 带中的弯曲应力

解 弯曲应力与带轮的直径成反比，小带轮的直径若取得过小，会产生过大的弯曲应力，从而导致带的寿命降低。选 D。

17.6.2 普通 V 带传动的主要参数和选择计算

1）带传动的主要失效形式和设计准则

带传动的主要失效形式有：①打滑。当传递的圆周力F超过了带与带轮接触面之间摩擦力总和的

极限时，发生过载打滑，使传动失效。②疲劳破坏。传动带在变应力的反复作用下，发生裂纹、脱层、松散、直至断裂。

带传动的设计准则为：保证带传动不发生打滑的前提下，具有一定的疲劳强度和寿命。

2）V带传动设计计算和参数选择

普通 V 带传动设计计算时，通常已知传动的用途和工作情况；传递的功率；主动轮、从动轮的转速（或传动比）；传动位置要求和外廓尺寸要求；原动机类型等。设计时主要确定带的型号、长度和根数，带轮的尺寸、结构和材料，传动的中心距，带的初拉力和压轴力，张紧和防护等。设计计算的一般步骤如下：

（1）确定计算功率P_c

根据带传动所需功率P，查表 17-6-1 得工作情况系数K_A，求计算功率

$$P_c = K_A P \tag{17-6-10}$$

工作情况系数K_A
表 17-6-1

荷载性质	工 作 机	原 动 机					
		I类			II类		
		每天工作时间（h）					
		<10	10~16	>16	<10	10~16	>16
荷载平稳	离心式水泵、通风机（≤7.5kW）、轻型输送机、离心式压缩机	1.0	1.1	1.2	1.1	1.2	1.3
荷载变动小	带式运输机、通风机（>7.5kW）、发电机、旋转式水泵、机床、剪床、压力机、印刷机、振动筛	1.1	1.2	1.3	1.2	1.3	1.4
荷载变动较大	螺旋式输送机、斗式提升机、往复式水泵和压缩机、锻锤、磨粉机、锯木机、纺织机械	1.2	1.3	1.4	1.4	1.5	1.6
荷载变动很大	破碎机（旋转式、颚式等）、球磨机、起重机、挖掘机、辊压机	1.3	1.4	1.5	1.5	1.6	1.8

（2）选定 V 带的型号

根据计算功率P_c和小轮转速n_1，按图 17-6-4 选择普通 V 带的型号。若临近两种型号的交界线时，可按两种型号同时计算，通过分析比较决定取舍。

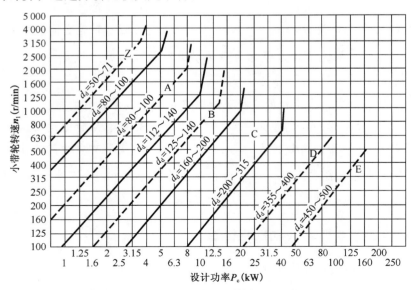

图 17-6-4　普通 V 带选型图

（3）确定带轮基准直径d_1、d_2

表 17-6-2 列出了 V 带轮的最小基准直径和带轮的基准直径系列，选择小带轮基准直径时，应使$d_1 \geq d_{min}$。若d_1过小，则带的弯曲应力将过大而导致带的寿命降低；反之，虽能延长带的寿命，但带传动的外廓尺寸却随之增大。大带轮的基准直径d_2为

$$d_2 = \frac{n_1}{n_2} d_1(1 - \varepsilon)$$

$$(17-6-11)$$

普通 V 带轮最小基准直径（单位：mm）   表 17-6-2

型号	Y	Z	A	B	C
最小基准直径d_{min}	20	50	75	125	200

注：带轮基准直径系列为 20、22.4、25、28、31.5、35.5、40、45、50、56、63、71、75、80、85、90、95、100、106、112、118、125、132、140、150、160、170、180、200、212、224、236、250、265、280、300、315、335、355、375、400、425、450、475、500、530、560、600、630、670、710、750、800、900、1000、1060、1120、1250、1400、1500、1600、1800、2000、2240、2500。

（4）验算带速v

$$v = \frac{\pi d_1 n_1}{60 \times 1000} \quad (m/s)$$

$$(17-6-12)$$

普通 V 带的带速v应在 5~25m/s 的范围内，其中以 10~20m/s 为宜，若$v > 25$m/s，则因带绕过带轮时离心力过大，使带与带轮之间的压紧力减小，摩擦力降低而使传动能力下降，而且离心力过大降低了带的疲劳强度和寿命。而当$v < 5$m/s 时，在传递相同功率时带所传递的圆周力增大，使带的根数增加。

（5）确定中心距a和基准长度L_d

初步确定中心距

$$0.7(d_1 + d_2) < a_0 < 2(d_1 + d_2)$$

$$(17-6-13)$$

可得初定的 V 带基准长度

$$L_0 = 2a_0 + \frac{\pi}{2}(d_1 + d_2) + \frac{(d_2 - d_1)^2}{4a_0}$$

$$(17-6-14)$$

根据初定L_0，由表 17-6-3 选取相近的基准长度L_d。再按下式近似计算实际所需中心距

$$a \approx a_0 + \frac{L_d - L_0}{2}$$

$$(17-6-15)$$

考虑带传动的安装、调整和 V 带张紧的需要，中心距变动范围为

$$(a - 0.015L_d) \sim (a + 0.03L_d)$$

（6）验算小轮包角

$$a_1 = 180° - \frac{d_2 - d_1}{a} \times 57.3°$$

$$(17-6-16)$$

（7）确定带的根数z

$$z = \frac{P_c}{(P_0 + \Delta P_0)K_a K_L}$$

$$(17-6-17)$$

式中：K_L——带长修正系数，考虑带长不等于特定长度时对传动能力的影响（见表 17-6-3）；

P_0——单根普通 V 带的基本额定功率（见表 17-6-4）；

K_a——包角修正系数，考虑$\alpha' \neq 180°$时，传动能力有所下降（见表 17-6-5）；

ΔP_0——功率增量，考虑传动比$i \neq 1$时，带在大轮上的弯曲应力减小，故在寿命相同的条件下，可增大传递的功率（见表 17-6-6）。

z 应取整数。为了使每根 V 带受力均匀，V 带根数不宜太多，通常 $z < 10$。

（8）求作用在带轮轴上的压力 F_Q。单根 V 带的初拉力

$$F_0 = \frac{500P_c}{zv}\left(\frac{2.5}{K_a} - 1\right) + qv^2 \quad \text{(N)} \tag{17-6-18}$$

q 为带的单位长度的质量，作用在轴上的压力：

$$F_Q = 2zF_0 \sin\frac{\alpha_1}{2} \quad \text{(N)} \tag{17-6-19}$$

普通 V 带的长度系列和带长修正系数 K_L 表 17-6-3

基准长度L_d（mm）	K_L					基准长度L_d（mm）	K_L				
	Y	Z	A	B	C		Y	Z	A	B	C
200	0.81					2000		1.08	1.03	0.98	0.88
224	0.82					2240		1.10	1.06	1.00	0.91
250	0.84					2500		1.30	1.09	1.03	0.93
280	0.87					2800			1.11	1.05	0.95
315	0.89					3150			1.13	1.07	0.97
355	0.92					3350			1.17	1.09	0.99
400	0.96	0.79				4000			1.19	1.13	1.02
450	1.00	0.8				4500				1.15	1.04
500	1.02	0.81				5000				1.18	1.07
560		0.82				5600					1.09
630		0.84	0.81			6300					1.12
710		0.86	0.83			7100					1.15
800		0.90	0.85			8000					1.18
900		0.92	0.87	0.82		9000					1.21
1000		0.94	0.89	0.84		10000					1.23
1120		0.95	0.91	0.86		11200					
1250		0.98	0.93	0.88		12500					
1400		1.01	0.96	0.90		14000					
1600		1.04	0.99	0.92	0.83	16000					
1800		1.06	1.01	0.95	0.86						

单根普通 V 带的基本额定功率 P_0（单位：kW）

（包角 $\alpha = \pi$、特定基准长度、荷载平稳时）   表 17-6-4

型号	小带轮基准直径d_1（mm）	小带轮转速n_1(r/min)						
		200	400	800	950	1200	1450	2400
Z	50	0.04	0.06	0.10	0.12	0.14	0.16	0.22
	63	0.05	0.08	0.15	0.18	0.22	0.25	0.37

型号	小带轮基准直径d_1（mm）	小带轮转速n_1(r/min)						
		200	400	800	950	1200	1450	2400
Z	71	0.06	0.09	0.2	0.23	0.27	0.30	0.46
	80	0.10	0.14	0.22	0.26	0.30	0.35	0.50
A	75	0.15	0.26	0.45	0.51	0.6	0.68	0.92
	90	0.22	0.39	0.68	0.77	0.93	1.07	1.50
	100	0.26	0.47	0.83	0.95	1.14	1.32	1.87
	112	0.31	0.56	1.00	1.15	1.39	1.61	2.30
	125	0.37	0.67	1.19	1.37	1.66	1.92	2.74
	140	0.43	0.78	1.41	1.62	1.96	2.28	3.22
B	125	0.48	0.84	1.44	1.64	1.93	2.19	2.85
	140	0.59	1.05	1.82	2.08	2.47	2.82	3.70
	160	0.74	1.32	2.32	2.66	3.17	3.62	4.75
	180	0.88	1.59	2.81	3.22	3.85	4.39	5.67
	200	1.02	1.85	3.3	3.77	4.50	5.13	6.47
C	200	1.39	2.41	4.07	4.58	5.29	5.84	6.02
	224	1.70	2.99	5.12	5.78	6.71	7.45	7.57
	250	2.03	3.62	6.23	7.04	8.20	9.08	8.75
	280	2.42	4.32	7.52	8.49	9.81	10.72	9.50

包角修正系数K_a　　　　　　　　　　　　　　　　　　　　　　表 17-6-5

包角α_1（°）	180°	170°	160°	150°	140°	130°	120°	110°	100°	90°
K_a	1.00	0.98	0.95	0.92	0.89	0.86	0.82	0.78	0.74	0.69

单根普通 V 带额定功率的增量ΔP_0（单位：kW）　　　　　　表 17-6-6

带型	小带轮转速n_1（r/min）	传 动 比									
		1.00~1.01	1.02~1.04	1.06~1.08	1.09~1.12	1.13~1.18	1.19~1.24	1.25~1.34	1.35~1.51	1.52~1.99	≥2.0
Z	400	0.00	0.00	0.00	0.00	0.00	0.00	0.00	0.00	0.01	0.01
	730.00	0.00	0.00	0.00	0.00	0.00	0.00	0.01	0.01	0.01	0.02
	800.00	0.00	0.00	0.00	0.00	0.01	0.01	0.01	0.01	0.02	0.02
	980.00	0.00	0.00	0.00	0.00	0.01	0.01	0.01	0.02	0.02	0.02
	1200	0.00	0.00	0.01	0.01	0.01	0.01	0.02	0.02	0.02	0.03
	1460	0.00	0.00	0.01	0.01	0.01	0.02	0.02	0.02	0.02	0.03
	2800	0.00	0.01	0.02	0.02	0.03	0.03	0.03	0.04	0.04	0.04

带型	小带轮转速 n_1（r/min）	传 动 比									
		1.00~ 1.01	1.02~ 1.04	1.06~ 1.08	1.09~ 1.12	1.13~ 1.18	1.19~ 1.24	1.25~ 1.34	1.35~ 1.51	1.52~ 1.99	≥2.0
A	400	0.00	0.01	0.01	0.02	0.02	0.03	0.03	0.04	0.04	0.05
	730	0.00	0.01	0.02	0.03	0.04	0.05	0.06	0.07	0.08	0.09
	800	0.00	0.01	0.02	0.03	0.04	0.05	0.06	0.08	0.09	0.10
	980	0.00	0.01	0.03	0.04	0.05	0.06	0.07	0.08	0.10	0.11
	1200	0.00	0.02	0.03	0.05	0.07	0.08	0.10	0.11	0.13	0.15
	1460	0.00	0.02	0.04	0.06	0.08	0.09	0.11	0.13	0.15	0.17
	2800	0.00	0.04	0.08	0.11	0.15	0.19	0.23	0.26	0.30	0.34
B	400	0.00	0.01	0.03	0.04	0.06	0.07	0.08	0.10	0.11	0.13
	730	0.00	0.02	0.05	0.07	0.10	0.12	0.15	0.17	0.20	0.22
	800	0.00	0.03	0.06	0.08	0.11	0.14	0.17	0.20	0.23	0.25
	980	0.00	0.03	0.07	0.10	0.13	0.17	0.20	0.23	0.26	0.30
	1200	0.00	0.04	0.08	0.13	0.17	0.21	0.25	0.30	0.34	0.38
	1460	0.00	0.05	0.10	0.15	0.20	0.25	0.31	0.36	0.40	0.46
	2800	0.00	0.10	0.20	0.29	0.39	0.49	0.59	0.69	0.79	0.89
C	400	0.00	0.04	0.08	0.12	0.16	0.20	0.23	0.27	0.31	0.35
	730	0.00	0.07	0.14	0.21	0.27	0.34	0.41	0.48	0.55	0.62
	800	0.00	0.08	0.16	0.23	0.31	0.39	0.47	0.55	0.63	0.71
	980	0.00	0.09	0.19	0.27	0.37	0.47	0.56	0.65	0.74	0.83
	1200	0.00	0.12	0.24	0.35	0.47	0.59	0.70	0.82	0.94	1.06
	1460	0.00	0.14	0.28	0.42	0.58	0.71	0.85	0.99	1.14	1.27
	2800	0.00	0.27	0.55	0.82	1.10	1.37	1.64	1.92	2.19	2.47

【例 17-6-6】 有一 V 带传动，电机转速为 750r/min，带传动线速度为 20m/s。现需将从动轮（大带轮）转速提高 1 倍，则最合理的改进方案为：

    A. 选用 1 500r/min 电机   B. 将大轮直径缩至 1/2

    C. 小轮增至 2 倍   D. 小轮增大 25%，大轮缩至 5/8

解 V 带的滑动率 $\varepsilon = 0.01 \sim 0.02$，其值较小，在一般计算中可不予考虑。则有 $n_1 d_1 = n_2 d_2$，带速 $v = \pi d_1 n_1 / (60 \times 1\,000)$，现需将从动轮（大带轮）转速提高 1 倍，最合理的改进方案是将大轮直径缩至 1/2，增加电动机转速和增大小轮直径都是不合适的。若选用 1 500r/min 电机，或者将小轮增至 2 倍带速将增至 40m/s，普通 V 带的带速 v 应在 5~25m/s 的范围内，其中以 10~20m/s 为宜，若 $v > 25$m/s，则因带绕过带轮时离心力过大，使带与带轮之间的压紧力减小，摩擦力降低而使传动能力下降，而且离心力过大降低了带的疲劳强度和寿命。选 B。

【例 17-6-7】 当小带轮为主动轮时，以下对增加 V 带传动能力作用不大的方法是：

    A. 将 Y 带改为 A 带   B. 提高轮槽加工精度

C. 增加小带轮包角   D. 增加大带轮直径

解 由于小带轮是主动轮,要想增加 V 带的传动能力,则可以增大摩擦系数(提高轮槽加工精度、将 Y 带改为 A 带)、增加小带轮包角 α_1。

由 $\alpha_1 = 180° - \frac{d_2 - d_1}{a} \times 57.3°$,知增加大带轮直径会导致 α_1 减小,选 D。

17.6.3 带轮的材料和结构

制造带轮的材料可采用灰铸铁、钢、铝合金或工程塑料,以灰铸铁应用最为广泛。带速 $v \leqslant 25m/s$ 时,采用 HT150;$v > 25m/s$ 时采用 HT200;速度更高的带轮可采用球墨铸铁或铸钢,也可采用钢板冲压后焊接带轮。小功率传动可采用铸铝或工程塑料。

带轮直径较小时可采用实心式,如图 17-6-5a)所示;中等直径的带轮可采用腹板式,如图 17-6-5b)所示;直径大于 350mm 时可采用轮辐式,如图 17-6-6 所示。

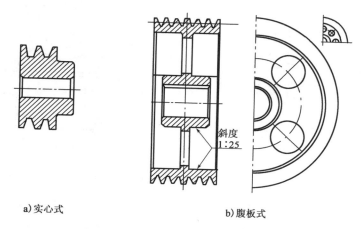

a) 实心式   b) 腹板式

图 17-6-5 实心式和腹板式带轮

17.6.4 带传动的张紧与维护

普通 V 带不是完全的弹性体,长期在张紧状态下工作,会因出现塑性变形而松弛,使初拉力减小,传动能力下降。因此,必须将带重新张紧,以保证带传动正常工作。

带传动常用的张紧方法是调节中心距。常见的张紧装置有以下两类:

1)定期张紧装置

如图 17-6-7a)、b)所示,采用滑轨和调节螺钉或采用摆动架和调节螺栓来改变中心距。前者适用于水平或倾斜不大的布置,后者适用于垂直或接近垂直的布置。若中心距不能调节时,可采用具有张紧轮的装置,如图 17-6-7c)所示,靠平衡锤将张紧轮压在带上,保持带的张紧。

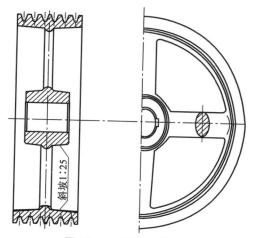

图 17-6-6 轮辐式带轮

2)自动张紧装置

图 17-6-7d)是采用重力和带轮上的制动力矩,使带轮随浮动架绕固定轴摆动而改变中心距的自动

张紧方法。

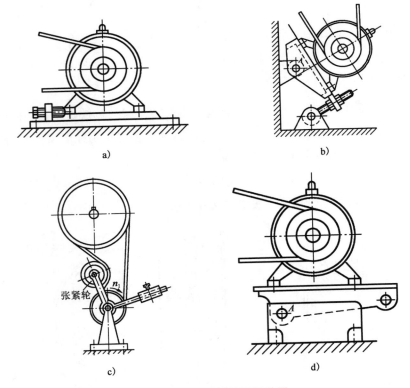

图 17-6-7 带传动的张紧装置

为了延长带的寿命，保证带传动的正常运转，使用时应注意：

（1）安装带时，最好缩小中心距后套上 V 带，再予以调整，不应硬撬，以免损坏胶带，降低其使用寿命。

（2）严防 V 带与油、酸、碱等介质接触，以免变质，也不宜在阳光下曝晒。

（3）带根数较多的传动，若坏了少数几根需进行更换时，应全部更换，不要只更换坏带而使新旧带一起使用；这样会造成荷载分配不匀，反而加速新带的损坏。

（4）为了保证安全生产，带传动须安装防护罩。

经典练习

17-6-1　带传动是靠（　　）使带轮产生运动的。

　　A.初拉力　　　　　　　　　　　　　　B.圆周力

　　C.摩擦力　　　　　　　　　　　　　　D.紧边拉力

17-6-1　带上最大应力发生在（　　）的接触处。

　　A.松边与大轮　　　　　　　　　　　　B.松边与小轮

　　C.紧边与大轮　　　　　　　　　　　　D.紧边与小轮

17-6-3　当带所需传递的圆周力（　　）带与轮面间的极限摩擦力总和时，带与带轮将发生（　　）。

　　A.小于，弹性滑动　　　　　　　　　　B.大于，弹性滑动

　　C.小于，打滑　　　　　　　　　　　　D.大于，打滑

17.7 齿轮机构

考试大纲☞：直齿圆柱齿轮各部分名称和尺寸　渐开线齿轮的正确啮合条件和连续传动条件　轮齿的失效　直齿圆柱齿轮的强度计算　斜齿圆柱齿轮传动的受力分析　齿轮的结构　蜗杆传动的啮合特点和受力分析　蜗杆和涡轮的材料

17.7.1 齿轮机构的特点与类型

齿轮机构用于传递两轴间的运动和动力，是应用最广的传动机构。齿轮传动的主要优点是：①适用的功率和速度范围广；②传动效率高；③传动比稳定；④寿命较长；⑤工作可靠。缺点是：①加工和安装精度要求较高，制造成本也较高；②不适宜于远距离两轴间的传动。

根据齿轮机构所传递运动两轴线的相对位置、运动形式及齿轮的几何形状，齿轮机构分为两大类：平面齿轮机构，其由（直齿、斜齿、人字齿）圆柱齿轮机构；空间齿轮机构，包括圆锥齿轮机构、蜗杆蜗轮机构、斜齿轮机构。

按齿轮齿廓曲线不同，又可分为渐开线齿轮、摆线齿轮和圆弧齿轮等，其中渐开线齿轮应用最广。渐开线齿轮的齿廓是渐开线曲线的一部分。渐开线是一条直线在一个圆上做纯滚动时，该直线上一点的轨迹。这个圆称为基圆，这条线称为发生线。

17.7.2 直齿圆柱齿轮各部分名称和尺寸

如图 17-7-1 所示为直齿圆柱齿轮的一部分。齿轮各参数如下：

1）齿顶圆

齿顶端所确定圆称为齿顶圆，其半径用r_a表示。

2）齿根圆

齿槽底部所确定的圆称为齿根圆，其半径用r_f表示。

3）齿槽

相邻两齿之间的空间称为齿槽。齿槽两侧齿廓之间的弧长称为该圆上的齿槽宽，用e表示。

4）齿厚

在半径为r的圆周上，轮齿两侧齿廓之间的弧长称为该圆上的齿厚，用s表示。

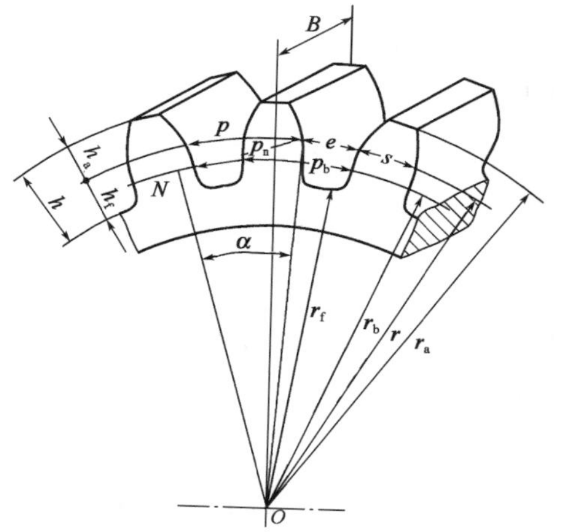

图 17-7-1　齿轮各部分名称

5）齿距

相邻两齿同侧齿廓之间的弧长称为该圆上的齿距，用p表示，显然，$p = s + e$。

6）模数

规定比值$\frac{p}{\pi}$等于整数或简单的有理数，并作为计算齿轮几何尺寸的一个基本参数。这个比值称为模数，以m表示，单位为 mm，即$m = \frac{p}{\pi}$，齿轮的主要几何尺寸都与m成正比。齿轮的模数已经标准化，我国规定的模数系列见表 17-7-1，齿轮的主要尺寸都与模数m成正比，m越大，则p越大，轮齿就越大，轮齿的承载能力也越强。

第一系列	1	1.25	1.5	2	2.5	3	4	5	6	8	10
	12	16	20	25	32	40	50				
第二系列	1.125	1.375	1.75	2.25	2.75	（3.75）	4.5	5.5	（6.5）	7	9
	（11）	14	18	22	28	36	45				

注：优先采用第一系列，括号内的模数尽可能不用。

【例 17-7-1】 试比较两个具有相同材料、相同齿宽、相同齿数的齿轮，第一个齿轮的模数为 2mm，第二个齿轮的模数为 4mm，关于它们的弯曲强度承载能力，下列说法正确的是：

    A. 它们具有相同的弯曲强度承载能力

    B. 第一个齿轮的弯曲强度承载能力比第二个齿轮大

    C. 第二个齿轮的弯曲强度承载能力比第一个齿轮大

    D. 弯曲强度承载能力与模数无关

解 通常，相同材料、相同齿宽、相同齿数的两个齿轮，模数越大，其轮齿的齿根弯曲强度越大，因此，第二个齿轮的弯曲强度承载能力较大一些。选 C。

7）分度圆

标准齿轮上齿厚和齿槽宽相等的圆称为齿轮的分度圆，用 d 表示其直径。分度圆上的齿厚以 s 表示；齿槽宽用 e 表示；齿距用 p 表示。分度圆压力角通常称为齿轮的压力角，用 α 表示。分度圆压力角已经标准化，常用的为 20°、15°等，我国规定标准齿轮 $\alpha = 20°$。由于齿轮分度圆上的模数和压力角均规定为标准值，因此，齿轮的分度圆可定义为齿轮上具有标准模数和标准压力角的圆。齿轮分度圆直径 d 则可表示为

$$d = \frac{p}{\pi}z = mz \tag{17-7-1}$$

8）齿顶与齿根

在轮齿上介于齿顶圆和分度圆之间的部分称为齿顶，其径向高度称为齿顶高，用 h_a 表示。介于根圆和分度圆之间的部分称为齿根，其径向高度称为齿根高，用 h_f 表示。齿顶圆与齿根圆之间轮齿的径向高度称为全齿高，用 h 表示，故

$$h = h_a + h_f \tag{17-7-2}$$

齿轮的齿顶高和齿根高可用模数表示为

$$h_a = mh_a^* \tag{17-7-3}$$
$$h_f = m(h_a^* + c^*) \tag{17-7-4}$$

其中，h_a^* 和 c^* 分别称为齿顶高系数和顶隙系数，对于圆柱齿轮，其值有正常齿制和短齿制，规定见表 17-7-2。

齿顶高系数和顶隙系数 表 17-7-2

系　数	正　常　齿　制	短　齿　制
h_a^*	1.0	0.8
c^*	0.25	0.3

9）顶隙

顶隙 $c = c^* m$，它是指一对齿轮啮合时，一个齿轮的齿顶圆到另一个齿轮的齿根圆的径向距离。

由此可以推出齿顶圆直径 d_a 和齿根圆直径 d_f 的计算式为

$$d_a = d + 2h_a = (z + 2h_a^*)m \tag{17-7-5}$$

$$d_f = d - 2h_f = (z - 2h_a^* - 2c^*)m \tag{17-7-6}$$

分度圆上齿厚与齿槽宽相等，且齿顶高和齿根高为标准值的齿轮称为标准齿轮。因此，对于标准齿轮

$$s = e = \frac{p}{2} = \frac{\pi m}{2} \tag{17-7-7}$$

渐开线齿轮的基圆直径计算式为

$$d_b = d \cos \alpha \tag{17-7-8}$$

在标准安装时，一对外啮合齿轮传动的中心距为

$$a = \frac{d_1 + d_2}{2} = \frac{m}{2}(z_1 + z_2) \tag{17-7-9}$$

$$a = \frac{d_2 - d_1}{2} = \frac{m}{2}(z_2 - z_1) \tag{17-7-10}$$

【例 17-7-2】 当一对渐开线齿轮制成后，两轮的实际安装中心距比理论计算略有增大，而角速度比仍保持不变，其原因是：

  A.压力角不变   B.啮合角不变

  C.节圆半径不变   D.基圆半径不变

解 角速度之比 $\frac{\omega_1}{\omega_2} = \frac{d_2}{d_1}$，由于加工、装配误差，两轮的实际安装中心距会比理论计算略有增大。选 D。

17.7.3 渐开线齿轮正确啮合的条件和连续传动条件

1）正确啮合条件

齿轮传动时，它的每一对齿仅啮合一段时间便要分离，而由后一对齿接替。一对渐开线齿轮传动时，其齿廓啮合点都应在啮合线 N_1N_2 上，如图 17-7-2 所示，当前一对齿在啮合线上的 K 点接触时，其后一对齿应在啮合线上另一点 K' 接触。这样，当前一对齿分离时，后一对齿才能不中断地接替传动。令 K_1 和 K_1' 表示轮 1 齿廓上的啮合点，K_2 和 K_2' 表示轮 2 齿廓上的啮合点。为了保证前后两对齿有可能同时在啮合线上接触，轮 1 相邻两齿同侧齿廓沿法线的距离 K_1K_1' 应与轮 2 相邻两齿同侧齿廓沿法线的距离 K_2K_2' 相等（沿法线方向的齿距称为法线齿距），即 $K_1K_1' = K_2K_2'$。

根据渐开线的性质

$$K_1K_1' = p_1 \cos \alpha_1 = \pi m_1 \cos \alpha_1 , \quad K_2K_2' = p_2 \cos \alpha_2 = \pi m_2 \cos \alpha_2$$

可推出一对渐开线齿轮的正确啮合条件是两齿轮模数和压力角分别相等，即

$$m_1 = m_2 , \quad \alpha_1 = \alpha_2 \tag{17-7-11}$$

齿轮的传动比可写成

$$i = \frac{\omega_1}{\omega_2} = \frac{d_2}{d_1} = \frac{z_2}{z_1} \tag{17-7-12}$$

2）连续传动的条件

一对渐开线齿轮若连续不间断地传动，要求前一对齿终止啮合前，后续的一对齿必须进入啮合。一对齿轮传动如图 17-7-3 所示。进入啮合时，主动轮 1 的齿根推动从动轮的齿顶，起始点是从动轮 2 齿顶圆与理论啮合线 N_1N_2 的交点 B_2，而这对轮齿退出啮合时的终止点是主动轮 1 齿顶圆与 N_1N_2 的交点 B_1，B_1B_2 为啮合点的实际轨迹，称为实际啮合线。

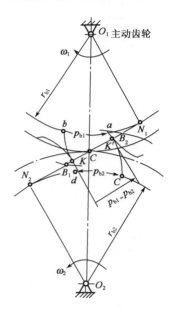

图 17-7-2　渐开线齿轮的正确啮合

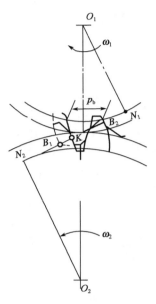

图 17-7-3　齿轮传动

要保证连续传动，必须在前一对齿转到 B_1 前的 K 点（至少是 B_1 点）啮合时，后一对齿已达 B_2 点进入啮合，即 $B_1B_2 \geqslant B_2K$。由渐开线特性知，线段 B_2K 等于渐开线基圆齿距 p_b。

由此可得连续传动条件 $\qquad\qquad B_1B_2 \geqslant p_b$

定义重合度

$$\varepsilon = 啮合弧/齿距 = B_1B_2/p_b > 1 \qquad\qquad (17-7-13)$$

重合度越大，表明同时参加啮合的齿对数多，传动平稳；且每对齿所受平均荷载小，从而能提高齿轮的承载能力。

【例 17-7-3】　一对渐开线标准直齿圆柱齿轮要正确啮合，则它们的以下哪项参数必须相等？

　　A. 模数　　　　　　B. 宽度　　　　　　C. 齿数　　　　　　D. 直径

解　一对渐开线齿轮的正确啮合条件是两齿轮模数和压力角分别相等。选 A。

17.7.4　轮齿的失效

齿轮传动的失效一般指轮齿的失效。常见的失效形式有轮齿折断、齿面点蚀、齿面磨损、齿面胶合以及塑性变形等几种形式见表 17-7-3。轮齿失效形式与传动工作情况相关。按工作情况，齿轮传动可分为开式传动和闭式传动两种。开式传动是指传动裸露或只有简单的遮盖，工作时环境中粉尘、杂物易侵入啮合齿间，且润滑条件较差的情况。闭式传动是指被封闭在箱体内，且润滑良好（常用浸油润滑）的齿轮传动。开式传动失效以磨损及磨损后的折齿为主，闭式传动失效则以疲劳点蚀或胶合为主。轮齿失效还与受载、工作转速和齿面硬度有关。

常见轮齿失效形式及产生原因和防治措施   表 17-7-3

失效形式	后　果	工作环境	产生原因	防止失效的措施
轮齿折断	轮齿折断后无法工作	开式、闭式传动中均可能发生	在荷载反复作用下，齿根弯曲应力超过允许限度时发生疲劳折断；用脆性材料制成的齿轮，因短时过载、冲击发生突然折断	限制齿根危险截面上的弯曲应力；选用合适的齿轮参数和几何尺寸；降低齿根处的应力集中；强化处理和良好的热处理工艺
齿面点蚀		闭式传动	在荷载反复作用下，轮齿表面接触应力超过允许限度时，发生疲劳点蚀	限制齿面的接触应力；提高齿面硬度、降低齿面的表面粗糙度值；采用黏度高的润滑油及适宜的添加剂
齿面磨损	齿廓失去准确形状，传动不平稳，噪声、冲击增大或无法工作	主要发生在开式传动中，润滑油不洁的闭式传动中也可能发生	灰尘、金属屑等杂物进入啮合区	注意润滑油的清洁；提高润滑油黏度，加入适宜的添加剂；选用合适的齿轮参数及几何尺寸、材质、精度和表面粗糙度；开式传动选用适当防护装置
齿面胶合		高速、重载或润滑不良的低速、重载传动中	齿面局部温升过高，润滑失效；润滑不良	进行抗胶合能力计算，限制齿面温度；保证良好润滑，采用适宜的添加剂；降低齿面的表面粗糙度值

硬齿面（硬度 >350HBS）、重载时易发生轮齿折断；高速、中小荷载时易发生疲劳点蚀；软齿面（硬度 ≤ 350HBS）、重载、高速时易发生胶合；低速时则产生塑性变形。

【例 17-7-4】高速过载齿轮传动，当润滑不良时，最可能发生的失效形式是：

A. 齿面胶合   B. 齿面疲劳点蚀

C. 齿面破损   D. 轮齿疲劳折断

解　在高速重载传动中，由于齿面啮合区的压力很大，润滑油膜因温度升高容易破裂，造成齿面金属直接接触，其接触区产生瞬时高温，致使两轮齿表面焊粘在一起，当两齿面相对运动时，较软的齿面金属被撕下，在轮齿工作表面形成与滑动方向一致的沟痕，这种现象称为齿面胶合。选 A。

【例 17-7-5】开式齿轮传动的主要失效形式一般是：

A. 齿面胶合   B. 齿面疲劳点蚀

C. 齿面磨损   D. 轮齿塑性变形

解　齿面磨损主要发生在开式传动中。选 C。

【例 17-7-6】对于具有良好润滑、防尘的闭式硬齿轮传动，正常工作时，最有可能出现的失效形式是：

A. 轮齿折断   B. 齿面疲劳点蚀   C. 磨料磨损   D. 齿面胶合

解　轮齿折断失效主要发生在润滑良好的闭式硬齿面齿轮传动场合；对于润滑良好的闭式软齿面齿轮传动，易发生齿面疲劳点蚀失效（B）；在开式传动或者由于灰尘、硬屑粒等进入啮合齿面时，易发生磨粒磨损（包含磨料磨损）（C）；在高速或者低速重载传动场合，由于齿面啮合区发生润滑失效，容易导致齿面胶合（D）。选 A。

17.7.5 直齿圆柱齿轮的强度计算

1）轮齿的受力分析

如图 17-7-4 所示为一对直齿圆柱齿轮啮合传动时的受力情况。若忽略齿面间的摩擦力，则轮齿之间的总作用力 F_n 将沿着轮齿啮合点的公法线 N_1N_2 方向，故也称法向力。法向力 F_n 可分解为两个分力：圆周力 F_t 和径向力 F_r。

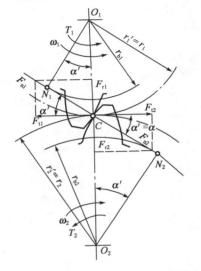

图 17-7-4 直齿圆柱齿轮传动的作用力

圆周力 $\qquad F_t = \dfrac{2T_1}{d_1} \qquad$ (N)

径向力 $\qquad F_r = F_1 \tan\alpha \qquad$ (N)

法向力 $\qquad F_n = \dfrac{F_1}{\cos\alpha} \qquad$ (N)

式中：T_1 ——小齿轮上的转矩(N·mm)，$T_1 = 9.55 \times 106\dfrac{P}{n_1}$；

$\qquad P$ ——小齿轮传递的功率(kW)；

$\qquad n_1$ ——小齿轮的转速(r/min)；

$\qquad d_1$ ——小齿轮的分度圆直径(mm)；

$\qquad \alpha$ ——分度圆压力角(°)。

圆周力 F_t 的方向，在主动轮上与圆周速度方向相反，在从动轮上与圆周速度方向相同。径向力 F_r 的方向对两轮都是由作用点指向轮心。

2）计算荷载

上述受力分析是在荷载沿齿宽均匀分布的理想条件下进行的。但实际运转时，由于齿轮、轴、支承等存在制造、安装误差，以及受载时产生变形等，使荷载沿齿宽不是均匀分布，造成荷载局部集中。轴和轴承的刚度越小、齿宽 b 越宽，荷载集中越严重。此外，由于各种原动机和工作机的特性不同，导致在齿轮传动中还将引起附加动荷载。因此在齿轮强度计算时，通常用计算荷载 KF_n 代替名义荷载 F_n。K 为载荷系数，其值由表 17-7-4 查取。

载荷系数 K 表 17-7-4

原 动 机	工作机的荷载特性		
	工作平稳	中等冲击	较大冲击
电动机、透平机	1~1.2	1.2~1.5	1.5~1.8
多缸内燃机	1.2~1.5	1.5~1.8	1.8~2.1
单缸内燃机	1.6~1.8	1.8~2.0	2.1~2.4

3）齿面接触强度计算

在接触应力作用下抵抗破坏(变形和断裂)的能力，称为接触强度，包括接触静强度和接触疲劳强度。

为避免齿面发生点蚀，应限制齿面的接触应力。齿面接触应力的计算是以两圆柱体接触时最大接触应力为基础进行的。

对于一对钢制齿轮，弹性模量 $E_1 = E_2 = 2.06 \times 105\text{MPa}$，标准齿轮压力角 $\alpha = 20°$，可得钢制标

准齿轮传动的齿面接触强度校核方式

$$\sigma_H = 335\sqrt{\dfrac{(i\pm1)^3 KT_1}{iba^2}} \leqslant [\sigma_H] \tag{17-7-14}$$

式中：σ_H ——许用接触应力（MPa）；

　　　a ——齿轮中心距（mm）；

　　　K ——载荷系数；

　　　T_1 ——小齿轮传递的转矩（N·mm）；

　　　b ——齿宽（mm）；

　　　i ——齿轮的传动比，"+""−"符号分别用于外啮合和内啮合。

将 $b = \psi_a \cdot a$ 代入上式，可得齿面接触强度设计方式

$$a \geqslant (i\pm1)\sqrt[3]{\left(\dfrac{335}{[\sigma_H]}\right)^2 \dfrac{KT_1}{\psi_a i}} \quad \text{(mm)} \tag{17-7-15}$$

当一对齿轮的材料、传动比、齿宽系数一定时，齿面接触强度所决定的承载能力仅与中心距 a 或分度圆直径 $d_1 = \dfrac{2a}{i+1}$ 有关，即与 mz 的乘积有关，而与模数或齿数的单独一项无关。另外，齿宽系数 ψ_a 的值越大，中心距越小，但齿宽 b 大，若结构的刚性不够，齿轮制造和安装不准确，则容易发生沿齿宽荷载分布不均匀的现象，致使轮齿折断。齿轮对轴承对称布置时 ψ_a 可取大值；反之，取小值；悬臂布置时应取下限值。式（17-7-14）和式（17-7-15）仅适用于一对钢制齿轮，若配对齿轮材料为钢对铸铁或铸铁对铸铁，则应将公式中的系数 335 分别改为 285 和 250。

许用接触应力 $[\sigma_H]$ 按下式计算

$$[\sigma_H] = \dfrac{\sigma_{H\,lim}}{S_H} \quad \text{(MPa)} \tag{17-7-16}$$

式中：$\sigma_{H\,lim}$ ——试验齿轮的接触疲劳极限（MPa）；

　　　S_H ——齿面接触疲劳安全系数，其值由表 17-7-5 查出。

安全系数 S_H 和 S_F　　　　　　　　　　　　　　　　　　表 17-7-5

安全系数	软 齿 面	硬 齿 面	重要的传动、渗碳淬火齿轮或铸造齿轮
S_H	1.0~1.1	1.1~1.2	1.3
S_F	1.3~1.4	1.4~1.6	1.6~2.2

4）轮齿的弯曲强度计算

为了防止齿轮在工作时发生轮齿折断，应限制在轮齿根部的弯曲应力。进行轮齿弯曲应力计算时，假定全部荷载由一对轮齿承受且作用于齿顶处，这时齿根所受的弯曲力矩最大。计算轮齿弯曲应力时，可将轮齿看作宽度为 b 的悬臂梁。可得轮齿弯曲强度的校核方式

$$\sigma_F = \dfrac{2KT_1 Y_F}{bm^2 z_1} \leqslant [\sigma_F] \quad \text{(MPa)} \tag{17-7-17}$$

式中：K ——载荷系数；

　　　T_1 ——小齿轮传递的转矩(N·mm)；

　　　Y_F ——齿形因数，反映轮齿的形状对抗弯能力的影响，正常齿制标准齿轮的 Y_F 值参考图 17-7-5；

　　　b ——齿宽(mm)；

m ——模数(mm);

z_1 ——小轮齿数。

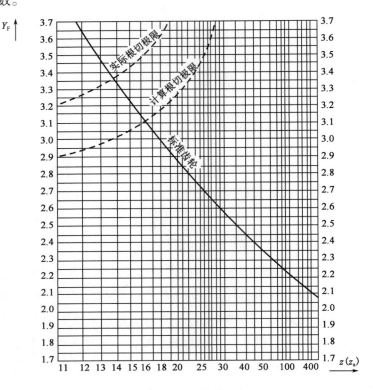

图 17-7-5 齿形因数Y_F

对于$i \neq 1$的齿轮传动，由于$z_1 \neq z_2$，因此$Y_{F1} \neq Y_{F2}$，而且两轮的材料、热处理方法和硬度也不相同，则$[\sigma_{F1}] \neq [\sigma_{F2}]$。因此，应分别验算两个齿轮的弯曲强度。

令$\psi_a = \frac{b}{a}$，则得轮齿弯曲强度设计方式为：

$$m \geqslant \sqrt[3]{\frac{4KT_1Y_F}{\psi_a(i \pm 1)z^2[\sigma_F]}} \qquad (\text{mm}) \tag{17-7-18}$$

式（17-7-18）中的$\frac{Y_F}{[\sigma_F]}$应代入$\frac{Y_{F1}}{[\sigma_{F1}]}$和$\frac{Y_{F2}}{[\sigma_{F2}]}$中的较大者，算得的模数应按表 17-7-1 圆整为标准值。对于传递动力的齿轮，其模数应大于 1.5mm，以防止意外断齿。

在满足弯曲强度的条件下，应尽量增加齿数使传动的重合度增大，以改善传动平稳性和荷载分配；在中心距a一定时，齿数增加则模数减小，齿顶高和齿根高都随之减小，能节约材料和减少金属切削量。

对于闭式传动，当齿面硬度不太高时，轮齿的弯曲强度通常是足够的，故齿数可取多些，例如常取$z_1 = 24 \sim 40$。当齿面硬度很高时，轮齿的弯曲强度常感不足，故齿数不宜过多。许用弯曲应力$[\sigma_F]$按下式计算

$$[\sigma_F] = \frac{\sigma_{F\lim}}{S_F} \qquad (\text{MPa}) \tag{17-7-19}$$

式中： $\sigma_{F\lim}$ ——试验齿轮的弯曲疲劳极限（MPa）；

S_F ——齿轮弯曲疲劳强度安全系数，由表 17-7-5 查取。

【例 17-7-7】软齿面齿轮传动设计中，选取大小齿轮的齿面硬度应使：

A. 大、小齿轮的齿面硬度相等

B. 大齿轮齿面硬度大于小齿轮的齿面硬度

C. 小齿轮齿面硬度大于大齿轮的齿面硬度

D. 大、小齿轮齿面硬度应不相等但谁大都可以

解 经热处理后齿面硬度HBS≤350的齿轮称为软齿面齿轮，多用于中、低速机械。当大小齿轮都是软齿面时，考虑到小齿轮齿根较薄，弯曲强度较低，且受载次数较多，因此应使小齿轮齿面硬度比大齿轮高20~50HBS。选 C。

17.7.6 斜齿圆柱齿轮传动及其受力分析

斜齿圆柱齿轮的轮齿与其轴线倾斜一定角度，适用于两平行轴间的运动和动力的传递。

（1）斜齿圆柱齿轮传动的特点。斜齿圆柱齿轮较直齿圆柱齿轮重合度大，运转平稳，承载能力较强，噪声小，适用于高速传动。但工作中会产生轴向力，需使用可承受轴向荷载的轴承。

（2）斜齿轮传动的正确啮合条件。相互啮合的一对斜齿轮的法面模数和法面压力角要分别相等且等于标准值，即：$m_{n1} = m_{n2} = m$，$\alpha_{n1} = \alpha_{n2} = \alpha$。并且，外啮合传动两轮的螺旋线旋向相反，$\beta_1 = -\beta_2$；内啮合传动两轮的螺旋线旋向相同，$\beta_1 = \beta_2$。

（3）斜齿轮传动的受力分析。图 17-7-6 为斜齿轮轮齿受力情况。轮齿所受法向力F_n可分解为圆周力F_t、径向力F_r和轴向力F_a。

$$F_t = \frac{2T_1}{d_1}, \quad F_r = \frac{F_t \tan \alpha_n}{\cos \beta}, \quad F_a = F_t \tan \beta$$

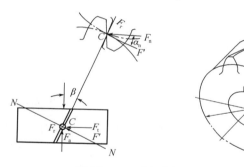

图 17-7-6　斜齿圆柱齿轮受力分析

圆周力的方向，在主动轮上与转动方向相反，在从动轮上与转向相同。径向力的方向均指向各自的轮心。轴向力的方向取决于齿轮的回转方向和轮齿的螺旋方向，可按"主动轮左、右手螺旋定则"来判断。主动轮为左（右）旋时，左（右）手按转动方向握轴，以四指弯曲方向表示主动轴的回转方向，伸直大拇指，其指向即为主动轮上轴向力的方向。主动轮上轴向力的方向确定后，从动轮上的轴向力则与主动轮上的轴向力大小相等、方向相反。

【例 17-7-8】 斜齿圆柱轮的标准模数和压力角是指以下哪种模数和压力角？

　　A. 端面　　　　　　B.法面　　　　　　C.轴面　　　　　　D.任意截面

解 选 B。

【例 17-7-9】 一对平行外啮合斜齿圆柱齿轮，正确啮合时两齿轮的：

　　A. 螺旋角大小相等且方向相反　　　　B. 螺旋角大小相等且方向相同

　　C.螺旋角大小不等且方向相同　　　　D. 螺旋角大小不等且方向不同

解 外啮合传动两轮的螺旋线旋向相反，$\beta_1 = -\beta_2$。选 A。

17.7.7 齿轮的结构

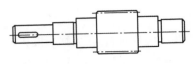

图 17-7-7　齿轮轴

齿轮的结构有锻造、铸造、装配式及焊接齿轮等结构形式，具体的结构应根据工艺要求及经验公式确定。

当齿顶圆直径与轴径接近时，应将齿轮与轴做成一体，称为齿轮轴，如图 17-7-7 所示。

齿顶圆直径 $d_a < 500mm$ 的齿轮可以是锻造或铸造的，通常采用腹板式结构，如图 17-7-8a）所示，直径较小时也可做成实心式，如图 17-7-8b）所示。

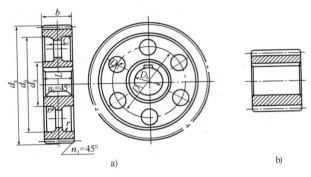

图 17-7-8　锻造齿轮结构

当 $d_a > 400mm$ 时，一般都用铸造齿轮，通常采用图 17-7-9 所示的轮辐式结构。

17.7.8 蜗杆传动

1）蜗杆传动的特点和受力分析

（1）蜗杆传动的特点和类型

蜗杆传动主要由蜗杆和蜗轮组成（见图 17-7-10），蜗杆传动用于传递空间交错成 90° 的两轴之间的运动和动力，通常蜗杆为主动件。与其他机械传动比较，蜗杆传动具有传动比大、结构紧凑、运转平稳、噪声较小等优点，但是其传动效率较低，为了降低摩擦，减小磨损，提高齿面抗胶合能力，蜗轮齿圈常用贵重的铜合金制造，成本较高。

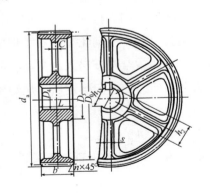

图 17-7-9　铸造齿轮结构

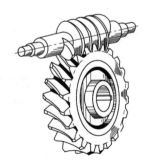

图 17-7-10　蜗杆传动

蜗杆传动按照蜗杆的形状不同，可分为圆柱蜗杆传动和环面蜗杆传动。圆柱蜗杆机构又可按螺旋面的形状，分为阿基米德蜗杆机构和渐开线蜗杆机构等。圆柱蜗杆机构加工方便，环面蜗杆机构承载能力较强。

（2）蜗杆传动的主要参数计算（见表 17-7-6）

蜗杆传动的主要参数计算　　　　　　　　　　　　表 17-7-6

名　　称	计算公式	
	蜗杆	蜗轮
齿顶高	$h_a = m$	$h_a = m$
齿根高	$h_f = 1.2m$	$h_f = 1.2m$
分度圆直径	$d_1 = mq$	$d_2 = mz_2$
齿顶圆直径	$d_{a1} = m(q + 2)$	$d_{a2} = m(z_2 + 2)$
齿根圆直径	$d_{f1} = m(q - 2.4)$	$d_{f2} = m(z_2 - 2.4)$
顶隙	$c = 0.2m$	
中心距	$a = m(q + z_2)/2$	
传动比	$i = \dfrac{\omega_1}{\omega_2} = \dfrac{n_1}{n_2} = \dfrac{z_2}{z_1} \neq \dfrac{d_2}{d_1}$	

（3）蜗杆传动的正确啮合条件

蜗杆传动的正确啮合条件为：蜗杆轴平面上的轴面模数 m_{a1} 等于蜗轮的端面模数 m_{t2}；蜗杆轴平面上的轴面压力角 α_{a1} 等于蜗轮的端面压力角 α_{t2}；蜗杆导程角 γ 等于蜗轮螺旋角 β，且旋向相同。

（4）蜗杆传动的受力分析

杆传动的受力分析与斜齿圆柱齿轮的受力分析相似，齿面上的法向力 F_n 分解为三个相互垂直的分力：圆周力 F_t、轴向力 F_a、径向力 F_r，如图 17-7-11 所示。

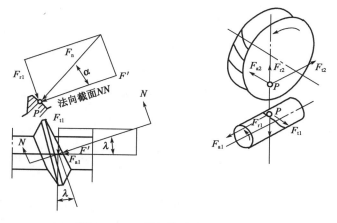

图 17-7-11　蜗杆传动的受力分析

蜗杆受力方向：轴向力 F_{a1} 的方向由左、右手定则确定，图 17-7-11 为右旋蜗杆，则用右手握住蜗杆，四指所指方向为蜗杆转向，拇指所指方向为轴向力 F_{a1} 的方向；圆周力 F_{t1}，与主动蜗杆转向相反；径向力 F_{r1}，指向蜗杆中心。

蜗轮受力方向：F_{a1} 与 F_{t2}、F_{t1} 与 F_{a2}、F_{r1} 与 F_{r2} 是作用力与反作用力关系。

力的大小可按下式计算

$$F_{t1} = F_{a2} = \frac{2T_1}{d_1}; \quad F_{a1} = F_{t2} = \frac{2T_2}{d_2}; \quad F_{r1} = F_{r2} = F_{t2} \tan \alpha$$

式中：　T_1、T_2 ——分别为作用于蜗杆和蜗轮上的转矩（N·m），$T_2 = T_1 i \eta$；

η ——蜗杆传动效率；

d_1、d_2 ——分别为蜗杆和蜗轮的节圆直径（m）。

2）蜗杆和涡轮的材料

选用蜗杆传动材料时不仅要满足强度要求，更重要的是具有良好的减摩性、抗磨性和抗胶合的能力。蜗杆一般用碳素钢或合金钢制造。对于高速重载的蜗杆，可用 15Cr、20Cr、20CrMnTi 和 20MnVB等，经渗碳淬火至硬度为 56~63HRC，也可用 40、45、40Cr、40CrNi 等经表面淬火至硬度为45~50HRC。对于不太重要的传动及低速中载蜗杆，常用 45、40 等钢经调质或正火处理，硬度为220~230HBS。

蜗轮常用锡青铜、无锡青铜或铸铁制造。锡青铜用于滑动速度 $v_s > 3m/s$ 的传动，常用牌号有ZQSn10-1 和 ZQSn6-6-3；无锡青铜一般用于 $v_s \leq 4m/s$ 的传动，常用牌号为 ZQAl8-4；铸铁用于滑动速度 $v_s < 2m/s$ 的传动，常用牌号有 HT150 和 HT200 等。近年来，随着塑料工业的发展，也可用尼龙或增强尼龙来制造蜗轮。

【例 17-7-10】 以下用来确定蜗杆传动比的公式中，错误的是：

A. $i = z_2/z_1$ B. $i = d_1/d_2$ C. $i = n_1/n_2$ D. $i = w_1/w_2$

解 传动比 $i = \frac{\omega_1}{\omega_2} = \frac{n_1}{n_2} = \frac{z_2}{z_1} = \frac{d_2}{d_1}$。选 B。

【例 17-7-11】 下列因素中与蜗杆传动的失效形式关系不大的是：

A. 蜗杆传动副的材料   B. 蜗杆传动的载荷方向

C. 蜗杆传动的滑动速度   D. 蜗杆传动的散热条件

解 蜗杆传动的主要失效形式有：胶合、点蚀和磨损等。显然，材料、相对滑动速度和散热，与这些失效形式有着直接关系，而载荷方向与失效形式关系不大。选 B。

【例 17-7-12】 在蜗杆传动中，比较理想的蜗杆与涡轮材料组合是：

A. 钢与青铜   B. 钢与铸铁   C. 铜与钢   D. 钢与钢

解 蜗杆传动中，蜗杆副的材料不仅要求有足够的强度，而且更重要的是要具有良好的减摩耐磨性能和抗胶合能力，因此，常采用青铜材料作为涡轮的齿圈，与钢制蜗杆相配。选 A。

经典练习

17-7-1 用标准齿条型刀具加工渐开线标准直齿轮，不发生根切的最少齿数是（   ）。

A. 14   B. 17   C. 21   D. 26

17-7-2 有四个渐开线直齿圆柱齿轮，其参数分别为：齿轮 1 的 $m_1 = 2.5mm$，$\alpha_1 = 15''$，齿轮 2的 $m_2 = 2.5mm$，$\alpha_2 = 20''$，齿轮 3 的 $m_3 = 2mm$，$\alpha_3 = 15''$，齿轮 4 的 $m_4 = 2.5mm$，$\alpha_4 = 20''$，则能够正确啮合的一对齿轮是（   ）。

A. 齿轮 1 和齿轮 2   B. 齿轮 1 和齿轮 3

C. 齿轮 1 和齿轮 4   D. 齿轮 2 和齿轮 4

17-7-3 一对正常齿标准直齿圆柱齿轮传动，$m = 5mm$，$z_1 = 20$，$z_2 = 78$，标准中心距 a 为（   ）mm。

A. 105   B. 245   C. 375   D. 406

17-7-4 一对渐开线内啮合斜齿圆柱齿轮的正确啮合条件是（   ）。

A. $m_{n1} = m_{n2} = m$，$\alpha_{n1} = \alpha_{n2} = \alpha$，$\beta_1 = \beta_2$

B. $m_{n1} = m_{n2} = m$, $\alpha_{n1} = \alpha_{n2} = \alpha$, $\beta_1 = -\beta_2$

C. $m_{n1} = m_{n2} = m$, $\alpha_{n1} = \alpha_{n2} = \alpha$

D. $m_{n1} = m_{n2} = m$

17.8　轮系

考试大纲☞：轮系的基本类型和应用　定轴轮系传动比计算　周转轮系传动比计算

17.8.1　轮系的基本类型和应用

由两个以上相互啮合的齿轮所组成的传动系统称为齿轮系，简称轮系。轮系能够实现距离较远的两个轴之间的传动，获得较大的传动比，实现运动的变速与变向，实现运动的合成与分解等。轮系在工程上应用非常广泛，汽车变速器、金属切削机床等中都有轮系的应用。

一般轮系可分为：定轴轮系、周转轮系和混合轮系。

（1）定轴轮系：轮系中所有齿轮的几何轴线都是固定的。

（2）周转轮系或称为动轴轮系：轮系中，至少有一个齿轮既绕自己的几何轴线转动，又绕另一个齿轮几何轴线转动。

（3）混合轮系：由几个基本周转轮系或由定轴轮系和周转轮系组成。

1）传动比

传动比的定义：两轴的转速比。因为转速$n = 2\pi\omega$，因此传动比又可以被表示为两轴的角速度之比。通常，传动比用i表示，对轴 a 和轴 b 的传动比可表示为

$$i_{ab} = \frac{n_a}{n_b}\frac{\omega_a}{\omega_b} \tag{17-8-1}$$

对一对相啮合的齿轮，在同一时间内转过的齿数是相同的，有$n_a z_a = n_b z_b$。

因此，一对相互啮合的齿轮的传动比又可以写成

$$i_{ab} = \frac{n_a}{n_b}\frac{z_b}{z_a} \tag{17-8-2}$$

2）从动轮转动方向

（1）箭头表示

轴或齿轮的转向一般用箭头表示，如图 17-8-1 所示。

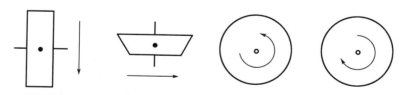

图 17-8-1　转向表示方法

（2）符号表示

当两轴或齿轮的轴线平行时，可以用正号"+"或负号"-"表示两轴或齿轮的转向相同或相反，并直接标注在传动比的公式中。但是，符号表示法不能用于判断轴线不平行的从动轮的转向传动比计算中。

（3）判断从动轮转向的几个要点

①内啮合的圆柱齿轮的转向相同。

②外啮合圆柱齿轮或圆锥齿轮的转动方向要么同时指向啮合点，要么同时背离啮合点。

如图 17-8-2 所示为圆柱或圆锥齿轮转动方向的几种情况。

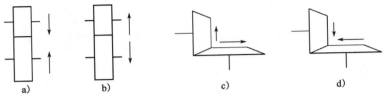

图 17-8-2　齿轮转动方向间的关系

③蜗杆蜗轮的转向：速度矢量之和必定与螺旋线垂直，如图 17-8-3 所示。

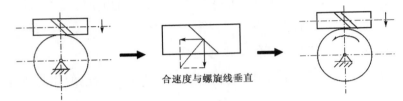

合速度与螺旋线垂直

图 17-8-3　蜗杆蜗轮转向的判断

17.8.2　定轴轮系传动比计算

定轴轮系分为两大类：一类是所有齿轮的轴线都相互平行，称为平行轴定轴轮系（亦称平面定轴轮系，如图 17-8-4 所示）；另一类轮系中有相交或交错的轴线，称之为非平行轴定轴轮系（亦称空间定轴轮系，如图 17-8-5 所示）。

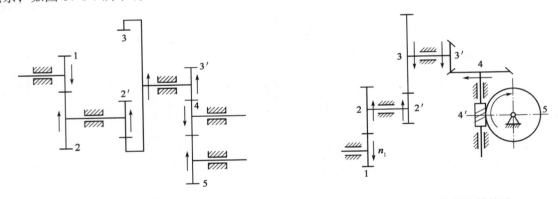

图 17-8-4　平面定轴轮系　　　　　　　　　　图 17-8-5　空间定轴轮系

在平面定轴轮系中，若首轮轮 1 的转速为 n_1，末轮轮 k 的转速为 n_k，则轮系传动比为

$$i_{1k} = \frac{n_1}{n_k} = (-1)^m \frac{\text{从轮 1 到轮} k \text{之间所有从动轮齿数的乘积}}{\text{从轮 1 到轮} k \text{之间所有主动轮齿数的乘积}} \qquad (17-8-3)$$

其中，m 为轮系中从轮 1 到轮 k 间，外啮合齿轮的对数。

空间定轴轮系，其传动比的大小仍可用平面定轴轮系的传动比计算公式计算，但因各轴线并不全部相互平行，故不能用 $(-1)^m$ 来确定主动轮与从动轮的转向，必须用画箭头的方式在图上标注出各轮的转向。

17.8.3 周转轮系传动比计算

当周转轮系的两个中心轮都能转动，自由度为 2 时称为差动轮系，如图 17-8-6a）所示。若固定住其中一个中心轮，轮系的自由度为 1 时，称为行星轮系，如图 17-8-6b）所示。

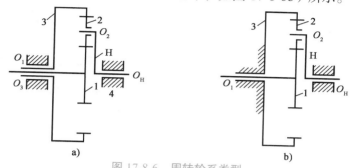

图 17-8-6　周转轮系类型

周转运动是兼有自转和公转的复杂运动，因此需要通过在整个轮系上加上一个与系杆 H 旋转方向相反、大小相同的角速度 n_H，把周转轮系转化成定轴轮系。传动比的求法是：

（1）求传动比大小

$$i_{1k}^H = \frac{n_1^H}{n_k^H} = \frac{n_1 - n_H}{n_k - n_H} = \pm \frac{\text{从轮 1 到轮} k \text{之间所有从动轮齿数的乘积}}{\text{从轮 1 到轮} k \text{之间所有主动轮齿数的乘积}} \qquad (17\text{-}8\text{-}4)$$

（2）确定传动比符号

标出反转机构中各个齿轮的转向，来确定传动比符号。当轮 1 与轮 k 的转向相同，取"＋"号，反之取"－"号。

【例 17-8-1】 如图所示轮系，辊筒 5 与蜗轮 4 相固连，各轮齿数：$z_1 = 20$，$z_2 = 40$，$z_3 = 60$，蜗杆 3 的头数为 2，当手柄 H 以图示方向旋转 1 周时，则辊筒的转向及转数为：

A. 顺时针，1/30周

B. 逆时针，1/30周

C. 顺时针，1/60周

D. 逆时针，1/60周

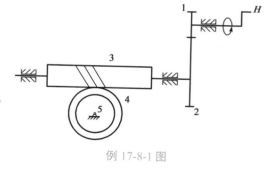

解　辊筒与蜗轮转向及转数相同，根据定轴轮系传动比计算公式：

$$i_{14} = \frac{n_1}{n_4} = \frac{z_2 z_4}{z_1 z_3} = \frac{40 \times 60}{20 \times 2} = 60, \quad n_5 = n_4 = \frac{1}{60} n_1 = \frac{1}{60}$$

例 17-8-1 图

根据右手法则来判定辊筒 5（即蜗轮 4）的转向，由于齿轮 1 为逆时针转，按照传动路线，可确定出辊筒的转动方向为顺时针。选 C。

经典练习

17-8-1　图示的轮系，$z_1 = 20$，$z_2 = 40$，$z_4 = 60$，$z_5 = 30$，齿轮及蜗轮的模数均为2mm，蜗杆的头数为 2，如轮 1 以图示方向旋转 1 周，则齿条将（　　）。

A. 向左运动1.57mm　　　　　　　　　　B. 向右运动1.57mm

C. 向右运动3.14mm　　　　　　　　　　D. 向左运动3.14mm

17-8-2　图示轮系中，$z_1 = 20$，$z_2 = 30$，$z_3 = 80$，设图中箭头方向为正（齿轮 1 的转向），问传动比 i_{1H} 的值为（　　）。

A. 5　　　　　　　B. 3　　　　　　　C. −5　　　　　　　D. −3

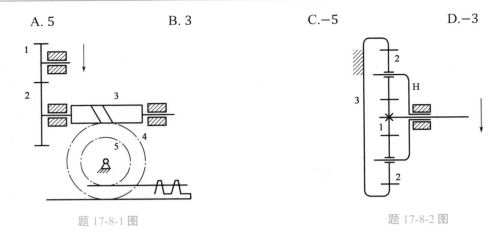

题 17-8-1 图　　　　　　　　　　　　　　题 17-8-2 图

17.9　轴

考试大纲☞：轴的分类、结构和材料　轴的计算　轴毂连接的类型

17.9.1　轴的分类、结构和材料

1）轴的功用和类型

轴是机器中的重要零件之一，用来支持旋转零件，如齿轮、带轮等。根据承受载荷的不同，轴可分为转轴、传动轴和心轴三种。转轴既承受转矩又承受弯矩；传动轴主要承受转矩，不承受或承受很小的弯矩；心轴只承受弯矩而不传递转矩。按轴线的形状将轴分为：直轴、曲轴和挠性轴。

2）轴的结构设计

轴的结构设计就是使轴的各部分具有合理的形状和尺寸。其主要要求：①满足制造安装要求，轴应便于加工，轴上零件要方便装拆；②满足零件定位要求，轴和轴上零件有准确的工作位置，各零件要牢固而可靠地相对固定；③满足结构工艺性要求，使加工方便和节省材料；④满足强度要求，尽量减少应力集中等。下面结合如图 17-9-1 所示单级齿轮减速器的高速轴，逐项讨论这些要求。

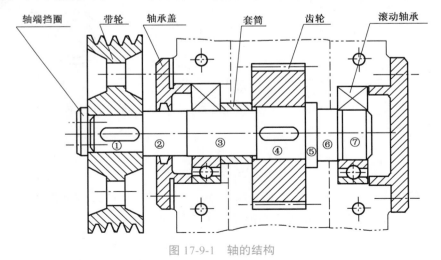

图 17-9-1　轴的结构

（1）制造安装要求

为了方便轴上零件的装拆，常将轴做成阶梯形。对于一般剖分式箱体中的轴，它的直径从轴端逐

渐向中间增大。如图 17-9-1 所示，可依次将齿轮、套筒、左端滚动轴承、轴承盖和带轮从轴的左端装拆，另一滚动轴承从右端装拆。为使轴上零件易于安装，轴端及各轴段的端部应有倒角。轴上磨削的轴段，应有砂轮越程槽（见图 17-9-1 中⑥与⑦的交界处）；车制螺纹的轴段，应有退刀槽。在满足使用要求的情况下，轴的形状和尺寸应力求简单，以便于加工。

（2）零件轴向和周向定位

①轴上零件的轴向定位和固定。阶梯轴上截面变化处叫轴肩，利用轴肩和轴环进行轴向定位，其结构简单、可靠，并能承受较大轴向力。在图 17-9-1 中，①、②间的轴肩使带轮定位；轴环⑤使齿轮在轴上定位；⑥、⑦间的轴肩使右端滚动轴承定位。有些零件依靠套筒定位，在图 17-9-1 中左端滚动轴承采用套筒③定位。套筒定位结构简单、可靠，但不适合高转速情况。无法采用套筒或套筒太长时，可采用圆螺母加以固定，圆螺母定位可靠、并能承受较大轴向力。轴向力较小时，可采弹性挡圈、紧定螺钉或圆锥销来进行定位。在轴端部可以用圆锥面定位，圆锥面定位的轴和轮毂之间无径向间隙、装拆方便，能承受冲击，但锥面加工较为麻烦。轴端挡圈定位，它适用于轴端，可承受剧烈的振动和冲击荷载。

②轴上零件的周向固定。轴上零件周向固定的目的是使其能同轴一起转动并传递转矩。轴上零件的周向固定，大多采用键、花键或过盈配合等连接形式。

（3）结构工艺性要求

由于阶梯轴接近于等强度，而且便于加工和轴上零件的定位和装拆，所以实际上轴的形状多呈阶梯形。为了能选用合适的圆钢和减少切削加工量，阶梯轴各轴段的直径不宜相差太大，一般取 5~10mm。

在采用套筒、螺母、轴端挡圈作轴向固定时，应把装零件的轴段长度做得比零件轮毂短 2~3mm，以确保套筒、螺母或轴端挡圈能靠紧零件端面。

（4）强度要求

在零件截面发生变化处会产生应力集中现象，从而削弱材料的强度。因此，进行结构设计时，应尽量减小应力集中。在阶梯轴的截面尺寸变化处应采用圆角过渡，且圆角半径不宜过小。另外，设计时尽量不要在轴上开横孔、切口或凹槽，必须开横孔处须将边倒圆。在重要的轴的结构中，可采用卸载槽、过渡肩环或凹切圆角增大轴肩圆角半径，以减小局部应力。

3）轴的材料

轴的材料常采用碳素钢和合金钢。

（1）碳素钢

碳素钢有 35、45、50 等优质中碳钢。它们具有较高的综合机械性能，因此应用较多，特别是 45 号钢应用最为广泛。为了改善碳素钢的机械性能，应进行正火或调质处理。不重要或受力较小的轴，可采用 Q237、Q275 等普通碳素钢。

（2）合金钢

合金钢具有较高的机械性能，但价格较贵，多用于有特殊要求的轴。例如采用滑动轴承的高速轴，常用 20Cr、20CrMnTi 等低碳合金钢，经渗碳淬火后可提高轴颈耐磨性；汽轮发电机转子轴在高温、高速和重载条件下工作，必须具有良好的高温机械性能，常采用 27Cr2Mo1V、38CrMoA1A 等合金结构钢。值得注意的是：钢材的种类和热处理对其弹性模量的影响甚小，因此如欲采用合金钢或通过热处理来提高轴的刚度，并无实效。此外，合金钢对应力集中的敏感性较高，因此设计合金钢轴时，更应从结构上避免或减小应力集中，并减小其表面粗糙度。轴的毛坯一般用圆钢或锻件，有时也可采用铸钢或球墨铸铁。例如，用球墨铸铁制造曲轴、凸轮轴，具有成本低廉、吸振性较好，对应力集中的敏感性较低，强度较好等优点，适合制造结构形状复杂的轴。

【例 17-9-1】 下列方法中可用于轴和轮毂周向定位的是：

　　A. 轴用弹性挡圈　　　　　　　　　B. 轴肩

　　C. 螺母　　　　　　　　　　　　　D. 键

解　键是用来对零件进行周向定位的，而轴用弹性挡圈、轴肩和螺母则是用来对零件进行轴向固定的。选 D。

17.9.2　轴的计算

1）轴的强度计算

应根据轴的承载情况，采用相应的计算方法。常见的强度计算有以下两种。

（1）按扭转强度估算最小轴径

当轴只传递转矩，不承受弯矩，或承受弯矩很小，或当弯矩值未知时，可按转矩做初步计算。圆截面轴受转矩后，在截面中出现扭转切应力，其强度条件为

$$\tau = \frac{T}{W_\text{T}} = \frac{9.55 \times 10^6 P}{0.2 d^3 n} \leqslant [\tau] \tag{17-9-1}$$

式中：τ ——转矩 T（N·mm）在轴上产生的扭剪应力（MPa）；

　　$[\tau]$ ——材料的许用剪切应力（MPa）；

　　W_T ——抗扭截面系数（mm³），对圆截面轴 $W_\text{T} = \frac{\pi d^3}{16} \approx 0.2 d^3$；

　　P ——传递的功率（kW）；

　　n ——轴的转速（r/min）；

　　d ——轴的直径（mm）。

故按扭转强度计算的公式为

$$d \geqslant \sqrt[3]{\frac{9.55 \times 10^6 P}{0.2[\tau]n}} \geqslant C\sqrt[3]{\frac{p}{n}} \tag{17-9-2}$$

其中，C 是由轴的材料和承载情况确定的常数，见表 17-9-1。应用上式求出的 d 值作为轴最细处的直径。

常用材料的 C 值　　　　　　　　　　　　　　　　　　　　　　　表 17-9-1

轴的材料	Q235，20	Q275，35	45	40Cr，35
C	160~135	135~118	118~107	107~98

注：当作用在轴上的弯矩比传递的转矩小或只传递转矩时，C 取较小值；否则取较大值。

此外，也可采用经验公式来估算轴的直径。例如在一般减速器中，高速输入轴的直径可按与其相连的电动机轴的直径 D 估算，$d = (0.8 \sim 1.2)D$；各级低速轴的轴径可按同级齿轮中心距 a 估算，$d = (0.3 \sim 0.4)a$。

（2）按弯扭合成强度计算

当零件在草图上布置妥当后，外荷载和支反力的作用位置即可确定。通常外荷载不是作用在同一

平面内，这时应先将这些力分解到水平面和垂直面内，并求出各面的支反力，再绘出水平面弯矩M_H图、垂直面弯矩M_V图和合成弯矩M图，$M = \sqrt{M_H^2 + M_V^2}$；绘出转矩T图；最后应用公式$M_e = \sqrt{M^2 + (\alpha T)^2}$绘出当量弯矩图。其中，$\alpha$为根据转矩性质而定的校正系数，对不变的转矩，$\alpha \approx 0.3$；当转矩脉动变化时，$\alpha \approx 0.6$；对于频繁正反转的轴，$\tau$可看为对称循环变应力，$\alpha = 1$；若转矩的变化规律不清楚，一般也按脉动循环处理。

计算轴的直径时，式（17-9-2）可写成

$$d \geqslant \sqrt[3]{\frac{M_e}{0.1[\sigma_{1b}]}} \quad (\text{mm}) \tag{17-9-3}$$

其中，M_e的单位为N·mm；$[\sigma_{1b}]$为对称循环状态下的许用弯曲应力，单位为MPa。

2）轴的刚度计算

轴受弯矩作用会产生弯曲变形，受转矩作用会产生扭转变形。如果轴的刚度不够，就会影响轴的正常工作。因此，为了使轴不致因刚度不够而失效，设计时必须根据轴的工作条件限制其变形量，即：

挠度　　　　$y \leqslant [y]$

偏转角　　　$\theta \leqslant [\theta]$

扭转角　　　$\varphi \leqslant [\varphi]$

其中，$[y]$、$[\theta]$和$[\varphi]$分别为许用挠度、许用偏转角和许用扭转角。

（1）弯曲变形计算

计算轴在弯矩作用下所产生的挠度y和偏转角θ的方法很多。有按挠曲线的近似微分方程式积分求解法和变形能法。对于等直径轴，用前一种方法较简便，对于阶梯轴，用后一种方法较适宜。

（2）扭转变形的计算

等直径的轴受转矩T作用时，其扭转角φ可按材料力学中的扭转变形公式求出，即

$$\varphi = \frac{Tl}{GI_p} \quad (\text{rad}) \tag{17-9-4}$$

式中：T——转矩（N·mm）；

　　　l——轴受转矩作用的长度（mm）；

　　　G——材料的切变模量（MPa）；

　　　I_p——轴截面的极惯性矩，$I_p = \frac{\pi d^4}{32}$。

17.9.3　轴毂连接的类型

联轴器和离合器可连接主、从动轴，使其一同回转并传递扭矩，有时也可用作安全装置。联轴器连接的分与合只能在停机时进行，而离合器连接的分与合可随时进行。

根据联轴器补偿位移的能力，联轴器可分为刚性和弹性两大类。刚性联轴器由刚性传力件组成，它又可分为固定式和可移式两种类型。固定式刚性联轴器不能补偿两轴的相对位移，可移式刚性联轴器能补偿两轴间的相对位移。弹性联轴器包含有弹性元件，除了能补偿两轴间的相对位移外，还具有吸收振动和缓和冲击的能力。常用联轴器的分类见表17-9-2。

联轴器分类、特点及应用　　　　　　　　　　　　　　　　　　表 17-9-2

分类		图　例	特　点　及　应　用
固定式刚性联轴器	凸缘联轴器	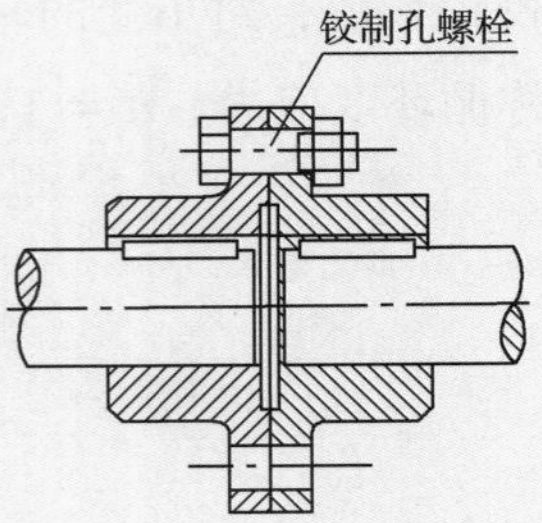 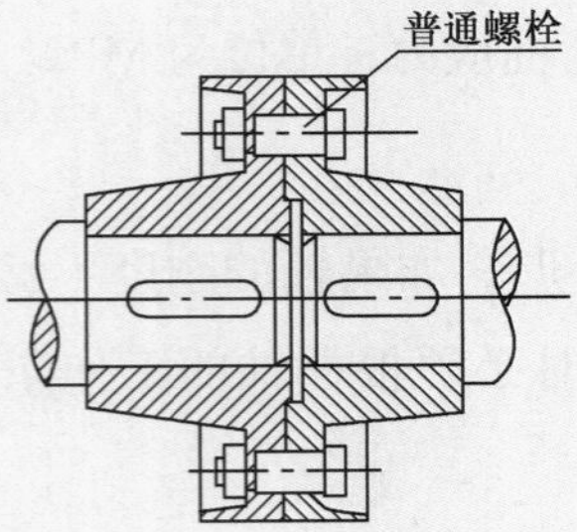	凸缘联轴器用螺栓将两个半联轴器的凸缘连接起来，以实现两轴连接。上图是普通的凸缘联轴器，靠铰制孔用螺栓来实现两轴对中；依靠螺栓杆的剪切及其与孔的挤压传递转矩，装拆时轴不需做轴向移动。下图是有对中榫的凸缘联轴器，靠凸肩和凹槽来实现两轴对中；用普通螺栓连接，依靠接合面间的摩擦力传递转矩，对中精度高，装拆时，轴必须做轴向移动 凸缘联轴器结构简单，价格低廉，能传递较大的转矩，但不能补偿两轴线的相对位移，也不能缓冲减振，故只适用于连接的两轴能严格对中、荷载平稳的场合
固定式刚性联轴器	套筒式联轴器	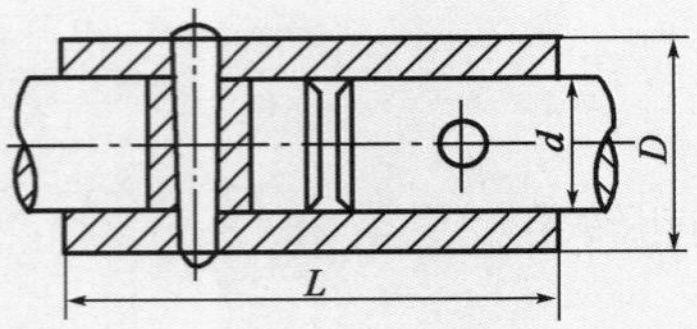	套筒式联轴器用两个圆锥销来传递转矩。当然也可以用两个平键代替圆锥销。其优点是径向尺寸小，结构简单。结构尺寸推荐：$D=(1.5\sim2)d$；$L=(2.8\sim4)d$。此种联轴器尚无标准，需要自行设计，如机床上就经常采用这种联轴器
可移式刚性联轴器	齿式联轴器	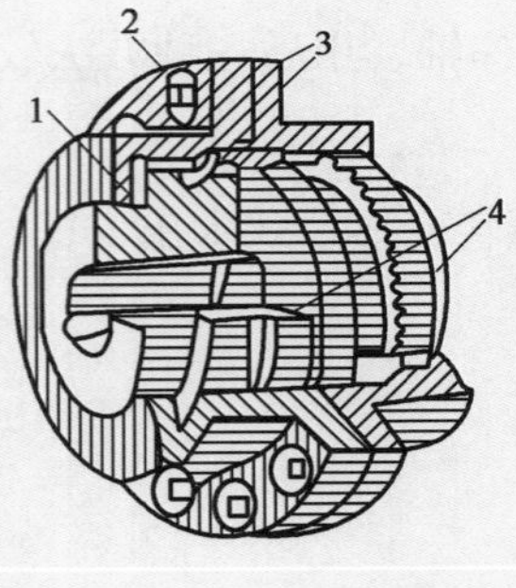	齿式联轴器是由两个带内齿的外套筒 3 和两个带外齿的套筒 1 组成。套筒与轴相连，两个外套筒用螺栓 5 连成一体。工作时靠啮合的轮齿传递扭矩。齿轮联轴器能补偿适量的综合位移，由于轮齿间留有较大的间隙和外齿轮的齿顶制成椭球形，故能补偿两轴的不同心和偏斜
可移式刚性联轴器	滑块联轴器	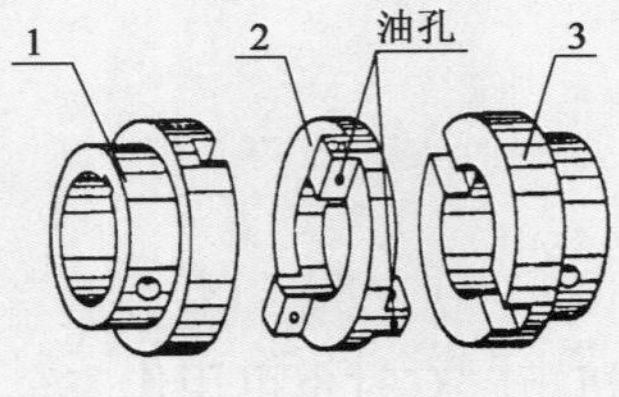	滑块联轴器由两个端面开有凹槽的半联轴器 1、3，利用两面带有凸块的中间盘 2 连接，半联轴器 1、3 分别与主、从动轴连接成一体，实现两轴的连接。中间盘沿径向滑动补偿径向位移 y，并能补偿角度位移 α。若两轴线不同心或偏斜，则在运转时中间盘上的凸块将在半联轴器的凹槽内滑动；转速较高时，由于中间盘的偏心会产生较大的离心力和磨损，并使轴承受附加动荷载，故这种联轴器适用于低速。为减少磨损，可由中间盘油孔注入润滑剂
可移式刚性联轴器	万向联轴器	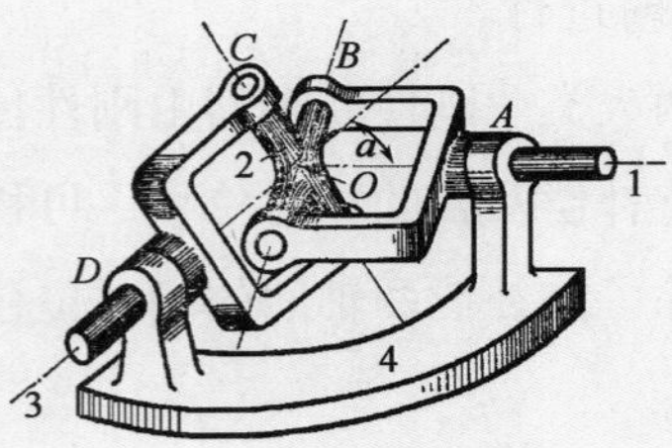	万向联轴器由两个叉形接头 1、3 和十字轴 2 组成，利用中间连接件十字轴连接的两叉形半联轴器均能绕十字轴的轴线转动，从而使联轴器的两轴线能成任意角度 α，一般 α 最大可达 35°~45°。单个使用时，当主动轴以等角速度转动时，从动轴做变角速度回转，从而在传动中引起附加动荷载。为避免这种现象，可采用两个万向联轴器成对使用，使两次角速度变化的影响相互抵消，使主动轴和从动轴同步转动

分类	图 例	特点及应用
弹性联轴器 — 弹性套柱销联轴器	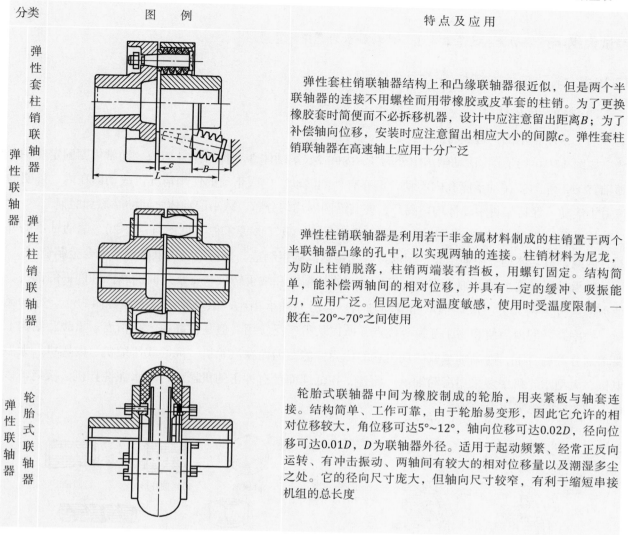	弹性套柱销联轴器结构上和凸缘联轴器很近似，但是两个半联轴器的连接不用螺栓而用带橡胶或皮革套的柱销。为了更换橡胶套时简便而不必拆移机器，设计中应注意留出距离B；为了补偿轴向位移，安装时应注意留出相应大小的间隙c。弹性套柱销联轴器在高速轴上应用十分广泛
弹性联轴器 — 弹性柱销联轴器		弹性柱销联轴器是利用若干非金属材料制成的柱销置于两个半联轴器凸缘的孔中，以实现两轴的连接。柱销材料为尼龙，为防止柱销脱落，柱销两端装有挡板，用螺钉固定。结构简单，能补偿两轴间的相对位移，并具有一定的缓冲、吸振能力，应用广泛。但因尼龙对温度敏感，使用时受温度限制，一般在$-20°\sim70°$之间使用
弹性联轴器 — 轮胎式联轴器		轮胎式联轴器中间为橡胶制成的轮胎，用夹紧板与轴套连接。结构简单、工作可靠，由于轮胎易变形，因此它允许的相对位移较大，角位移可达$5°\sim12°$，轴向位移可达$0.02D$，径向位移可达$0.01D$，D为联轴器外径。适用于起动频繁、经常正反向运转、有冲击振动、两轴间有较大的相对位移量以及潮湿多尘之处。它的径向尺寸庞大，但轴向尺寸较窄，有利于缩短串接机组的总长度

经典练习

17-9-1 增大轴在剖面过渡处圆角半径的主要作用是（　　　）。

    A. 使零件的轴向定位可靠   B. 方便轴加工

    C. 使零件的轴向固定可靠   D. 减小应力集中

17-9-2 装在轴上的零件，下列各组方法中，能够实现轴向定位的是（　　　）。

    A. 套筒，普通平键，弹性挡圈

    B. 轴肩，紧定螺钉，轴端挡圈

    C. 套筒，花键，轴肩

    D. 导向平键，螺母，过盈配合

17-9-3 为了增加碳素实心轴的刚度，采用以下哪种措施是无效的？（　　　）

    A. 将材料改为合金钢

    B. 截面积不变改用空心轴结构

    C. 适当缩短轴的跨距

    D. 增加轴的直径

17.10 滚动轴承

考试大纲 ☞：滚动轴承的基本类型　滚动轴承的选择计算

17.10.1 滚动轴承的结构、类型及代号

1）滚动轴承的结构

（1）滚动轴承的构造和特点

如图 17-10-1 所示，滚动轴承由外圈 1、内圈 2、滚动体 3 和保持架 4 组成。通常内圈固定在轴上随轴转动，外围装在轴承座孔内不动；但亦有外圈转动、内圈不动的使用情况。滚动体在内、外圈的滚道中滚动。保持架将滚动体均匀隔开，使其沿圆周均匀分布，减小滚动体之间的摩擦和磨损。

滚动体的形状有球形、圆柱形、圆锥形、鼓形、滚针形等多种（见图 17-10-2）。滚动轴承的外圈、内圈、滚动体均采用强度高、耐磨性好的铬锰高碳钢制造。保持架多用低碳钢或铜合金制造。

轴承是用来支承轴及轴上零件、保持轴的旋转精度和减少转轴与支承之间的摩擦和磨损的部件。轴承一般分为两大类：滚动轴承和滑动轴承。与滑动轴承相比，滚动轴承具有摩擦阻力小、起动灵敏、效率高、润滑简便和易于互换等优点，所以获得广泛应用。但是在高速、高精度、重载、结构上要求剖分等场合下，滑动轴承就体现出它的优异性能。因而在汽轮机、离心式压缩机、内燃机、大型电机、大型水轮机中多采用滑动轴承。此外，在低速而带有冲击的机器中，如水泥搅拌机、滚筒清砂机、破碎机等也采用滑动轴承。

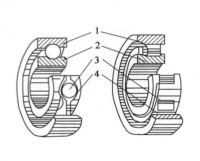

图 17-10-1　滚动轴承的构造图　　　　　　　　　　　图 17-10-2　滚动体形状

（2）滚动轴承的结构特性

①接触角：滚动体和外圈接触处的法线 nn 与轴承的径向平面（垂直于轴承轴心线的平面）的夹角 α，称为接触角。α 越大，轴承承受轴向荷载的能力越大。

②游隙：滚动体和内、外圈之间存在一定的间隙，因此，内、外圈之间可以产生相对位移。其最大位移量称为游隙，分为轴向游隙和径向游隙。游隙的大小对轴承寿命、噪声、温升等有很大影响，应按使用要求进行游隙的选择或调整。

③偏移角：轴承内、外圈轴线相对倾斜时所夹锐角，称为偏移角。能自动适应角偏移的轴承，称为调心轴承。

2）滚动轴承的类型

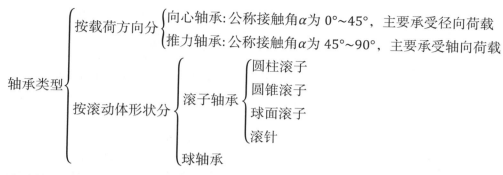

$$轴承类型 \begin{cases} 按载荷方向分 \begin{cases} 向心轴承:公称接触角\alpha为0°\sim45°，主要承受径向荷载 \\ 推力轴承:公称接触角\alpha为45°\sim90°，主要承受轴向荷载 \end{cases} \\ 按滚动体形状分 \begin{cases} 滚子轴承 \begin{cases} 圆柱滚子 \\ 圆锥滚子 \\ 球面滚子 \\ 滚针 \end{cases} \\ 球轴承 \end{cases} \end{cases}$$

滚动轴承是标准件，类型很多，选用时主要根据荷载的大小、方向和性质，转速的高低及使用要求来选择，同时也必须考虑价格及经济性。常用滚动轴承的类型和特性见表17-10-1。

常用滚动轴承的类型和特性 表 17-10-1

类型及代号	结构简图	极限转速	允许角偏差	特性及应用
双列角接触球轴承（0）		中		能同时承受径向负荷和双向的轴向负荷，比角接触球轴承具有较大的承载能力，与双联角接触球轴承比较，在同样负荷作用下能使轴在轴向更紧密地固定
调心球轴承 1 或（1）		中	2°~3°	主要承受径向负荷，可承受少量的双向轴向负荷。外圈滚道为球面，具有自动调心性能。适用于多支点轴、弯曲刚度小的轴以及难于精确对中的支承
调心滚子轴承 2		中	0.5°~2°	主要承受径向负荷，其承载能力比调心球轴承约大 1 倍，也能承受少量的双向轴向负荷。外圈滚道为球面，具有调心性能，适用于多支点轴、弯曲刚度小的轴及难于精确对中的支承，常用于重型机械上
圆锥滚子轴承 3		中	2'	能承受较大的径向负荷和单向的轴向负荷，极限转速较低。内外圈可分离，轴承游隙可在安装时调整。通常成对使用，对称安装。适用于转速不太高，轴的刚性较好的场合
双列深沟球轴承 4		中		主要承受径向负荷，也能承受一定的双向轴向负荷。它比深沟球轴承具有较大的承载能力
推力球轴承 5		低	不允许	推力球轴承的套圈与滚动体可分离，单向推力球轴承只能承受单向轴向负荷，两个圈的内孔不一样大，内孔较小的与轴配合，内孔较大的与机座固定。双向推力球轴承可以承受双向轴向负荷，中间圈与轴配合，另两个圈为松圈。高速时，由于离心力大，寿命较低。常用于轴向负荷大、转速不高场合

类型及代号	结构简图	极限转速	允许角偏差	特 性 及 应 用
深沟球轴承 6 或（16）		高	8'~16'	主要承受径向负荷，也可同时承受少量双向轴向负荷，工作时内外圈轴线允许偏斜。摩擦阻力小，极限转速高，结构简单，价格便宜，应用最广泛。但承受冲击荷载能力较差。适用于高速场合。在高速时可代替推力球轴承
角接触球轴承 7		较高	2'~3'	能同时承受径向负荷与单向的轴向负荷，公称接触角 α 有 15°、25°、40° 三种，α 越大，轴向承载能力也越大。成对使用，对称安装，极限转速较高。适用于转速较高，同时承受径向和轴向负荷场合
推力圆柱滚子轴承 8		低	不允许	能承受很大的单向轴向负荷，但不能承受径向负荷。它比推力球轴承承载能力要大，套圈也分紧圈与松圈。极限转速很低，适用于低速重载场合
圆柱滚子轴承 N		较高	2'~4'	只能承受径向负荷。承载能力比同尺寸的球轴承大，承受冲击荷载能力大，极限转速高。对轴的偏斜敏感，允许偏斜较小。用于刚性较大的轴上，并要求支承座孔很好地对中
滚针轴承 NA		低	不允许	滚动体数量较多，一般没有保持架。径向尺寸紧凑且承载能力很大，价格低廉，不能承受轴向负荷，摩擦系数较大，不允许有偏斜。常用于径向尺寸受限制而径向负荷又较大的装置中

3）滚动轴承的代号

滚动轴承代号是表示其结构、尺寸、公差等级和技术性能等特征的产品符号，由字母和数字组成。滚动轴承的代号表示方法见表 17-10-2。

滚动轴承代号的排列顺序　　　　　　　　　　　　　　　　　　表 17-10-2

前 置 代 号	基 本 代 号				后 置 代 号
□	×（□）	×	×	×	□（×）
成套轴承部件代号	类型代号	尺寸系列代号		内径代号	内部结构、公差等级等
		宽（高）度系列代号	直径系列代号		

注：□表示字母，×表示数字。

（1）内径尺寸代号：右起第一、二位数字表示内径尺寸，表示方法见表 17-10-3。

轴承内径尺寸代号　　　　　　　　　　　　　　　　　　表 17-10-3

代号表示	00	01	02	03	内径/5的商	公称内径/内径
内径尺寸（mm）	10	12	15	17	20~480（5的倍数）	22、28、32 及 500 以上

（2）尺寸系列代号：右起第三、四位表示尺寸系列（第四位为 0 时可不写出）。为了适应不同承载能力的需要，同一内径尺寸的轴承，可使用不同大小的滚动体，因而使轴承的外径和宽度也随着改

变。这种内径相同而外径或宽度不同的变化称为尺寸系列，见表 17-10-4。

向心轴承、推力轴承尺寸系列代号表示法　　　　　　　表 17-10-4

直径系列代号	向 心 轴 承							推 力 轴 承			
	宽度系列代号							高度系列代号			
	窄 0	正常 1	宽 2	特宽 3	特宽 4	特宽 5	特宽 6	特低 7	低 9	正常 1	正常 2
	尺寸系列代号										
特轻 0	00	10	20	30	40	50	60	70	90	10	—
特轻 1	01	11	21	31	41	51	61	71	91	11	
轻 2	02	12	22	32	42	52	62	72	92	12	22
中 3	03	13	23	33	—		63	73	93	13	23
重 4	04	—	24					74	94	14	24

（3）类型代号：右起第五位表示轴承类型，其代号见表 17-10-1。代号为 0 时不写出。

（4）前置代号：用字母表示成套轴承的分部件。

（5）后置代号：内部结构、尺寸、公差等，其顺序见表 17-10-5，常见的轴承内部结构代号和公差等级见表 17-10-6 和表 17-10-7。

轴承后置代号排列　　　　　　　　　　　　　　　　表 17-10-5

后置代号	1	2	3	4	5	6	7	8
含　义	内部结构	密封与防尘套圈变型	保持架及其材料	轴承材料	公差等级	游隙	配置	其他

轴承内部结构代号　　　　　　　　　　　　　　　　表 17-10-6

代　号	含　义	示　例
C	角接触球轴承公称接触角 $\alpha = 15°$	7005C
	调心滚子轴承 C 型	23122C
AC	角接触球轴承公称接触角 $\alpha = 25°$	7210AC
B	角接触球轴承公称接触角 $\alpha = 40°$	7210B
	圆锥滚子轴承接触角加大	32310B
E	加强型	N207E

轴承公差等级代号　　　　　　　　　　　　　　　　表 17-10-7

代　号	省略	/P6	/P6x	/P5	/P4	/P2
公差等级符合标准规定的	0 级	6 级	6x 级	5 级	4 级	2 级
示　例	6205	6205/P6	6205/P6x	6205/P5	6205/P4	6205/P2

【例 17-10-1】轴承在机械中的作用是：

　　A. 连接不同的零件

　　B. 在空间支撑转动的零件

　　C. 支撑转动的零件并向它传递扭矩

D. 保证机械中各零件工作的同步

解　轴承是用来支承轴及轴上零件、保持轴的旋转精度和减少转轴与支承之间的摩擦和磨损的部件。选 B。

【例 17-10-2】 在下列各种机械设备中，哪一项只宜采用滑动轴承？

　　A. 小型减速器　　　　　　　　　　　B. 中型减速器

　　C. 铁道机车车轴　　　　　　　　　　D. 大型水轮机主轴

解　在高速、高精度、重载、结构上要求剖分等场合下，滑动轴承就体现出它的优异性能。因而在汽轮机、离心式压缩机、内燃机、大型电机、大型水轮机中多采用滑动轴承。选 D。

【例 17-10-3】 下列哪一种滚动轴承只能承受径向荷载？

　　A. 滚针轴承　　　　　　　　　　　　B. 圆锥滚子轴承

　　C. 角接触轴承　　　　　　　　　　　D. 深沟球轴承

解　滚针轴承只能承受径向荷载，不能承受轴向荷载。选 A。

【例 17-10-4】 下列滚动轴承中，通常需成对使用的轴承型号是：

　　A. N307　　　　　　B. 6207　　　　　　C. 30207　　　　　　D. 51307

解　右起第五位表示轴承类型，可知 30207 为圆锥滚子轴承，通常需成对使用，对称安装。选 C。

【例 17-10-5】 下列滚动轴承中，只能承受径向荷载的轴承型号是：

　　A. N307　　　　　　B. 6207　　　　　　C. 30207　　　　　　D. 51307

解　N307 为圆柱滚子轴承，只能承受较大的径向荷载，不能承受轴向荷载；6207 为深沟球轴承，主要承受径向荷载，同时也可承受一定量的轴向荷载；30207 为圆锥滚子轴承，能同时承受较大的径向荷载和轴向荷载；51307 为推力球轴承，只能承受轴向荷载。因此综合起来考虑，选 A。

17.10.2　滚动轴承的选择计算

1）滚动轴承的失效形式

（1）疲劳点蚀

疲劳点蚀使轴承产生振动和噪声，旋转精度下降，影响机器的正常工作，是一般滚动轴承的主要失效形式。

（2）塑性变形

当轴承转速很低（$n \leqslant 10\text{r/min}$）或间歇摆动时，一般不会发生疲劳点蚀，此时轴承往往因受过大的静载荷或冲击荷载而产生塑性变形，使轴承失效。磨损、润滑不良、杂质和灰尘的侵入都会引起磨损，使轴承丧失旋转精度而失效。

2）轴承的寿命计算

（1）寿命计算中的基本概念

①寿命。滚动轴承的寿命是指轴承中任何一个滚动体或内、外圈滚道上出现疲劳点蚀前轴承转过的总圈数，或在一定转速下总的工作小时数。

②基本额定寿命。一批类型、尺寸相同的轴承，材料、加工精度、热处理与装配质量不可能完全相同。即使在同样条件下工作，各个轴承的寿命也是不同的。在国标中规定以基本额定寿命作为计算依据。基本额定寿命是指一批相同的轴承，在同样工作条件下，其中 10% 的轴承产生疲劳点蚀时转过的总圈数，或在一定转速下总的工作小时数。

③额定动荷载。基本额定寿命为 10^6 转时轴承所能承受的荷载，称为额定动荷载，以"C"表示，轴承在额定动载荷作用下，不发生疲劳点蚀的可靠度是 90%。各种类型和不同尺寸轴承的C值可查设计手册。

④额定静荷载。轴承工作时，受载最大的滚动体与内、外圈滚道接触处的接触应力达到一定值（向心和推力球轴承为 4 200MPa，滚子轴承为 4 000MPa）时的静荷载，称为额定静荷载，用"C_0"表示，其值可查设计手册。

⑤当量荷载。额定动、静荷载是向心轴承只承受径向荷载、推力轴承只承受轴向荷载的条件下，根据试验确定的。实际上，轴承承受的荷载往往与上述条件不同，因此，必须将实际荷载等效为一假想荷载，这个假想荷载称为当量动、静荷载，以"P"表示。

（2）寿命计算

$$L_h = \frac{10^6}{60n}\left(\frac{f_T C}{f_P P}\right)^\varepsilon \tag{17-10-1}$$

在实际应用中，额定寿命常用给定转速下运转的小时数L_h表示。考虑到机器振动和冲击的影响，引入载荷因数f_P（见表17-10-8）；考虑到工作温度的影响，引入了温度因数f_T（见表17-10-9）。实用的寿命计算公式为

$$C_c = \frac{f_P P}{f_T}\sqrt[\varepsilon]{\frac{60nL'_h}{10^6}} \leq C \tag{17-10-2}$$

式中：C_c——计算额定动荷载（kN）；

C ——额定动荷载（kN），可查设计手册；

ε ——寿命指数，球轴承$\varepsilon = 3$，滚子轴承$\varepsilon = 10/3$。

若当量动荷载P与转速n均已知，预期寿命L'_h已选定，则可根据式（17-10-2）选择轴承型号。

载荷因数 f_P 表 17-10-8

荷载性质	f_P	举 例
无冲击或有轻微冲击	1.0~1.2	电动机、汽轮机、通风机、水泵
中等冲击和振动	1.2~1.8	车辆、机床、内燃机、起重机、冶金设备、减速器
强大冲击和振动	1.8~3.0	破碎机、轧钢机、石油钻机、振动筛

温度因数 f_T 表 17-10-9

轴承工作温度（℃）	100	125	150	175	200	225	250	300
温度系数f_T	1	0.95	0.90	0.85	0.80	0.75	0.70	0.60

3）当量动荷载的计算

当量动荷载是一假想荷载，在该荷载作用下，轴承的寿命与实际荷载作用下的寿命相同。当量动荷载P的计算式为

$$P = XF_r + YF_a \tag{17-10-3}$$

式中：X ——径向载荷因数；

Y ——轴向载荷因数（见表17-10-10）；

F_r ——轴承承受的径向荷载；

F_a ——轴承承受的轴向荷载。

单列向心轴承的径向载荷系数 X 和轴向载荷系数 Y 表 17-10-10

轴 承 类 型		F_a/C_0	e	$F_a/F_r > e$		$F_a/F_r \leqslant e$	
				X	Y	X	Y
深沟球轴承 （6类）		0.014	0.19		2.30		
		0.028	0.22		1.99		
		0.056	0.26		1.71		
		0.084	0.28		1.55		
		0.11	0.30	0.56	1.45	1	0
		0.17	0.34		1.31		
		0.28	0.38		1.15		
		0.42	0.42		1.04		
		0.56	0.44		1.00		
角接触球轴承 （7类）	7000C（$\alpha = 15°$）	0.015	0.38		1.47		
		0.029	0.40		1.40		
		0.058	0.43		1.30		
		0.087	0.46		1.23		
		0.12	0.47	0.44	1.19	1	8
		0.17	0.50		1.12		
		0.29	0.55		1.02		
		0.44	0.56		1.00		
		0.58	0.56		1.00		
	7000AC（$\alpha = 25°$）	—	0.68	0.41	0.87	1	0
	7000B（$\alpha = 40°$）	—	1.14	0.35	0.57	1	0
圆锥滚子轴承（3类）		—	见附表	0.40	见附表	1	0

对于只承受径向荷载的轴承，当量动荷载为轴承的径向荷载 F_r，即

$$P = F_r \tag{17-10-4}$$

对于只承受轴向荷载的轴承，当量动荷载为轴承的轴向荷载 F_a，即

$$P = F_a \tag{17-10-5}$$

【例 17-10-6】滚动轴承的额定寿命是指同一批轴承中百分之几的轴承所能达到的寿命？

    A. 10%   B. 50%   C. 90%   D. 99%

   解   基本额定寿命是指一批相同的轴承，在同样工作条件下，其中 10%的轴承产生疲劳点蚀时转过的总圈数，或在一定转速下总的工作小时数，即 90%的轴承所能达到的寿命。选 C。

【例 17-10-7】转速一定的角接触球轴承，当量动荷载由 $2P$ 减小为 P，则其寿命由 L 会：

    A. 下降为 $0.2L$ B. 上升为 $2L$

C. 上升为8L   D. 不变

解　根据球轴承的基本额定寿命公式$L = \left(\dfrac{C}{P}\right)^3$，寿命$L$与$P^3$成反比，可知其寿命将上升为$8L$。选 C。

17.10.3　滚动轴承的润滑和密封

润滑和密封对滚动轴承的使用寿命有重要意义。润滑的主要目的是减小摩擦与磨损。滚动接触部位形成油膜时，还有吸收振动、降低工作温度等作用。密封的目的是防止灰尘、水分等进入轴承，并阻止润滑剂的流失。

1）滚动轴承的润滑

滚动轴承的润滑剂可以是润滑脂、润滑油或固体润滑剂。一般情况下，轴承采用润滑脂润滑，但在轴承附近已经具有润滑油源时（如变速箱内本来就有润滑齿轮的油），也可采用润滑油润滑。

脂润滑因润滑脂不易流失，故便于密封和维护，且一次充填润滑脂可运转较长时间。油润滑的优点是比脂润滑摩擦阻力小，并能散热，主要用于高速或工作温度较高的轴承。高速轴承通常采用滴油或喷雾方法润滑。润滑油的黏度可按轴承的速度因数d_n和工作温度t来确定。黏度随温度的升高而降低。

2）滚动轴承的密封

滚动轴承密封方法的选择与润滑的种类、工作环境、温度、密封表面的圆周速度有关。密封方法可分两大类：接触式密封和非接触式密封。接触式密封分为毛毡圈密封、密封圈密封；非接触式密封分为间隙密封、迷宫式密封；组合式密封为毛毡迷宫式密封。

【例 17-10-8】 当温度升高时，润滑油的黏度：

A. 升高　　　　　　　B. 降低　　　　　　　C. 不变　　　　　　　D. 不一定

解　润滑油的黏度随温度的升高而降低。选 B。

【例 17-10-9】 下列属于接触式密封的是：

A. 毡圈密封　　　　B. 油沟式密封　　　　C. 迷宫式密封　　　　D. 甩油密封

解　接触式密封分为毛毡圈密封、密封圈密封。选 A。

经典练习

17-10-1　下列选项中，（　　　）不宜用来同时承受径向和轴向荷载。

　　A. 圆锥滚子轴承　　　　　　　　　　　B. 角接触轴承

　　C. 深沟球轴承　　　　　　　　　　　　D. 圆柱滚子轴承

17-10-2　跨距较大并承受较大径向荷载的起重机卷筒轴的轴承应选用（　　　）。

　　A. 圆锥滚子轴承　　　　　　　　　　　B. 调心滚子轴承

　　C. 调心球轴承　　　　　　　　　　　　D. 圆柱滚子轴承

17-10-3　代号为 N1024 的轴承，其内径是多少毫米？（　　　）

　　A. 24　　　　　　　B. 40　　　　　　　C. 120　　　　　　　D. 1024

17-10-4　含油轴承是采用下列哪一项制成的？（　　　）

　　A. 合金钢　　　　　B. 塑料　　　　　　C. 粉末冶金　　　　　D. 橡胶

17-10-5　在非液体摩擦滑动轴承中，限制pv值的主要目的是防止轴承（　　　）。

A. 润滑油被挤出　　　　　　　　　　　　B. 产生塑性变形

C. 磨粒磨损　　　　　　　　　　　　　　D. 过度发热而胶合

17-10-6　在非液体摩擦滑动轴承中，限制压强p值的主要目的是防止轴承（　　　）。

A. 润滑油被挤出而发生过度磨损　　　　　B. 产生塑性变形

C. 出现过大的摩擦阻力　　　　　　　　　D. 过度发热而胶合

参考答案及提示

17-1-1　C　零件工作时实际所承受的应力σ，应小于或等于许用应力$[\sigma]$。

17-1-2　C　零件可靠度R可表示为$R = \frac{N_s}{N_0} = 1 - \frac{N_f}{N_0} = 1 - \frac{5}{50} = 0.9$。

17-2-1　C　两构件通过面接触组成的运动副称为低副。

17-2-2　A　M个构件汇交而成的复合铰链具有$(M-1)$个转动副。

17-2-3　C　在题图所示机构中，在C处构成复合铰链，在F处构成局部自由度，在E或E'处构成虚约束，去除局部自由度后，可动构件的数目是 7。焊死局部自由度F、去除虚约束E或E'并考虑C处复合铰链，低副的数目是 9 个；只有凸轮与滚子构成高副，故高副的数目为 1。根据机构自由度计算公式$F = 3n - (2P_L + P_H) = 3 \times 7 - (2 \times 9 + 1) = 2$，故该机构的自由度数是 2。

本节应熟练掌握平面机构自由度的公式，在计算平面机构自由度时，必须考虑是否存在复合铰链，并应将局部自由度和虚约束除去不计，才能得到正确的结果。

17-3-1　C　参见 17.3.2 节（曲柄存在的条件）。题图 a）中$40 + 110 < 70 + 90$，满足杆长条件，且最短杆为机架，故为双曲柄机构；题图 b）中$45 + 1120 < 70 + 100$，满足杆长条件，且最短杆的邻边为机架，故为曲柄摇杆机构；题图 c）中$60 + 100 > 62 + 70$，不满足杆长条件，故为双摇杆机构；题图 d）中$50 + 100 < 70 + 90$，满足杆长条件，且最短杆的对边为机架，故为双摇杆机构。

17-3-2　C　曲柄摇杆机构中，如果摇杆是主动件而曲柄是从动件，那么，当摇杆摆到使曲柄与连杆共线的极限位置时，从动件的传动角为 0°（即压力角 = 90°），摇杆通过连杆加于曲柄的驱动力正好通过曲柄的转动中心，则不能产生使曲柄转动的力矩。机构的这种位置称为死点位置。

17-4-1　A　尖底与凸轮是点接触，最易磨损。

17-4-2　A　滚子从动件盘形凸轮机构的基圆半径，是在理论轮廓线上度量的。

17-4-3　B

17-4-4　A

17-4-5　B　根据凸轮机构的压力角计算公式$\tan \alpha = \frac{\frac{ds}{d\varphi} \mp e}{s + \sqrt{r_0^2 - e^2}}$，当凸轮角速度、从动件运动规律已知时，压力角$\alpha$与基圆半径$r_0$之间为反比关系，即基圆半径越小，凸轮压力角就越大。

17-5-1　C　三角形螺纹的自锁条件为螺纹升角小于材料的当量摩擦角，即 $\lambda < \rho'$。

17-5-2　B　为提高螺栓连接的强度，降低螺栓总拉伸荷载 F_Q 的变化范围，应减小螺栓刚度或增大被连接件刚度。

17-5-3　C　对连接用螺纹的基本要求是其应具有可靠的自锁性，所以适用于连接用的螺纹是三角形螺纹。

17-5-4　C　非矩形螺纹的自锁条件是 $\lambda < \rho'$。当量摩擦角 ρ' 越大，自锁越可靠。而 $\tan \rho' = f' = \frac{f}{\cos \beta}$，$\beta = \frac{\alpha}{2}$，$\alpha$ 为牙形角，所以要提高螺纹连接的自锁性能，应采用牙形角大的螺纹。考生应熟练掌握螺纹自锁条件。

17-6-1　C　根据带传动工作原理，带传动靠摩擦力使带轮产生运动。

17-6-2　D　传动带上最大应力发生在紧边与小轮的接触处。

17-6-3　D　当带所需传递的圆周力大于带与轮面间的极限摩擦力总和时，带与带轮将发生打滑，打滑是带传动的主要失效形式。

17-7-1　B　用范成法加工齿数较少的齿轮时，常会将轮齿根部的渐开线齿廓切去一部分，这种现象称为根切。对于标准齿轮，是用限制最少齿数的方法来避免根切的。用滚刀加工压力角为20°的正常齿制标准直齿圆柱齿轮时，根据计算，可得出不发生根切的最少齿数 $z_{\min} = 17$。

17-7-2　D　一对渐开线齿轮的正确啮合条件是两齿轮模数和压力角分别相等。

17-7-3　B　一对正常齿标准直齿圆柱齿轮传动的中心距 $a = \frac{m}{z}(z_1 + z_2)$。

17-7-4　A

17-8-1　D　根据一对外啮合齿轮的转动方向相反，蜗杆蜗轮的转向需满足：速度矢量之和必定与螺旋线垂直，可判断出轮 4 的转动方向为顺时针，轮 5 的转动方向与轮 4 相同，则齿条将向左运动。传动比的大小 $i_{14} = \frac{n_1}{n_2} = \frac{z_2 z_4}{z_1 z_3} = \frac{40 \times 60}{20 \times 2} = 60$，又因为 $n_5 = n_4$，所以轮 1 旋转 1 周时，轮 5 旋转了 $\frac{1}{60}$ 周，齿条运动的距离为 $\frac{1}{60}\pi n z_5 = \frac{1}{60} \times 3.14 \times 2 \times 30 = 3.14$mm。

17-8-2　A　由内啮合齿轮的转向相同外啮合齿轮的转向相反可知，轮 3 与轮 1 的转向相反，则 $i_{13}^H = \frac{n_1 - n_H}{n_3 - n_H} = \frac{z_3 z_2 z_2}{z_1 z_2 z_2} = -4$，又 $n_3 = 0$，可得 $i_{1H} = \frac{n_1}{n_H} = 5$。

17-9-1　D　进行结构设计时，应尽量减小应力集中，可在阶梯轴的截面尺寸变化处采用圆角过渡，且圆角半径不宜过小。

17-9-2　B　轴上零件的周向固定，大多采用键、花键或过盈配合等连接形式。

17-9-3　B

17-10-1　D　圆柱滚子轴承只能承受径向负荷。

17-10-2　B　调心滚子轴承主要承受径向荷载，其承载能力比相同尺寸的调心球轴承大 1 倍，常用于重型机械上。

17-10-3 C 右起第一、二位数字表示内径尺寸，表示方法见表17-10-3。

17-10-4 C 用粉末冶金法（经制粉、成型、烧结等工艺）做成的轴承，具有多孔性组织，孔隙内可以储存润滑油，常称为含油轴承。

17-10-5 D pv值简略地表征轴承的发热因素，为了保证轴承运转时不产生过多的热量，以控制温升。防止黏着胶合，要限制pv的值。

17-10-6 A 限制轴承压强p，以保证润滑油不被过大的压力所挤出，因而轴承不致产生过度的磨损

18 职业法规

考题配置 单选，3题

分数配置 每题2分，共6分

18.1 我国有关基本建设、建筑、城市规划、环保、房地产方面的法律规范

考试大纲☞： 我国有关基本建设、建筑、城市规划、环保、房地产方面的法律规范

18.1.1 中华人民共和国建筑法（2019年版）

（相关内容见上册第二节）

【例 18-1-1】 建筑工程的发包单位，在工程发包中：

    A. 必须把工程的勘察、设计、施工、设备采购发包给一个工程总承包

    B. 应当把工程的勘察、设计、施工、设备采购逐一发包给不同单位

    C. 可以把工程的勘察、设计、施工、设备采购的一项或多项发给一个总承包单位

    D. 不能把工程的勘察、设计、施工、设备采购一并发包给一个总承包单位

解 见《中华人民共和国建筑法》第二十四条。选 C。

【例 18-1-2】 工程建设监理单位的工作内容，下列哪条是正确的？

    A. 代表建设单位对承包单位实施监督

    B. 对合同的双方进行监理

    C. 代表一部分政府职能

    D. 只能对建设单位提交意见，由建设单位行使权力

解 见《中华人民共和国建筑法》第三十二条。选 A。

【例 18-1-3】 全国人民代表大会常务委员会2011年对《中华人民共和国建筑法》的主要修改是：

    A. 建筑施工企业应当依法为职工参加工伤保险缴纳工伤保险费。鼓励企业为从事危险作业的职工办理意外伤害保险，支付保险费

    B. 责令停业整顿、降低资质等级和吊销资质证书的行政处罚，由颁发资质证书的机关决定；其他行政处罚，由建设行政主管部门或者有关部门依照法律和国务院规定的职权范围决定

    C. 被吊销资质证书的，由工商行政管理部门吊销其营业执照

    D. 违反本法规定，对不具备相应资质等级条件的单位颁发该等级资质证书的，由其上级机关责令收回所发的资质证书，对直接负责的主管人员和其他直接责任人员给予行政处分；构成犯罪的，依法追究刑事责任

解 2011年全国人大常委会对第四十八条做了修改。选 A。

【例 18-1-4】 下列哪家单位应该对施工过程中产生的废气、废弃物和噪声等采取措施，保护环境？

    A. 建设单位　　　　　　　　　　　　B. 建筑施工企业

    C. 行政主管单位　　　　　　　　　　D. 其他

解　见《中华人民共和国建筑法》第四十一条。选 B。

18.1.2　中华人民共和国城乡规划法（2019 年版）

第一章　总　　则

第一条　为了加强城乡规划管理，协调城乡空间布局，改善人居环境，促进城乡经济社会全面协调可持续发展，制定本法。

第二条　制定和实施城乡规划，在规划区内进行建设活动，必须遵守本法。

本法所称城乡规划，包括城镇体系规划、城市规划、镇规划、乡规划和村庄规划。城市规划、镇规划分为总体规划和详细规划。详细规划分为控制性详细规划和修建性详细规划。

本法所称规划区，是指城市、镇和村庄的建成区以及因城乡建设和发展需要，必须实行规划控制的区域。规划区的具体范围由有关人民政府在组织编制的城市总体规划、镇总体规划、乡规划和村庄规划中，根据城乡经济社会发展水平和统筹城乡发展的需要划定。

第三条　城市和镇应当依照本法制定城市规划和镇规划。城市、镇规划区内的建设活动应当符合规划要求。

县级以上地方人民政府根据本地农村经济社会发展水平，按照因地制宜、切实可行的原则，确定应当制定乡规划、村庄规划的区域。在确定区域内的乡、村庄，应当依照本法制定规划，规划区内的乡、村庄建设应当符合规划要求。

县级以上地方人民政府鼓励、指导前款规定以外的区域的乡、村庄制定和实施乡规划、村庄规划。

第四条　制定和实施城乡规划，应当遵循城乡统筹、合理布局、节约土地、集约发展和先规划后建设的原则，改善生态环境，促进资源、能源节约和综合利用，保护耕地等自然资源和历史文化遗产，保持地方特色、民族特色和传统风貌，防止污染和其他公害，并符合区域人口发展、国防建设、防灾减灾和公共卫生、公共安全的需要。

在规划区内进行建设活动，应当遵守土地管理、自然资源和环境保护等法律、法规的规定。

县级以上地方人民政府应当根据当地经济社会发展的实际，在城市总体规划、镇总体规划中合理确定城市、镇的发展规模、步骤和建设标准。

第五条　城市总体规划、镇总体规划以及乡规划和村庄规划的编制，应当依据国民经济和社会发展规划，并与土地利用总体规划相衔接。

第六条　各级人民政府应当将城乡规划的编制和管理经费纳入本级财政预算。

第七条　经依法批准的城乡规划，是城乡建设和规划管理的依据，未经法定程序不得修改。

第八条　城乡规划组织编制机关应当及时公布经依法批准的城乡规划。但是，法律、行政法规规定不得公开的内容除外。

第九条　任何单位和个人都应当遵守经依法批准并公布的城乡规划，服从规划管理，并有权就涉及其利害关系的建设活动是否符合规划的要求向城乡规划主管部门查询。

任何单位和个人都有权向城乡规划主管部门或者其他有关部门举报或者控告违反城乡规划的行为。城乡规划主管部门或者其他有关部门对举报或者控告，应当及时受理并组织核查、处理。

第十条　国家鼓励采用先进的科学技术，增强城乡规划的科学性，提高城乡规划实施及监督管理的效能。

第十一条　国务院城乡规划主管部门负责全国的城乡规划管理工作。

县级以上地方人民政府城乡规划主管部门负责本行政区域内的城乡规划管理工作。

第二章　城乡规划的制定

第十二条　国务院城乡规划主管部门会同国务院有关部门组织编制全国城镇体系规划，用于指导省域城镇体系规划、城市总体规划的编制。

全国城镇体系规划由国务院城乡规划主管部门报国务院审批。

第十三条　省、自治区人民政府组织编制省域城镇体系规划，报国务院审批。

省域城镇体系规划的内容应当包括：城镇空间布局和规模控制，重大基础设施的布局，为保护生态环境、资源等需要严格控制的区域。

第十四条　城市人民政府组织编制城市总体规划。

直辖市的城市总体规划由直辖市人民政府报国务院审批。省、自治区人民政府所在地的城市以及国务院确定的城市的总体规划，由省、自治区人民政府审查同意后，报国务院审批。其他城市的总体规划，由城市人民政府报省、自治区人民政府审批。

第十五条　县人民政府组织编制县人民政府所在地镇的总体规划，报上一级人民政府审批。其他镇的总体规划由镇人民政府组织编制，报上一级人民政府审批。

第十六条　省、自治区人民政府组织编制的省域城镇体系规划，城市、县人民政府组织编制的总体规划，在报上一级人民政府审批前，应当先经本级人民代表大会常务委员会审议，常务委员会组成人员的审议意见交由本级人民政府研究处理。

镇人民政府组织编制的镇总体规划，在报上一级人民政府审批前，应当先经镇人民代表大会审议，代表的审议意见交由本级人民政府研究处理。

规划的组织编制机关报送审批省域城镇体系规划、城市总体规划或者镇总体规划，应当将本级人民代表大会常务委员会组成人员或者镇人民代表大会代表的审议意见和根据审议意见修改规划的情况一并报送。

第十七条　城市总体规划、镇总体规划的内容应当包括：城市、镇的发展布局，功能分区，用地布局，综合交通体系，禁止、限制和适宜建设的地域范围，各类专项规划等。

规划区范围、规划区内建设用地规模、基础设施和公共服务设施用地、水源地和水系、基本农田和绿化用地、环境保护、自然与历史文化遗产保护以及防灾减灾等内容，应当作为城市总体规划、镇总体规划的强制性内容。

城市总体规划、镇总体规划的规划期限一般为二十年。城市总体规划还应当对城市更长远的发展作出预测性安排。

第十八条　乡规划、村庄规划应当从农村实际出发，尊重村民意愿，体现地方和农村特色。

乡规划、村庄规划的内容应当包括：规划区范围，住宅、道路、供水、排水、供电、垃圾收集、畜禽养殖场所等农村生产、生活服务设施、公益事业等各项建设的用地布局、建设要求，以及对耕地等自然资源和历史文化遗产保护、防灾减灾等的具体安排。乡规划还应当包括本行政区域内的村庄发展布局。

第十九条　城市人民政府城乡规划主管部门根据城市总体规划的要求，组织编制城市的控制性详细规划，经本级人民政府批准后，报本级人民代表大会常务委员会和上一级人民政府备案。

第二十条　镇人民政府根据镇总体规划的要求，组织编制镇的控制性详细规划，报上一级人民政府审批。县人民政府所在地镇的控制性详细规划，由县人民政府城乡规划主管部门根据镇总体规划的要求组织编制，经县人民政府批准后，报本级人民代表大会常务委员会和上一级人民政府备案。

第二十一条　城市、县人民政府城乡规划主管部门和镇人民政府可以组织编制重要地块的修建性详细规划。修建性详细规划应当符合控制性详细规划。

第二十二条　乡、镇人民政府组织编制乡规划、村庄规划，报上一级人民政府审批。村庄规划在报送审批前，应当经村民会议或者村民代表会议讨论同意。

第二十三条　首都的总体规划、详细规划应当统筹考虑中央国家机关用地布局和空间安排的需要。

第二十四条　城乡规划组织编制机关应当委托具有相应资质等级的单位承担城乡规划的具体编制工作。

从事城乡规划编制工作应当具备下列条件，并经国务院城乡规划主管部门或者省、自治区、直辖市人民政府城乡规划主管部门依法审查合格，取得相应等级的资质证书后，方可在资质等级许可的范围内从事城乡规划编制工作：

（一）有法人资格；

（二）有规定数量的经相关行业协会注册的规划师；

（三）有相应的技术装备；

（四）有健全的技术、质量、财务管理制度。

规划师执业资格管理办法，由国务院城乡规划主管部门会同国务院人事行政部门制定。

编制城乡规划必须遵守国家有关标准。

第二十五条　编制城乡规划，应当具备国家规定的勘察、测绘、气象、地震、水文、环境等基础资料。

县级以上地方人民政府有关主管部门应当根据编制城乡规划的需要，及时提供有关基础资料。

第二十六条　城乡规划报送审批前，组织编制机关应当依法将城乡规划草案予以公告，并采取论证会、听证会或者其他方式征求专家和公众的意见。公告的时间不得少于三十日。

组织编制机关应当充分考虑专家和公众的意见，并在报送审批的材料中附具意见采纳情况及理由。

第二十七条　省域城镇体系规划、城市总体规划、镇总体规划批准前，审批机关应当组织专家和有关部门进行审查。

第三章　城乡规划的实施

第二十八条　地方各级人民政府应当根据当地经济社会发展水平，量力而行，尊重群众意愿，有计划、分步骤地组织实施城乡规划。

第二十九条　城市的建设和发展，应当优先安排基础设施以及公共服务设施的建设，妥善处理新区开发与旧区改建的关系，统筹兼顾进城务工人员生活和周边农村经济社会发展、村民生产与生活的需要。

镇的建设和发展，应当结合农村经济社会发展和产业结构调整，优先安排供水、排水、供电、供气、道路、通信、广播电视等基础设施和学校、卫生院、文化站、幼儿园、福利院等公共服务设施的建设，为周边农村提供服务。

乡、村庄的建设和发展，应当因地制宜、节约用地，发挥村民自治组织的作用，引导村民合理进行建设，改善农村生产、生活条件。

第三十条　城市新区的开发和建设，应当合理确定建设规模和时序，充分利用现有市政基础设施和公共服务设施，严格保护自然资源和生态环境，体现地方特色。

在城市总体规划、镇总体规划确定的建设用地范围以外，不得设立各类开发区和城市新区。

第三十一条　旧城区的改建，应当保护历史文化遗产和传统风貌，合理确定拆迁和建设规模，有计划地对危房集中、基础设施落后等地段进行改建。

历史文化名城、名镇、名村的保护以及受保护建筑物的维护和使用，应当遵守有关法律、行政法规和国务院的规定。

第三十二条　城乡建设和发展，应当依法保护和合理利用风景名胜资源，统筹安排风景名胜区及周边乡、镇、村庄的建设。

风景名胜区的规划、建设和管理，应当遵守有关法律、行政法规和国务院的规定。

第三十三条　城市地下空间的开发和利用，应当与经济和技术发展水平相适应，遵循统筹安排、综合开发、合理利用的原则，充分考虑防灾减灾、人民防空和通信等需要，并符合城市规划，履行规划审批手续。

第三十四条　城市、县、镇人民政府应当根据城市总体规划、镇总体规划、土地利用总体规划和年度计划以及国民经济和社会发展规划，制定近期建设规划，报总体规划审批机关备案。

近期建设规划应当以重要基础设施、公共服务设施和中低收入居民住房建设以及生态环境保护为重点内容，明确近期建设的时序、发展方向和空间布局。近期建设规划的规划期限为五年。

第三十五条　城乡规划确定的铁路、公路、港口、机场、道路、绿地、输配电设施及输电线路走廊、通信设施、广播电视设施、管道设施、河道、水库、水源地、自然保护区、防汛通道、消防通道、核电站、垃圾填埋场及焚烧厂、污水处理厂和公共服务设施的用地以及其他需要依法保护的用地，禁止擅自改变用途。

第三十六条　按照国家规定需要有关部门批准或者核准的建设项目，以划拨方式提供国有土地使用权的，建设单位在报送有关部门批准或者核准前，应当向城乡规划主管部门申请核发选址意见书。

前款规定以外的建设项目不需要申请选址意见书。

第三十七条　在城市、镇规划区内以划拨方式提供国有土地使用权的建设项目，经有关部门批准、核准、备案后，建设单位应当向城市、县人民政府城乡规划主管部门提出建设用地规划许可申请，由城市、县人民政府城乡规划主管部门依据控制性详细规划核定建设用地的位置、面积、允许建设的范围，核发建设用地规划许可证。

建设单位在取得建设用地规划许可证后，方可向县级以上地方人民政府土地主管部门申请用地，经县级以上人民政府审批后，由土地主管部门划拨土地。

第三十八条　在城市、镇规划区内以出让方式提供国有土地使用权的，在国有土地使用权出让前，城市、县人民政府城乡规划主管部门应当依据控制性详细规划，提出出让地块的位置、使用性质、开发强度等规划条件，作为国有土地使用权出让合同的组成部分。未确定规划条件的地块，不得出让国有土地使用权。

以出让方式取得国有土地使用权的建设项目，在签订国有土地使用权出让合同后，建设单位应当持建设项目的批准、核准、备案文件和国有土地使用权出让合同，向城市、县人民政府城乡规划主管部门领取建设用地规划许可证。

城市、县人民政府城乡规划主管部门不得在建设用地规划许可证中，擅自改变作为国有土地使用权出让合同组成部分的规划条件。

第三十九条 规划条件未纳入国有土地使用权出让合同的,该国有土地使用权出让合同无效;对未取得建设用地规划许可证的建设单位批准用地的,由县级以上人民政府撤销有关批准文件;占用土地的,应当及时退回;给当事人造成损失的,应当依法给予赔偿。

第四十条 在城市、镇规划区内进行建筑物、构筑物、道路、管线和其他工程建设的,建设单位或者个人应当向城市、县人民政府城乡规划主管部门或者省、自治区、直辖市人民政府确定的镇人民政府申请办理建设工程规划许可证。

申请办理建设工程规划许可证,应当提交使用土地的有关证明文件、建设工程设计方案等材料。需要建设单位编制修建性详细规划的建设项目,还应当提交修建性详细规划。对符合控制性详细规划和规划条件的,由城市、县人民政府城乡规划主管部门或者省、自治区、直辖市人民政府确定的镇人民政府核发建设工程规划许可证。

城市、县人民政府城乡规划主管部门或者省、自治区、直辖市人民政府确定的镇人民政府应当依法将经审定的修建性详细规划、建设工程设计方案的总平面图予以公布。

第四十一条 在乡、村庄规划区内进行乡镇企业、乡村公共设施和公益事业建设的,建设单位或者个人应当向乡、镇人民政府提出申请,由乡、镇人民政府报城市、县人民政府城乡规划主管部门核发乡村建设规划许可证。

在乡、村庄规划区内使用原有宅基地进行农村村民住宅建设的规划管理办法,由省、自治区、直辖市制定。

在乡、村庄规划区内进行乡镇企业、乡村公共设施和公益事业建设以及农村村民住宅建设,不得占用农用地;确需占用农用地的,应当依照《中华人民共和国土地管理法》有关规定办理农用地转用审批手续后,由城市、县人民政府城乡规划主管部门核发乡村建设规划许可证。

建设单位或者个人在取得乡村建设规划许可证后,方可办理用地审批手续。

第四十二条 城乡规划主管部门不得在城乡规划确定的建设用地范围以外做出规划许可。

第四十三条 建设单位应当按照规划条件进行建设;确需变更的,必须向城市、县人民政府城乡规划主管部门提出申请。变更内容不符合控制性详细规划的,城乡规划主管部门不得批准。城市、县人民政府城乡规划主管部门应当及时将依法变更后的规划条件通报同级土地主管部门并公示。

建设单位应当及时将依法变更后的规划条件报有关人民政府土地主管部门备案。

第四十四条 在城市、镇规划区内进行临时建设的,应当经城市、县人民政府城乡规划主管部门批准。临时建设影响近期建设规划或者控制性详细规划的实施以及交通、市容、安全等的,不得批准。

临时建设应当在批准的使用期限内自行拆除。

临时建设和临时用地规划管理的具体办法,由省、自治区、直辖市人民政府制定。

第四十五条 县级以上地方人民政府城乡规划主管部门按照国务院规定对建设工程是否符合规划条件予以核实。未经核实或者经核实不符合规划条件的,建设单位不得组织竣工验收。

建设单位应当在竣工验收后六个月内向城乡规划主管部门报送有关竣工验收资料。

第四章 城乡规划的修改

第四十六条 省域城镇体系规划、城市总体规划、镇总体规划的组织编制机关,应当组织有关部门和专家定期对规划实施情况进行评估,并采取论证会、听证会或者其他方式征求公众意见。组织编制机关应当向本级人民代表大会常务委员会、镇人民代表大会和原审批机关提出评估报告并附具征求意见的情况。

第四十七条　有下列情形之一的，组织编制机关方可按照规定的权限和程序修改省域城镇体系规划、城市总体规划、镇总体规划：

（一）上级人民政府制定的城乡规划发生变更，提出修改规划要求的；

（二）行政区划调整确需修改规划的；

（三）因国务院批准重大建设工程确需修改规划的；

（四）经评估确需修改规划的；

（五）城乡规划的审批机关认为应当修改规划的其他情形。

修改省域城镇体系规划、城市总体规划、镇总体规划前，组织编制机关应当对原规划的实施情况进行总结，并向原审批机关报告；修改涉及城市总体规划、镇总体规划强制性内容的，应当先向原审批机关提出专题报告，经同意后，方可编制修改方案。

修改后的省域城镇体系规划、城市总体规划、镇总体规划，应当依照本法第十三条、第十四条、第十五条和第十六条规定的审批程序报批。

第四十八条　修改控制性详细规划的，组织编制机关应当对修改的必要性进行论证，征求规划地段内利害关系人的意见，并向原审批机关提出专题报告，经原审批机关同意后，方可编制修改方案。修改后的控制性详细规划，应当依照本法第十九条、第二十条规定的审批程序报批。控制性详细规划修改涉及城市总体规划、镇总体规划的强制性内容的，应当先修改总体规划。

修改乡规划、村庄规划的，应当依照本法第二十二条规定的审批程序报批。

第四十九条　城市、县、镇人民政府修改近期建设规划的，应当将修改后的近期建设规划报总体规划审批机关备案。

第五十条　在选址意见书、建设用地规划许可证、建设工程规划许可证或者乡村建设规划许可证发放后，因依法修改城乡规划给被许可人合法权益造成损失的，应当依法给予补偿。

经依法审定的修建性详细规划、建设工程设计方案的总平面图不得随意修改；确需修改的，城乡规划主管部门应当采取听证会等形式，听取利害关系人的意见；因修改给利害关系人合法权益造成损失的，应当依法给予补偿。

第五章　监督检查

第五十一条　县级以上人民政府及其城乡规划主管部门应当加强对城乡规划编制、审批、实施、修改的监督检查。

第五十二条　地方各级人民政府应当向本级人民代表大会常务委员会或者乡、镇人民代表大会报告城乡规划的实施情况，并接受监督。

第五十三条　县级以上人民政府城乡规划主管部门对城乡规划的实施情况进行监督检查，有权采取以下措施：

（一）要求有关单位和人员提供与监督事项有关的文件、资料，并进行复制；

（二）要求有关单位和人员就监督事项涉及的问题作出解释和说明，并根据需要进入现场进行勘测；

（三）责令有关单位和人员停止违反有关城乡规划的法律、法规的行为。

城乡规划主管部门的工作人员履行前款规定的监督检查职责，应当出示执法证件。被监督检查的单位和人员应当予以配合，不得妨碍和阻挠依法进行的监督检查活动。

第五十四条　监督检查情况和处理结果应当依法公开，供公众查阅和监督。

第五十五条　城乡规划主管部门在查处违反本法规定的行为时，发现国家机关工作人员依法应当给予行政处分的，应当向其任免机关或者监察机关提出处分建议。

第五十六条　依照本法规定应当给予行政处罚，而有关城乡规划主管部门不给予行政处罚的，上级人民政府城乡规划主管部门有权责令其做出行政处罚决定或者建议有关人民政府责令其给予行政处罚。

第五十七条　城乡规划主管部门违反本法规定作出行政许可的，上级人民政府城乡规划主管部门有权责令其撤销或者直接撤销该行政许可。因撤销行政许可给当事人合法权益造成损失的，应当依法给予赔偿。

第六章　法律责任

第五十八条　对依法应当编制城乡规划而未组织编制，或者未按法定程序编制、审批、修改城乡规划的，由上级人民政府责令改正，通报批评；对有关人民政府负责人和其他直接责任人员依法给予处分。

第五十九条　城乡规划组织编制机关委托不具有相应资质等级的单位编制城乡规划的，由上级人民政府责令改正，通报批评；对有关人民政府负责人和其他直接责任人员依法给予处分。

第六十条　镇人民政府或者县级以上人民政府城乡规划主管部门有下列行为之一的，由本级人民政府、上级人民政府城乡规划主管部门或者监察机关依据职权责令改正，通报批评；对直接负责的主管人员和其他直接责任人员依法给予处分：

（一）未依法组织编制城市的控制性详细规划、县人民政府所在地镇的控制性详细规划的；

（二）超越职权或者对不符合法定条件的申请人核发选址意见书、建设用地规划许可证、建设工程规划许可证、乡村建设规划许可证的；

（三）对符合法定条件的申请人未在法定期限内核发选址意见书、建设用地规划许可证、建设工程规划许可证、乡村建设规划许可证的；

（四）未依法对经审定的修建性详细规划、建设工程设计方案的总平面图予以公布的；

（五）同意修改修建性详细规划、建设工程设计方案的总平面图前未采取听证会等形式听取利害关系人的意见的；

（六）发现未依法取得规划许可或者违反规划许可的规定在规划区内进行建设的行为，而不予查处或者接到举报后不依法处理的。

第六十一条　县级以上人民政府有关部门有下列行为之一的，由本级人民政府或者上级人民政府有关部门责令改正，通报批评；对直接负责的主管人员和其他直接责任人员依法给予处分：

（一）对未依法取得选址意见书的建设项目核发建设项目批准文件的；

（二）未依法在国有土地使用权出让合同中确定规划条件或者改变国有土地使用权出让合同中依法确定的规划条件的；

（三）对未依法取得建设用地规划许可证的建设单位划拨国有土地使用权的。

第六十二条　城乡规划编制单位有下列行为之一的，由所在地城市、县人民政府城乡规划主管部门责令限期改正，处合同约定的规划编制费一倍以上二倍以下的罚款；情节严重的，责令停业整顿，由原发证机关降低资质等级或者吊销资质证书；造成损失的，依法承担赔偿责任：

（一）超越资质等级许可的范围承揽城乡规划编制工作的；

（二）违反国家有关标准编制城乡规划的。

未依法取得资质证书承揽城乡规划编制工作的，由县级以上地方人民政府城乡规划主管部门责令停止违法行为，依照前款规定处以罚款；造成损失的，依法承担赔偿责任。

以欺骗手段取得资质证书承揽城乡规划编制工作的，由原发证机关吊销资质证书，依照本条第一款规定处以罚款；造成损失的，依法承担赔偿责任。

第六十三条　城乡规划编制单位取得资质证书后，不再符合相应的资质条件的，由原发证机关责令限期改正；逾期不改正的，降低资质等级或者吊销资质证书。

第六十四条　未取得建设工程规划许可证或者未按照建设工程规划许可证的规定进行建设的，由县级以上地方人民政府城乡规划主管部门责令停止建设；尚可采取改正措施消除对规划实施的影响的，限期改正，处建设工程造价百分之五以上百分之十以下的罚款；无法采取改正措施消除影响的，限期拆除，不能拆除的，没收实物或者违法收入，可以并处建设工程造价百分之十以下的罚款。

第六十五条　在乡、村庄规划区内未依法取得乡村建设规划许可证或者未按照乡村建设规划许可证的规定进行建设的，由乡、镇人民政府责令停止建设、限期改正；逾期不改正的，可以拆除。

第六十六条　建设单位或者个人有下列行为之一的，由所在地城市、县人民政府城乡规划主管部门责令限期拆除，可以并处临时建设工程造价一倍以下的罚款：

（一）未经批准进行临时建设的；

（二）未按照批准内容进行临时建设的；

（三）临时建筑物、构筑物超过批准期限不拆除的。

第六十七条　建设单位未在建设工程竣工验收后六个月内向城乡规划主管部门报送有关竣工验收资料的，由所在地城市、县人民政府城乡规划主管部门责令限期补报；逾期不补报的，处一万元以上五万元以下的罚款。

第六十八条　城乡规划主管部门作出责令停止建设或者限期拆除的决定后，当事人不停止建设或者逾期不拆除的，建设工程所在地县级以上地方人民政府可以责成有关部门采取查封施工现场、强制拆除等措施。

第六十九条　违反本法规定，构成犯罪的，依法追究刑事责任。

第七章　附　　则

第七十条　本法自 2008 年 1 月 1 日起施行。《中华人民共和国城市规划法》同时废止。

【例 18-1-5】以下何种情况应该申请核发建设工程规划许可证？

  A. 城市规划区内的建设工程的选址和布局

  B. 在城市规划区内申请用地

  C. 在城市、镇规划区内进行建筑物、构筑物、道路、管线和其他工程建设的

  D. 新建、扩建和改建项目

解　见《中华人民共和国城乡规划法》第四十条。选 C。

18.1.3　中华人民共和国节约能源法

（相关内容见上册第七节）

【例 18-1-6】《中华人民共和国节约能源法》所称能源是指：

  A. 煤炭、石油、天然气、电力

  B. 煤炭、石油、天然气、电力、热力

C. 煤炭、石油、天然气、生物质能和电力、热力以及其他直接或者通过加工、转换而取得有用能的各种资源

D. 煤炭、石油、天然气、电力、焦炭、煤气、热力、成品油、液化石油气

解 见《中华人民共和国节约能源法》第二条。选 C。

【例 18-1-7】 对违反建筑节能标准的设计单位的处罚，以下不正确的是：

A. 由建设主管部门责令改正，处十万元以上五十万元以下罚款

B. 情节严重的，降低资质等级或者吊销资质证书

C. 造成损失的，依法承担赔偿责任

D. 由颁发资质证书的机关给予责令停业整顿、降低资质等级和吊销资质证书及其他行政处罚

解 见《中华人民共和国节约能源法》第七十九条。选 D。

18.1.4 中华人民共和国环境保护法

（相关内容见上册第八节）

【例 18-1-8】 《中华人民共和国环境保护法》所称的环境是指：

A. 影响人类生存和发展的各种天然因素总体

B. 影响人类生存和发展的各种自然因素总体

C. 影响人类生存和发展的各种大气、水、海洋和土地环境

D. 影响人类生存和发展的各种天然和经过人工改造的自然因素的总体

解 见《中华人民共和国环境保护法》第二条对环境的定义。选 D。

【例 18-1-9】 在我国现行大气排放标准体系中，对综合性排放标准与行业性排放标准采取：

A. 不交叉执行准则

B. 按照最严格标准执行原则

C. 以综合性标准为主原则

D. 以行业性标准为主原则

解 在我国现有的国家大气污染物排放标准体系中，执行的是综合性排放标准与行业性排放标准不交叉执行的原则。同时，在《大气污染物综合排放标准》（GB 16297—1996）前言中也有相关阐述。选 A。

随着"十九大"报告中对环保的重视及相关政策的趋严，环保类法规应受到考生的重视。

18.1.5 中华人民共和国城市房地产管理法（2019 年版）

（相关内容见上册第九节）

18.1.6 《中华人民共和国刑法修正案（十一）》（自 2021 年 3 月 1 日起施行）

《中华人民共和国刑法修正案（十一）》第一百三十四条【重大责任事故罪；强令违章冒险作业罪；危险作业罪】在生产、作业中违反有关安全管理的规定，因而发生重大伤亡事故或者造成其他严重后果的，处三年以下有期徒刑或者拘役；情节特别恶劣的，处三年以上七年以下有期徒刑。

强令他人违章冒险作业，因而发生重大伤亡事故或者造成其他严重后果的，处五年以下有期徒刑

或者拘役；情节特别恶劣的，处五年以上有期徒刑。

在生产作业中违反有关安全管理的规定，有下列情形之一，具有发生重大伤亡事故或者其他严重后果的现实危险的，处一年以下有期徒刑、拘役或者管制：

（一）关闭、破坏直接关系生产安全的监控、报警、防护、救生设备、设施或者篡改、隐瞒、销毁其相关数据、信息的；

（二）因存在重大事故隐患被依法责令停产停业、停止施工、停止使用有关设备、设施、场所或者立即采取排除危险的整改措施，而拒不执行的；

（三）涉及安全生产的事项未经依法批准或者许可，擅自从事矿山开采、金属冶炼、建筑施工，以及危险物品生产、经营、储存等高度危险的生产作业活动的。

18.2　工程技术人员的职业道德与行为准则

考试大纲☞：工程技术人员的职业道德与行为准则

（1）热爱科技，献身事业。树立"科技是第一生产力"的观念，爱岗敬业，勤奋钻研，追求新知，掌握新技术、新工艺，不断更新业务知识，拓宽视野，忠于职守，辛勤劳动，为企业的振兴与发展贡献自己的才智。

（2）深入实际，勇于攻关。深入基层，深入现场，理论与实际相结合，科研和生产相结合，把施工生产中的难点作为工作重点，知难而进，不断解决施工生产中的技术难题，提高生产效率和经济效益。

（3）一丝不苟，精益求精。牢固确立精心工作、求实认真的工作作风。施工中严格执行建筑技术规范，认真编制施工组织设计，做到技术上精益求精，工程质量上一丝不苟，为用户提供合格产品，推广新技术、新工艺、新材料，不断提高技术水平。

（4）以身作则，培养新人。谦虚谨慎，尊重他人，善于合作共事，搞好团结协作，既当好科学技术带头人，又甘当铺路石，培育科技事业的接班人，大力做好施工科技知识在职工中的普及工作。

（5）严谨求实，追求真理。在参与可行性研究时，坚持真理，实事求是，协助领导进行科学决策；在参与投标时，从企业的实际出发，以合理造价和合理工期进行投标；在施工中，严格执行施工程序、技术规范、操作规程和质量安全标准，决不弄虚作假。

18.3　我国有关动力设备及安全方面的标准与规范

考试大纲☞：我国有关动力设备及安全方面的标准与规范

【例 18-3-1】 根据《锅炉房设计规范》（GB 50041—2020），锅炉房可以设置在：

    A. 建筑物内人员密集场所的下一层

    B. 公共浴室的贴邻位置

    C. 地下车库疏散口旁

    D. 独立建筑物内

解　依据《锅炉房设计规范》（GB 50041—2020）：

4.1.2 锅炉房宜为独立的建筑物。

4.1.3 当锅炉房和其他建筑物相连或设置在其内部时，不应设置在人员密集场所和重要部门的上一层、下一层、贴邻位置以及主要通道、疏散口的两旁，并应设置在首层或地下室一层靠建筑物外墙部位。

显然，应选 D。

注册公用设备工程师（暖通空调、动力）执业资格考试
专业基础考试大纲

十、热工学（工程热力学、传热学）

10.1 基本概念

热力学系统 状态 平衡 状态参数 状态公理 状态方程 热力参数及坐标图 功和热量 热力过程 热力循环 单位制

10.2 准静态过程 可逆过程和不可逆过程

10.3 热力学第一定律

热力学第一定律的实质 内能 焓 热力学第一定律在开口系统和闭口系统的表达式 储存能 稳定流动能量方程及其应用

10.4 气体性质

理想气体模型及其状态方程 实际气体模型及其状态方程 压缩因子 临界参数 对比态及其定律 理想气体比热 混合气体的性质

10.5 理想气体基本热力过程及气体压缩

定压 定容 定温和绝热过程 多变过程气体压缩轴功 余隙 多极压缩和中间冷却

10.6 热力学第二定律

热力学第二定律的实质及表述 卡诺循环和卡诺定理 熵 孤立系统 熵增原理

10.7 水蒸气和湿空气

蒸发 冷凝 沸腾 汽化 定压发生过程 水蒸气图表 水蒸气基本热力过程 湿空气性质 湿空气焓湿图 湿空气基本热力过程

10.8 气体和蒸汽的流动

喷管和扩压管 流动的基本特性和基本方程 流速 音速 流量临界状态 绝热节流

10.9 动力循环 朗肯循环 回热和再热循环 热电循环 内燃机循环

10.10 制冷循环

空气压缩制冷循环 蒸汽压缩制冷循环 吸收式制冷循环 热泵气体的液化

10.11 导热理论基础

导热基本概念 温度场 温度梯度 傅里叶定律 导热系数 导热微分方程 导热过程的单值性条件

10.12 稳态导热

通过单平壁和复合平壁的导热　通过单圆筒壁和复合圆筒壁的导热　临界热绝缘直径　通过肋壁的导热　肋片效率　通过接触面的导热　二维稳态导热问题

10.13 非稳态导热

非稳态导热过程的特点　对流换热边界条件下非稳态导热　诺模图集总参数法　常热流通量边界条件下非稳态导热

10.14 导热问题数值解

有限差分法原理　导热问题的数值计算　节点方程建立　节点方程式求解　非稳态导热问题的数值计算　显式差分格式及其稳定性　隐式差分格式

10.15 对流换热分析

对流换热过程和影响对流换热的因素　对流换热过程微分方程式　对流换热微分方程组　流动边界层　热边界层　边界层换热微分方程组及其求解　边界层换热积分方程组及其求解　动量传递和热量传递的类比　物理相似的基本概念　相似原理　实验数据整理方法

10.16 单相流体对流换热及准则方程式

管内受迫流动换热　外掠圆管流动换热　自然对流换热　自然对流与受迫对流并存的混合流动换热

10.17 凝结与沸腾换热

凝结换热基本特性　膜状凝结换热及计算　影响膜状凝结换热的因素及增强换热的措施　沸腾换热　饱和沸腾过程曲线　大空间泡态沸腾换热及计算　泡态沸腾换热的增强

10.18 热辐射的基本定律

辐射强度和辐射力　普朗克定律　斯蒂芬—波尔兹曼定律　兰贝特余弦定律　基尔霍夫定律

10.19 辐射换热计算

黑表面间的辐射换热　角系数的确定方法　角系数及空间热阻灰表面间的辐射换热　有效辐射　表面热阻　遮热板　气体辐射的特点　气体吸收定律　气体的发射率和吸收率　气体与外壳间的辐射换热　太阳辐射

10.20 传热和换热器

通过肋壁的传热　复合换热时的传热计算　传热的削弱和增强平均温度差　效能—传热单元数　换热器计算

十一、工程流体力学及泵与风机

11.1 流体动力学

流体运动的研究方法　稳定流动与非稳定流动　理想流体的运动方程式　实际流体的运动

方程式　伯努利方程式及其使用条件

11.2　相似原理和模型实验方法

物理现象相似的概念　相似三定理　方程和因次分析法　流体力学模型研究方法
实验数据处理方法

11.3　流动阻力和能量损失

层流与紊流现象　流动阻力分类　圆管中层流与紊流的速度分布　层流和紊流沿程阻力系
数的计算　局部阻力产生的原因和计算方法　减少局部阻力的措施

11.4　管道计算

简单管路的计算　串联管路的计算　并联管路的计算

11.5　特定流动分析

势函数和流函数概念　简单流动分析　圆柱形测速管原理　旋转气流性质　紊流射流的一
般特性　特殊射流

11.6　气体射流压力波传播和音速概念　可压缩流体一元稳定流动的基本方程　渐缩喷管与拉伐
尔管的特点　实际喷管的性能

11.7　泵与风机与网络系统的匹配

泵与风机的运行曲线　网络系统中泵与风机的工作点　离心式泵或风机的工况调节　离心
式泵或风机的选择　气蚀　安装要求

十二、自动控制

12.1　自动控制与自动控制系统的一般概念

"控制工程"基本含义　信息的传递　反馈及反馈控制　开环及闭环控制系统构成
控制系统的分类及基本要求

12.2　控制系统数学模型

控制系统各环节的特性　控制系统微分方程的拟定与求解　拉普拉斯变换与反变换　传递
函数及其方块图

12.3　线性系统的分析与设计

基本调节规律及实现方法　控制系统一阶瞬态响应　二阶瞬态响应频率特性基本概念　频
率特性表示方法　调节器的特性对调节质量的影响　二阶系统的设计方法

12.4　控制系统的稳定性与对象的调节性能

稳定性基本概念　稳定性与特征方程根的关系　代数稳定判据对象的调节性能指标

12.5　掌握控制系统的误差分析

误差及稳态误差　系统类型及误差度　静态误差系数

12.6　控制系统的综合与和校正

校正的概念　串联校正装置的形式及其特性

继电器调节系统（非线性系统）及校正：位式恒速调节系统、带校正装置的双位调节系统、带校正装置的位式恒速调节系统

十三、热工测试技术

13.1 测量技术的基本知识

测量　精度　误差　直接测量　间接测量　等精度测量　不等精度测量　测量范围　测量精度　稳定性　静态特性　动态特性　传感器传输通道　变换器

13.2 温度的测量

热力学温标　国际实用温标　摄氏温标　华氏温标　热电材料　热电效应膨胀效应　测温原理及其应用　热电回路性质及理论　热电偶结构及使用方法　热电阻测温原理及常用材料、常用组件的使用方法　单色辐射温度计　全色辐射温度计
比色辐射温度计　电动温度变送器　气动温度变送器　测温布置技术

13.3 湿度的测量

干湿球湿度计测量原理　干湿球电学测量和信号传送传感　光电式露点仪　露点湿度计　氯化锂电阻湿度计　氯化锂露点湿度计　陶瓷电阻电容湿度计　毛发丝膜湿度计　测湿布置技术

13.4 压力的测量

液柱式压力计　活塞式压力计　弹簧管式压力计　膜式压力计　波纹管式压力计
压电式压力计　电阻应变传感器　电容传感器　电感传感器　霍尔应变传感器　压力仪表的选用和安装

13.5 流速的测量

流速测量原理　机械风速仪的测量及结构　热线风速仪的测量原理及结构　L 型动压管　圆柱形三孔测速仪　三管型测速仪　流速测量布置技术

13.6 流量的测量

节流法测流量原理　测量范围　节流装置类型及其使用方法　容积法测流量　其他流量计　流量测量的布置技术

13.7 液位的测量

直读式测液位　压力法测液位　浮力法测液位　电容法测液位　超声波法测液位
液位测量的布置及误差消除方法

13.8 热流量的测量

热流计的分类及使用　热流计的布置及使用

13.9 误差与数据处理

误差函数的分布规律　直接测量的平均值、方差、标准误差、有效数字和测量结果表达间接测量最优值、标准误差、误差传播理论、微小误差原则、误差分配　组合测量原理

25

最小二乘法原理　组合测量的误差　经验公式法　相关系数　回归分析　显著性检验及分析　过失误差处理　系统误差处理方法及消除方法　误差的合成定律

十四、机械基础

14.1　机械设计的一般原则和程序　机械零件的计算准则　许用应力和安全系数

14.2　运动副及其分类　平面机构运动简图　平面机构的自由度及其具有确定运动的条件

14.3　铰链四杆机构的基本形式和存在曲柄的条件　铰链四杆机构的演化

14.4　凸轮机构的基本类型和应用　直动从动件盘形凸轮轮廓曲线的绘制

14.5　螺纹的主要参数和常用类型　螺旋副的受力分析、效率和自锁螺纹联接的基本类型　螺纹联接的强度计算　螺纹联接设计时应注意的几个问题

14.6　带传动工作情况分析　普通 V 带传动的主要参数和选择计算带轮的材料和结构　带传动的张紧和维护

14.7　直齿圆柱齿轮各部分名称和尺寸　渐开线齿轮的正确啮合条件和连续传动条件　轮齿的失效　直齿圆柱齿轮的强度计算　斜齿圆柱齿轮传动的受力分析　齿轮的结构　蜗杆传动的啮合特点和受力分析　蜗杆和蜗轮的材料

14.8　轮系的基本类型和应用　定轴轮系传动比计算　周转轮系及其传动比计算

14.9　轴的分类、结构和材料　轴的计算　轴毂连接的类型

14.10　滚动轴承的基本类型　滚动轴承的选择计算

十五、职业法规

15.1　我国有关基本建设、建筑、房地产、城市规划、环保、安全及节能等方面的法律与法规

15.2　工程设计人员的职业道德与行为规范

15.3　我国有关动力设备及安全方面的标准与规范

注册公用设备工程师（暖通空调、动力）执业资格考试
专业基础试题配置说明

热力学（工程热力学、传热学）	20题
工程流体力学及泵与风机	10题
自动控制	9题
热工测试技术	9题
机械基础	9题
职业法规	3题

注：试卷题目数量合计60题，每题2分，满分为120分。考试时间为4小时。